大学生
心理辅导与体验

Psychological Counseling and Experience of College Students

朱坚强 / 主编

上海教育出版社
SHANGHAI EDUCATIONAL PUBLISHING HOUSE

图书在版编目（CIP）数据

大学生心理辅导与体验 / 朱坚强主编. —上海：上海教育出版社，
2015.2（2018.7重印）
ISBN 978-7-5444-5674-6

Ⅰ. ①大… Ⅱ. ①朱… Ⅲ. ①大学生—心理健康—健康教育 Ⅳ.
①B844.2

中国版本图书馆CIP数据核字(2014)第237387号

责任编辑　童　亮
封面设计　陈　芸

大学生心理辅导与体验
朱坚强　主编

出版发行　上海教育出版社有限公司
官　　网　www.seph.com.cn
地　　址　上海市永福路123号
邮　　编　200031
印　　刷　启东市人民印刷有限公司
开　　本　850 × 1168　1/16　印张 25.5　插页 2
版　　次　2015年2月第1版
印　　次　2018年7月第5次印刷
书　　号　ISBN 978-7-5444-5674-6/G·4577
定　　价　38.00 元

如发现质量问题，读者可向本社调换　电话：021-64377165

插图：张守华

前 言

进入21世纪以来，经济飞速发展，网络广泛普及，社会竞争加剧，思想文化碰撞，价值观念多元化，梦想与磨砺并存，挑战与机遇同在，希望与失望相伴，快乐与痛苦更迭，幸福与苦难并行，心理素质的竞争比任何时候都显得重要。

大学生作为思想最活跃、感受最灵敏、对自己期望很高、对挫折承受力不强的一个特殊群体，面临着更多的机遇和挑战。一方面，他们的生理成熟期普遍前移，心理成熟期普遍延后并延长，生理年龄、心理年龄、社会年龄错位严重，深受经济利益多样化、社会生活方式多样化、社会组织形式多样化、就业方式多样化的影响，内心存在诸多疑虑。然而，这个时候，他们不仅要提升自身综合素质，完成基本的专业训练，进行就业前的各种准备，还要完成诸多人生发展课题，顺利从学生转变为成人，其任务十分艰巨。另一方面，作为全国经济、金融、贸易、航运中心的上海，多元文化价值并存，各种思想相互激荡，让上海高校大学生有着文化选择多元化、价值取向多样化、思想观念复杂化的特点。人际关系困扰、情感上的困惑、生活中的困难、学习中的挫折、就业市场的激烈竞争，让他们面临着愈来愈多的压力与矛盾冲突，心理问题日益增多，心理健康教育迫在眉睫。

大学生正处在世界观、人生观、价值观发展的重要时期。崇高的理想信念、正常的智力思维、积极的情绪情感、和谐的人际关系、良好的人格品质、坚强的意志、乐观的人生态度和成熟的心理行为，是大学生心理健康的重要标志。大学生心理健康教育工作对于提高大学生适应社会生活的能力，培养大学生良好的个性品质，促进心理素质与思想道德素质、文化素质、专业素质和身体素质的协调发展，提升高校德育工作的针对性、有效性和主动性，具有重要作用。2011年2月

23 日，为推进大学生心理健康教育工作科学化建设，进一步促进高等学校学生心理健康教育工作的开展，教育部印发了《普通高等学校学生心理健康教育工作基本建设标准（试行）》（教思厅【2011】1 号），对大学生心理健康教育机制、师资队伍、教学体系、活动体系、服务体系、心理危机预防与干预体系、工作条件建设等方面进行了全面部署。

本书正是积极响应教育部的号召，以提高全体大学生心理素质为出发点，运用心理学的基本原理，通过大量大学生自身真实案例的分析，诸多大学生喜闻乐见心理体验活动的有效开展，普及心理健康知识，帮助大学生认识自我、开发潜能，解决成长过程中遇到的各种困惑及问题。比如：如何提高社会适应能力，正确面对学习、交友、择业、爱情等方面遇到的问题；如何学会调控情绪的方法和人际交往技能，优化个性心理品质；如何应对危机和挫折，预防心理疾病发生等现实问题，本书都给予了较好的解答与诠释。

本书编写组成员都是从事大学生心理健康教育工作多年的教师，有着扎实的理论功底和心理学专业背景，同时又有丰富的心理咨询和心理健康教育的实践经验。本书是编写组成员根据多年的大学生心理健康教育和心理咨询的工作经验，在吸取并借鉴本领域先进理论成果的基础上，紧密结合大学生学习生活中的心理案例编写而成的，其中很多案例是编写组在做心理咨询的过程中收集起来的。可以说，本书是编写组多年来开展心理健康教育教学与研究的成果结晶。与国内同类教科书比较，本书的主要特点是：

（1）本书以大学生为主人公，从大学生的视角娓娓道来，力图拉近与大学生的距离，激发大学生的阅读兴趣，更易产生心理上的认同和情感上的共鸣。

（2）汲取积极心理学的精髓，传播正能量，在更高层次上引导大学生梳理积极的人生态度和正确的价值观，塑造健全的人格，教导大学生正确认识自我、完善自我、发展自我，优化心理素质，提升心理水平，促进全面发展。

（3）本书遵循科学性、系统性、可读性、实践性的核心原则，采用心理案例、心理辅导、心理体验、经典阅读的编写体系，内容丰富，理论联系实际，针对性强，让学生学有所获、学以致用。

本书设计了“新生适应”“探寻自我”“学习心理”“人际交往”“健康恋爱”“情绪管理”“心理咨询”“关爱生命”共8章内容，基本上涵盖了大学生在校学习生活期间面临的主要心理问题，是高校大学生心理辅导与体验的教材，也是关注自身成长与心理健康的大学生朋友的有益读本。

新的世纪，心理素质的竞争比任何时候都显得更为重要。正如联合国专家断言：时代呼唤心理健康，人才需要心理健康，健康心理将成为21世纪对人才的无声选择。当代大学生作为国家培养的21世纪的高素质人才，不仅需要具有良好的思想道德素质和现代科学文化素质，而且需要具备积极向上的心理素质，才能放飞青春梦想，实现人生出彩！

编者

2014年1月28日

第一章

沉舟侧畔千帆过，病树前头万木春：新生适应

诗人以“沉舟”“病树”自喻，意为倾覆的船只旁仍有千千万万的帆船经过，枯萎树木的前面也有万千林木欣欣向荣，借用自然景物的变化暗示社会的发展，蕴涵哲理，现多指新生事物必然战胜旧事物。大学，梦开始的地方，对于刚入大学的新生，在环境、人际交往、学习等方面都会经历一个大的变化，尽快地适应这种变化才能更好地开启我们丰富多彩的大学生活，只有随时调整自己，适当改变自己，才能战胜困难，开创未来。

理智的人，使自己适应这个世界，
不理智的人，却硬要世界适应自己，
要改变命运，首先要改变自己。

第一节　华丽转身——角色转变

“大学新生”一词的英文是“Freshman”，这个词蕴含着新鲜的意思。代表着步入大学后，将会出现许多新的体验、新的希望、新的追求，同时也可能会产生不同程度的适应困难。能否在这个过程中做好充分的心理准备，能否在心理转型与重塑的过程中成功进行大学生角色的转换，将直接影响到大学期间的学习、生活的质量。

一、心理案例

案例一：我可以吗？

来自陕西的小明被上海一所重点大学录取了，他在中学里一直勤奋学习，成绩优异，把分数看得很重，唯一的目标就是考入心仪的大学，而成绩也是他自信的源泉。在大学之前，没有集体生活经验的他，一切生活由父母料理，老师喜欢他，父母也高兴。然而在进入大学后，小明积极报名加入学生会等各类学生组织，希望在大学里锻炼自身能力，独领风骚，成为各方面的佼佼者。然而一入学的英语分级考就让他栽了个大跟头，95 分的高分竟然只被分到了普通班，要知道小明在高中英语可是他的强项，每次考试都拿第一。接下来小明又接到了学生会未被录用的消息，这些打击让小明开始怀疑自己，以前的自信与优势都不复存在。在学习和生活的压力之下，小明感到自己处处不如人，尤其是不如善于交流的 3 个同寝室上海同学。他不会说上海话，不能与他们交流，感到很孤独，很寂寞，觉得自己万分痛苦，他想要逃避，快要发疯了。小明在家时，除了学习，其他事情一概不用自己操心，家人全部包办，他不懂得料理自己的生活，也不喜与人沟通。到了大学，发现上海同学懂很多东西，会玩、会学、会生活，而自己则像孩子似的无知。在大学这个高手云集的新环境中，他找不到属于自己的位置。每当他想到所面对的全新的大学生活时，就有点发怵。

“我可以吗？我能做好什么？我该怎么做才能找回以前的自信？”小明脑中出现了一连串的问号，他茫然了……

案例二：我选择了你，那么它呢？

某高校大一新生小刚来到学子食堂门口，那里正在进行学生会社团纳新。来之前，小刚曾和一名学姐聊了好久，其中就说到如何加入社团，该加入哪些学生组织，学姐向他推荐了“辩论与口才协会”，学姐以前就是这个社团的，只不过现在已经大三了，忙于考研，已经从社团退了出来。小刚说，自己的专业虽然是理科，但是他比较喜欢辩论，上中学的时候忙于学习考试，没有机会去发展这一爱好。到了大学，他希望通过参加“辩论与口才协会”能实现自己的梦想，锻炼一下自己的口才，也让自己的性格更外向一些。但是很遗憾，小刚至今没有接到通知。“估计是没戏了。”他报的第二个部门是学生会的体育部，因为他从小就热爱运动，特别偏好各项球类运动，曾经是各类篮球队的队长，为了更好地发展他的兴趣特长，也是为了交到一些志同道合的新朋友，现在的他正在焦急地等着通知。

和小刚同宿舍的其他同学也在等着社团的通知。“为了早点融入新环境，有的同学报了四五个社团，结果都没消息，很郁闷，大家也不知道什么社团适合自己。”小刚说。在小刚焦急等待的同时，学校的易班工作站向他伸出了橄榄枝，他们看中了小刚入学前在新生群中的活跃、幽默及号召力。

“该不该去呢？会不会影响我的学习？”小刚纠结了……

二、心理辅导

任何事情都是有利有弊、有得有失的。就像“舍得”二字，没有“舍”就不会有“得”。当案例一中的小明远离家乡来到上海上大学，他在获得了更好的学习环境的同时，也离开了他所熟悉的环境，由原来的“龙头”变成了同学中的普通一员，这种心理不适带来的挫折感困扰着小明，那么怎样才能走出心理困境，适应新环境呢？首先要明白：“天外有天，人外有人。”人的一辈子，其实就是一个不断失去和获得的过程：婴儿失去了襁褓，才能学会站立和行走；青少年失去了父母的呵护，才能学会独立生活……所以，今天的失去带来暂时的痛苦和不适，换来的正是明天的收获。

案例二中小刚的问题对大一新生来讲具有普遍性，小刚初入大学一切都不熟悉，还没有适应新鲜的学生活动，都是未知数，都想去尝试，但并不知道会不会影响其他方面。该如何抉择呢？首先，要分清主次，大学的首要任务是培养学习的能力，参加一切的社会活动都是辅助性培养自己的能力。其次，要掌握好度，最后，要有所选择，一方面，选择善于和便于发挥特长的社团或活动，使自己在特长上得到进一步的提高和锻炼；另一方面，利用大学生活提供的条件和机会，来弥补自己的不足或空白。

所以，进入大学后的首要任务是完成角色转换。每个进入大学的新生都面临着全新的环境，无论是学习方式还是生活环境，无论是个人目标还是社会期望值，都发生了很大的变化。大学新生能否成功度过这段心理适应期，将直接影响他们在大学期间的学习和生活质量。能够迅速完成高中生到大学生的角色转换，无疑是“赢在大学”的关键一步。

（一）新生角色的多重性

社会是个舞台，每个人都是一个角色。人的社会角色不时会转换，由中学生变成大学生，这便是一种角色转换。社会角色转换了，可是有的人的角色意识仍是旧的，已是大学生了，却仍像个中学生。

许多演员都信奉这样一句话：进入角色才能演好戏。角色转换有个过程，但不能过长，要是同学们发觉自己的生活学习懒散了，情绪易起伏了，应好好反思一下：我实现角色转换了没有？这会帮助大家拥有正常的情绪，大学生活是人生道路定向的阶段，将来向哪个领域发展，在这个阶段基本就确定下来了。一定要记住自己的角色，堂堂正正地“扮演”好它。对于同学们来讲，进入大学生活，意味着我们担负着哪几重角色呢？

1. 独立生活的“孩子”

上大学后，对同学们来说，最直观的变化就是生活环境方面，没有了父母、长辈每日悉心照料，许多事情需要独自处理，真正的独立生活开始了。同时，从单处一室的“独立王国”到数人“群居”的集体宿舍，这一生活环境和生活习惯的适应、磨合，对没有过住校经历的同学来说，确实是一次考验。在中学期间，大多数的学生是走读上学。在家中除了学习，其余的事情如洗衣、做饭等，基本上都由家人承担。在大学校园里，学生过着集体生活，衣服要自己洗，吃饭要自己到饭堂打，床铺要自己收拾……对于凡事都得自己动手的大学生活方式，据调查，有 39.9% 的同学一时是很难适应的，更是觉得无法摆脱对家庭和亲人的依赖，这一部分学生表现出对生活环境的不适应。进入大学后，由原来依赖父母的小家庭过渡到相对自立的大学集体生活，由父母安排一切到学习生活完全自理，心理上产生一种茫然失落感。面对新环境、新角色，有的新生无法适应，产生自卑和焦虑的情绪，严重者甚至考虑过转学或是退学。

同时，远离了家长照顾下衣来伸手、饭来张口的生活，接踵而来的现实，让同学们一时手足无措，为了让远方的父母安心，大多数新生“报喜不报忧”，有事情自己想办法，不告诉家人，更增添了诸多的不适应，孤单、郁闷、烦躁心理渐渐产生。

2. 自主学习的学生

自主学习，是指学生在学习活动中应成为学习的主人。自己主宰学习生活，积极主动参与每一个过程，积极主动探求科学文化知识，不断提高自学能力，养成自主、自觉、自律、自强的习惯，其内涵可理解为学生必须主动地、有主见地、有见解地学习。教师引导教学与学生自主学习良好结合，教师对学生因材施教与学生自己因材施学的良好结合；教师既是学生学习过程的组织者，又是指导者、咨询者和鼓励者，学生既是学习活动的参与者，又是学习的管理者、学习活动的最终受益者。那么，又应该如何理解在教师指导下，学生"自主地"进行学习呢？这个问题可以从三个方面来理解。首先是在学习时间方面，学生应当将相当多的时间用于独立学习活动和研究活动；其次是在学习的效果方面，学生知识的获得应当主要依靠自己自主地学，并能从事一定的研究工作以获得某些第一手知识；再次是学生的学习还不是完全自主的学习，必须与教师的知识传授与学习方法指导结合起来。因此，自主学习与"自学""自我学习"是有区别的，与"自由学习""自流学习"更是有本质上的区别。

同学们进入大学后，由于大学给予了学生更多的自由支配时间和更多的自主权，一个缺乏自觉性的学生在学习上是非常容易滑坡的，实际情况也是这样。有的学生以为上大学就是"进了保险箱"，有的人整天忙于看小说、交朋友和各种个人生活琐事；有的人受"经商热"的影响，表现出一种"厌学"情绪，满脑子的创业想法，似乎只要弃学从商，就可以在商海中独占一角。没有学习的自觉性，即便头脑聪明，基础不错，在学习上也不可能有进展和收获。因此，大学阶段如能排除对学习的种种干扰，掌握学习主动性，进行自主学习，就能从"我会学"向"我学会""我学好"的方面发展。

3. 全新人际圈中的"准成人"

大学里学生要学会做自己的老师，此外，能否与同学建立良好的人际关系也是一个关键。在中学阶段，学习内容、学习时间甚至学习计划等都是由老师安排的，学习效果也主要由老师来进行检查，高中班主任从早到晚的管理，使很多学生在学习上有较强的依赖性。他们习惯了什么事都等着老师安排与督促。而在大学里面，教师主要教授的是学习方法，培养自觉自主学习的能力。一旦到了大学的高年级，由于毕业设计毕业实习等环节，与老师见面的机会愈少。在学习和生活上，大学老师只把握大的方向，具体的工作大多由学生自己或班干部组织完成，学生需要学习做自己的老师。大学老师则更多地以"自律"的标准要求他们。大胆放手的教学管理方式使少数学生不自觉地放松了对自己的要求。结果，从学习上漏洞的出现，到学业成绩的下滑，造成了部分学生自信心的削弱和学习焦虑的产生。为了能够较好地适应这种新的师生关系，大学新生要学会自己确定学习目标，自己制定学习计划，自己安排学习时间，自己选课，自己检查学习效果，并且主动找教师征询意见，请教师帮助解决困难，定期向教师汇报学习状况，提出自己的计划，并与教师共同探讨。

在大学新生的人际关系中，问题最多的还是同学之间的关系。由于班级和宿舍里的同学分别来自不同的地域和不同的家庭，他们在思想观念、价值标准、生活方式、生活习惯等方面都存在着明显的差异，在遇到实际问题的时候往往容易发生冲突。差异是客观存在的，每个大学新生都必须面对它，接受它。

（二）角色转变可能带来的心理问题

对于经历了“十年寒窗”和熬过了“黑色六月”的大学新生来说，大学生活无疑将是人生中色彩斑斓的一个阶段，多姿多彩的校园生活将令人终身难以忘怀。然而，当大学生活初步安顿下来，开始了正常的学习生活之后，最初的惊奇与激情逐渐褪去，大学新生可能会产生不同程度的适应困难。有研究发现，每年大学新生入学后一个月和大学毕业前两个月是出现心理问题的高峰期。我们时常会听到某某学校的新生因为生活无法自理或忍受不了与父母的分离而退学，或者因为严重的失落感和自卑感而出家，甚至自杀。可见，大学新生在“金榜题名”的兴奋之余，必须重视自己的心理调适。

总结以往的案例，大学新生在全然陌生的环境之中，在入学之后的心理适应期间，可能会产生的心理问题主要表现在以下几个方面。

1. 难以适应生活新环境的焦虑心理

新生入学首先面临的就是生活环境的变化。在上大学前，不少学生没有远离过家门，饮食起居多由父母包办，形成了较强的依赖心理。而进入大学后，失去了

往日家庭的特殊照顾，有的学生因缺乏独立生活的能力，一时生活上不能自理；有的学生开支无计划，时常出现“经济危机”；有的学生因缺乏集体生活的习惯，总希望组织与他人的照顾和帮助，不知道也不会关心他人；还有的学生不适应学校水土

和饮食方面的差异以及气候、语言与作息时间的变化等。大学新生在遇到这些问题时，常常束手无策、郁郁寡欢，致使有的学生出现烦躁、痛苦、紧张不安等焦虑情绪，疲倦、失眠、注意力不集中等神经衰弱症状。

2. 理想与现实的落差形成的失落心理

在进入大学前，许多学生想象中的大学是校园风景如画，教室宽敞明亮，师生团结友爱，处处欢歌笑语，充满诗情画意。然而，进入大学，经过短暂的兴奋期之后，这些学生会发现现实中的大学并非自己想象得那么完美。有的学生感到自己所考上的大学与自己梦想的大学相去甚远；有的学生因为自己的高考失利，或是填报志愿时受到老师、家长的左右，所上大学并非自己所愿；有的学生对自己所学的专业不甚了解，或者根本就不是自己选择的，因而没兴趣，也学不进去。这些理想与现实的落差，致使一些学生常常怅然若失、忧心忡忡、情绪低落、感到前途渺茫、困惑失望，从而形成失落心理。

3. 人际关系难以适应的抑郁心理

处于青春期的大学新生，有着强烈的自尊、认同和归属的需要，非常渴望从朋友中获得感情的共鸣，但往往由于青春期的闭锁心理，当他们与大学里面的新同学接触时，总习惯拿高中时的好友为标准来加以衡量。由于有老朋友的存在，常常会觉得新面孔不太合意，因此他们宁愿采取被动接受的态度，从而阻碍了相互间的沟通和交流。此外，在高中阶段，上大学几乎是所有高中生最迫切的目标，在这个统一的目标下，找到志同道合的朋友很容易。但是进入大学以后，各人的目标和志向会发生很大的变化，要找到一个在某一方面有共同追求的朋友，就需要较长时间的努力。因此，很多大学新生出现人际关系不协调，感到“知音难觅”，产生了压抑、孤寂和烦闷的抑郁心理。

4. 自我评价失调导致的自卑心理

能考上大学的学生多数是中学时的尖子，老师称赞，家长鼓励，同学羡慕，自我感觉良好。但到了人才荟萃的大学之后，原有的优势和平衡被打破，不少人从鹤立鸡群变成了平庸之辈。于是有些学生就会出现自我评价失调，由强烈的自尊心转变为自卑心理。另外，进入大学之后评价学生的标准从单一的学习扩大到各个方面，于是有些学生突然意识到自己的不足而产生严重的自卑心理。比如，某些男同学可能会因为身材矮小而自卑，某些女同学可能因长相不佳而自卑，还有一些来自农村或小城镇的同学，与来自大城市的同学相比，往往会觉得自己见识浅薄，没有特长，从而产生自卑感等。

5. 失去奋斗目标的迷茫心理

经过高考的激烈竞争，很多学生感到筋疲力尽，在饱尝了成功喜悦的同时，认为进入大学可以好好放松一下，以补偿十几年的寒窗苦读。可到了大学，仍然要面对繁重的功课，这让他们不知所措。十几年苦读中，不少学生的学习目的就是为了考取大学，且是在家长和老师的双重推动下向这一目标冲刺的，学习上带有很大的被动性。进入大学后，这个目标已经实现，许多学生失去了奋斗目标和外界推力，他们以往学习上的被动心理明显表现出来，出现了徘徊和迷茫心理。

升入大学时，学生的角色发生了很大的变化，这些变化在无声无息地影响着学生的心理，继而引发心理落差和矛盾。

三、心理体验

（一）讨论：大学和高中的不同？我的特长？面对适应不良引发的情绪问题该如何应对？

调节不良情绪的5种方法：

环境调节法：环境对情绪有重要的影响和制约作用。情绪压抑时，可到外面走走，散散心，欣赏一下青山绿水、蓝天白云，对调节情绪很有效果。

自我鼓励法：用生活中的哲理或某些至理名言来安慰自己，鼓励自己同痛苦和逆境作斗争，从中汲取振作起来的力量。

语言调节法：语言是影响情绪的强有力的工具，如有人在案头或床边写上“镇定”“冷静”之类的警句，也可用无声语言进行自我命令、自我提醒、自我暗示。

注意力转移法：如遇到苦闷、烦恼之事，不妨将其抛诸脑后，找朋友叙叙家常，或参加一些文体活动。

情感宣泄法：哭，是调整机体平衡的一种方法，许多人痛哭一场后，痛苦和悲伤就会减少许多。宣泄情绪念“呵”“嘘”。心理学告诉我们，人生在世，常有情绪。人有情绪，总得发泄，不是积极地宣泄，就是消极地宣泄，否则就会生病。只有把情绪释放出来，才能得到心理上的平衡。假如你在工作或生活中产生了情绪，或愤怒，或抑郁，要尽量使自己安静下来，自然站立（坐在椅子上亦可），尽量放松，深吸气，呼气时默念“呵”的声音，周而复始，共呼吸6—18次；再深吸气，呼气时默念“嘘”的声音，周而复始，共呼吸6—18次，同时你想象把愤怒或抑郁“呵”和“嘘”了出来。这样你就会气愤全消、心平气和。

（二）焦虑自评量表（SAS）

焦虑是一种比较普遍的精神体验，长期存在焦虑反应的人易发展为焦虑症。本量表包含20个项目，分为4级评分。

填表注意事项：下面有20条文字，请仔细阅读每一条，把意思弄明白，每一条文字后有4个方格，分别表示：没有或几乎没有，少有，常有，几乎一直有，然后根据你最近一个星期的实际感觉，在对应方格里画“√”。

	没有或几乎没有	少有	常有	几乎一直有
1. 觉得比平常容易紧张和着急。	1	2	3	4
2. 无缘无故地感到害怕。	1	2	3	4
3. 容易心里烦乱或觉得惊恐。	1	2	3	4
4. 觉得可能要发疯。	1	2	3	4
5. 觉得一切都很好，也不会发生什么不幸。	4	3	2	1
6. 手脚发抖打战。	1	2	3	4
7. 因为头痛、头颈痛和背痛而苦恼。	1	2	3	4
8. 感觉容易衰弱和疲乏。	1	2	3	4
9. 觉得心平气和，并且容易安静地坐着。	4	3	2	1
10. 觉得心跳得很快。	1	2	3	4
11. 因为一阵阵头晕而苦恼。	1	2	3	4
12. 有晕倒发作，或觉得要晕倒似的。	1	2	3	4
13. 吸气呼气都感到很容易。	4	3	2	1
14. 手脚麻木和刺痛。	1	2	3	4
15. 因为胃痛和消化不良而苦恼。	1	2	3	4
16. 常常要小便。	1	2	3	4
17. 手常常是干燥温暖的。	4	3	2	1
18. 脸红发热。	1	2	3	4
19. 容易入睡并且睡得很好。	4	3	2	1
20. 做噩梦。	1	2	3	4

评分标准

正向计分题 A、B、C、D 按 1、2、3、4 分计；反向计分题 A、B、C、D 按 4、3、2、1 计分，反向计分题号：5、9、13、17、19。

20 个项目的分数相加得出总分，再乘以 1.25 取整数，即得标准分。

低于 50 分者为正常；50—60 分者为轻度焦虑；61—70 分者为中度焦虑，70 分以上为重度焦虑，中度以上焦虑建议精神专科咨询就诊。

（三）团体心理培训游戏

1. 大树与松鼠

（1）活动目的。

热身活动，让学员兴奋、紧张起来，具有一定的娱乐性。环境变化很快，人要么改变环境适应个体需要，要么就改造自我适应环境；人要善于抓住机遇，找准自己在社会上的位置。

（2）活动程序。

① 全体人员分成若干个组，每组三人。其中两人扮演大树，面对对方站立，手拉手围成一个椭圆；另一人扮演松鼠，站在椭圆中间；其他没成对的学员担任临时人员。

② 教师喊“松鼠”，大树不动，扮演“松鼠”的人就必须离开原来的大树，重新选择其他的大树；临时人员就临时扮演松鼠并插到大树当中，落单的人应表演节目。

③ 教师喊“大树”，松鼠不动，扮演“大树”的人就必须离开原先的同伴重新组合成一对大树，并圈住松鼠，临时人员就应临时扮演大树，落单的人应表演节目。

④ 教师喊“地震”，扮演大树和松鼠的人全部打散并重新组合，扮演大树的人也可扮演松鼠，松鼠也可扮演大树，其他没成对的人亦插入队伍当中，落单的人表演节目。

⑤ 小组讨论与分享。

⑥ 教师总结。

2. 解手链

（1）游戏简介：所有的队员手牵手结成了一张网。队员们这时是亲密无间紧紧相连的，但是这个时候的亲密无间紧紧相连却限制了大家的行动。我们这时需要的是一个圆，一个联系着大家、能让大家朝着一个统一方向滚动前进的圆。在不松开手的情况下，如何让网成为一个圆？这是团队的严峻挑战。

（2）游戏人数：8—12 人 / 组。

（3）场地要求：开阔的场地一块。

（4）游戏时间：15 分钟左右。

（5）活动目标：锻炼新团队的沟通、执行及领导力。

四、拓展阅读

人人都可能当总统——布什在耶鲁大学的演讲

我很荣幸能在这个场合发表演讲。我知道，耶鲁向来不邀请毕业典礼演讲人，但近几年来却有例外。虽然破了例，但条件却更加严格——演讲人必须同时具备两种身份：耶鲁校友、美国总统。我很骄傲在33年前领取到第一个耶鲁大学的学位。此次，我为再度荣获耶鲁荣誉学位感到光荣。

今天是诸位学友毕业的日子，在这里我首先要恭喜家长们：恭喜你们的子女修完学业顺利毕业，这是你们辛勤栽培后享受收获的日子，也是你们钱包解放的大好日子！最重要的是，我要恭喜耶鲁毕业生们：对于那些表现杰出的同学，我要说，你真棒！对于那些丙等生，我要说，你们将来也可以当美国总统！

耶鲁学位价值不菲。我时常这么提醒切尼（时任美国副总统），他在早年也短暂就读于此。所以，我想提醒正就读于耶鲁的莘莘学子，如果你们从耶鲁顺利毕业，你们也许可以当上总统；如果你们中途辍学，那么你们只能当副总统了。

这是我毕业以后第二次回到这里。不过，一些人、一些事至今让我念念不忘。举例来说，我记得我的老同学布洛德翰，如今他是伟大学校的杰出校长，他读书时的聪明与刻苦至今让我记忆犹新。那时，我们经常泡在校图书馆那个有着大皮沙发的阅读室里。我们有个默契：他不大声朗读课文，我睡觉不打呼噜。

后来，随着学术探索的领域不同，我们选修的课程也各不相同，狄克主修英语，我主修历史。有趣的是，我选修过15世纪的日本俳句——每首诗只有17个音节，我想其意义只有禅学大师才能明了。我记得一位学科顾问对我选修如此专精的课程表示担忧，他说我应该选修英语。现在，我仍然时常听到这类建议。我在其他场合演讲时，在语言表达上曾被人误解过，我的批评者不明白：我不是说错了字，我是在复诵古代俳句的完美格式与声韵呢。

我很感激耶鲁大学给我们提供了这么好的读书环境。读书期间，我坚持"用功读书，努力玩乐"的思想，虽然不是很出色地完成了学业，但结交了许多让我终身受益的朋友。也许有的同学会认为，大学只是人生受教育的重要部分，殊不知，"大学生活"这四个字的内涵十分深厚，它既包含丰富的学科知识和学术氛围，也蕴涵着许多支撑人生成败的观念，还有那丰富多彩的生活以及许多值得结交的朋友。

大家常说，"耶鲁人"，我从不确定那是什么意思。但是我想，这一定是含着无限肯定与景仰的褒义词。是的，因为耶鲁，因为有了在耶鲁深造的经历，你、我、他变成了一个个更加优秀的人！你们离开耶鲁后，我希望你们牢记"我的知识源自耶鲁"，并以你们自己的方式、自己的时间、自己的奋斗来体现对母校的热爱，听从时代的召唤，用信心与行动予以积极响应。

你们每个人都有独特的天赋，你们拥有的这些天赋就是你们参与竞争、实现人生价值的资本，好好利用它们，与人分享它们，将它们转化为推进时代前进的动力吧！人生是要让我们去生活、而不是用来浪费的，只要肯争上游，人人都可当总统！

这次我不仅回到母校，也是回到我的出生地，我就是在几条街之外出生的。在那时，耶鲁与无知的我仿佛隔了一个世界之遥，而现在，她是我过去的一部分。对我而言，耶鲁是我知识的源泉，力量的源泉，令我极度骄傲的源泉。我希望，将来你们以另外一种身份回到耶鲁时，能有与我一样的感受并说出相同的话。我希望你们不要等太久，我也坚信耶鲁邀请你回校演讲的日子也不会等太久。

第二节 艰难蜕变——适应大学

适应是人一生一世的事情。正确认识适应，正确适应环境，是每个独立的社会成员必须具备的能力。大学生活的开始是大学生整个人生的新起点，学会适应将对其一生产生重要影响。良好的适应能力能使大学新生正确地认识自我，积极地悦纳自我，有效地调控自我，从而不断完善自我，最终超越自我。

一、心理案例

案例一：他们会看不起我吗？

在上海一所211大学读书的小红来自偏远的西北地区，从小家境贫寒，但是成绩总是名列前茅，好不容易实现父母的意愿考来上海，想要改变自己的命运，改善父母的生活条件，却发现根本没法融入自己的寝室生活，以前的自信完全没有了。同寝室的三个女孩都是上海本地人，生活条件优越，平时都是上海话交流，仿佛小红不存在一般，而当小红用家乡话跟父母打电话时，总是会受到不经意的嘲笑与蔑视。她们还笑小红脏，几天才洗一次澡等。小红沉默了，不再主动与人交流。她想，是不是所有的人都看不起我？不会有人喜欢我吗？我很差劲吗？我不能实现自己当初的理想了吗？

案例二：我的生活一团糟

小周是家里的独子，去年刚入学时父母给了5000元作为第一个学期的生活费。可没想到才一个多月，他就把生活费花了个精光。原来，小周到校不久就换了个2000多元的彩屏手机，平时又常和同学聚会吃饭唱歌，不知不觉中钱就花光了。到了月底，小周吃饭的钱都不够了，只能靠向同学举债度日，又不敢告诉父母，内心无所适从，无法面对自己这种行为带来的后果，惶惶不可终日，最终期末考试一塌糊涂。而父母直到寒假收到学校寄来的通知书，才了解到问题的严重性，对小周充满不理解与失望。随之而来的压力小周该如何应对？父母该如何帮助小周？这中间反映出新生的什么问题呢？

二、心理辅导

案例一中的小红属于典型的因经济贫困而导致“心理贫困”的“双困生”，她因为自己的贫困而自卑，总觉得低人一等，郁郁寡欢，性格敏感，最终导致对待事情采取逃避的态度。她必须树立以下认知：“家庭不能选择，关键在于自立自强，用健康积极的心态来面对生活。”寒窗数载，从贫困的山村走来和从美丽的大城市走来，并没有本质上的区别，因为会到达共同的目的地。在不平等的客观条件下大家实现了同样的目的，其实已经证明了小红真的很强。

案例二中的小周由于在理财方面缺乏计划与安排，影响了其生活的方方面面。大学需要的适应能力的一个重要方面，便是经济理财的自主安排。面对自己的情况，首先，小周要学会考虑，哪些开支是必要的，哪些是不必要的，要避免完全不必要的花费；此外，还要根据父母的经济能力和自己勤工俭学的能力来进行日常消费，确定每个月的消费计划，使之切实可行，并且尽量按照计划执行，多余的钱可以存入银行，以备急需。

不论是案例中的小红还是小周，如果他们在面对新的大学环境时能够很快适应，那么以上问题就会迎刃而解。

（一）适应的理解

任何生物体，从出生到死亡，都始终处于一种与环境相互协调的连续行为状态。这种行为状态被连续保持的目的只有一个，那就是适应。人作为一种特殊的生物体，自然不能例外。于是，适应与另一个人们在日常生活中无法避免的体验——压力，共同成为大家习惯的用语。也由此，适应与压力就成为理解人类行为的核心概念。

通常，适应是指个人对于生活中内在、外在的各项改变均能采取正面的接受态度，并且在事件结束后，个人的生活可以恢复或改进原来的状况。有时候，适应也往往被理解为人为了维持身心的恒定状态所使用的一切技巧。这种技巧有时是具有积极意义的，产生正向的效果；有时则可能具有消极的意义，产生负向的效果。无论如何，适应都是个体为减少环境改变所带来的压力，以当时所具有的最好能力去应对，以求重新获得个体与环境的协调状态而努力的过程。

由此可见，适应是一个动态的、逐渐发展的、永无止境的过程，是一种包含有意识及无意识的生理、心理或行为方式。《道氏医学字典》将适应解释为：“生物体调整自己去适合环境的能力，或促使生物体能更适合生存的一种过程。”我们认为，这个解释是侧重于生物学角度的，因为它忽视或至少没有充分考虑人之有别于一般生物体的特殊性。

从教育的角度来看，人的适应方式不外乎两种，即主动地适应和被动地适应。为了强调人的主体性、能动性和创造性，我们可以从学术研究的层面，将教育角度的适应理解为：个人为保持或争取与环境间的协调，不断调整自己，在自身、社会和他人等方面进行的维持性、动态性、改造性和前瞻性适应与超越的过程。这里的维持性适应是指个体对存在的再生和复制的适应，动态性适应是指个体对满足新的需要和变化的适应，改造性适应是指个体对自己和环境的调整和修正的适应，前瞻性适应是指个体对未来变迁的适应。

个体在一定程度上是一种自变量，但它在最大程度上是一种因变量。因而，它应在适应的基础上超越，在超越的过程中通过适应来巩固和发展已有的超越，在超越以后再进行新的适应。个体和社会一样，就是在这种不断递进的适应过程中，求得发展，推动历史。由此，我们认为“‘适应’与‘超越’是一组‘对称’的概念，它们是同一发展过程中的两个方面，适应中有超越，超越中有适应。同时，它们又是一组‘互为递进’的概念，适应是超越的基础和前提，而超越的阶段性成就又需要适应来加以维持、巩固和发展，超越的目标应指向新的适应”。

（二）适应的内在机制

1. 压力

人对“各项改变”的适应主要根源于改变以后的内在或外在环境对人构成的压力。压力这一概念出自拉丁文“Stringere”，意即紧紧拉住（to draw tight）的意思。1867 年伯纳德提出生物体的压力论点，认为内在和外在环境的改变会干扰生物体的功能，因而生物体必须想办法适应以求生存。20 世纪 50 年代有“有压力理论之父”之称的席尔提出著名的压力理论“一般适应证候群”（General Adaptation Syndrome，G.A.S.），认为压力是“当外界对自体有所需求时，身体所产生的一种非特异性反应”，这里的非特异性反应，是指一种没有选择性，影响全部或大部分系统的反应。1979 年，哈特尔认为压力是个体遇到各种状况需要做改变时，身体和情绪的一种经历。1983 年，纽莫洛夫则指出压力也可看作一种任何非特异性的需求，使个体必须有所反应或采取行动的状态。

事实上，各种对压力的解释不外乎在某种情境下，使个人觉得受到某种威胁，而使其感到必须付出额外的精力以保持其身心的平衡，在此过程中会使人感到身心不适。压力的产生是由于压力源的存在。所谓压力源是指向个人适应能力挑战的因素或作用力，引发压力反应甚至产生疾病的力量。一般来讲，压力源主要有生理性的、心理性的、情境性的、发展性的和人际关系及社会文化等方面的事件等，一个人对压力源是否有反应主要取决于其人格、行为特征以及压力源的强度、范围和持续时间。

2. 焦虑

当个体对压力源产生反应时，往往会伴随焦虑。焦虑是指人体对真实或假想中的危险或威胁产生的心理上的紧张、害怕、恐怖或不安。它常常是个体对现存环境无法控制，对未来又不可知，从而产生一种恐惧、忧虑交织而成的迷惘感受。焦虑有轻度、中度和重度之分。轻度的焦虑如感受力、注意力、警觉性和敏感度较平常增强，从而可以增进工作和思考的效率和能力。重度的焦虑则会使效率降低，甚至可能导致疾病的发生。

3. 调适

焦虑包括了紧张和不舒服的状态，所以当个人意识到焦虑时，就会想方设法减少这种焦虑情绪，于是就会采取各种行为以改变内在及外在的压力，减轻痛苦或不愉快的感觉。调适就是指引个体维护身心恒定状态，并促进其发展的过程。与个体通过一系列解决问题的方法能够减轻其紧张感，并注意保护个人的完整性，与他人能维持和谐的人际关系时，他所采取的调适行为就是一种有效解决问题的方法。相反，当一个人使用不恰当的方式或没有能力来维持恒定状态时，就会产生适应不良甚至疾病。

（三）适应的主要表现

适应是一生一世的事情。人总是生活在社会中的人，经常要面临各种环境的变化及自身身心的发展，因而人必须提高自身的适应能力，以保持其身心健康，享受人生的快乐。人对压力的适应主要表现于四个层面。

1. 生理层面的适应

主要表现于身体局部或全身产生一些适应反应，比如疼痛、炎症等。在这一层面上，个体在无意识状态下，身体自动产生一些反应，其目的在于维持生存，但生理层面的适应在范围和种类上，都少于社会和心理层面的适应。

2. 心理层面的适应

心理层面的适应是指人们为了减轻压力，在意识或潜意识状态下采取了适应行为或防御行为。常见的适应行为有三种方式：一是直接采取行动，如听音乐、自我控制、进行创造性活动（如插花、绘画、弹奏乐器等）；二是退缩行为，远离压力源；三是折中行为，改变原来的习惯和行为方式。常见的防御行为有“酸葡萄式机制”和“甜柠檬式机制”，即为自己不合理的行为寻找到许多“合理化”的理由辩解，以减轻自己的紧张。

就适应行为和防御行为而言，适应行为才是真正解决问题的方法。在正常人的生活中，防御机制具有实用价值，的确可以减轻一个人的压力，所以当一个人找不到合适的适应行为时不妨使用防御行为。但是，如果一个人长期使用防御机制，就可能会失去许多学习新的适应方式的机会，而且也妨碍了个体面对问题的机会，从而可能导致人格失调。因此，个体应用防御机制时一定要注意适度。

3. 社会层面的适应

每个人都有自己的社会关系，如父母子女关系、兄弟姐妹关系、同学同事关系等。这些人际关系网络在帮助个体适应外界压力上，可以起到非常重要的作用。他们不仅可以提供给个体心理上的支持，而且可以帮助个体克服压力事件。

4. 精神层面的适应

主要指个体借由人生观方面的精神资源来减轻压力，如乐观豁达的人生态度会帮助个体尽快适应环境的压力。

（四）适应的标准

目前，人们对于适应的理解不同，定义不同，判断的标准也就不同，因而尚未统一。主要有以下几种标准。

1. 适应和不适应的判断标准（日本心理学家小林 1984 年提出）

（1）量的标准和质的标准：量的标准（或称平均性标准）即以普通人所显示的能力、态度、行为为标准，过分偏离了这个标准都是不适应的征兆。这种标准所存在的问题是：平均未必能保证良好；与普通人标准有多大的差异才算是不适应，适应与不适应间没有一条明显的界限。与此相对，质的标准（或称价值性标准）并不考虑与标准的差异有多大，而是与某种价值相参照，与价值不一致的就是不适应。在作判断时上述两者的标准都应考虑。

（2）心理功能的标准：如产生认知不全面，则表示实际的知觉、判断、思考能力低下，情绪上出现不安、苦恼、悲伤、愤怒等心理不快，对事物的关心、兴趣、热情程度下降或偏向。这种现象若长期持续，则可被视为心理不适应的征兆。

（3）身体功能的标准：身体功能与心理功能密切相关，若产生心理不适应，那也会产生种种身体症状，如疲劳、发烧、关节痛、痉挛、气喘、头痛、心悸、呕吐、腹痛、食欲不振、神志昏迷等症状。

（4）社会规范的标准：我们经常根据是否违反社会行为规范来判断适应与不适应行为。然而社会规范因国家民族、文化价值观而异，它是不断变化和流动的。多数人的行为、思考、思想未必是正确的。当行为与多数人相异时，应慎重判断他是否不适应。此外，心理功能与身体功能的标准都是通过不适应的临床症状来阐释的，而适应的心理功能与身体功能是何种状况，这一点尚未明确。

2. 理想的适应标准

（1）统一性：第一标准是能清除内心的矛盾，与感情活动相协调，人格的统一。

（2）自我的成熟：特别是行为的合理、有效、高效率。

（3）接受现实：即具备接受现实情况的能力，特别是接受挫折的能力。必须学习具有忍受欲求不能得到满足的耐力，放弃不可能实现的愿望，才能适应。

（4）具备适当表现情感、控制情绪的能力。

（5）具有相互信任的社会关系与人际关系。

（6）对自我负责，且具有自我控制能力，以及有能力处理个人各种生活的问题。

（7）身心健康（身体欲求得到适当的满足）。

3. 不适应的判断标准（美国心理学家拉扎罗斯 1996 年提出）

（1）长期性的、显著的心理不快。

（2）对环境、事态的认知不全面。

（3）身心组织的损伤乃至功能的障碍。

（4）脱离社会规范。

（五）大学生的适应

大学生正处于人生发展历程中各方面都正迅速走向成熟而又尚未完全成熟的时期，因而更加明显和突出地面临着内外环境的改变。

就内环境而言，大学生的一些生理指标如身高、体重、坐高、骨盆宽等，以及一些生理功能如呼吸系统和循环系统，经过 4—5 年的大学生活，到大学毕业时基本成熟了，因而大学阶段，是大学生生理方面的最后完善期。在此基础上，大学生的心理发展面临着很大的飞跃，大学生的自我意识、智力、能力、情感和意志等方面都发生了很大的变化，加之其人生价值观的确立也在这一阶段，因而大学生在心理方面面临着重大的适应问题。

在外环境方面，学校和社会环境的变化，使大学生面临着许多新的问题，其中主要包括教学内容、方式的改变所导致的学习方式的改变，人际关系的新变化，对个体能力与价值的新评价，专业与就业的问题等。这些问题能否解决取决于大学生的适应能力。

另外，大学生作为一个部分社会责任豁免期的社会人，对社会环境已经开始通过自己已有的知识和能力去判断、认同或有选择地接受一些社会现象，开始了解、关注和接触一些社会问题，这对大学生来讲同样是一个重要的新问题。由于大学生从来没有真正走向社会，所以对许多社会问题的认识和实践仍需要有良好的能力来加以适应。因而，大学生应该积极进行态度和行为方面的改善。

1. 认识和面对现实环境

当跨入大学校门之后，大学生就会发现自己的学习环境、生活环境都和中学有很大的区别。过去所学的知识、所形成的观念以及生活方式都将随自己发展而发生变化。因而大学生必须适应环境的变化，不断做自我改进的努力以跟得上生活的步调，适应于学校这一小社会。在现实生活中保持动态和弹性，是认识和面对现实环境的重要法则；在此基础上进而去了解和适应社会。学会用成人的眼光了解社会、了解世界，并且尝试用有效的适应机制来解决适应问题，这是大学生在整个大学阶段都必须认真对待的一个问题，也是大学生需培养的一种重要的能力。

2. 重新评价自己

个体对自己的认识越深刻，越能帮助自己做好调适工作。人的一生总是在无数压力、冲突和挫折中度过的，其中包括了对家庭的适应、对学校生活的适应以及对于社会的适应等，只有经过不断适应的过程，才能获得心理的成长；也只有经过这一过程，个体才能不断超越自己，不断进步，实现自己的人生价值与理想

在这一过程中，对自己的认识是个人与环境适应的先决条件。因而大学生在大学阶段要尝试了解自己的一切，包括自己的优点、缺点、能力、性格、兴趣、理想以及自己已形成的生活习惯、行为方式和即将扮演的社会角色。虽然认识自己是一项相当困难的任务，甚至可能要花一辈子的时间来了解自己、接受自己，但从这一过程中，个体能够体会到自己的现实与理想的差距，进而能坦然地接受自己的生

活，或适时适地改善自己的行为，享受生命的快乐与幸福。

3. 树立适当的人生目标

一个希望能融入学校与社会生活的大学生，必定有属于自己的生活目标与理想，并且能衡量自己的能力和现实环境的状况，确立一生努力的方向。凡是好高骛远、标新立异，不能脚踏实地生活的人，终将因为不切实际的想法而产生许多不平衡心理，影响到自己对内外环境的适应。大学生应通过对社会和自己的了解，尽早制定自己的人生目标，如具体的职业目标、生活目标以及近期更为具体的学习目标等。

三、心理体验

（一）测测你的心理适应能力

大学生心理适应能力测量量表

下面的问题能帮助你进行心理适应能力的自我判别。请认真阅读，并决定其与你实际情况的符合程度，然后从每个项目后面所附的三种备选答案中选出一个来。选“是”计 2 分，选“无法肯定”计 1 分，选“不是”计 0 分。将所有题目的得分相加即为总分。

（1）我最怕转学或转班级，每到一个新环境，我总要经过很长一段时间才能适应：是 / 无法肯定 / 不是。

（2）每到一个新的地方，我很容易同别人接近：是 / 无法肯定 / 不是。

（3）在陌生人面前，我常无话可说，以致感到尴尬：是 / 无法肯定 / 不是。

（4）我最喜欢学习新知识或新学科，它给我一种新鲜感，能调动我的积极性：是 / 无法肯定 / 不是。

（5）每到一个新地方，我第一天总是睡不好，就是在家里，只要换一张床，有时也会失眠：是 / 无法肯定 / 不是。

（6）不管生活条件有多大变化，我都能很快习惯：是 / 无法肯定 / 不是。

（7）越是人多的地方，我越感到紧张：是 / 无法肯定 / 不是。

（8）我的成绩多半不会比平时练习差：是 / 无法肯定 / 不是。

（9）全班同学都看着我，我的心都快跳出来了：是 / 无法肯定 / 不是。

（10）对他（她）有看法，我仍能同他（她）交往：是 / 无法肯定 / 不是。

（11）我做事情总有些不自在：是 / 无法肯定 / 不是。

（12）我很少固执己见，常常乐于采纳别人的观点：是 / 无法肯定 / 不是。

（13）同别人争论时，我常常感到语塞，事后才想起怎样反驳对方，可惜已经太迟了：是 / 无法肯定 / 不是。

（14）我对生活条件要求不高，即使生活条件很艰苦，我也能过得很愉快：是 / 无法肯定 / 不是。

（15）有时自己明明把课文背得滚瓜烂熟，可在课堂上背的时候，还是会出差错：是 / 无法肯定 / 不是。

（16）在决定胜负成败的关键时刻，我虽然很紧张，但总能很快使自己镇定下来：是 / 无法肯定 / 不是。

（17）我不喜欢的东西，不管怎么学也学不会：是 / 无法肯定 / 不是。

（18）在嘈杂混乱的环境里，我仍能集中精力学习，并且效率较高：是 / 无法肯定 / 不是。

（19）我不喜欢陌生人来家里做客，每逢这种情况，我就有意回避：是 / 无法肯定 / 不是。

（20）我很喜欢参加社交活动，我感到这是交朋友的好机会：是 / 无法肯定 / 不是。

说明：

35—40 分：心理适应能力很强。能很快地适应新的学习、生活环境，与人交往轻松、大方。给人的印象极好，无论进入什么样的环境，都能应付自如，左右逢源。

29—34 分：心理适应能力良好。

17—28 分：心理适应能力一般，当进入一个新的环境，经过一段时间的努力，基本上能适应。

6—16 分：心理适应能力较差，依赖于较好的学习、生活环境，一旦遇到困难则易怨天尤人，甚至消沉。

5 分以下：心理适应能力很差，在各种新环境中，即使经过相当长一段时间的努力，也不一定能够适应，常常困惑，因与周围事物格格不入而十分苦恼。在与他人的交往中，总是显得拘谨、羞怯，手足无措。

如果你在这个测查中得了高分，说明你的心理适应能力较强。但是，如果你得分较低，也不必忧心忡忡，因为一个人的心理适应能力是随着年龄的增长、知识经验的丰富而不断增强的。只要你充满信心，刻苦学习、虚心求教，加强锻炼，你的心理适应能力一定会增强的。

（二）自我心理调适的方法

大学生在身心发展过程中，有意识地掌握一些常用的自我心理调适方法，如自我暗示法等，对自我心理放松、消除适应障碍是非常有帮助的。

学习自我暗示，需要坚强刚毅的意志，要对自我及自我暗示有坚定不移的信心，并在实践中进行锻炼，使自我暗示得到恰如其分的应用。下面介绍一些具体的自我暗示的方法。

1. 冥想放松法

你可以用一件真实的物件，如某种球类、某种水果，或者手头可以找到的小块物体，来发挥自我想象的能力，具体做法是：

（1）凝视手中的橘子（或其他物体），反复、仔细地观察它的形状、颜色、纹理脉络，然后用手触摸它的表面质地，看是光滑还是粗糙，再闻闻它有什么气味。

（2）闭上眼睛，回忆这个橘子都留给你哪些印象。

（3）放松肌肉，排除杂念，想象自己钻进了橘子里。那么，想象一下，里面是什么样子？你感觉到了什么？里面的颜色和外边的颜色一样吗？然后再假想你尝了这个橘子，记住它的滋味。

（4）想象自己走出了橘子的内部，恢复了原样，记住刚才在橘子里面所看到的、尝到的和感觉到的一切，然后做 5 遍深呼吸，慢慢数 5 下，睁开眼睛，你会感觉到头脑清爽，心情轻松。

2. 自主训练法

又叫适应训练法，其中较简单的一种方法如下：

（1）取坐姿，把背部轻轻靠在椅子上，头部挺直，稍稍前倾，两脚摆放与肩同宽，脚心贴地。

（2）两手平放在大腿上，闭目静静地深呼吸 3 次，排除杂念，把注意力引向两手和大腿的边缘部位，把意念排导在手心。

（3）不久，你会感到注意力最先指向的部位慢慢地产生温暖感，然后逐渐地扩散到手心全部。这时，你心里可以反复默念："静下心来，静下心来，两手就会暖和起来。"

（4）做 5 遍深呼吸，慢慢数 5 下，睁开眼睛。

（三）团体心理游戏

1. 寻人行动

（1）活动目的。

① 通过"寻人游戏"让学生学习主动交往。

② 学生在交往中介绍自己、了解他人，发现共同的兴趣爱好。

（2）活动时间。

约 25 分钟。

（3）活动道具。

"寻人信息卡"、笔。

（4）活动场地。

室内、室外均可。

（5）活动程序。

① "寻人行动"要求学生根据"寻人信息卡"上的信息，在 10 分钟内找到具有

该特征的人简单交流后签名。

② 大家交流“寻人信息卡”，看看谁的签名最多。主持人邀请有代表性的学生进行全班交流，如签名最多的和某一特征签名最少的。

③ 交流完毕后，主持人在全班梳理信息，请具有同一特征的人站立一排相互介绍与交流。

寻人信息卡

序号	特征	签名	序号	特征	签名
1	穿 39 码的鞋		17	戴眼镜	
2	会打乒乓球		18	补过牙	
3	有白发的人		19	穿黑色袜子	
4	喜欢听古典音乐		20	喜欢唱周杰伦的歌	
5	去过北京		21	喜欢上网聊天	
6	骑自行车上学		22	当过志愿者	
7	身高 170 厘米		23	网络游戏高手	
8	妈妈是教师		24	有住院开刀的经历	
9	校运动会获过奖		25	体重 54 公斤	
10	读过韩寒的书		26	喜欢红色	
11	参加过爱心捐款		27	喜欢爬山	
12	未来理想当医生		28	不是本地人	
13	四月出生		29	爱养小动物	
14	色盲、色弱者		30	处女座	
15	天蝎座		31	喜欢心理学	
16	擅长游泳		32	崇拜贝克汉姆	

（6）注意事项。

① 本游戏可以在陌生群体中进行，通过游戏学会主动交往与沟通。也可以在同班学生中进行，通过“寻人”活动，增强同学之间的进一步了解。

② 在一个栏目中可以签不止一个人的名字，看看谁签的名字多。主持人要求签名人进行确认，防止虚假、混乱信息。

③ 符合同一特征的学生相互交流后，派一名代表向全班分享。

④“寻人信息卡”中的信息根据学生的实际特点可以增减。

2. 撕纸

游戏规则：

（1）把纸张水平对折。

（2）把纸张垂直对折。

（3）撕下折叠过纸张的一个或多个角后继续下一个指令。

（4）把经过多次折叠和撕角处理的纸张展开，与临近的参与者做对比，看最终展开来的纸张平面的几何形态是否相同或相似，并把结果报知主持人，以便统计结果来阐述问题。

思考：大家觉得很奇怪，相同或相似的怎么这么少，怎么是五花八门的啊，为什么呢，问题出在哪里了呢？首先我的指令肯定不会错吧，我们听得很清楚所以不会听错，然后我们是不折不扣地按指令执行的，但同样的前提下结果怎会不一样呢？其实问题就出在我们每个人对指令的理解上了，听到同样的指令，但每个人对指令理解不一样就会出现我们看到的结果。个人分析有以下几个原因：

（1）世界上没有绝对相同的两个人，即便是思维方式绝对相同的也没有。

（2）每个人社会背景不同。

（3）每个人文化背景也不同。

（4）每个人观念不一样。

（5）每个人习惯不同。

还有其他诸多因素，所以才会产生这种指令畸变事故，引申之，就是即便是同一件事、同一个人、同一个物，抑或是众所公认的真理和公理，不同的人对其的理解和评价都不会是一样的。

启示：

① 与人沟通或交往时，如果能换位思考问题，能站到对方立场上想问题，则你很容易和对方达成共识；

② 如果双方的感受能使彼此感同身受的话，则沟通是成功的；

③ 当一件事不能用语言完全表达出来的话，让事实说话吧；

④ 最重要的启示，一个完美的团队，其灵魂应该是所有成员彼此产生的“默契”感。而默契应该是长期通力合作培养出来的。

四、拓展阅读

请按一下九层

这是全市最忙的一部电梯，上下班高峰时期，和公共汽车差不多，人挨着人。上电梯前和公司的人力资源总监相遇，说笑间，电梯来了，我们随人群一拥而进。每个人转转身子，做一小小的调整，找到了一种相对融洽的关系。

这时，一只胳膊从人缝中穿过来，出现在我的鼻子前头。我扭头望去，一个小伙子隔着好几个人，伸手企图按电钮。他够得很辛苦，好几个人刚刚站踏实的身子不得不前挺后撅，发生了一阵小小的骚动。

那个人力资源总监问道："你要去哪一层？""九层。"有人抬起一个手指头立刻帮他按好了。没有谢谢。

下午在楼道里又碰到那个人力资源总监。"还记得早上电梯里那个要去九层的小伙子吗？"她问我。

"记得呀，是来应聘的吧？"

九层，人力资源部所在地。

"没错。挺好的小伙子，可我没要他。""为什么？"

"缺少合作精神。"她露出一副专业 HR 的神情，"开口请求正当的帮助对他来说是件很困难的事情，得到帮助也不懂得感激，这种人很难让别人与他合作。"

我点头称是。追求独立是好事，但太过了，就成了缺乏合作精神，独立的意志就不再受到尊重。推而广之到企业之间的合作，比独立更深了一层意思——利益，追求自身的利益是应该的，但太过了，就造成了无法与人合作的局面，于是自身的利益也追求不到。

国际上许多行业内部的两个企业强强合并最常见，出发点就一个，经过联合形成更大的力量，对两个公司都有好处。在中国很难看到这样的事情，收购兼并的基本形式是好公司收购破公司，大公司收购小公司，但凡自己能坚持下去，就决不与人合并。中国人在追求各自利益的独立性上太过执着。

如果那个小伙子坦然而自信地说一句"请按一下九层"，结果会怎么样呢？大家不但不会反感他的打扰，而且帮助他的人还会心生助人的快乐，最后他也能得到想要的工作。

日本著名企业家清水说："所谓经营，其根本应该是使自己与他人都高兴。"

（卢青）

第三节　破茧成蝶——自我蜕变

为了尽快适应大学学习生活，新生应积极调整心态，对自己的认识也要经过一个重新调整的过程。不要因为生活环境不适应而产生失望感，不要由于人际关系不适应而产生孤独感，也不要由于在中学时的优势消失而产生失落感。在充分认识自我的基础上确定符合自己的发展目标，同样的起点，却不一定有同样的终点。如果不愿意留下终身的遗憾，就必须积极行动起来，将自己理想的目标一步步变成现实。

一、心理案例

案例一：那片绚烂让我着迷

成绩优异、自信满满的小张快崩溃了——就在他拿到某二本院校录取通知书的那一刻。要知道他可是学校重点培养的清华北大的苗子，然而过大的压力与随之而来的考试焦虑让他高考发挥失常，一下从天堂落入了地狱。背负着沉重的思想负担，带着抑郁的心情，他来到了一点都瞧不上的大学，他看身边的人都是一副居高临下的姿态。“怎么跟这些人混在一起了？我可不要跟他们一起，划清界限，我有我的理想，他们是不可能理解我的。”带着这样的想法，小张独来独往，拒绝与人交往更拒绝参加班级活动，同学们也对他越来越疏远，连辅导员找他谈话小张也是敬而远之，采取回避的态度。然后一学期下来，由于高中与大学学习方法的差异，小张并没有考到理想中的第一名，带着愤怒与不解，小张敲开了辅导员办公室的大门。

案例二：E世界我做主

小郭是一位成绩好又特别帅气的男生，由于担心进入大学电脑技术不过关，与其他同学有差距，所以在高考完的那个暑假天天“挂”在网上，但与当初熟悉电脑基本操作的初衷相距甚远：他的“网瘾”越来越大！现在开学上课了，还是难以自拔，特别痛苦，导致平日里无精打采，一上网就处于亢奋状态，每天虽然告诫自己不要泡网了，可一到傍晚，还是不由自主地走进网吧，一玩就玩到了凌晨，想停也停不下来。一学期下来成绩一塌糊涂，一片挂红，学校已向他发出除名的警告，同意让他试读一学期，父母为了管住他，甚至在学校附近租了房子住下来，就这样每天处于父母的监督之下，上课更是很难听进去，他该怎么办呢？刚进入大学的你是否也有些轻微的“网络依赖症”呢？

二、心理辅导

案例二中的小郭正是目前部分大学新生的真实写照，这些学生足不出户，多数情况下靠网络与外界沟通交流，网络确实影响和改变了人们的生活，包括大学生们。但是网络毕竟是虚拟世界，很多东西可以在网上实现，但毕竟人是活在现实生活中的，长期“生活”在网络中，缺乏人和人之间在现实中的真实交往，当回到现实生活中时，往往因会不适应而显得格格不入。因此，大学生们既要很好地运用网络，但又不能过分依赖它，把握好其中的度十分必要。特别是刚进入大学，无法从以前的生活状态中很快脱离，就像案例一中的小张，如何更快地适应大学生活呢？首先来分析一下大学生常见的问题想法。

（一）大学生常见的问题想法

1. 对自我

（1）我个子矮，别人肯定瞧不起我。

（2）我长得不漂亮，肯定没人喜欢我。

（3）我没有一点长处，真是没用。

（4）我家境贫寒，根本找不到自信。

（5）我从未当过班干部，说明我没有这方面的能力。

（6）我不敢在众人面前说话。我是个胆小的人。

（7）我最怕写作文，所以我天生缺乏写作才能。

换一种想法：个子矮又不是我的错，是父母给的遗传，父母也有道理，让我行动灵活，节约能量；长得不漂亮，所以我朴实，别人愿意与我交往；长处短处是相对的；贫寒给我奋进的动力；领导能力，没试过怎么知道；我在某某方面很胆大，不敢在众人面前讲话是因为这方面经历少；写作文不用怕，怎么想就怎么写，写多了写作能力就提高了。

2. 对人际交往

（1）我必须与周围每个人搞好关系。

（2）应随时随地防备他人，言多必失。

（3）接受别人的帮助，必须立即予以回报。

（4）人都是自私的，不可信任的。

（5）我是善良的，别人都应该对我好。

（6）只有顺从他人，才能保持友谊。

（7）别人对我好，是想利用我或占我便宜。

（8）有些人自私、自利、斤斤计较，他们应该受到指责和惩罚，我不能与他们来往。

（9）朋友之间应该坦诚，所以不应有保密的事。

（10）如果有一人对我不好，说明我的人际关系有问题。

（11）应随时思考别人是否有兴趣与我交往。

换一种想法：我热情大方友善乐观，与周围人的关系自然不会差；给人信任，别人就会还一份信任给你；真心给你帮助的人，看到你高兴就满足了，其实并不期待什么回报；立即回报，好像承受不起（不愿承受）别人的帮助似的；世界上还是好人多，人心都是肉长的；我努力对别人好，别人对我怎么样，那只能由他决定；相互理解相互尊重，友谊才能长久，有不同意见就直说正是做朋友的责任；所有对我好的人我都心存感激，当然我能区别真好还是假好；自私自利的人很可怜，他得不到不该得的利益时，其实已经失去很多；再好的朋友也有难以启齿的事；最好是人人都对我好，做不到也勉强不得；应经常反省自己是否可以做得更好。

3. 对挫折

（1）一旦这种事情（如退学、失恋、受处分等）发生在我身上，那我的一切就完了。

（2）与其冒失败的危险，还不如不干。

（3）我从来没有失败过，失败一定非常可怕，我会受不了。

（4）别人的看法是非常重要的，一旦失败，外界一定会议论纷纷。

（5）人只能成功不能失败，失败就是弱者。

（6）任何事情，只要去做，就应该做得彻底而完美。

（7）一个人犯了错误，有了污点，那么一辈子也无法抹掉。

换一种想法：大胆尝试才知道能不能成功。多经历几次失败，我会更成熟。虽然失败，曾努力，重在参与。失败者，成功之母。事有轻重缓急、大小远近，事事追求完美，是不可能的。谁也免不了犯错误，区别在于能否从错误中获得智慧，不再犯同样的错误。

换一种想法还有一个更有意义的角度，那就是：如果你习惯以自己的标准看待他人，你就试着站在他人的角度看看自己；反之，如果你习惯以他人的标准衡量自己，那你就试着找找自己的长处、自己的优势，再拿它去看看别人。认识自己与认识他人是密切相关的统一体，只用一种角度看自己和看别人都不一定是正确的，理性的、高妙的、有益的想法，必来自“知己知彼”，必来自“将心比心”。

有的人只看到他人的长处，看不见自己的长处，或者觉得自己的长处是无足轻重的、暂时的，别人的长处却是实在的、重要的。这就会导致自卑，自卑的人自尊心特别容易受伤害。也有人是看不见他人的长处，只对自己的长处洋洋得意，出口就自吹自擂、贬低他人，这叫作自傲。自傲的人伤了别人他却不知道，他不明白为什么自己不受欢迎，越不受欢迎，他就越“傲”，最后就变成了“另类”。其实，人人都是父母生的，谁也不必自卑，不必自傲，谁都是有血有肉有尊严，有优点长处也有缺点短处的，都是独一无二的人类的一分子。

（二）应对适应困难所引发的心理问题

1. 失落心理——坚强

生活中，我们时常会陷入这样那样的失落之中，就像有一种有形或无形的力量，强行剥夺走原本属于你的某些非常重要的东西，让你难过、懊恼、消极、自责、怨恨……“过去的我是多么优秀，样样都出色，可到了这个城市，只能一声叹息！”“我曾经是老师身边的红人，可是新老师面前，无论怎么努力都得不到重视，怎么办？”“以前大家都喜欢我的热情、幽默，可现在朋友们却一个个都不爱理我了，我不知道自己做错了什么。”……

在局外人看来，失落感是因为“重要”的东西被强行夺走，并且自己“无力回天”。可为什么有的人经常产生失落感，而有的人却不怎么容易产生失落感，或者说能很轻松地战胜失落感呢？细想一下，这些表面上看起来所谓“不可抗拒或改变”的失落，其实很容易被战胜或打破，那就是：克服内心的恐惧、惰性、虚荣和脆弱。强烈的失落感，会使人沉浸在痛苦的感情中，忘掉了如何去改变、战胜自己所面临的生活危机。因此，一个人一旦被强烈的失落感所左右，他就会在哀伤和痛苦中苦苦挣扎，整天沉湎于消极情绪之中，甚至忘掉了以后“该做什么”和“怎么去做”，最后，只会被痛苦的失落感所压垮。

因此，并不是失落有多么可怕，而是同学们脆弱的心害怕，懒得、不愿意去改变自己，适应现实。总是留恋于美好的过去，就给“失落”留下了更多的机会。甚至忘了提醒自己：只要接受现实，树立新的目标并为之努力、结交新的朋友并真心相待、投身有意义的工作并热爱它，大家就能走出失落的深渊，创造全新的生活。总是失落的人，内心必定是脆弱的。因为失落的原因只不过是你的“心魔”，是看似可怕、实际一捅就破的“纸老虎”。正确的态度是：从失落中检视自己，感受和学习生命的真谛，从中发掘出珍贵的人生。

2. 自卑羞怯心理——不断尝试

有意识地多与周围的人接触，在和别人交谈中不要踌躇、畏缩，要相信自己说的话和别人说的话是同样重要的。和别人接触时，多想到自己的优点和长处，忘掉你自认为可能的缺点和弱点，甚至不妨把优点列成表，每天提醒自己，以增强信心，克服自卑感。事先想好你想说的话，大胆地表达自己的思想，显示自己这方面的经验和技能。多做深呼吸，如果您在人多的场合感到羞怯、恐惧时，可以立刻做几次深呼吸，把注意力从自己身上转移开，听听他人的谈话。要牢记住，别人也与你一样关心着自己留给周围人的印象，每个人都有不同程度羞怯心理。事实上，可以说没人真正彻底地克服了羞怯心理。但是，大多数人学会如何带着它一起生活。向别人开放不是一件容易的事，甚至像政治家、名演员这样一些大部分时间都在众目睽睽下度过的人也承认，面对公众时，也常出现羞怯感，他们每天都在同羞怯心理作斗争。努力克服和控制着羞怯心理，会带来很多好处，其中最主要的是向别人提供一个进一步了解你、关心你的机会。

无疑，在克服羞怯心理的初期，羞怯者会有不自然甚至难受的感觉，但一旦成功克服羞怯心理，便会在和别人交往方面铺上平坦的道路。实际上，克服羞怯心理并不困难，人类是地球上最高级、最有智慧的生物。

（1）将自己的内心活动用文字记载下来，找出真正使你害怕的根源。

（2）写个脚本，把自己想象成为戏剧中的一个大方沉着的角色，事先进行训练。

（3）社交前先来一番社交侦察，或者找几个兴趣相投的朋友聊一聊。

（4）注意自己身体语言表露出来的信息，尽量使你显得热情大方，易于接近。

（5）敞开心扉，说出你的隐忧，你的心理顾虑肯定会减轻不少。

（6）设想一下最坏的结果，你会发现事情并非你想象的那么可怕。

（7）循序渐进，逐步树立自己的信心。

羞怯心理一般由两种情况引起，一是过分低估自己的能力，或对自己期望过高；二是过分考虑自己将给别人留下的印象，担心会因此而被别人看不起，这种患得患失的心情，就会导致羞怯心理的出现。

如果是因为我们对自己没有信心而造成的羞怯，那就应该着重培养自己的自信心。比如，去参加一次野外生存训练，或在别人的指导帮助下完成一件过去想都没有想过的事，并逐渐达到可以自己完成的程度等。这些都可以帮助我们树立自信心，摆脱羞怯的心理。

当然，你勇敢迈出一步时，不是所有的人都会给你打气鼓劲，而在你尝试过后，也有可能是失败，但如果没有尝试过，你就永远无法克服羞怯的心理。一旦你能够克服这种羞怯心理，你的生活将变得更加潇洒自信，阳光灿烂。

（1）永远不要无缘无故把自己说得一无是处。也许你有做错事的时候，例如说错话，但这并不表示你是笨拙的，也许你有缺点，但也没必要感觉自己目光短浅、丑陋。

（2）了解自己的优点和缺点。找些小卡片，把它们分成两种颜色：一种代表优点，另一种代表缺点，每张卡片上写一个优点或缺点。然后检查一下哪个优点还没发挥，怎么去发挥这个优点；哪个缺点是你可以不在乎且可以忽略的，把这些可以忽略的、不在乎的缺点丢掉。这样做你就不会过分保护自己，能使你集中发挥自己的优点，克服自己的缺点。

（3）试着坐在人群的中心位置。害羞的人常喜欢躲在角落，免得引人注目，但同时也证实了“没人关心自己”的想法。改掉这个习惯，让别人有机会注意你、关心你。

（4）有话大声说。害羞的人说话都很小声，不妨把你的音调提高，你就会更加相信自己有权说话。

（5）别人跟你讲话时，眼睛要看着对方，害羞的人常常忘了这一点。当然不必瞪着对方，但至少要让对方知道你是在倾听。

（6）别人没有应答你的话时，要再重复一遍。不要替自己找理由说是别人对你的话不感兴趣。

（7）别人打断你的话时，要继续把话说完。我们讲话时常会被打断，而害羞的人有时还会用动作来造成别人打断他的话，就好像那正是自己所期望的事。有时对方插话也表示他对你说的话很感兴趣，所以下次不要把中断谈话当作借口而逃出人群。

其实就这么简单——正确看待自己，大声说话，看着对方，让别人注意自己……就像改变其他行为一样，刚开始时总觉得不好意思，觉得还是回到老样子舒服些。这时你不妨先将一切担心往好的方面想，最重要的是不要在乎那些恐惧心理，慢慢地就会发现自己变成了另外一个人。一般人总认为是有了勇气才去行动，恰恰相反，对害羞的人来说是有了行动才会有勇气。

因此，心动不如行动，只要去做，你就会变得越来越自信。

3. 焦虑心理——乐观，转移注意力

首先来明确一下焦虑症的概念：焦虑是指一种缺乏明显客观原因的内心不安或无根据的恐惧。预期即将面临不良处境的一种紧张情绪，表现为持续性精神紧张（紧张、担忧、不安全感）或发作性惊恐状态（运动性不安、小动作增多、坐卧不宁，或激动哭泣），常伴有自主神经功能失调表现（口干、胸闷、心悸、出冷汗、双手震颤、厌食、便秘等）。焦虑症分轻度和重度。轻度焦虑症主要表现为心神不定、坐卧不安、搓手顿足、注意力无法集中、惊慌失措等；另外还有失眠、早醒、梦魇等睡眠障碍；手抖、手指震颤或麻木感；月经不调、食欲减退、头昏眼花等。焦虑症很常见，国外报告一般人口中发病率为4%左右，占精神科门诊的6%—27%。

焦虑的产生，有两种原因：一是由生活中的压抑和挫折而产生，二是由自身过度的欲望和追求而产生。克服焦虑可以通过一些自我心理调节来实现。

（1）睡眠充足。

多休息及睡眠充足是减轻焦虑的一剂良方。

（2）保持乐观。

当你缺乏信心时，不妨想象过去的辉煌成就，或想象你成功的景象。你将很快地化解焦虑与不安，恢复自信。

（3）幻想。

这是缓解紧张与焦虑的好方法。幻想自己躺在阳光普照的沙滩上，凉爽的海风徐徐吹拂。试试看，也许会有意想不到的效果。

（4）深呼吸。

当你面临情绪紧张时，不妨做深呼吸，有助于舒解压力消除焦虑与紧张。

（5）转移注意力。

假使眼前的工作让你心烦紧张，你可以暂时转移注意力，把视线转向窗外，使眼睛及身体其他部位适时地获得松弛，从而暂时缓解眼前的压力。你甚至可以起身走动，暂时避开低潮的工作气氛。克服焦虑症最有效的方法，关键在于自我的坚持与努力。焦虑症是一种心理疾病，想轻松克服，还须从根本上解开心病，还须长期的维持式自我调节。

4. 抑郁心理——制定目标

新生入校，面临各方面的不适应，如果应对方法不得当，很容易造成心理和身体的反常表现。面对这种情况，人们往往相当苦恼，急于摆脱却又不知该从何处着手，只能茫然地等待。其实，人的情感、思维和行为是相互关联的，最易于自我控制加以改变的是行为。因此，当情绪不佳时，可以通过主动改变自己的行为而间接地改善自己的情绪。以下介绍一种行为治疗的方法，只要能够按照要求完成，你的生活一定会重新绚丽起来：找一件以前一直很喜欢但已经很久未做的事情，制订一个切实可行的计划并完成它，逐渐增加生活中有意义的活动。随着活动的增加，你会发现：你可做的、能做的事情很多，你对生活的兴趣会逐渐恢复。

（1）制定一个切实可行的目标。

这个目标要可行，也就是说，外在条件和自身条件都要具备。最初的计划要比较易于实现，需要的时间、精力比较少。如果这个过程所需要的时间和精力太多，在你对什么都不感兴趣的情况下，你半途而废的可能性比较大。如果你住在内陆省份，就先别计划游进大海；如果你只在游泳池里游过泳，就不要计划横渡琼州海峡。这些目标对目前的你而言太远了些。

现在，我们假定你的目标是“今年夏天学会游泳”。这个目标可行吗？可行的，因为我有好几个朋友都是一个夏天就学会了游泳，他们并不是运动天才；我知道离家不远有个游泳场，开设有游泳课程；我有参加游泳课程所需的这笔钱；这个夏天我有时间。

（2）对你的目标精确定义。

只有目标明确，你才能判断是否达到了目标。否则，你总有办法对自己说：“我失败了。”为了重新对生活充满信心，你需要成功的体验。因此，在实施这项行为治疗的过程中，你要确保你会有一次又一次的成功，使你相信你才能力做到你想做到的事情。所以，请你精确定义你成功的标准。“今年夏天学会游泳”，“今年夏天”是指什么时候？ 2015 年 6 月—9 月。哪种游泳方式？蛙泳。怎样才算是学会？能不借助于任何辅助工具游 100 米。好了，9 月 30 日，你可以依据这些标准检验你的目标是否达到了。

（3）将你的行动计划划分成足够小的步骤，确保你的计划一定可以完成。

为你的目标制定一个详细计划，计划的每一步要达到的目标都足够小，以确定你一定可以做到。比如，你第一步的目标可能是：确定游泳课的上课时间。你可能对这个目标嗤之以鼻，觉得太轻而易举了。但对于某些抑郁症很重的人而言，能打起精神做这件事也很不容易了。记住，在确定每一个分目标时，要确保你一定可以完成。每完成一个目标，你就胜利了一次，每一次成功会令你的自信逐渐增长。如果你定的分目标太大，就难免失败，一次又一次的失败会打击你的信心，也许，几次失败之后，你就会对这个计划完全丧失兴趣和信心，半途而废，重又返回到以前什么事也不要做的状态之中去了。

（4）用自己的行为定义是否成功。

换言之，目标中不要牵涉到他人的行为。如果你的目标是与人交往，注意不要制定这样的目标：下课后和小李一起喝咖啡。这个目标的不当之处在于：这个目标能否实现取决于小李是否接受你的邀请。你可以控制自己的行为，但不能控制别人的行为。因此，你的这个目标违背了上一条原则，你并不能确定这个目标一定可以实现。依据确保成功的原则，你可以这样修改目标：下课后，邀请小李一起喝咖啡。只要你开口邀请过，那你就成功了。至于小李的反应，并不重要；而邀请技巧就是另外一个问题了。

（5）目标中不要有情感成分。

在这个计划中，重要的是做，而不是你在做的过程中的感受。你可以控制自己的行为，但不能直接控制情绪。而在抑郁状态下，你很难从任何活动中得到愉快的感觉。情绪会受到行为的影响，但这种影响并不是即刻起作用的，需要一定的时日。因此，如果你一定要感到愉快才算是成功，那么，你很可能会失败。不要制定这样的目标："我要愉快地游两圈"，只要"我要游两圈"就足够了。

以上是主要的原则，你可以开始制定和实施你的计划了。如果你在某一时刻失败了也不必焦急，头一次尝试时，失败是在所难免的。再回头看一看这五条原则，找出你的错误所在，加以改正。相信你一定会战胜抑郁，生活得多姿多彩。

5. 茫然心理——坦然面对

茫然是对自己的生活环境一无所知，对自己的行为的结果不能确定而产生的心理体验。一个人到了新环境，不知道怎样交往，怎样应对，无所适从。常常把寻找社会稳定性、社会安全性、社会确定性作为自己行为的主要动机，就像一个生活在黑暗中的人迫切需要阳光一样，迫切希望自己能够生活在一个清晰稳定的世界。

新环境，乱环境，都会让人可以产生茫然体验。青年人身上较容易产生茫然的感受和体验，特别是刚毕业的大学生，常常这样感慨。刚刚从相对单纯学校出来，面对的一个极其复杂的社会，其挑战性远远大于他们的适应能力。人生的定位，工作的寻找，单位的确定，房屋的居住，朋友的归属，婚姻的探索，经济的收入，等等，一系列重要的、影响未来的挑战在面前。而大学生的人生资源极其有限，口袋空空，经验缺乏，阅历简单，人脉很少。他们可能有的资源就是：一张文凭，一个理想，一股热情，一片纯真。以这样有限的资源去应对强烈的挑战，自然会产生茫然心理体验，其实这也是正常的体验。毕竟多少成功人士，都会有这样的经历。人生的道路，就是从茫然到清晰，再从清晰到茫然，循环往复的过程。正确应对茫然，以积极的人生追求、矢志不移的意志、吃苦耐劳的精神，发挥优势、能力，不断积累资源，就会逐渐看到人生曙光、未来道路。我们也必须看到，人生的茫然，说明人生充满许多可能性，人生没有了茫然，就差不多定性了，直到盖棺定论。所以，从某种意义上说，人生需要一点点茫然，或许永远需要茫然，这是使我们不断追求的动力。

小视窗

移山大法

有这样一则故事：一位大师隐居几十年就练就了移山大法，有一天，有人找到大师，请他当众表演一下，大师对着一座山念念有词，然后大声叫道：“山过来，山过来……”可那座山仍然屹然不动。大师于是走向了那座山，说道：“山不过来，那我就过去吧，这就是移山大法。”

（三）改变自己

1. 我是最棒的，我一定会成功

有人曾经做过这样一个实验：他往一个玻璃杯里放进一只跳蚤，发现跳蚤立即轻易地跳了出来。再重复几遍，结果还是一样。根据测试，跳蚤跳的高度一般可达它身高的400倍左右，所以说跳蚤可以称得上是动物界的跳高冠军。

接下来实验者再次把这只跳蚤放进杯子里了，不过这次是立即在杯上加了一个玻璃盖，“嘣”的一声，跳蚤重重地撞在玻璃盖上。跳蚤十分困惑，但是它不会停下来，因为跳蚤的生活方式就是“跳”。一次次被撞，跳蚤开始变得聪明起来了，它开始根据盖子的高度来调整自己所跳的高度。再一阵子以后呢，发现这只跳蚤再也没有撞击到这个盖子，而是在盖子下面自由地跳动。

一天后，实验者开始把这个盖子轻轻拿掉，跳蚤不知道盖子已经拿掉了，它还是在原来的这个高度继续地跳。三天以后，他发现这只跳蚤还在里面跳。一周以后发现，这只可怜的跳蚤还在那个玻璃杯里不停地跳着——其实它已经无法跳出这个玻璃杯了。

现实生活中，是否有许多人也过着这样的“跳蚤人生”呢？年轻时意气风发，屡屡去尝试成功，但是往往事与愿违，屡屡失败。几次失败以后，他们便开始不是抱怨这个世界的不公平，就是怀疑自己的能力，他们不是不惜一切代价去追求成功，而是一再降低成功的标准——即使原有的一切限制已经取消。就像“玻璃盖”虽然已经不在了，但他们已经被撞怕了，不敢再跳，或者已经习惯了，不想再跳了。人们往往因为害怕而不去追求成功，甘愿忍受失败者的生活。难道这只跳蚤真的不能跳出这个杯子吗？绝对不是。只是它的心里面已经默认了这个杯子的高度是自己无法逾越的。让这只跳蚤再次跳出这个玻璃杯的方法十分简单，只需要拿一根小棒子突然重重地敲一下杯子；或者拿一盏酒精灯在杯底加热，当跳蚤热得受不了的时候就会跳出去了。

人有些时候也是这样。很多人不敢去追求成功，不是追求不到成功，而是因为他们的心里也确认了一个“高度”，这个高度常常暗示自己：成功是不可能的，这个是没办法做到的。“心理高度”是人无法取得成就的根本原因之一。要不要跳？能不能跳过这个高度？我能不能成功？能有多大的成功？这一问题的答案，并不需要等到事实结果的出现，而只要看看一开始每个人对这些问题是如何思考的，就已经知道答案了。

不要自我设限。每天都大声地告诉自己：我是最棒的，我一定会成功！

2. 我是一切的根源

“ABC 情绪理论”认为：我们的情绪主要根源于我们的信念，以及我们对生活情境的评价与解释。

有两个秀才一起去赶考，路上他们遇到了一支出殡的队伍。看到那一口黑乎乎的棺材。其中一个秀才心里立即“咯噔”一下，凉了半截，心想：完了，真触霉头，赶考的日子居然碰到这个倒霉的棺材。于是，心情一落千丈，走进考场，那个黑乎乎的棺材在脑海里一直挥之不去，结果，文思枯竭，名落孙山。另一个秀才也同时看到了，一开始心里也“咯噔”一下，但转念一想：棺材，棺材，噢！那不就是有“官”又有“财”吗？好，好兆头，看来今天我要鸿运当头了，一定高中。于是心里十分兴奋，情绪高涨，走进考场，文思泉涌，果然一举高中。回到家里，两人都对家人说：那“棺材”好灵。

正如叔本华所说：事物的本身并不影响人，人们只受对事物看法的影响。我们可能无法改变风向，但我们至少可以调整风帆。我们可能无法左右对事物的看法，但我们至少可以调整心情。

无数事实告诉我们：一切结束的根源常常不是事物的本身，而是有权对该事物作出不同评价与解释的我们自己——我是一切的根源！让我们不再报怨，因为我是一切的根源！

3. 我是我认为的我

有个女孩，总觉得自己不讨男生喜欢，有一点自卑。

一天，她偶尔在商店里看到一支漂亮的发卡，当她戴起它时，店里的顾客都说漂亮。于是她非常高兴地买了下来，并戴着它走回学校。接着，奇妙的事情发生了，许多平日不跟她打招呼的同学，纷纷来跟她接近，男孩子也约她出去玩，更有不少人向她表示好感，原来死板的她似乎一下子变得开朗、活泼多了。这位女孩心想，都是因为她戴了这支奇妙的发卡，随即她想到店里似乎还有很多其他样式的发卡，应该再去买来试试。于是有一天放学后，她立即跑到那个商店。岂知店老板笑嘻嘻地对她说："我就知道你还会回来拿这个发卡。我早就发现它躺在地上时，你已经上学去了，所以暂时替你保管了。"

这时她才发现其实她根本就没有带什么神奇的发卡。

可见：

有什么样的自我期望，自然就有什么样的信念；

有什么样的信念，你就会选择什么样的态度；

有什么样的态度，你就会有什么样的行为；

有什么样的行为，你就会有什么样的结果。

因此：

要想结果变得更好，先让行为变得更好；

要想行为变得更好，先让态度变得更好；

要想态度变得更好，先让信念变得更好；

要想信念变得更好，先让自己选择更好的自我期望。

4. 没有失败，只是暂时没有成功

一生有 1000 多项发明的爱迪生在发明灯丝的过程中，曾试用了 1600 种材料都失败了，有人讽刺他说："听说你又失败了？"爱迪生说："不是失败了，是我已经证明有 1600 多种材料不适合做灯丝。"

一度片酬高达 5000 万美金的好莱坞巨星史泰龙，年轻的时候在好莱坞跑龙套，一天只能挣一美金。为了生活他又到拳击馆去当陪练，每次都被打得鼻青脸肿。后来，他立志要当影星，于是四处自我推销，被人拒绝 1850 次仍没放弃。最后，他终于在电影《洛基》中担任主角。从此，一炮走红，并成为"自我超越、顽强拼搏、个人奋斗"的美国精神的象征。在史泰龙的眼里，这个世界上没有失败，只是暂时没有成功。

肯德基快餐店的老板是山德士上校，65 岁开始创业。起初他是向人推销他的炸鸡秘方，目的是为了拿点现金作创业资本或赚份收入，没想到，推销了1029次都没有卖出去！最后，被逼无奈，只好干脆自己创业。因此，就有了今天的肯德基神话。在山德士上校的眼里，这个世界上没有失败，只是暂时没有成功。

可见，在成功者的字典里，没有“失败”二字，只有“暂时没有成功”。

5. 过去不等于未来

曾有人问三个工人：“你们在做什么？”

第一个工人说：“砌砖。”

第二个工人说：“我正在做一件每小时能赚9美元的工作。”

第三个工人说：“我嘛，我正在建造世界上最大的教堂。”

后来。第一个工人当了一辈子建筑工人，第二个工人做了小商人，第三个工人则成为一家大建筑公司的老板。

一个人对自己平凡的工作有着不同的心态。第三个工人对自己的工作充满热情，认为自己的工作虽然普通，但十分伟大。而其他两人，则认为自己的工作不重要，只是赚钱吃饭。抱着这样的态度，平凡的工作对他们来说只是苦役，他们的人生也会黯淡无光。

我们的今天是由过去所决定的，而我们的明天则不由过去决定，是由今天所决定的。过去不等于未来。

过去的成败，只代表过去，未来要靠现在。过去成功了不等于未来会成功，过去失败了，也不等于未来就要失败。成败都不是结果，它只是人生过程中的一个事件。人生最重要的不是你从哪里来，而是你要到哪里去。不论过去怎样不幸、如何平庸，都不重要，重要的是你对未来必须充满希望。只要你对未来保持希望，你现在就会充满力量。

现在就做一个决定：明天，我想成为什么样的人。

6. 说“我行”“我能”

爱默生说过一句名言：“相信‘能’的人就会赢！”这句话为许多成功人士的经历所证实。相信能的人，就会信心百倍，坚定不移，排除万难去达到目标，去争取胜利。相信不能的人，就会灰心丧气，裹足不前，不去努力，等待失败。这是因为，我们的头脑就像一个“思想工厂”。工厂里每天都生产数不清的想法。头脑工厂的思想生产由两位总管把握，一位叫“胜利”先生，一个叫“失败”先生。“胜利”先生主管主动积极的思想产生，他不断产生出光明的、向上的、积极的、肯定的、鼓舞人前进成功的思想，他不断提出你能够做某件事，能做好某件事，能取得成功，他不断提醒并为你证明：你能，你行，你可以成功，你一定会胜利！另一位总管叫“失败”先生，他主管生产消极的、反面的、否定的思想。他不断产生“你不行”“你不能”“你一定失败”的思想，他不断对你提出“这事不可能成功”“那事会失败”“你没能力”“没水平”“不能做某件事”等理由，他总是对你说：你不行，你会失败！

两位先生对你都十分恭顺，他们随时以你的意志为转移。你只要给他们一个微弱的信号，他们就会马上行动，为你产生出思想来。如果你发出积极肯定的信号，胜利先生就跨前一步，开始工作，为胜利的到来努力贡献。如果你发出消极否定信号，失败先生就会抢先为你服务，积极为你提出种种消极的行动理由，帮你"失败"。例如，你对自己说："今天真糟糕！"失败先生马上会为你找出种种糟糕透顶的事例来："大气太热，太阳真毒，同事太冷淡，环境太吵闹，开水太烫，身体也快生病……"这天，你就真会糟透！假如你说："不错，今天运气好！"胜利先生就马上会告诉你："不错，天气好极了，晴朗美妙，生意顺利，儿子可爱，身体健康，前途无量……"

为了你的进步，你的成功，你是不需要失败先生的。不需要他在你耳边无休止地说你这也不行，那也不行，这会失败，那会失败。失败先生决不会帮你达到成功的目的。因此，应该坚决开除"失败"先生，把"失败"先生踢出去！

你必须百分之百地依靠"胜利"先生。一切想法进入你的头脑时，只让"胜利"先生为你工作。胜利先生就会指导你取得胜利，取得成功！

所以，遇事你一定要说"我能""我行"。

牢记：我能！我行！

说"我能""我行"。你的大脑，你的心里，就会从"能""行"上思考问题，找出措施，拿出行动，你就会信心百倍地为"能""行"达到胜利的目标，获得成功。

7. 把握今天，立即改变

中国共产党创始人之一的李大钊曾撰文指出："我以为世间最可宝贵的就是'今'，最易丧失的也是'今'。"他还引用哲学家耶曼孙的话说："昨日不能捉回来，明天还不确定，最有把握的就是今日。今日一天，当明天两天。""明日复明日，明日何其多！日日待明日，万事成蹉跎。世人皆被明日累，明日我穷老时至。晨昏滚滚水东流，今古悠悠日西坠。百年明日能几何……"今天等明天，明天还等明天，像这样日复一日，年复一年地拖到"明天"，我们怎能有所作为？怎能成功成才呢？

英国作家巴利写过一个短篇小说《我丈夫写书》，对那种不抓住今天采取行动而在虚构的幻境中空想空谈的人，作了惟妙惟肖的描述。小说是以第一人称写的，小说写道："我跟乔治结婚之前，早就知道他是个雄心勃勃的人，那时我们还没有订婚。他就把心底的秘密告诉了我：他要写一本大部头的著作，书名叫《伦理学研究》。'不过，我还没动手，'乔治习惯地说，'明天，如果没有别的事，我明天就写！'又过了一阶段，我问到乔治书的进展情况。乔治又习惯地说：'明天，哦，或者等冬天一到，我就动手，我每天晚上坚持写！'"小说最后写道，结婚五年了，可书呢，乔治还没有起头。

我们很难断定，乔治是否具有写书的天赋，但是，如果没有实际行动，没有“今天马上行动”“今天一定成功”的信念，只是像乔治那样把目标挂在口头上，那是绝不会有结果的。诸如“明天”“以后”“过几天”“到冬天”这些词，往往是“失败”的同义词。

所以，俄国作家屠格涅夫曾写过这样的名言：“‘明天，明天，还有明天’，人们都这样安慰自己，殊不知，这个‘明天’就足以把他们送进坟墓了。”教育家苏霍姆林斯基在给儿子的一封信中也指出：“‘明天’，是勤劳的最危险的敌人，任何时候都不要把今天该做的事搁置到明天。而且，应当养成习惯，把明天的一部分工作放到今天做完。这将是一种美好的内在动因。它对整个‘明天’都有启示作用。”

一切成功成才的杰出伟人，都是抓住今天，把今日一日当明日两日珍惜的榜样。

有一篇回忆录，回忆一位同志向列宁汇报工作，列宁批准了他的计划，并问道：“那么，你们什么时候开始呢？”“明天开始，列宁同志！”列宁严肃地说：“为什么不今天开始呢？就是现在！”

有位青年画家把自己的作品拿给大画家柯罗看，向他请教。柯罗指出了几处他不满意的地方。“谢谢您！”青年画家说，“明天我全部修改！”柯罗激动地说：“为什么要明天？你想明天才改吗？要是你今晚就死了呢？”

“加强责任感，打破条件论，下苦功，抓今天。”这是我国著名作家姚雪垠在创作《李自成》时，给自己总结的四句座右铭。他不顾年高体弱，坚持每天清晨三点左右起床。每天工作在10个小时以上，星期天、节假日也不休息，从而写出了长篇历史小说——《李自成》，并取得了巨大成功。

我国伟大的思想家、文学家鲁迅先生，也是抓住“今天”，珍惜“今天”，充分利用“今天”的典范。鲁迅先生在人世间仅仅活了56个春秋，却创作、翻译了670多万字的作品。从1927年到逝世的近10年中，他除了校辑古书、译书、校阅青年文稿与收集酝酿几部长篇小说的创作素材花去很多时间外，竟连续不断写了500多篇杂文。惊人的创作量，不能不使我们惊叹“把握今天，珍惜今天”，在他身上，散发出了多么灿烂的光彩！有人说，鲁迅先生能取得这样巨大的成就，是因为他是天才。鲁迅先生却说：“哪里有天才！我是把别人喝咖啡的工夫都用在工作上的。”

科幻小说的鼻祖凡尔纳，也是一个抱着“今天一定成功”的坚定信念，而认真把握“今天”的一个人。为了写好科幻小说，凡尔纳抓住每一个“今天”，每天都不放过。他每天5点起床开始读书和写作，一直到晚上8点。15个小时中，除了吃饭，他不让一分钟白白浪费掉。他的读书笔记，多达2500多本。仅仅为了写作《月球探险记》，他就研读了500册图书资料。正是由于凡尔纳这样珍惜今天，充分利用今天，他才给全世界的人留下了104部计800多万字的科学幻想小说，有效地开发了自己的巨大潜能。

无数事实有力说明，要想成功成才，必须抓住今天，珍惜今天，充分利用今天！你必须树立一个坚定的信念，那就是——把握今天，立即改变！

三、心理体验

（一）讨论

（1）请猜一猜，下面提到的这位百折不回、永不言弃的美国人是谁？

（2）在此之前，你是不是觉得与那些成功者比起来自己的人生太不顺利，所以没能取得你想要的成功，没能考取你想要大学？

（3）要想成功，除了一定的运气之外，你认为更重要的是什么？

案例：一个美国人永不言败的奋斗经历

1816 年，家人被赶出居住的地方，他必须努力工作以养活他们。

1818 年，母亲去世。

1831 年，经商失败。

1832 年，竞选州议员——但落选了。

1832 年，工作也丢了——想就读法学院，但进不去。

1833 年，借钱经商，但年底破产了，接下来他花了 16 年才把债还清。

1834 年，再次竞选州议员——赢了！

1835 年，订婚后即将结婚时，未婚妻却死了，因此他的心也碎了。

1836 年，精神完全崩溃，卧病在床 6 个月。

1843 年，参加国会大选——落选了。

1846 年，再次参加国会大选，当选了！在华盛顿特区，表现得可圈可点。

1848 年，寻求国会议员连任——失败了。

1849 年，想在自己的州内担任土地局长的工作——被拒绝了！

1854 年，竞选美国参议员——落选了！

1856 年，在共和党的全国代表会上争副总统提名，得票不到 100 张。

1858 年，再度竞选美国参议员——再度落败。

1860 年，当选美国总统。

思考：在我们很多人心中往往存有一种错觉，以为站在聚光灯光芒下的成功人士都是命运之神的宠儿，所以只能心中仰慕，只能远观，把他们当作偶像；以为自己大概不会有人家的好运气，所以永远也达不到对方的高度。其实即使是你非常崇拜的偶像，他们也并非总是受到好运气的眷顾，他们也会像你我一样经历生活中的许多风风雨雨，他们的人生之路也有艰难险阻和无数的沟沟坎坎。如果注定挫折和磨难无法避免，那么当你不得不和它们同行的时候，你会怎么做呢？

（二）画图游戏

规则：

（1）图形贴于写字板后。

（2）人只能站在板后，不可走出来，有 30 秒思考时间。

（3）描述第 1 图时，台下学员只允许听，不许提问。——单向沟通

（4）描述第 2 图时，学员可以发问。——双向沟通

（5）每次描述完，统计自认为对的人数和实际对的人数。

游戏说明的道理：

双向沟通比单向沟通更有效，双向沟通可以了解到更多信息。

——对听者而言：

① 自认为自己来做会做得更好——单向沟通时，听的比说的着急。

② 自以为是——认为自己做对了的人，比实际做对了的人多。

③ 想当然——没有提问，就认为是（可根据学员出现的问题举例）。

④ 仅对对方提要求，不反求诸己——同样情况下，为什么有人做对了，有人做错了？我们为什么不能成为做对了的人？

⑤ 不善于从别人的提问中接收信息。

——对说者而言：

① 要注意听众的兴趣所在。

② 要对所表达的内容有充分的理解与了解。

③ 存在信息遗漏现象，要有很强的沟通表达能力。

④ 要先描述整体概念，然后逻辑清晰地讲解。

图形附文后

画图游戏第 1 图

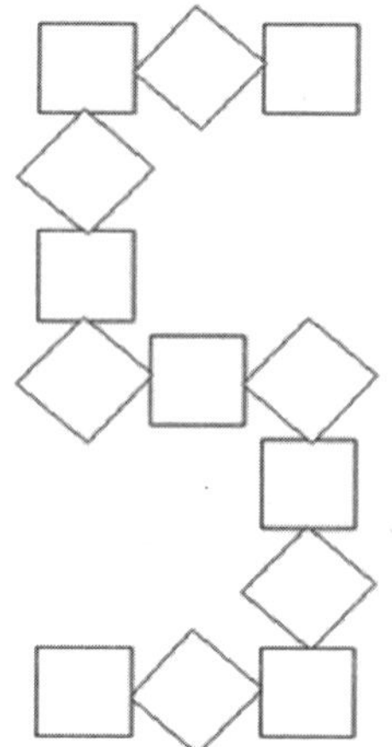

画图游戏第 2 图

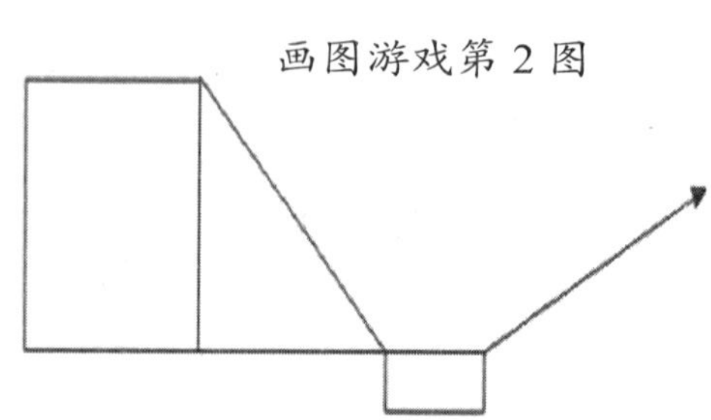

（三）团体心理游戏

1. 齐眉棍

（1）让小组成员站成相对的两列／并排一列亦可，将轻质塑料棍放在每个人的双手上，让小组成员全部将双手举到自己的眉头的位置。

（2）在保证每个人的手都在轻质塑料棍下面的情况下将轻质塑料棍完全水平地往下移动。一旦有人的手离开轻质塑料棍或轻质塑料棍没有水平往下移动，任务就算失败。

齐眉棍拓展目的：

（1）看似游戏很简单，但要成功地完成非常不容易。

（2）如果一个人去完成这个任务是相当简单的一个事情，但是一个人做的工作由几个人来做，它比一人干时还要不容易完成。

（3）如果小组中有任何一个人不同于组织的共同节奏，轻质塑料棍将无法保持水平下降。

齐眉棍操作程序：

（1）准备一根齐眉棍。

（2）让小组成员站成相对的两列，小组成员全部将双手水平伸出食指，统一到胸口的高度。

（3）将齐眉棍放在每个人的食指上，必须保证每个人食指都接触到齐眉棍，并且手都在齐眉棍的下面。

（4）要求小组成员将齐眉棍保持水平，小组的任务是：在保证每个人的手都在齐眉棍下面的情况下，将齐眉棍完全水平地往下移动。一旦有人的手离开齐眉棍或齐眉棍没有水平往下移动，任务就算失败。

（5）全体人员必须全部参加，培训师要严格监督，同时引导大家在活动过程中思考和调整方法。

2. 搭建心灵的楼房

（1）活动目的。

使学生了解人的心灵有许多不同空间，就好像不同的楼层，不同层次的朋友仿佛存在于你不同的空间里，他们是你心灵楼层的最有力的支架。

（2）活动材料。

纸、笔。

（3）活动程序。

① 请按照提示，写出每一个楼层朋友的名字，搭建自己心灵的楼房。

一楼：店面朋友，平常见面打个招呼就够了。

二楼：客厅朋友，可一起坐下来喝喝茶、聊聊天，交流彼此见闻，化解内心孤独。

三楼：厨房朋友，可以推心置腹，觉得被对方充分了解，和他（她）在一起一点也不寂寞。

四楼：卧室朋友，可以给予你最无私的帮助。

顶楼阳台：缘分朋友。

② 小组讨论分享：分别谈谈各楼层朋友在生活中的意义，比比谁的楼层最坚固。

③ 请小组长向全班同学介绍本组讨论情况。

④ 教师总结。

四、拓展阅读

大学生要做的50件事

1. 做好自己的职业规划
2. 许下一个愿望，毕业时检验它是否实现
3. 培养生活自理能力
4. 掌握为人处事的学问
5. 与同寝室的同学和睦相处
6. 自主学习，无师自通
7. 与大家公认的优秀学生交往
8. 和一位教授结下忘年之交
9. 做一次青年志愿者
10. 无偿献一次血
11. 参加一个社团
12. 作一次社会调查
13. 结交志同道合、友谊维系一生的朋友
14. 学好一门外语
15. 明确自己的真正兴趣所在
16. 学会独处，学会宽容
17. 学会独立思考，不要人云亦云
18. 培养一项业余爱好
19. 做一件充满挑战的事
20. 至少有一次成为众人的焦点
21. 为了父母要好好学习
22. 假期留校打一份工，锻炼生存能力
23. 学好自己的专业
24. 认认真真地谈一次恋爱

25. 帮助老师和同学做力所能及的事
26. 经常给父母打电话或写信
27. 准备一两个笔记本，记录你无法诉说的心里话
28. 用贫困生的标准生活 10 天
29. 尝试做一次小生意，检验自己的财商
30. 做一份和专业相关的兼职
31. 做一次家教，锻炼与陌生人接触的能力
32. 担任一次大型活动的组织者
33. 尝试一次艰苦环境下的生存体验
34. 给同学过生日或与同学一起过自己的生日
35. 为父母做一件令他们高兴的事
36. 读几本好书
37. 到名山大川或海滨湖畔游历
38. 扎扎实实地写一篇论文，培养严谨做事的习惯
39. 骑车在所上学的城市到处游历
40. 感受异校的风情
41. 培养独立自主精神，做自己的主人
42. 注意聆听，学会沟通
43. 多看与所学专业相关的杂志，了解本学科的前沿动态
44. 了解学校的历史与名人
45. 学会掌管财务，积累理财经验
46. 观看文艺演出，如电影、话剧、京剧、音乐会等
47. 与家庭条件比自己差的同学交往
48. 做一件令老师和同学都感到意外的事情
49. 为自己留下一组校园回忆
50. 毕业前要做的事

（选自《大学时期要做的 50 件事》）

心理剧：绝对寝室

（1）表演目的：学生将自己人际交往中的问题或困扰通过表演的形式展现出来，体验人物的内心感受，从中培养和提高自己的洞察力，减少人际冲突，增强人际沟通技巧，实现自我整合和人际关系和谐。

（2）表演过程：①学生参照剧本进行人际交往心理剧表演；

②学生对表演进行讨论和总结（剧中反映了大学生人际交往中

的什么问题？这些问题应如何应对和解决？）

（3）人物介绍：

四眼妹：学习刻苦认真，立志要做最优秀的个人理财师，性格内向，沉稳，不爱说话，认为沉默是金。

明朗晴：性格活泼，开朗，直率，有话就说，成天热衷于参加学校各种活动，作息时间不规律。

晶晶靓：成日只想着穿衣打扮，貌美如花，只有睡觉和换衣服才回寝室，与寝室同学没有明显矛盾。

书虫：性格内向，与同学没有密切交往，爱看书，平时不说话，一出口往往一鸣惊人，起到特殊效果，观点尖锐。

辅导员，众同学：调和矛盾，一心想帮助四个女生搞好关系。

第一幕

【倒叙形式】自我介绍，然后回忆当初的纠纷。

独白：（四人坐在椅子上，一个一个地说）

四眼妹：“大家都叫我四眼妹，原因就是我鼻子上的这副眼镜。我的理想是做一名出色的个人理财师。我的信条就是沉默是金。可是大家好像觉得我很冷漠，班里的人缘也不好，没什么朋友。其实有的时候，我还是挺寂寞的，一个人吃饭、一个人自习，很多事情都是一个人”。

明朗晴：“我叫明朗晴。学校的各种活动都有我的身影。我参加过十大歌手、主持人大赛、演讲比赛好多活动。可有的同学说我太闹、太爱出风头、太张扬。哎，没办法，他们咋看不见我的这些成就呢？！”

晶晶靓：“我最大的爱好就是逛街啦，我追求一切美好的事物。我觉得女孩子就应该漂漂亮亮的。我每天的生活也很精彩，早出晚归的。寝室对我来说就是旅馆。可是我上学期就挂了好几门，如何顺利门门过关拿到毕业证成为我夜夜梦境的主旋律。”

书虫：“有句话说得好：书中自有黄金屋，书中自有颜如玉。我的嗜好就是看书，看各种书。在书中，我体会各种丰富的人生。我有我自已的想法，不理会旁人的看法，有话我就要说，绝不藏着掖着。但为此得罪许多同学，他们都离我远远的。”

旁白：“不过这都是以前的她们，现在，她们学会了包容与理解，四个人的关系比以前好多了。但是以前可不是这样的……”

第二幕

“砰”的一声，四眼妹抱着几本书离开寝室。明朗晴正对着镜子练习她校园十大歌手的曲目，非常投入，旁若无人。书虫在书桌前捧着一本“杜拉拉升职记”看着。

突然，晶晶靓冲进寝室，打开衣柜，开始找衣服。

书虫：“明朗晴，你就别费心了，就你那水准，我们家巷子口一块钱听七段。”

明朗晴：“说什么呢你，不懂欣赏就别乱说话，你以为你多看几本书就成余秋雨啦，哼”。明朗晴继续投入到练习中。

晶晶靓：“你俩一人少说一句吧，看我这衣服好看吗？适合去和我的 honey 去看演唱会吗？”晶晶靓摆着 pose，眨着眼。

明朗晴：“我们俩的事，你就别管了，不过这衣服倒是不错，通过了。”拍拍晶晶靓的肩，故意用色迷迷的眼光打量着她。

书虫：“别照了，再照也还是那样。你又不去参加什么选美。”

一句话说得气氛像冻结了一样，这时，四眼妹，又是“砰”的一声推开门，打破了刚才的气氛。

四眼妹：“怎么了这是？干嘛都僵着？”

明朗晴：“能有什么啊，我们大文学家又发表了一些惊人室论啊！”

书虫：“哼，我们寝室不知道从哪来了个歌手啊，唱歌好听的来，不得了啊！”

晶晶靓：“又来了，别说了，别说了，对了，四眼妹，你怎么又回来了，没去自习室吗？”

四眼妹：“哦。今天又考试，教室不开，我回来看书了。”

大家又各自做各自的事，太阳落下去，太阳又升上来，第二天来了。

第三幕

“咣当”，晶晶靓的水盆掉下，水泼了出来，洒在了书虫的鞋子上。

书虫：“呀，你就不会小心点啊？”

晶晶靓：“不好意思，不好意思！”

明朗晴：“不好意思，不好意思！”

晶晶靓：你不好意思什么啊？

明朗晴（面有难色）：“额……”

晶晶靓的粉底撒开在地上。明朗晴指了指地上：“真的不好意思，我再买一个新的给你。”

晶晶靓：“你也不小心点，这好贵的。”

书虫：“有的人，永远都是这样，这叫天赋异禀。”

明朗晴：“你，你……干嘛老和我作对啊！”

四眼妹收拾好东西赶忙过来做和事佬，一转身，书包又把书虫桌上的一摞书碰倒了。（旁白：难道这就叫祸不单行？这火药味越来越浓了啊！）

书虫：“OH,MY GOD! 四眼妹你有四只眼都看不清吗？”

四眼妹：“不好意思，我帮你理好。大家不要吵啦，早上还有个讲座呢。”

明朗晴：“还听什么讲座，谁还有心情去啊！”

书虫："你这话什么意思啊，你没心情我还没心情呢？真是，白白浪费了这么美好的早晨，我本来可以和我的亦舒谈谈心，和张爱玲聊聊她的倾城之恋呢。"

明朗晴："咿，真恶心，大早上的，我真是可以减肥了。"

书虫："没文化，这种感觉你怎么懂，成天只知道瞎哼哼。"

明朗晴："您阳春白雪，我乡巴佬，您是天上的星星闪啊闪，我们是街上的车灯亮啊亮，可惜啊您光能看不能用。"

四眼妹和晶晶靓收拾着地上的东西，插不上嘴。四眼妹一起身，书虫的手臂碰到了她的头。

四眼妹："啊！"

书虫："不好意思啊，没事吧？"

四眼妹："没事没事！"

明朗晴："还说我呢，五十步笑百步。"

四眼妹："你俩别吵了，天天吵有意思么？"

晶晶靓："就是啊，大家都一个寝室的，不至于啊，一人让一步算了。"

明朗晴："你不懂，这不是让一步的问题，书虫就是针对我。"

书虫："谁针对你啦，你要没问题我会针对你啊！"

四眼妹："怎么又开始了？！"

隔壁寝室听到争吵声跑来看看，几个同学见状准备劝和。

同学甲："什么情况你们这是，都是同学啊！"

同学乙："就是，又什么话好好说啊！"

晶晶靓："你们看，别的寝室都来了，有什么事今天就算了吧。"

明朗晴："今天算了有什么用，这又不是一天两天的事了。"

四眼妹："好好说，说清楚也好，今天大家都在，我们就把话摊开说，你们先说说对我的意见吧。"

书虫："那我先说，你天天就知道看书学习，其他什么都不管，闷不闷啊！"

晶晶靓："就是，还要当最优秀的个人理财师呢，这么冷漠怎么行啊！"

四眼妹："我哪里冷漠了啊，沉默是金好不好。"

晶晶靓："还有，你天天就穿那几件衣服，也不打扮打扮，要知道，女孩子的外在也很重要的。"

四眼妹："你就知道外在，女孩子的内在更重要，你天天只想着穿衣打扮，读书是很重要，学习不好，以后再漂亮也没有。"

晶晶靓："我……"话没说完，就遭到了明朗晴的抢白。

明朗晴："你天天就知道往外跑，寝室里见不到你人，不是去看电影就是去看演唱会，寝室里的事你一点都不管。"

书虫："你说你看看书多好，书里的帅哥不比你现实当中的多啊。"

晶晶靓："那是我自己的事。你以为你和我差多少吗？天天就知道看小说，真是不亏了书虫这个名号。"

四眼妹推了推眼镜慢慢地说："书虫啊，我们以后说话可不可以温和点，生活不是鲁迅先生的杂文，没必要那么尖锐，大家都是同学嘛。"

书虫："我……"

说着说着，不知谁把辅导员喊来了。辅导员是个很有个性的人，经常以自己的方式关心着同学们。同学们见辅导员来了，很自然地就停了下来。

辅导员："你们四个又怎么了。这都说三个女人一台戏，你们四个小姑娘这台戏唱得怎么样了啊？"

书虫："老师，你说我看我的小说关她们什么事，我说话尖锐那叫一针见血。"

明朗晴："你再一针见血，也要顾及别人的感受啊，你已经是成年人了，要懂得为他人考虑。"

书虫："说我，那你呢，天天参加完这个活动就参加那个活动，累不累啊？你在练习，也要考虑我们的感受嘛，你那歌唱得真不怎么样，人要有自知之明。"

明朗晴："我就爱参加活动，大学生活不就应该是丰富多彩的嘛？！"

晶晶靓："得，又开始了。"（晶晶靓很无奈地耸耸肩）

辅导员："行了，行了，都别说了。大家都在一个寝室住着，你们又都已经是成年人了，应该学会相互迁就。你们每个人对对方其实都有比较深入的了解，为什么不想想对方的优点呢？！四眼妹你先说说书虫的优点。"

四眼妹："嗯，其实书虫真的是名副其实。她平时读的书特别多，知识面也特别广，很多道理她都懂，关键时刻也蛮讲友情的。"

书虫："这么说我我还真有点不好意思，我那看的都是杂书。四眼妹的专业课成绩都很好，她很有理想，有志向，人也稳重，脾气也好。我觉得她一定可以成为最优秀的个人理财师的。"

四眼妹："也没你说的那么好啦，我一直认为我们四个人之中，前途最好的是明朗晴，她性格那么好，实践经验丰富，人缘又好，乐观积极。"

明朗晴："我还爱好广泛呢"（明朗晴做了个鬼脸）。"不过我总觉得性格脾气最好的还是我们晶晶靓大美女了。每天都笑嘻嘻，永远追求美好事物，说什么也不怎么生气，就是贪玩了点。"

辅导员笑着看着这四个性格不同，但都很可爱的女生，气氛缓和下来。

辅导员："你们看，大家都是很优秀的人才嘛，你们不也互相欣赏着对方吗。其实，由于你们的成长经历不同，性格上肯定也有差异，大家同住一个屋檐下，天天抬头不见低头见，难免会出现各种各样的问题，这也是正常的，但我相信大家都希望自己寝室的气氛温暖和谐，所以我们要尽量学着换位思考，迁就对方，一旦发现问题可以用一种温和的方式来解决。"

书虫："从前是我太急躁了，说话不应该那么不顾别人的感受，书和现实是有很大差别的。"（书虫听了辅导员的话点点头说）

明朗晴："我说话也太直，成天咋咋呼呼的，计较太多，也太多动，有时打扰了别人都不知道。"

四眼妹："我有时是有点乏味的，只知道读书，对同学不是很关心，看来，沉默有时不一定是金。"

晶晶靓："我是不常在寝室，可是我还是关心大家的啊，我不应该成天只把精力花在穿衣打扮上，忽略了与大家的沟通。"

辅导员："好了好了，以后大家要互相谦让，人与人相处可是一门大学问呢，大家慢慢学习慢慢成长。"

四眼妹："嗯，老师，我们懂了。"

书虫："对，我们要珍惜我们之间的友谊，这可是千金难换的啊！"

晶晶靓："我们呢，也不要把生活想的过于"理想化"，我们还是有很多困难要克服的。"

明朗晴："我来说一句，我们要设身处地，宽以待人。"

书虫："你也会用成语啦。"

明朗晴："这不受你的影响嘛！"

四人笑作一团，辅导员也欣慰地点点头。

剧终

（原创 李智）

参考文献：

[1] 常桦，龚萍著．大学新生：赢在起跑线上．长江出版社．2010.

[2] 宋志英主编．大学生心理素质与训练．中国科技大学出版社．2012.

[3] 古古．改变自己．当代中国出版社．2007.

[4] 麦田．90后大学生了没．哈尔滨出版社．2012.

[5] 查思特罗著．林语堂译．改变你自己．陕西师范大学出版社．2008.

[6] 黄亨煜．第五层次开发：积极心理学在管理实践中的应用．北京师范大学出版社．2012.

[7] 赵艳丽．大学生心理辅导案例．中国海洋大学出版社．2007.

习　　题

一、单选题

1. 人对"各项改变"的适应主要根源于改变以后的内在或外在环境对人构

成的（ ）。

A. 动力

B. 阻力

C. 压力

D. 影响力

2. “有压力理论之父”之称的（ ）提出著名的压力理论“一般适应证候群”。

A. 哈特尔

B. 席尔

C. 纽莫洛夫

D. 伯纳德

3. 当个体对压力源产生反应时，往往会伴随（ ）。

A. 焦虑

B. 兴奋

C. 抑郁

D. 愤怒

4. 调适就是指引个体维护身心（ ）状态，并促进其发展的过程。

A. 愉悦

B. 焦虑

C. 健康

D. 恒定

5. 为了减轻压力，当一个人暂时找不到合适的适应行为时，可以使用（ ）。

A. 异常行为

B. 防御机制

C. 攻击行为

D. 发泄行为

二、多选题

1. 大学新生在全然陌生的环境之中，由于适应不良可能会产生（ ）心理。

A. 失落

B. 抑郁

C. 焦虑

D. 自卑

2. 从教育的角度来看，人的适应方式不外乎两种，即（ ）。

A. 主动适应

B. 维持性适应

C. 被动适应

D. 动态性适应

3. 人对压力的适应主要表现于(　　)层面。

A. 生理

B. 心理

C. 社会

D. 精神

4. 常见的适应行为有(　　)方式。

A. 直接采取行动

B. 退缩行为

C. 激进行为

D. 折中行为

5. 为了更好地适应学校社会的内外新环境，大学生可以通过(　　)方式。

A. 认识和面对现实环境

B. 重新评价自己

C. 树立适当的人生目标

D. 要求父母增加生活费

三、简答题

1. 请问几种主要的适应性标准是什么?

2. 请问压力、焦虑与调适之间的关系。

3. 请问适应都有哪些表现?

四、论述题

1. 谈谈你对适应的理解。

2. 针对本章第三节案例一中小张不肯接受新环境的情况，你有什么好的建议?

第二章

知人者智，自知者明：探寻自我

老子的《道德经》中有言“知人者智，自知者明”，一个能清醒地认识自己、善待自己的人才是最强大的人。大学阶段是自我意识发展的关键时期，我们只有逐步揭开自我的真实面目，面对、接纳真实的自我，才能让自我的力量渐渐强大起来，促进自我成长，实现自我潜能，成为我自己。正如培根所说：深窥自己的心，而后发觉一切的奇迹在你自己。

第一节 识得庐山真面目——认识自我

“横看成岭侧成峰，远近高低各不同。不识庐山真面目，只缘身在此山中。”苏轼的这首诗描写人们由于身处庐山之中，视野被山中的峰峦局限，只能看到一丘一壑，难以超越局限观察到庐山立体全景。现实中，我们审视自己时何尝不是庐山山中人呢？只有跳出自我的束缚，将自我当成认识的客观对象，多角度地感受自我、观察自我、认识自我，才能发现一个真实的我。

一、心理案例

案例一：迷茫的小英

小英，大一女生，在老师和同学们的眼中，她很优秀：学习刻苦，成绩优异，拿一等奖学金；担任班级副班长，工作做得很出色；善解人意，乐于助人，受到同学们的喜爱。但她内心却很苦恼：不知道自己喜好什么，没有自己的业余爱好和兴趣；衣橱里挂满衣服却不知想穿哪件；跟亲朋好友一起吃饭时说不出爱吃的食物，别人吃什么她跟着吃什么，碰到独自一人用餐时，因为不知要吃什么所以干脆不吃。由于不了解自己内心真正的需求，她在很多事情上难以抉择，常常感到莫名的焦虑、担忧。她认为自己身上的优点是应该的，缺点是不应该的，因而看不到自己的优点和成绩，常常觉得自己能力低下，形象欠佳，感到非常不自信，特别在意别人的评价，害怕不被同学接纳，不敢主动向同学敞开心扉交流想法，也不敢跟自己的父母倾诉自己的烦恼。为此她很痛苦，也很迷茫，不知道该怎么办，情绪积累到一定程度时只能通过号啕大哭来排解。

案例二：快乐的环保达人——赵政

高中时，赵政就开始从事环保宣教工作，并成为国家环保部招募的青年环境友好使者。虽然因此影响了学习，但在父母的支持下，他依然“不务正业”地坚持做自己热爱的事。在他看来，“成绩下滑只是暂时的代价，换来的是为长远作更好的规划”。高三那年，赵政猛下功夫，成绩稳步上升，最终考取了自己理想的复旦大学环境科学与工程专业。

进了大学，赵政可以施展拳脚的空间更大了。他开始思考怎样通过自己的行动来了解公众对环境问题的看法，并参与其中。“很多环境问题需要多方参与，我希望能够成为一个调和的催化剂。”赵政说，“如果把公众的力量与现有的治理体制相结合，我相信能发挥更大的作用。”

2011 年，赵政作为青年环境友好使者，到南非德班参加联合国气候变化大会。在赵政看来，青年学生要把眼光放长远，因为“人生不仅要赢在起跑线，更要赢在终点站”。“和工作实习相比，公益活动带给你的人生经验和充实性是完全不同的。公益活动能够使心灵得到一种由衷的满足，让你更好地发挥价值。”赵政说，“我觉得年轻人应该要有实现自我价值的意识，进而上升到对梦想的追求。每个大学生都应该为自己的梦想、为自己的价值而努力。”

二、心理辅导

在外人看来，小英和赵政都很优秀，但是两人对自己的认识却是截然不同的，心理和生活状态也反差很大，一个很重要的原因就在于小英不知道自己是谁、要做什么、要成为什么样的人，从而出现了自卑和迷茫。其实，类似现象在大学生中普遍存在，有的同学没有奋斗目标；有的过分自卑和怯懦；有的郁郁寡欢、踽踽独行，自我封闭、畏惧社会。有位同学曾经这样描述过自己的心理活动：有时自我感觉很好，觉得能掌控好自己的生活，有时觉得自己能力低下，什么都不如人，什么事都做不好。

我们不禁要问：我们这是怎么了？很多有识之士纷纷从成长环境、教育体制等方面寻找原因。其实，从心理学角度来看，上述现象是正常的“成长的烦恼”，是大学生自我意识在不断增强，但却对自我认识不清，还没有形成明确的自我概念和正确的自我评价的结果。

小视窗

斯芬克斯之谜

斯芬克斯是希腊神话中一个长着狮子躯干、女人头面的有翼怪兽。坐在忒拜城附近的悬崖上，向过路人出一个谜语：“什么东西早晨用四条腿走路，中午用两条腿走路，晚上用三条腿走路？”如果路人猜不出，就会被其杀害。最后，俄狄浦斯猜中了谜底是人，斯芬克斯羞惭跳崖而死。

斯芬克斯之谜是人的生命之谜，人认识自己之谜。古希腊思想家、哲学家苏格拉底有一句名言：认识你自己。他认为，对人来说关于自己的知识才是最为重要的。

可见，认识自己是人始终必须面对的永恒命题。对大学生来说认识自己，寻找到“真实”的自我，才能更好地规划人生，从而拥有更精彩、更有意义的大学生活。

（一）自我意识

认识自我的过程是自我意识不断增强、不断发展的过程。要认识自我，首先要弄清楚什么是自我意识。

1. 自我意识的概念

自我意识是一个人在社会化过程中逐步形成和发展起来的，是个体对自己以及自己与周围世界的认识、体验、评价等心理和行为的意识。它一般由生理自我、社会自我、心理自我三个部分组成。生理自我是指对自身生理状态的认识和评价，包括自己的身体、外貌、衣着、风度、家庭、所有物。社会自我指对自己与周围关系的认识和评价，包括社会地位和声望、人际交往等。心理自我指对自身心理状态的认识和评价，包括自己的智力、性格、人格特点以及自己的道德、宗教信仰。

健康的自我意识有四大支柱：安全感，觉得自己有自信，能控制自己与环境；价值感，知道自己有价值，能被别人需要；归属感，知道自己被爱，感到被接受；重要感，感到有能力、有信心。

2. 自我意识的发展

自我意识的发展遵循生理自我、社会自我到心理自我的顺序。国外心理学家的研究结果表明，刚出生的婴儿没有自我意识，15—24 个月的婴儿会对着镜子观看自己的身体，并对着镜子触摸自己的鼻子，这被认为是婴儿出现自我意识的表现。我国心理学家认为，1—3 岁是自我意识萌芽期，主要是生理自我发展，能区分自己和动作，用“我”来表述，出现羞愧感、疑虑感、占有欲、嫉妒感，有独立要求，能用自己的认识来解释世界。3 岁到青春期前，是自我意识形成期，在接受社会化过程中，我们的社会自我得到发展，形成了角色观念，如：性别角色、家庭角色、伙伴角色、学生角色等，这时的我们关注外在世界较多，会忽略自己的内心。青春期是自我意识发展期，我们将关注的焦点指向自己的内在，产生了丰富的认识内容、深刻的情绪体验和自觉的自我调控，主观我与客观我、理想我与现实我的矛盾特别突出。青春期后期，自我意识达到完善，对自我形成了稳定的同一的认识，主观我和客观我、理想我和现实我达到整合统一。

美国心理学家埃里克森提出了自我发展理论，认为一个人的人格发展可以按照固定的顺序划分为八个阶段。在每个阶段，每个人的自我意识都会经受内部和外部的冲突，造成人格发展的危机。危机解决的好坏，是影响人格发展的因素，因而自我意识对健康成长和社会适应具有重要影响。

表 2-1 人格发展八阶段论

时期	发展目标与危机	发展顺利	发展不顺利
婴儿期（0—1.5 岁）	基本信任和信任的冲突	对人信赖，有安全感	与人交往焦虑不安
儿童期（1.5—3 岁）	自主与害羞和怀疑的冲突	能自我控制，行动有信心	自我怀疑，畏首畏尾
学龄初期（3—5 岁）	主动对内疚的冲突	有目的方向，能独立进取	恐惧退缩，无自我价值感
学龄期（6—12 岁）	勤奋对自卑的冲突	具有求学、做人、待人的基本能力	缺乏生活能力，充满失败感

（续表）

时期	发展目标与危机	发展顺利	发展不顺利
青春期（12—18 岁）	自我同一性和角色混乱的冲突	自我概念明确，肯定前进方向	生活缺乏目标，感到彷徨迷茫
成年早期（18—25 岁）	亲密对孤独的冲突	能与他人建立亲密关系	无法与人亲密相处
成年期（25—65 岁）	繁殖对停滞的冲突	热爱家庭，培养后代	自我恣纵，不顾未来
成熟期（65 岁以上）	身心统合对绝望期的冲突	身心统合，安享晚年	后悔、遗憾、绝望

美国心理学家罗杰斯眼中的具有健康自我意识的人是自我实现的人，他们具有以下特征：善于接受新经验；喜欢日常生活的多样性和新奇性；既不纠缠于过去的遗憾，也不生活在将来，他们关注当下；相信自己，相信自己的感觉，相信自己的判断；当面临选择时，不会盲目地迎合他人。如：怎么样才能使我的父母高兴？相反，他们相信自己能够出色地完成任务，不墨守成规，也不画地为牢，自己设定目标，并努力达成目标。

总的来说，大学生正处于青春期向成年期转变的重要阶段，是人的自我意识走向发展和自我完善的重要时期。客观的认识自我，正确的评价自我，积极悦纳自己，有效发展自我，有助于增强自信、自尊，建立健康的自我形象，树立自爱、自立、自强的意识，实现自我潜能。

（二）认识自我

认识自我主要解决“我是一个怎样的人”的问题。大学生要做到准确认识自我，正确评判自我与周边事物的关系，需要进一步了解认识自我的方法和途径。

1. 不同的“我”

一个人对自己的认识主要来自于自己、他人、社会这三个途径。以不同的目标对象为参照，就会形成不同的“我”。

一是以自己为镜，我们形成了现实我和理想我。现实我是对客观真实自我的价值观、能力、气质、性格、兴趣等的认识。理想我是一个人想要塑造的自我，是建立在现实自我基础上的欲望和目标。理想我与现实我紧密联系在一起，现实我努力实现理想我，随着理想我的实现，现实我又会提出新的理想。如果我们的理想我与现实我不相符，那么我们会感到悲伤、沮丧和失望。罗杰斯主张，现实我与理想我达到和谐，人格才能得到成长，两者之间的冲突会导致人的心理失常和不协调。德裔美国心理学家卡伦·霍妮认为，神经症患者将理想我当成现实我，创造出他们认为自己应该成为的完美的人。这种不切实际、歪曲的自我概念表明患者无法容忍现实我，产生了心理障碍。反之，当我们只有现实我，没有理想我的时候，就失去前进的目标和方向，缺乏自我激励，生活也失去了厚度和意义。

二是以他人为镜，我们形成了现实我和镜中我。镜中我是我们观察他人对自己的态度和评价，形成的自我观念。美国社会学家查尔斯·库利提出。"一个人对于自我有了某种明确的想象——即他有了某种想法——涌现在自己心中，一个人所具有的这种自我感觉是由别人思想的、别人对于自己的态度所决定的。这种类型的社会我可以称作'反射的自我'或曰'镜中我'"。如果我们的自我判断、评价与别人的评价、态度越接近，也就是现实我与镜中我越吻合，说明我们的自我认识越准确客观。当我们无视"镜中我"的反馈信息，也不做出适当调整，我们很容易发展为自我中心，自恋，刚愎自用。而若只以"镜中我"作为唯一的参考标准，我们又将失去自我，变得人云亦云，敏感多疑。

三是以社会准则为镜，我们形成了现实我与应然我。应然我是人们对他人想要自己变成什么样的理解。应然我是建立在对他人承担的责任和义务之上，是个体应该做的。当我们只有应然我，没有现实我的时候，我们的眼中只有规范、纪律、原则，刻板、教条、单调、枯燥主宰了生活的基调，生活会失去色彩、惊奇、欣喜。如果应然我与真实我不相符，我们会感到羞愧、内疚和焦虑。电影《廊桥遗梦》中女主人公弗朗西斯卡的理想我是与罗伯特·金凯共同谱写震撼人心的爱情，而她的应然我则是承担对丈夫、对孩子的责任义务，留在家庭继续做一位好妻子、好母亲的角色。最终，弗朗西斯卡选择了后者，这是应然我影响个人行为选择的典型表现。

表 2-2 现实我与理想我、镜中我、应然我之间差别

差别类型	引发的情感	举　例
现实我与理想我	失望和不满意	我感觉沮丧，因为我不像我希望的那样成功。
现实我与镜中我	羞愧和困窘	我感到羞愧，因为我辜负了大家对我的期望。
现实我与应然我	内疚和自我蔑视	我恨自己，因为我应该有更多的意志力，应该更加用功。
现实我与应然镜中我	恐惧或感觉被威胁	我害怕我老师对我发怒，因为我对学习不像他认为我应该的那样努力。

从上面的分析我们可以看出，认识自我就是自己根据不同的参照对象不断修正对客观我的认识过程，是根据不同标准和期待不断塑造自我的过程。

良好的自我认识意味着我们能明确自己的身份和角色，知道自己是谁、该做什么事情，能够以更加积极理性的态度对待遇到的事情。

扭曲的自我认识会让我们与现实产生很大冲突。大家见过哈哈镜吧？哈哈镜里的自己都是扭曲的。同样，我们自己在观察、评价自我时产生认知偏差会出现什么情况呢？岳晓东博士概括出曲扭自我认识的各种表现与消极后果，可以帮助我们从反面进一步体悟良好自我认识的重要性。

表 2-3 曲扭认识

曲扭认识	表　现	事　例	消极后果
消极泛化	用一件事形成一般规律，从一次失败得出会永远失败。	我在他们面前会语无伦次，而且永远会这样。	自贬 自艾
综合标定	不由自主地用贬义标签描绘自己。	我是个笨蛋，我什么也干不了，我是个没用的人。	自艾 自疑
偏见过滤	戴着有色眼镜看世界，只看自己有价值的一面，或无价值的一面。	只注意批评（赞扬），忽视赞扬（批评）。	自疑 自恋
极端思维	事情分为绝对黑和白，人分为绝对好与坏。	要么完美无缺，要么一无是处；不是天使就是恶魔，不是英雄就是懦夫。	自卑 自恋
自责自怪	责备自己，即使很多事情并不是你的错，甚至和自己无关。	没完没了的道歉和自我抱怨。	自怜 自疑
个人化	世界上的所有事情都与自己有关，并且把自己与他人做消极比较。	一进入人群，就会立即和他人比较，看谁比自己漂亮，谁比自己更受欢迎。	自疑 自惑
度人心思	自以为他人都不喜欢你，讨厌你，其实没有证据证明你的推想是正确的。	他们会拒绝我；他们本来就觉得我很古怪。他在观察我的一举一动，因为他对我不满意。	自艾 自疑

2. 自我评价

大学生非常想深入了解自己、认识自己，确定自己在社会上、群体中的位置，但是如果缺乏正确的理论指导和评价方法，仅仅依靠自己的直觉来做出评判，对自己的认识难以做到恰当和准确。

美国心理学家乔恩和哈里提出了认识自我的窗口理论，又称为乔韩窗口理论。该理论将我们的自我分为 4 个部分。A 为公开的自我，即别人认识到、自己也认识的自我；B 为盲目的自我，即别人认识到、自己没有认识到的自我；C 为秘密的自我，即别人不知道、我却知道的自我；D 为未知的自我，即别人不知道、我也不知道的自我。一般说来，一个人公开的自我部分越大，自我认知就越准确，自我意识越强。

表 2-4 自我窗口理论

	自己知道	自己不知道
他人知道	A 公开的自我	B 盲目的自我
他人不知道	C 秘密的自我	D 未知的自我

这一理论启发我们，要正确进行自我评价，应多主动征求别人的看法，留心别人对自己的认识，减少盲目的自我部分；多给机会让别人了解自己，不刻意隐瞒和掩饰，真实表达自己，减少秘密的自我部分；不断拓宽视野面，不断发现、挖掘自己的潜力，逐步认清潜在的我，减少未知的自我部分。通过这一理论，可以相应归纳出大学生进行自我评价的三个途径，分别是根据社会上其他人对自己的态度来评价自己；通过与社会上与自己地位、条件相类似的人相比较来评价自己；通过个人对自己的心理活动来评价自己。

在现实生活中，一些大学生的自我评价常常会有失偏颇：没法正确领会别人的真实想法；和他人进行比较的方式不科学；世界观、人生观、价值观没有完全确立，对事物没有形成稳定、全面、深刻的认识，情绪波动很大，等等，这些都是影响客观准确评价的因素，容易导致大学生形成对自我的过高和过低评价。

如果我们常常用放大镜来看自己的优点或缺点，用显微镜来看别人的缺点或优点，甚至无视客观现实，将缺点也认作优点或将优点当成缺点，就很容易对自己作出过高或过低评价自我，从而陷入自负或自卑心理。如果我们能对自我做出恰当评价，能体验到自我存在的价值感、意义感，能对自身具有的能力、个性和优缺点有正确的认识评价，能接受自己，对自己抱有正确的态度，不骄傲自满，不自卑，那就是一个心理健康的人。

三、心理体验

（一）测一测

你想知道自己的自我意识水平吗？请使用下面的自我意识量表进行自我测试一下吧。

自我意识量表（Self-Consciousness Scale，SCS）

此表是心理学家 Fenigstein、Sheier 和 Buss 在 1975 年编制的用于内在自我和公众自我的测量。我们每个人都可以检查一下自己是公众型还是私我型。请考虑以下选项，选择合适的描述自己的选项，没有对错之分。

“0”表示完全不符合我，“4”表示非常符合我，“1、2、3”分别代表不同程度的符合和不符合。请你在认为合适的数字上打“√”。

1. 我经常试图描述我自己。　0　1　2　3　4
2. 我关心自己做事的方式。　0　1　2　3　4
3. 总的来说，我对自己是什么人不太清楚。　0　1　2　3　4
4. 我经常反省自己。　0　1　2　3　4
5. 我关心自己的表现方式。　0　1　2　3　4
6. 我能决定自己的命运。　0　1　2　3　4
7. 我从不检讨自己。　0　1　2　3　4
8. 我对自己是什么样的人很在意。　0　1　2　3　4
9. 我很关注自己的内在感受。　0　1　2　3　4
10. 我常常担心我是不是给别人一个好印象。　0　1　2　3　4
11. 我常常考察自己的动机。　0　1　2　3　4
12. 离开家时我常常照镜子。　0　1　2　3　4
13. 有时我有一种自己在看着自己的感受。　0　1　2　3　4
14. 我关心他人看我的方式。　0　1　2　3　4
15. 我对自己心情变化很敏感。　0　1　2　3　4

16. 我对自己的外表很关注。 0 1 2 3 4

17. 当解决问题时我很清楚我自己的心理。 0 1 2 3 4

第3题和第7题反向记分，代表内在自我的题目包括：1、3、4、6、7、9、11、13、15和17，把它的总分计算出来；代表社会自我，也就是别人眼中的自我的题目是2、5、8、10、12、14和16。对大学生群体而言，内在自我的平均得分为26，而社会自我的平均分为19。做做看，你内在自我和社会自我的比例各是多少。

（二）做一做

人在社会生活中，免不了要与人交往，他人就是反映自我的镜子，与他人交往，是个人获得自我认识的重要来源。大学生可从以下几个方面进行自我探索。

1. 加强与他人的互动反馈，减少盲目的自我

请你的父母、朋友、同学写下对你的身体外貌、心理特征、社会交往等方面的看法。再比较自己的看法与别人的看法是否一致。如果比较一致或接近，说明我们对自己的认识比较客观。如果相差很大，那么，你可能要调整自己。需要注意的是，他人的评价也是主观的，有时也会有失客观，因此，我们不能过于夸大他人评价，而一味否定自我。

2. 展示真实自我，减少秘密自我

电影《致我们终将逝去的青春》中的林静与郑薇从小青梅竹马，两小无猜，长大后两人暗生情愫，彼此互有好感。正当他们的爱情玫瑰即将开放时，林静偶然中发现自己的母亲与郑薇的父亲有隐蔽的爱恋关系。林静无法面对这个现实，更无法面对他和郑薇的关系，他没有勇敢地和郑薇商谈这件事，而是用了一个去留学的谎言来逃避郑薇。由于林静将懦弱的自我隐瞒起来，导致郑薇和林静的心结未解，林静自己也一直没有找到自己的归宿。前文案例中的小英同学也是因为太在意外在形象，不敢展示真实自我，最后迷失自我，找不到自我。

现实生活中有许多人为能在别人心里留下最好印象，只展示自己最好的一面，刻意隐瞒自己的缺点、不足、失败、挫折，整天戴着假面具，活得很累很辛苦。殊不知，适当的自我暴露能增进人际交往，增强自己与他人的情感联接，提升自我形象。

活动1：来个《真心话大冒险》吧，跟其他人分享一些你的秘密。

活动2：有痛苦、烦恼、心结时，向亲朋好友倾诉，比较自己的观点与他们的异同。

活动3：多参加集体活动，特别是互动性的活动，多展示自己。

3. 探索发现潜在自我，减少未知的自我

俗话说，最了解自己的那个人是自己。“当我们努力向他人证明自己的时候，会不会其实是证明给自己看的？当我们为了他人的评价而奋力辩驳的时候，会不会是说给自己听的？内观则自知，自知则自明，自明则不争讼，安之若素，如如不动。”了解自我的一个很好途径就是“吾日三省吾身”。

活动 1：我自己眼中的自己

身处一个安静的环境，没有噪音、没有干扰。拿出一支笔，不必思考过多，以最快的速度完成下面的句子。

我是 ________________的人。

我是 ________________的人。

我是________________的人。

我是 ________________的人。

在主观评价中，最好对自己有好的评价，也有不足的评价。条目内容越多越好，越细越好，就相当于给自己画一个栩栩如生的自画像。分析：

数数写出多少条目，如果大于 9 到 10 个，一般认为没有什么心理障碍。如果少于 7 个，则可能有些过分压抑。

看看描述的内容是不是涉及自己的各方面：外形、学业、品质、能力、社会交往？最好是全面描述。

看看描述自己的哪方面居多？客观的事实描述多还是主观的心情感受多，如果两者数量差不多，客观和主观比较平衡，反之，则有些失衡。

对过去、现在、将来的描述中，最好有对未来的描述，没有的话，说明对未来考虑不够，过去描述居多的话，很有可能你还生活在过去和回忆中。

对外形描述多，还是对自己的内在描述多。青春期非常关注自己的外在形象，这是普遍现象，但不可一味过分关注外在，更要关注、发展自己的内在精神世界。

活动 2：从态度行为上认识自我

我们可以通过一些科学的量表，比如性格色彩学、16Pf 等自陈量表来测量自己，我们也可以通过研究在活动中自己的感受、表现来认识自己的性格、气质、能力等，将这些综合起来，形成对自我的全面认识。下表是美国心理学家霍曼切克对学生态度行为自我评价的分类。

表 2-5　正确与不正确的自我评价意识

持正确自我评价意识的学生行为表现	持有不正确自我评价意识的学生行为表现
（1）对周围环境所发生的各种事情有好奇心，愿意接触新事物。 （2）爱和朋友聊天、开玩笑，有时也发生纠纷。 （3）有幽默感，好长谈，善于取笑。 （4）好提问，直截了当，愿意自己为解决问题定计划。	（1）消极地回避新经验，尽可能不去接触它。 （2）遭受申斥时内心觉得羞耻，被家长和老师称作“好孩子”。 （3）过于认真，过于神经质，多疑。 （4）回避提出的问题，对是什么还未搞清楚时，就发牢骚，总以自己的考虑为基础去

（续表）

持正确自我评价意识的学生行为表现	持有不正确自我评价意识的学生行为表现
（5）不怕危险，如果认为自己所想是正确的，就坚决做。 （6）对自己的成就表述适度，不傲慢，不夸张。 （7）与别人共事或游戏，很容易协调，能帮助别人。 （8）总是快活的，遇有不顺心的事，从不哭泣，不会有不必要的忧虑。	定计划。 （5）缺乏信心，轻易撤回自己的主张，易附和别人，常说："想必这是正确的。" （6）过分夸耀自己的能力和成绩，骄傲自满，轻视别人。 （7）过分的竞争，想尽量自己应有尽有，如有可能就去威胁他人。 （8）好忧虑，战战兢兢，爱发牢骚。

通过对照，你对自我有全新的认识吗？

四、拓展阅读

认 识 自 我

纪伯伦

一个雨夜，赛艾姆坐在书房的书架前，开始翻阅起旧书。他叼着一支土耳其大雪茄，厚厚的嘴唇不时喷涌出一阵烟雾。柏拉图记录的他的老师苏格拉底关于"认识自我"的一段对话引起了赛艾姆的注意……赛艾姆掩卷深思，心中油然漾起一种对东西方哲人圣贤敬佩的感情。

"认识你自己。"他嘟囔着苏格拉底这句名言，猛地从座椅上站了起来，展开双臂大声叹道，"对！我必须要认识自我，洞察自己那秘密的心灵，这样我就抛脱了一切疑惧和不安，从我物质的人中找出我精神的人，从我血与肉的具体存在中找出我的抽象实质，这就是生命赋予我的至高无上的神圣使命！"赛艾姆像害了场热病，眼中闪烁着酷爱"认识自我"的狂热光芒。

他踱到邻屋，像座塑像一样伫立在穿衣镜前，凝视着镜子里鬼一般可怕的自我，并默默地估量着自己的头形、面庞、躯干和四肢。赛艾姆的这种塑像神态持续了半小时，空灵缥缈的"认识自我"，仿佛给他灌注了一套足以揭示自我灵魂秘密的奇异、升华了的思想，并使他心里充满了理性之光。他平静地启动双唇，自言自语地说："嗯！从身材上看，我是矮小的，但拿破仑、维克多·雨果两位不也是这般吗？我的前额不宽，天庭欠圆，可苏格拉底和斯宾诺莎也是如此；我承认我是秃顶，这并不寒碜，因为有大名鼎鼎的莎士比亚与我为伴；我的鹰鼻弯长，如同伏尔泰和乔治·华盛顿的一样；我的双眼凹陷，使徒保罗和哲人尼采亦是这般；我那肥厚嘴唇足以同路易十四媲美，而我那粗胖的脖子堪与汉尼拔和马克·安东尼齐肩。”

“不错，我的身体是有缺陷，但要注意，这是伟大的思想家们的共同特点。更奇怪的是，我与巴尔扎克一样，阅读写作时，咖啡壶一定要放在身旁；我同托尔斯泰一样，愿意与粗俗的民众交际攀谈；有时我三四天不洗手脸，贝多芬、惠特曼亦有这一习惯；我的嗜酒如命，足令马娄和诺亚自愧弗如；我的饕餮般暴食暴饮使巴夏酋长和亚力山大王也要大出冷汗。”又沉默了片刻，赛艾姆用肮脏的指尖点了点脑门，继续发言：“这就是我！这就是我的实在。我拥有迄今为止人类历史上的伟人们的种种品质。一位拥有这么多伟大品质的青年是一定能干一番惊天动地的事业的。”

“睿智的实质是认识自我。伟人们把宇宙的这一伟大思想根植于我心灵深处，并激励我开始去干伟大的工作。从诺亚到苏格拉底，从薄伽丘到雪莱，我伴随着伟人们一起度过了历史的风风雨雨。我不知道我会以什么样的伟大行动开始，不过一个兼备在白昼的劳作和夜晚的幻梦中所形成的神秘自我和真正本性的人，无疑是可以开创伟业的……是的，我已经认识了自己，而神灵也已洞鉴了我。啊！我的灵魂万岁！自我万岁！愿天长地久，诸事如愿！”

赛艾姆在屋里踱来踱去，他那丑陋的脸上荡漾着欢乐的光泽，嘴里不时发出像猫啃骨头时的欢快叫声。他反复吟哦着阿比·阿拉的一段诗文：尽管我是这个时代的晚辈，创业祖先的未竟之业，总会历史地压在我的肩背。过了一会，这位赛艾姆穿着他那肮脏的衣服倒卧在乱七八糟的床上，进入了鼾声如雷的梦乡。

第二节 天生我材必有用——悦纳自我

“天生我材必有用，千金散尽还复来。”李白的这句诗用豪迈的语气表达了对自我价值的肯定，自信之情溢满纸上。每个人生来就是独特的，值得被关爱、被接纳。每个人都有理由肯定自己、喜爱自己、接纳自己，相信自己是有价值的生命个体。

一、心理案例

案例一：运气糟糕的健民

健民是一名来自贫穷落后的大山里的大学生。他自尊心很强，梦想能在新的天地有更好的发展。但是到学校后，他发现自己的经济状况、知识面、人际交往能力都不如别人，所以，他希望通过学习成绩来证明自己，为此，他刻苦学习。可是事与愿违，期末考试时，却因为计算机考试时存盘有误导致该课程不及格，最终没有拿到奖学金。健民沮丧极了，他将这归结为自己运气不好，没有成长在城市，自己直到大学才接触到计算机，因为担忧考试不及格而紧张的存盘失误。他觉得自己很失败，运气也不如别人，对自己充满了排斥、否定。在宿舍和班级，他又发觉自己的想法和别人格格不入，他很恼怒自己也恨别人，可又不敢与别人争论，只好选择压抑、沉默、逃避来应对。他很想拥有一台电脑，可他的经济条件却不允许，他也不愿意向别人借用，害怕别人看不起他。这时，他深深觉得人与人之间的不平等，一股自卑感和隔离感油然而生，渐渐地，他疏远了班级、疏远了同学、疏远了社会，选择在网吧里的网络游戏中沉沦。

小视窗

心理学家杨凤池曾经这样说过：我们常常误以为自己不幸福的原因，是由于没有赶上好的时机，没有碰上好的朋友、伙伴，没有生在好的家庭与国度，没有足够的金钱与权力。其实我们忽略了一种可能，就是我们完全可以在外部世界依旧的情况下，让幸福重新回到身边……换一个想法，换一种态度，换一种方式处理眼前的问题，也许会出现另外一番景象，从此你的生活将会大不相同。

每个人来到大学，都怀揣着美好的梦想，梦想自己的青春闪耀出最炫目的光彩，成为舞台上最亮丽的主角。我们不亦乐乎地参加各种活动，铆足了劲参加各种竞选，不遗余力想处好人际关系。可是，一段时间后我们发现，自己没有想象中的那么出色、事情没有想象中的那么顺利。挫折、失败接踵而来，我们为此失落、抱怨、痛苦、迷茫，甚至失去继续追求自己梦想的自信和动力。

案例中的健民就碰上了这样的挫折、失败。他用自己的短处跟别人的长处做比较，看到了许多不如别人的地方，看不到自己的优势和长处，进而片面否定自己，产生了自卑心理；用宿命的观点看待自己的出身和考试失利，一味拘囿于自己的坏运气；苛求自己不犯错误，无法欣赏自己；对他人的评价比较敏感，不敢表达自己的意见和想法。以上这些想法阻碍了他用积极的态度来面对和处理成长过程中所遇到的危机，不能化消极为积极来主动发展自我。

小视窗

最优秀的人就是你自己

苏格拉底在风烛残年之际，知道自己时日不多了，就想考验和点化一下他的那位平时看来很不错的助手。他把助手叫到床前说："我的蜡所剩不多了，得找另一根蜡接着点下去，你明白我的意思吗？""明白，"那位助手赶忙说，“您的思想光辉是得很好地传承下去……”“可是，”苏格拉底慢悠悠地说：“我需要一位最优秀的承传者，他不但要有相当的智慧，还必须有充分的信心和非凡的勇气……这样的人选直到目前我还未见到，你帮我寻找和发掘一位好吗？”“好的，好的。”助手很温顺很尊重地说，“我一定竭尽全力地去寻找，以不辜负您的栽培和信任。”苏格拉底笑了笑，没再说什么。那位忠诚而勤奋的助手，不辞辛劳地通过各种渠道开始四处寻找了。可他领来一位又一位，总被苏格拉底一一婉言谢绝了。有一次，当那位助手再次无功而返地回到苏格拉底病床前时，病入膏肓的苏格拉底硬撑着坐起来，抚着那位助手的肩膀说：“真是辛苦你了，不过，你找来的那些人，其实还不如你……”“我一定加倍努力，”助手言辞恳切地说，“找遍城乡各地、找遍五湖四海，我也要把最优秀的人选挖掘出来、举荐给您。”苏格拉底笑笑，不再说话。

半年之后，苏格拉底眼看就要告别人世，最优秀的人选还是没有眉目。助手非常惭愧，泪流满面地坐在病床边，语气沉重地说：“我真对不起您，让您失望了！”

“失望的是我，对不起的却是你自己。”苏格拉底说到这里，很失意地闭上眼睛，停顿了许久，才又不无哀怨地说：“本来，最优秀的就是你自己，只是你不敢相信自己，才把自己给忽略、给耽误、给丢失了……其实，每个人都是最优秀的，差别就在于如何认识自己、如何发掘和重用自己……”话没说完，一代哲人就永远离开了他曾经深切关注着的这个世界。

（摘自《新民晚报》，2002 年 10 月 24 日）

二、心理辅导

在觉得自己很失败、很沮丧时仍然喜欢自己，肯定自己，珍爱自己，这就是悦纳自我。悦纳自我是个体欣然接受现实自我的一种态度。悦纳的内容包括两个层面，一是悦纳自己的身体、性格、能力等所有特征。二是悦纳自己过往的所有经历和现实的处境，不管是令人振奋喜悦的成功、美好，还是不愿回想的创伤、挫折。

（一）悦纳自我“四问”

大学生是不是做到了悦纳自我，做到了何种程度，一般可以通过以下四个设问找到答案。

1. 我喜欢我自己？

在卡尔·罗杰斯看来，每个人从生下来就需要获得他人或自己的无条件的关注、赞赏、接受、尊敬、同情、温暖、关爱。开始时，这些无条件的积极关注来自于自己身边的父母、老师、亲朋好友或其他的重要他人，渐渐的，我们自己学会了关爱自己、接纳自己、奖励自己。无论我长得如何，做了什么，给予我关注是由于我这个人本身，而不是我的外在。只有在无条件积极关注下成长的人，才会知道什么是真实的自己，也才能形成内在的价值感，自由的体验全部的自我。

对自己的无条件关注和肯定，就是我们所讲的自我悦纳。要知道自己是不是一个悦纳自我的人，我们可以通过以下具体的表现找到答案。

“我接受真实的我”“我喜欢这样的我”，你说过这样的话吗？这是对自我悦纳的一种表现。悦纳自我的表现还有：接受真实的自己，欣赏自己，关爱自己，肯定自己；对自己充满信心和毅力，行为表现很自然诚恳；明确自己的角色和位置，了解自己的能力，也知道自己的目标，思考、判断事情实事求是、着重理性，决定果断；对自己的个性和人生观引以为豪，同时能够爱他人，悦纳他人，表现出“我好，你也好”的态度，等等。

“我不能接受这样的我”“我不喜欢我自己”，经常说这样的话，是对自我不悦纳的表现。这样的表现还包括：为获得别人的肯定，总是花很大的精力注意别人对自己的反应；很在意别人的评价，情绪起伏大，要花很多时间处理情绪；觉得对许多结果要负责；常感疲累，容易沮丧、消极、生活不快乐；不愿与别人敞开心扉，人际相处不良，团队合作不顺；变得自我中心、不易进步，潜力无法发挥；为满足自己的自尊心，想方设法用名、力、权、知等提升自己，追求完美，表现出“你好，我不好”“我好，你不好”“我不好，你也不好”的态度等。

2. 我就是这样的人？

埃里克森认为，在青少年阶段我们主要解决“我到底是谁？”“我就是这样的人（自我统一性完成）”的问题，核心发展任务是建立对自我能力、兴趣、价值观、交友方式、个性等的认识和认可，完成从自我认同危机到自我统一性完成的发展，埃里克森认为这是人生中特别困难的时期。

埃里克森对人的自我认同状态作了如下分类，为我们了解自我统一性程度提供了明晰的坐标。

（1）积极的统一——自我肯定型：又称自我接受型，指认可自己，肯定自己的价值，对自己的优势和局限能客观评价，坦然接受，表现为：对现实我的评价客观、深刻；理想我符合社会需求，且经过努力可以实现；二者统一后的自我完整并且强有力，既适应社会需要又有助于自身成长。

（2）消极的统一：共同的特点是对自我评估不准确，理想我不健全，缺乏实践的途径和手段，统一后的自我虚弱，不完整，分为：

——自我否定（自卑）型：对现实我评价过低，理想我与现实我差距很大，缺乏自信，拒绝自己，甚至摧残自己，处处与自己为敌。他们不是通过积极改变现实我去实现理想我，而是一定程度上放弃理想我，趋同现实我，以求得自我意识的统一，其结果是更为自卑。

——自我扩张（自负）型：对现实我的评价过高，虚假的理想我占优势，认为理想我的实现轻而易举，时常以幻想的我代替真实的我，带有白日梦的特点，在自不量力的情况下，个人所追求的学业、事业、友谊和爱情主观追求都大于客观条件，所以失败的概率比较大。他们盲目自尊、爱慕虚荣、心理防卫意识很强，容易产生心理变态和行为障碍，个别极端的学生还可能用违反社会道德规范或违法犯罪的手段来谋求自我意识的统一。

（3）自我难以协调：

——自我萎缩型：极度缺乏或丧失理想我，对现实我深感不满，又觉得无法改变，消极放任、得过且过；或几近麻木、自卑感极强，从不满自己到自轻自艾、自怨自恨、自暴自弃、孤独沮丧，最终把自己龟缩在极小的圈子里，自生自灭。

——自我矛盾型：对自己缺乏“我是我”的统合感觉，产生“我非我”“我不知我”的分离感。理想我和现实我难以统一，矛盾的强度大，延续时间长，内心不平衡。

3. 我是有价值的人？

“我是有价值的人”是我们悦纳自我后的积极心理体验。如果自我认定自己是有价值的人，就会对自己拥有的一切感到满足，对取得的成就感到骄傲，喜欢自己，肯定自己，自尊自爱，相信其他人也喜欢自己。

但有三种类型的人不是靠增强自我价值，而是以别人的态度和评价作为评价的主要标准，以此来修正自己的行为达到提高自我价值感的目的，久而久之，具备这种类型人格的人将会变得心理不健康。

贪婪型的人：这种人对赞扬和感情存在高度依赖、极度需要，胆怯，没有主见，孤独，因此常按照能带给自己赞扬的方式去行动。

对抗型的人：这种人听到对自己的批评，不愿接受，反而抵触、拒绝这类信息来维护自尊。他们不相信别人，攻击性强。

回避型的人：对他人意见采取回避态度来提高自我价值感，这类人过于压抑自己而焦虑不安。

4. 为何我们不易悦纳自我？

在这个充满竞争的环境中，我们为避免失败，需要保持良好的自我感觉以赢得竞争。自己的不足、缺点以及由此产生的恐惧、担忧无法在意识层被我们容忍，只能在潜意识层压抑或投射到别人身上。但是时间久了，我们不能总将问题归咎于他人。等到我们以他人为镜照镜子时，我们不喜欢镜中的自己，羞愧之情油然而生，于是，我们意识到自己的不足和缺点，更加苛求和为难自己，排斥和否定自己。案例中的健民不想输给别人，所以，处处和别人比较，觉得自己处处不如别人。

从客观角度来看，在我们成长的道路上，父母或与我们有着重要关系的人本应给予我们无条件积极关注，但有些父母为了控制自己的孩子，让他们免于闯祸、犯错，变得规矩乖巧懂事，对本应无条件的关爱行为附加了“价值条件”。即根据儿童的行为是否符合其价值标准和行为标准来决定是否给予关怀和尊重，他的关怀和尊重是有条件的，这个条件体现了父母和社会的价值观，罗杰斯称之为“价值条件”。“你太胖了，没有人喜欢胖子”“你成绩不好就不是好学生”“你失败的话就一无是处”……案例中的健民的价值条件是成绩好、经济条件佳才能得到尊重和关怀。

从主观角度分析，我们自己也很容易形成消极看待自我、消极看待结果的“负性思维”。所谓“负性思维”，就是将父母或者与我们有着重要关系的人对我们的批评、评判逐步内化为自我批评。诸如“你真笨，这道题都不会做”“你就会做错事，你一无是处”“让你不要这么干，你非得要这么做，看看，又闯祸了”之类的评价，会不断地引发和强化我们的“负性思维”。已有研究显示，童年期由高度批评式的父母抚养大的孩子长大后更可能批评自己。他们内化了父母的批评模式，一有失误发生时，他们就启动了自我批评这一动力工具，以为这样就会免于再犯错，也规避了他人的批评。过多的自我批评会导致我们的恐惧和不信任感，对自己的排斥和否定就不可避免了。

追求十全十美、完美无缺的思维背后的真相是，无法或不知道如何面对自己的缺点和不足。为了逃避面对自己的缺点和不足，采用了追求完美的防御机制，而追求完美、不能失败的想法又导致对自己严格要求，一旦失败就自我抱怨、自我批评，从而逐渐成为一个不能悦纳自我的人。

（二）悦纳自我的策略

1. 肯定自己的独特性

遗传学家舍菲尔德曾说过，在整个世界史中，没有任何别的人会和你一模一样，在将来到未来的全部无限的时间中，也绝不会有像你一样的另一个人。每一个人都是独特的，个人的独特形成了丰富多彩的世界，这个独特也成为你的财富、优势。但是许多人喜欢用统一的标准和尺子来衡量自己，相信或假定自己应该达到某一个标准，“我应该像某人一样成功”“我应该这样”，这种脱离实际的想法无形中贬低了自己的价值，滋生了许多烦恼和自卑，使自己变得更加忧郁。

有位女孩有一副美丽动听的歌喉，但她却长着一口龅牙，十分难看。可是她十分喜欢唱歌，而且天赋不错，进步很快。有一次，她去参加比赛，在舞台上表演时，她总是有意识地去掩饰自己难看的牙齿，她的表演让观众和评委们感到好笑，她失败了。但是有位评委却发现她的音乐素质极佳，在后台找到她，很认真地告诉她：“你肯定会成功，但是你必须忘记你的牙齿。”在这位评委的帮助下，女孩慢慢走出了自己长着龅牙的生理缺陷。在一次全国大赛中，她的极富个性化的表演和歌唱令所有现场观众和评委为之倾倒，她终于脱颖而出。她就是美国著名的歌唱家卡丝·黛莉，她的龅牙同她的名字一样响亮，代表了她的形象，歌迷们还称她的牙齿很漂亮。

如果卡丝·黛莉只盯着自己长有龅牙是生理缺陷，那她只能收到“我多么不幸、多么不完美”的信息。其实，龅牙站远了看，也很迷人。

2. 善待自己

每一个人不可能没有挫败，挫败都会引起一定程度的焦虑、担忧、紧张、羞愤等消极情绪。对于这些情绪我们该如何处理呢？安抚自己、善待自己。

人类天生要求被安抚、被善待。亨利·哈罗曾经做过一个著名的恒河猴实验，他在恒河边制作了两个能为幼猴提供服务的代理母猴，一只是由绒布包裹的木制母猴，一只是铁丝网制成的钢制母猴，它们都能提供喂奶、饮食等服务，满足幼猴的饥饿、干渴的生理需求。但是，幼猴更偏爱木制母猴，偏爱程度趋向极端。所有的幼猴整天都与木制母猴待在一起，钢制母猴喂养的幼猴只有在必须吃奶时才迫不得已回到钢制母猴身上。而且由木制母猴喂养的幼儿身体健康、生长正常，但是由钢制母猴喂养的幼儿，经常消化不良、腹泻。在恐惧物体实验中，当幼猴意识到自己要面临一些害怕的事情时，所有的幼猴都跑到木制母猴那儿寻求安慰。实验证明，感受到更多温暖的恒河猴更有安全感，情绪更加稳定，体格也更加健壮。

我们人类有能力自己给予自己安抚，不用借助外力，就能实现自我支持。冷静地对待自己的得失，以发展的眼光看待自己，充分认识到成功不是永恒的，失败也是暂时的。停止对自己的批判，接纳这些消极情绪，跟它们静静地待一会儿，而不是唯恐避之不及，慢慢地，你会发现你能够更好地悦纳自己。

3. 正视现实，活在当下

存在主义心理学认为力量是存在于现在。我们把精力用来后悔自己所犯的错误或者担忧没有到来的灾难和危险时，我们便离开了当下，逃避了当下的体验，“现在”的力量便消失了。因此，回到当下，活在当下，从思维形式中解放出来，对此时此刻的觉察才最富有价值。

小娜的烦恼——抱怨

“烦死了，烦死了！”刚一上班，就听到小娜在不停地抱怨，一位同事皱皱眉头，不高兴地嘀咕着：“好好的心情，全被你给吵坏了！”

小娜现在是公司的行政助理，事务繁杂，是有些烦，可谁叫她是公司的管家呢，事无巨细，不找她找谁？

其实，小娜性格开朗，工作起来认真负责，虽说牢骚满腹，该做的事情，一点也不曾怠慢。设备维护，办公用品购买，交通信费，买机票，订客房……小娜整天忙得晕头转向，再加上为人热情，中午懒得下楼吃饭的人还请她帮忙叫捎快餐。

刚交完电话费，财务部的老王来领胶水，小娜不高兴地说：“昨天不是刚来过吗？怎么就你事情多，今儿这个，明儿那个的？”抽屉开得噼里啪啦，翻出一个胶棒，往桌子上一扔：“以后东西一起领！”老王忙赔笑脸：“你看你，每次找人家报销都叫‘亲爱的’，一有点事求你，脸马上就长了。”

大家正笑着呢，销售部的小张风风火火地冲进来，原来复印机卡纸了。小娜脸上立刻晴转多云，不耐烦地挥挥手：“知道了。烦死了！和你说一百遍了，先填保修单。”单子一甩，“填一下，我去看看”。小娜边往外走边嘟囔：“综合部的人都死光了，什么事情都找我！”对桌的小王气坏了：“这叫什么话啊？我招你惹你了？”

态度虽然不好，可整个公司的正常运转真是离不开小娜。虽然有时候被她抢白得下不来台，也没有人说什么。虽然应该做的事她都尽心尽力做好了，可是，那些“讨厌”“就你事情多”“不是说过了吗”……实在是让人不舒服。特别是同办公室的人，小娜一叫，他们头都大了。“拜托，你不知道什么叫情绪污染吗？”这是大家的一致反应。

年末的时候公司民意选举最受欢迎的人，大家虽然都觉得这种活动老套可笑，暗地里却都希望自己能榜上有名。奖金倒是小事，谁不希望自己的工作得到肯定呢？领导们认为先进非小娜莫属，可一看投票结果，50 多张选票，小娜只得 12 张。

有人私下说：“小娜是不错，就是太爱抱怨了。”

小娜很委屈：“我累死累活的，却没有人体谅……”

故事中的小娜认为公司的同事应该满足她的一切需求，当别人没有按照她的想法行事时，就产生了对自己和他人的不满，并有抱怨的情绪化的表达。她自己本人一直沉浸在这种想法和情绪中，逃离了当下，忽略了工作本身带给她的无穷乐趣。

正视现实，不是要我们完全抛弃过去，而是以今天的视角来谈论过去，或者用想象重现等将过去带到今天，不加判断地去观察，关注当下的行为、反应、情感、思维、情绪、恐惧、欲望。正视现实，活在当下，强调当下对过去活生生的体验和接触，透过自己的感官，通过亲身接触的事物，觉察过去的痛苦，从而释放该痛苦，回到现在，找到自我。

生活中，我们可以慢下来，关照自己的身体和心灵，体验活在当下的乐趣。美国洛约拉大学的布赖恩特和维洛夫创办了一个新兴的领域——品味学，他们将品味作为一种找回现在的工具，强调品味就是感知愉悦，将注意力放在愉悦的经验上。下面是布赖恩特在爬山时，如何细细品味他的经验的。

我深吸了一口稀薄的冷空气，慢慢地吐出来。我注意到花茎类植物的刺鼻味道，于是开始寻找味道的来源。在脚下石头缝中，我找到这株孤零零的紫色花朵。我闭上眼睛聆听风的倾诉，听它在山谷中的回响。我在山顶的大石头上坐了下来，享受着在温暖的石头上晒太阳的乐趣。我捡了块火柴盒大小的石头带回去做纪念。石头粗糙的表面摸起来像砂纸，我感到一股奇怪的欲望，我想去闻一下这块石头。我闻到了它强烈的泥土味，这味道引发了一些古老的想象：这块石头一定是从盘古开天辟地时就躺在这里了。

4. 对自己有恰当的期望

每个人既有自己的长处，也有自己的短处，面对不完美的自己，我们该怎么办呢？接纳自己的短处，对自己有恰当的期望。

林肯是美国历史上最著名的总统之一。由于他的外貌很丑陋，常常被政客讥笑。有一天，他的一位政敌遇到他，开口骂道：“你长得太丑陋了，简直不堪入目。”林肯微笑着对他说：“先生，你应该感到荣幸，你将因为骂一位伟大的人物而被人们所认识。”如果林肯一直纠结于自己丑陋的外貌，而不愿接纳自己的身体缺陷，他哪还能腾出注意力发挥自己其他的长处。

人无完人，每个人不可能没有瑕疵，不完美的人才是真实的人，不完美的人生才是真实的人生。平静而理智地看待自己的长处和不足，对自己有恰当的期望和规划，才能做到扬长避短。

小视窗

（我所研究的自我实现者）不太害怕别人……然而，也许更重要的是不畏惧自己的内部世界，不怕自己的冲动、情绪和思想。他们比普通人更能接受自我。这种对自己的深邃自我的赞同和认可，使他们更有可能甘于觉察世界的真正性质，也使他们的行为更有自发性、较少控制、压抑等。

——马斯洛

悦纳自我是个体完全的和无条件的接纳自己，无论他的行为和表现是否明智的、正确的或适当的，以及他人是否赞成、尊重或爱他。

——艾利斯

我们每个人都具有积极与消极两方面的无限潜能，我们必须承认这些潜能的存在。善与恶、好与坏、光明与阴暗、强大与脆弱、诚实与欺瞒——我们的内心是这些矛盾的统一体。如果你觉得自己太过脆弱，那你就需要寻找脆弱的对立面，让自己变得更有力量；如果你被恐惧困扰，就必须在内心中寻找勇气；如果你总是受人欺辱，那你就需要在内心中找出发生这种情况的原因。你必须敞开心扉，承认自己既有优点也有缺点，既有光明的一面也有阴暗的一面。只有从容接纳黑暗的人，才有资格接纳光明。

——福特

三、心理体验

（一）测一测

想知道自己的自我接纳水平吗？请做下面的自我接纳问卷（SAQ）。

自我接纳问卷（SAQ）

以下列出了许多反映自我情感、态度和行为的陈述，请仔细阅读每一个条目，考虑一下它与你近三个月以来的实际情况是相同还是相反。尽量真实准确地回答，但没有必要每一条都刻意花很多时间。

请选择答案：A 非常相同　B 基本相同　C 基本相反　D 非常相反

*1. 我内心的愿望从不敢说出来　A B C D

2. 我几乎全是优点和长处　A B C D

3. 我认为异性肯定会喜欢我的　A B C D
*4. 我总是因害怕做不好而不敢做事　A B C D
5. 我对自己的身材相貌感到很满意　A B C D
6. 总的来说，我对自己很满意　A B C D
*7. 做任何事情只有得到别人的肯定我才放心　A B C D
*8. 我总是担心会受到别人的批评或指责　A B C D
9. 学新东西时我总比别人学得快　A B C D
10. 我对自己的口才感到很满意　A B C D
*11. 做任何事情之前我总是预想到自己会失败　A B C D
12. 我能做好自己所有的事情　A B C D
*13. 我认为别人都不喜欢我　A B C D
*14. 我总担心自己会惹别人不高兴　A B C D
15. 我很喜欢自己的性格特点　A B C D
*16. 我总是担心别人会看不起我　A B C D

自我接纳问卷，总共 16 个条目。分为“自我接纳因子”（第 1、4、7、8、11、13、14、16 条，共 8 个条目，全部为反向评分，评分方法：A=1 分，B=2 分，C=3 分，D=4 分）和“自我评价因子”（第 2、3、5、6、9、10、12、15 条，共 8 个条目，全部为正向评分，评分方法：A=4 分，B=3 分，C=2 分，D=1 分）。总量表得分越高，表明被试的自我接纳程度越高；反之则越低。

（二）做一做

1. 优点轰炸

4—5 人组成一个小组，围坐一圈。小组成员轮流坐到圈子中间先说自己的优点，然后接受其他成员指出的优点。其他成员对圈中成员指出他确实存在的优点，圈中人员只允许静听，不做任何表示，注意静心体会被大家指出优点时的感受。圈中人员结合刚才收到的优点信息，形成“我是一个具有什么样优点的人”的自我认识，然后站起来逐一走到其他成员面前，向他表达自己的这个认识，其他成员给予明确肯定。最后小组成员相互交流分享自己的感受：

当自己说出自己的优点时，我的感受是什么？

当别人说出我的优点时，我的感受是什么？

当我逐一向别人表达自己的自我认识，并且受到肯定反馈时，我的感受是什么？

当我说出别人的优点时，我的感受是什么？

2. 积极心理暗示法

活动 1：在每天早晨起床、晚上上床之前，闭上眼睛，活动你的嘴唇（这一点必不可少），借助一根有 20 个结的绳子来计算数量，机械的连续重复 20 次下列的句子："每一天，在每一个方面，我都越来越好。"不需要去考虑任何特别的事情，因为这个词"在各个方面"指代所有的事情。

在进行这个暗示的时候，一定要自信、虔诚，并确信你将得到你想要的一切。你越是充满信心，就能越快的获得想要的结果。

活动 2：学会运用三句话：

"太好了！"遇到问题从积极角度考虑，碰到挫折以良好心态对待。

"我真棒！"经常意识到自己优点，经常回想自己的成功及当时的快乐，欣赏自己的优点，充分肯定自己，接纳自己，相信自己，发挥潜能。

"我来帮助你"，以积极的心态面对他人，学会关爱他人，学会处理人际关系赢得他人信赖。

3. 自我欣赏冥想

冥想是一种改变意识的形式，它通过获得深度的宁静状态而增强自我知识和良好状态。冥想状态中意识层面的信息逐渐退出，我们与我们的潜意识相连接，所以，冥想可以达到身与心的协调、左脑与右脑的协调。我们可以在深度冥想状态通过输入一些正面信息到潜意识从而改变对自我的认识。以下是操作步骤：

在你觉得已经准备好了的时候，慢慢地闭上眼睛，以你觉得舒适的坐姿，坐在椅子上。将你的注意力集中在你的呼吸上，慢慢地放松，放松……直到你彻底的放松。

想象自己处于某个日常环境中，设想有人（可以是某个你认识的人，也可以是一个陌生人）以爱慕的目光看着你，并告诉你，他们真的很喜欢你身上的某些特质。然后开始设想有更多人出现，他们都认同你很出色。（如果这让你感到尴尬，不要放弃，继续这样做。）想象越来越多的人赶过来，都以无比爱慕的和尊敬的目光看着你。设想自己走在队列中，或者站在舞台上，人们兴高采烈，围着你欢呼，爱你，欣赏你。仔细聆听他们的欢呼声。站起来，鞠一个躬，感谢他们对你的赞赏。

4. 双椅对话

让我们坐在不同的椅子上，帮助我们接触自我的相互冲突的不同方面，体验此时此刻不同方面的所思所想。

一开始，摆放三把空椅子，以三角的方位放置。接下来，回想一下那些经常困扰你、让你常常批评的问题。指定其中一把椅子作为内心自我批评者的位置，一把作为被评判、被批评的那部分的位置，一把作为明智的、同情的观察者的位置。在这三个角色之间互换进行角色扮演。

（1）想想自己的"问题"所在，然后坐在自我批评者的椅子上。在你落座之后，大声表达出内心自我批评者那一部分的思想和情感。例如"我恨透了你的自私、愚蠢"。注意自我批评者部分的遣词和语气，以及表达的内容。是忧虑、生气、义愤还是懊恼？注意你身体的姿势，强势、僵硬还是笔直。

（2）现在，请坐在你内心被批评那一部分的那把椅子上。试着共鸣你被批评时的感受。说说自己的感受，并且直接对内心的批评者做出反应。例如："我感到很受伤"或者"我感到孤立无援"。尽管说出跳到脑中的话。请再次注意自己的语气。是难过、气馁、害怕还是无助。此时你的身体姿势是什么样子呢？佝偻、垂头还是皱眉。

（3）在这两部分之间进行对话，实实在在试着体验各自的感受。让彼此都知道对方的感受，让每一方充分表达自己的观点，并且得到聆听。

（4）现在坐在所指定的观察者的椅子上。运用你最深的智慧，以及你关爱的源泉，处理批评者和被批评者的问题。你同情部分的自我对批评者说了什么，获得什么启迪。例如："我看得出，你是真的害怕了，你想帮我，所以我不会再一蹶不振了"。你同情部分的自我对被批评者说了什么。例如："日复一日地听到这些严厉的批评真是难为你了，我看得出你确实受到了伤害。"或者"你所需要的也仅仅是接纳自己罢了。"试着放松、开启你的心灵，让它变得温暖？你身体的姿势怎样？不偏不倚还是放松？

（5）对话结束之后——在感觉良好的时候停止—反思一下刚才发生了什么。你是否对思维模式的来源有了新的发现？是否能以更积极的方式思考当前的处境？如你沉思之后的所得，设定在未来以更好、更健康的方式看待自己的意愿。

5. 找到自己心灵的影子，接受有阴暗面的我

进行以下的练习时，必须集中注意力，达到全神贯注的状态。你所寻找的答案都在你的内心之中，但只有在安静的时候，你才能听见内心的声音。给自己留出充裕的时间，换上最舒适的衣服，采取最舒适的姿势，关掉手机，把全部精力都投入到练习的过程中。如果你愿意，可以焚一炷香，放一些舒缓的轻音乐，营造出迷离朦胧的气氛。准备好本子和笔，随时记录心中的感受。你也可以把以下的练习步骤录制在磁带上，一边播放一边进行，这样就不必睁开眼睛。

做好准备之后，闭上眼睛，深呼吸 5 次，每次吸气 5 秒钟，等待 5 秒钟，然后缓缓将气送出。深呼吸的目的是让你全身放松下来，把全部注意力都集中在呼吸的过程上，这是让心安静下来的最好方式之一。

不要睁开眼睛，想象你走进电梯，关上电梯门，按下最底层的按钮。想象你正在下降到意识的最底层。电梯门打开的时候，你看见门外是一片美丽而神秘的花园。在想象空间中勾勒出花园里的树木、花草和鸟儿。天空是什么颜色的？是一望无际的蔚蓝，还是点缀着白云？体会微风拂面的感觉。你身上穿的是什么样的衣服？是你最喜欢的衣服吗？想象你自己处于最美丽、最光彩照人的状态。脱下鞋子，体会光脚踩在地上的感觉。脚下是柔软的草地，还是细腻的沙地？是干燥的还是湿润的？你面前是否有一条石砌的小径？周围是否有瀑布和雕塑？有动物吗？花一分钟时间仔细欣赏你心灵的花园。

用想象力创造出心灵的花园之后，在花园的正中央想象出一个神圣的席位，你只要坐在这里冥想，就可以找到你一直寻觅的答案。花一分钟时间体会坐在这里的感觉，告诉自己你以后还会常来。重新把注意力集中在你的呼吸上，进行5次深呼吸，让身心进入更深一层的放松状态。

放松下来之后，依次问自己下面的几个问题，不要着急，静静等待内心的回答。得到一个问题的答案之后，睁开眼睛，把答案记录在本子上。记录速度要尽可能快，想到什么就记什么。不必在乎你写下的具体内容，只要让自己心中的情感充分释放出来就可以了。当你记下了第一个问题的答案后，再闭上眼睛，放松下来，回到内心深处的花园里，坐在冥想席位上，深呼吸两次，然后再问自己第二个问题。任何时候都不要着急，给自己足够的时间。

（1）我最害怕的是什么？

（2）我生活的哪些方面需要改变？

（3）我读这本书是想达到什么样的目的？

（4）我最害怕别人发现我的哪些特质？

（5）我最害怕发现自己的哪些特质？

（6）我曾对自己撒过的最大的谎是什么？

（7）我曾对别人撒过的最大的谎是什么？

（8）在我努力改变自己生活的过程中，最大的障碍是什么？

找到所有问题的答案之后，给自己充分的时间，把心中所有的想法都在本子上记录下来。之后再花一点时间，欣赏你自己回答问题的勇气。

四、拓展阅读

做最好的自己

道格拉斯·马罗奇

如果你不能成为山顶的一棵松
就做一丛小树生长在山谷中
但须是溪边最好的一小丛
如果你不能成为一棵大树，就做灌木一丛
如果你不能成为一丛灌木，就做一片绿草
让公路也有几分欢娱
如果你不能成为一只麝香鹿，就做一条鲈鱼
但须做湖里最好的一条鱼

我们不能都做船长，我们得做海员
世上的事情，多得做不完
工作有大的，也有小的
我们该做的工作，就在你的手边
如果你不能做一条公路，就做一条小径
如果你不能做太阳，就做一颗星星
不能凭大小来断定你的输赢
不论你做什么都要做最好一名

第三节　胜人者有力，自胜者强——超越自我

老子在《道德经》中有一句话“胜人者有力，自胜者强”，是说能够在某方面胜出别人的人是有力的人，是和别人对比时的强者。而能够战胜自己的人才是真正的强者，因为最难打败的人就是自己，只有能够不断超越自己的人才是强者中的强者。

一、心理案例

案例一：走出阴霾的田甜

田甜是一位来自西北贫困地区的女孩子，有一个好听的名字和漂亮的外貌，但她大学之初的生活却并不顺利。田甜和来自城市的另外三个女孩同住，所以，一开始，田甜就心里有些自卑，加上她的爸爸出外打工挣钱，妈妈身体不好，家里还有弟弟和妹妹，生活始终很艰难。不同的家庭文化背景也带来了生活方式和习惯上的差异，田甜走路吃饭声音大一些，室友们看不惯；她习惯早睡早起，女伴们嫌弃她早晨声音弄得很响，等等。田甜怎么也想不明白，走路吃饭声音大碍着谁了？晚上她们嚷嚷到很迟再睡，声音弄得也很响。城市女孩的一些优越感也让田甜很敏感，于是冲突不断，田甜和室友们的矛盾激化到白热化程度。问题一直延续到第一学期末的时候，田甜和室友们实在无法相处，每天晚上关灯之后就到水房里哭。室友对她的这一行为感到不解甚至反感，几次将宿舍门反锁起来，直到田甜在外面等了很久之后再开门。她试图通过强度很大的体育运动来排解自己的负面情绪，可是发泄过后，忧愁并没有减少。

田甜感觉到这一切是因为自己来自西部农村的贫困人家，生活方式、行为方式与别人不同造成的。贫困并不可怕，但因为贫困而被人看低伤害了她。很长一段

时间，田甜都沉浸在自己的悲伤中，学习、生活受到了很大影响，对自我的评价也很低，与同学们几乎不交流、不交往，她被边缘化了。

在她最困难的时候，学校心理老师和辅导员找到了她的室友，进行了交流和团体辅导，增进了相互理解和沟通。田甜也接受了心理老师的心理辅导，老师和她一起澄清了自我认识上的一些偏差，传授她一些增进自信、超越自我的方法。同时，她也被安排到学院勤工助学，在那儿，她学习到如何在贫困中超越自己，完善自己，提高自己的社会适应能力。她很努力，一方面她不放松学习，另一方面努力降低对自己、对问题和对别人行为的敏感度。当田甜逐渐将注意力从人际层面转移到学习上来，当她变得越来越自信时，她惊奇地发现自己和室友的关系也在不断改善，她们逐渐从最初的冲突、不和谐到后来成为毕业时难舍难分的好姐妹，这时的田甜已经成长为阳光、自信的大学生。

二、心理辅导

现实我与理想我的矛盾是大学生自我意识发展过程中会经常遇到的突出问题。我们有理想，肯上进，富有激情，体力充沛，渴望干出一番成绩，向自己和他人证明“我行”。但是，由于大学生与社会接触少，社会经验缺乏，不能很好做到“让理想照进现实”，这确实给我们带来了不少的苦恼和冲突，但从另一个角度看，也给我们带来了成长的契机，让我们拥有积极进取，不断超越自我的强大动力。

田甜因为贫困而自卑，因为自卑，形成对人际关系敏感，造成了和室友的一系列冲突和矛盾，进而影响到自己正常的学习生活。在老师的帮助下，她看到了自己的优势，用自己的力量战胜了内心的自卑，超越了自我，获得了一个更强大、更有生命力的自我，实现了对自我的超越。

（一）超越自我的内涵

一般而言，超越自我是指个体在认识自我、悦纳自我的基础上，按照自己真正的愿望设定理想我，为实现理想我自觉规划行为目标，主动调节自身行为，使自己的个性得到充分发展，以更好适应社会的要求。超越自我意味着一个人对自身能力或素质的突破，不仅仅是心理潜能的激发，更多的是人性的完善、境界的提高或智慧的凝结。

从现实我与理想我的关系角度审视，超越自我的过程实际上就是现实我向理想我的转化过程，是两者逐步和谐统一的过程。我们发现现实中的我总有进步的余地、有待完善的空间，于是，我们为自己建构了期待想要成为的理想我。如果我们发现自己永远达不到这个理想我，我们就会沉沦忧郁，觉得自己很差劲，生活没意思；如果我们发现理想我可以达到，但是两者的差距较大，需要克服许多困难，这时我们就会焦虑，嚷嚷着“亚历山大”。由此可见，现实我和理想我越接近，个体适应性就越好，心理健康水平就越高。两者差距很大甚至互相矛盾时，个体的适应性就下降，引起焦虑、苦恼、抑郁等情绪。

在现实我与理想我差距很大，甚至引发适应不良情况的时候，一些同学由于自我调节能力不高，超越自我水平有限，出现了各种各样的情况。有的同学将失败原因归结为学校提供的教育环境不好，自己的出身不好没爹可拼，埋怨社会给予认可和发展的机会太少；有的同学失去了前进的目标，整日浑浑噩噩地过日子，只求混到一张毕业文凭；有的同学每天都焦虑自己的就业和前途，没有心思读书，不愿沉下心来学习、积淀；有的同学一碰到问题就易于烦躁、抑郁，情绪低落，甚至意志消沉。

（二）人生就是不断超越

1. 成长是人的本能

人本主义心理学认为，生活的意义不在于需要得到满足，而在于满足需要过程中的体验。心理健康的人是自我超越，自我完善的人，当眼前的需要得到满足后，他们不会满足，而是会积极寻求新的发展，这个成长过程是人生发展的自然特性。人本主义心理学的代表人物马斯洛提出了需要层次理论，该理论将人的需要分为生理需要、安全需要、归属和爱的需要、尊重需要、自我实现的需要五个层级。前三个需要称为低级需要或缺失性需要，得不到满足时，人会屈从于缺失性需要而导致身心问题，一旦满足，需要动机就会减弱。后两个需要称为高级需要或成长性需要，成长性需要的满足导致积极的健康，与缺失性需要相反，得到满足后不会降低动机，反而提高、增强动机，要求越来越多，没有极点或终止。所以，成长性动机是人发展的内在动力，驱使人朝向未来，不断超越自我。

小视窗

最先和最后的胜利是征服自己。只有科学地认识自我，正确地设计自我，严格地管理自我，才能站在历史的潮头去开创崭新的人生。

—柏拉图

“天行健，君子以自强不息。”天（即自然）的运动刚强劲健，（相应于此），君子应刚毅坚卓，发愤图强。

—《周易》

一个优秀的人，不能以他对社会做出多大贡献作为一个最直接的衡量标准。我觉得人生不过是和自己的挑战。

—白岩松

2. 自卑与超越

后精神分析心理学家阿尔弗雷德·阿德勒的个体心理学认为，寻求控制感、力求完美和克服自卑是人的本能。生活中所有不完全、不完美的感觉和感受都会形成自卑，因此，人人都有自卑。当我们体验到自卑时，便产生追求优越的强烈动机，这里的优越不是一定比别人优越，而是感觉到自己逐步从弱到强，不断超越自己，不断体会到成功的感觉，体会到自己的价值，推动自己完成一个又一个目标。在追求优越的过程中，有人因为不自信，认为自己一无是处，面对挑战时一味退缩、消沉、懒散，这时的自卑感已经起不到激励作用，反而是阻碍发展的屏障，称之为“自卑情结”。

刘伟：用灵魂演奏生命音符

“我的人生中只有两条路，要么赶紧死，要么精彩地活着。”这是 2011 年感动中国十大人物刘伟对自己不断战胜自我、超越自我的铮铮誓言。当一名职业足球运动员是刘伟的青葱梦想，但 10 岁那年的一次触电事故，不仅让他失去了双臂，更剥夺了他在绿茵场奔跑的权利。

耽搁了两年学业，妈妈想让刘伟留级，他死活不干。在家教的帮助下，刘伟利用暑假将两年的课程追了回来，开学考试，他拿到班级前三名。重回人生轨道的刘伟，一直对体育念念不忘，足球不行，那就改学游泳。12 岁那年，他进入北京残疾人游泳队，两年后在全国残疾人游泳锦标赛上夺得两金一银。

“在 2008 年的残奥会上拿一枚金牌。”刘伟跟母亲许诺。谁知厄运又来纠缠，过度的体能消耗导致免疫力下降，他患上了过敏性紫癜。医生警告说，必须停止训练，否则危及生命。无奈之下，刘伟与游泳说再见，走进了后来带给他成功的音乐世界。

练琴的艰辛超乎了常人的想象。由于大脚趾比琴键宽，按下去会有连音，并且脚趾无法像手指那样张开弹琴，刘伟硬是琢磨出一套“双脚弹钢琴”的方法。每天七八个小时，练得腰酸背疼，双脚抽筋，脚趾磨出了血泡。三年后，刘伟的钢琴水平达到了专业七级。

在《中国达人秀》的舞台上，刘伟演奏了一首《梦中的婚礼》，全场静寂，只闻优美的旋律。曲终，全场掌声雷动，他是当之无愧的生命强者。

如果你现在正面临挑战，看完刘伟的故事你对自己的境况有新的想法吗？

（三）超越自我的途径

超越自我不可能自然而然地实现，一般都要通过主观能动的自我调节才能顺利实现。大学生要实现自我超越，必须要付出艰苦的努力，同时，还要掌握正确的自我调节方法。

1. 建构理想我

建构理想我，需要我们认清自己真正的意愿。真实意愿是属于自己个性化的表达，越是个性化，越是发自内心，越能最大限度地激发我们的主观能动性、挖掘自身潜力。心理学家朱建军认为“由于他们很了解自己，所以，他们的行为是真正自由的。他们知道自己要什么，不要什么，知道什么是属于自己的道路，所以他们不会被别人左右，也不会人云亦云地跟着潮流走。”可见，能够认清自我意愿、明确自我目标，是一个人超越自我的基础和前提。

建构理想我，需要我们降低对自我的过高标准。理想我与现实我有一定距离是合理的，但是这个距离必须是现实我经过一番努力，克服一些障碍后可以实现的。如果这个距离是现实我无法通过自己的主观努力实现，那么就需要降低对自我的一些不合情理的要求。比如：现在许多大学生不顾自己的现实条件都期待自己能成为“高富帅”、“白富美”；一些女孩为了骨感美盲目减肥以致得了厌食症；很多同学就业时恨不得都想找待遇高、环境好、工作轻松的岗位等，这些都是理想我定位不切实际的具体表现。

建构理想我，还需要我们将自我发展和奉献社会紧密联系在一起。大学生能否超越自卑，能否树立正确的理想，关键在于正确理解个人发展和社会需要之间的关系，正确理解人生和生活，如果能培养自己对别人、对社会的兴趣，真正认识到“奉献乃是生活的真正意义”，才能从自卑走向超越。

2. 提高自控力

大家听说过软糖实验吗？1960 年，美国斯坦福大学心理学家瓦特·米伽尔把一些 4 岁左右的孩子带到一间陈设简陋的房子，然后给他们每人一颗非常好吃的软糖，同时告诉他们，如果马上吃软糖只能吃一颗；如果 20 分钟后再吃，将奖励一颗软糖，也就是说，总共可以吃到两颗软糖。

有些孩子急不可待，马上把软糖吃掉。有些孩子则能耐心等待，暂时不吃软糖。他们为了使自己耐住性子，或闭上眼睛不看软糖，或头枕双臂自言自语……结果，这些孩子终于吃到两颗软糖。

实验之后，研究者进行了长达 14 年的追踪。继续跟踪研究参加这个实验的孩子们，一直到他们高中毕业。跟踪研究的结果显示：那些能等待并最后吃到两颗软糖的孩子，在青少年时期，仍能等待机遇而不急于求成，他们具有一种为了更大更远的目标而暂时牺牲眼前利益的能力，即自控能力。而那些急不可待只吃一颗软糖的孩子，在青少年时期，则表现得比较固执、虚荣或优柔寡断，当欲望产生的时候，无法控制自己，一定要马上满足欲望，否则就无法静下心来继续做后面的事情。换句话说，能等待的那些孩子的成功率，远远高于那些不能等待的孩子。

受成长环境的影响，新时期大学生普遍自我意识很强，但是自我控制能力相对薄弱，表现在一有挫折就灰心丧气、任性暴躁、急功近利、怨天尤人等方面。学会坚持与等待，学会克制和奋斗，学会操控在我，培养一种想尽办法克服当前困境而力求获得长远利益的能力，是大学生急需培养的态度和能力。

3. 培育积极心态

超越自我的过程不是坦途，而是遍布荆棘，甚至会使我们失去方向，只有相信自己的勇士才能顺利走下去。一路上我们要不断给自己积极的心理暗示，如果我们不朝积极方向暗示自己“一定能行”，就会朝消极方向给自己贴上“失败”的标签，积极与消极此消彼长，所以，我们需要积极乐观，勇于拼搏。

人的心理调节不是一蹴而就，它需要时间和毅力，积极心态的培养也是这样。经常对自己说：“我行，我一定行，再试试就成功了”，避免说“我不行，我很无能，已经多少次没有成功了”。

积极心态可以帮助我们稳定情绪，树立信心、战胜困难和挫折，永远相信今天的我比昨天的我更好，我的力量就会越来越强大。反之，消极心态的人没有主见、依赖性强、喜欢抱怨发牢骚，不愿面对现实去解决问题，当然也无法超越自我。

4. 发挥自己的潜能

你知道吗？人的潜能是无限的！我们只使用了很少的一部分，其他巨额部分被我们的内心限制住了。很多人不能成功，是因为犹豫不决、瞻前顾后、畏首畏尾等心理因素的阻碍。只有我们抛下思想包袱，突破心理局限，破釜沉舟，置之死地而后生，才能最大限度激发我们的潜能，越来越接近成功。

成功的退伍军人

多年以前，一个年轻的退伍军人来找戴尔·卡耐基，他想要得到一份工作，但是他觉得很茫然，弄不清自己到底能干什么。

在成功学家戴尔·卡耐基的眼中，每个人都大有可为，只要他胸怀大志。卡耐基非常清楚，一个人能否成功，其实就在一念之间。于是，卡耐基问他："你想不想成为百万富翁？赚大钱轻而易举，你为什么只求卑微地过日子？"

"不要开玩笑了，"退伍军人回答，"我的肚子需要填饱，我需要的是一份普通的工作。"

"我不是在开玩笑，"卡耐基说，"我非常认真。你只要运用手头现有的资产，就能够赚到几百万元，只要你愿意。"

"资产？"他疑惑地问，"我除了穿在身上的衣服之外，什么都没有。"

"其实你有足够的资产，只是你没有发现。你现在需要的是一个目标，然后开始走向目标。"

从谈话之中，卡耐基逐渐了解到，这个年轻人在从军之前，曾经担任富勒·布拉的机械设备业务员，在军中他还学得一手好厨艺。也就是说，除了健康的身体，他所拥有的资产还包括烹调手艺及产品销售的技能。他唯一缺少的是积极进取的雄心和对自己固有资源合理利用的能力。

卡耐基和他交谈了两个多小时，渐渐使他从一个茫然和绝望的人变成一个积极思考的人。一个灵感突然跳进他的脑海："我为什么不运用销售技巧，说服家庭主妇，然后把烹调器具卖给她们？"

这个退伍军人用手头仅有的钱，买了几件像样的衣服和一套烹调产品，然后就开始了自己的计划。第一个星期，他卖出了一套烹调器具，赚了50美金。第二个星期他用卖第一套炊具的钱批进了第二套，于是得到了加倍的收入。不久之后，他开始训练业务员，用他的方法帮他销售成套的烹调产品。4年之后，他的年收入就超过了100万。

希望大学生都能向这位退伍军人学习，理清自己的"资产"，坚定对自己的信心，锐意实践，充分发挥自己的潜能，不断超越自我。

小视窗

你失去了财富，你只失去了一点点，你失去了名誉，你就失去了很多，你失去了勇气，你就什么都失去了。

——歌德

> 人所拥有的任何东西，都可以剥夺，唯独人性最后的自由，也就是在任何境遇中选择一己态度和生活方式的自由不能被剥夺。
>
> —维克多·弗兰克

三、心理体验

（一）测一测：自控力测试

自控能力自我评定量表

想知道你的自控能力如何吗？以下每个项目表明这个陈述在多大程度上符合你的情况：1 非常不赞成；2 不赞成；3 有点不赞成；4 介于赞成和反对之间；5 有点赞成；6 赞成；7 非常赞成。

题　目	1	2	3	4	5	6	7
1. 能得到想要的东西是因为自己的努力。							
2. 订计划的时候相信自己能让它发挥作用。							
3. 喜欢带有运气的游戏，而不是纯粹需要技术的游戏。							
4. 只要下定决心，就能学会几乎所有的东西。							
5. 自己的专业成就完全取决于努力工作和能力。							
6. 通常不设定目标，因为自己很难最终实现它们。							
7. 竞争不能使人变得优秀。							
8. 人们通常靠运气获得成功。							
9. 所有的考试、竞争中，想知道自己比别人做得怎样。							
10. 干一些对于自己来说太难的事情，没有意义。							

评分标准：得分越高，说明自己的自控力越强。

（二）做一做：

1. 自控力培养训练

活动 1：转换法

具体操作步骤：

（1）想出你要改变行为的画面。将这个画面变得既大又清晰，把这个画面放在大脑的左上方。

（2）把你想要改变的行为画面建立好后，再建立另一幅你希望拥有的行为画面。并且把这个画面变得既小又暗淡、模糊不清，放在大脑的右下方。转换这两个画面，好让不想要的念头能自动勾起想要的念头，然后禁止不想要行为的发生。

（3）具体做法是：在一秒之内，让那个小而暗淡的画面迅速穿透那个大而清晰的画面（像射箭一样）。小画面同时变得庞大、清晰、色彩丰富，这就是你想要的画面，旧画面变得支离破碎。这个举动能将一连串有威力很肯定的信号传送给大脑。

注意事项：

（1）两个画面的转换非常快，重复多次。在整个过程里，你要清楚地看见并感受到小而暗淡的画面突破及摧毁大而亮的旧画面，并且也变得大而鲜亮撑满整个画面的过程。体会一下变化后的结果，几秒后睁开眼睛，想象一块白色的屏幕，以中断刚才的想象。然后，再闭上眼睛想象一次，如此反复做至少 7 次。速度越来越快，以轻松的心情去做，直到一想到不想要的画面，就能不由自主地引出想要行为的画面为止。

（2）在小画面变成大画面时，要等到对新画面有积极正面的感觉，才可以睁眼。如果你对新画面的感觉并不好，那么就请建立另一个画面，否则，这个方法就无效。

活动 2：想象法

研究发现，如果能预测自己什么时候、会如何受到诱惑和违背承诺，你就更有可能拥有坚定的决心。

想一想你自己的意志力挑战，请扪心自问：我什么时候最可能受到诱惑并放弃抗争？什么东西最可能分散我的注意力？当我允许自己拖延的时候，我会怎样劝说自己？当你的头脑中出现这样的情景时，想想自己真的处在这样的情景中，你会有什么感觉？会想到什么？让你自己看一看典型的意志力失效是怎么发生的。

然后，把想象中的意志力失效变成现实中的意志力成功。想一想你采取哪些具体行动来坚定自己的决心。你需要回忆一下自己的动力吗？需要远离诱惑吗？需要找朋友帮忙吗？需要用你学过的意志力策略吗？当你头脑中有了一个具体策略后，想象一下你正在这样做，再想象一下这会有什么感觉。想象自己成功了，让这种想象给你自信，相信自己为了完成目标会不惜一切。

2. 增强自信心训练

心理学家马克斯威尔·马尔兹曾说过这样一句话：你把自己想象成什么人，你就按那种人行事；而且，即使你做了一切有意识的努力，即使你有意志力，你也根本不能有别的行为。把自己想象成“失败型”的人，就会想尽办法失败，尽管他有良好的愿望，有意志力，甚至机遇也完全对他有利。把自己想象为不公正的牺牲品，认为“注定要受苦”的人会不断地寻找各种环境来证实自己的观点。相信自己行，我才能真行。过去我能行，今天我当然行，未来也肯定行。相信自己的人，才不容易被困难打垮。有了信心，我们才能在人生的道路上创造奇迹，练就真本领。以下两个活动是增强自信心的训练，不妨尝试一下。

活动 1：回忆法

研究证明，我们的大脑能刻下或铭记我们过去所完成的任何一种成功的动作，当你重新回想并激发这种成功模式，也就重新唤起了伴随成功行为的情绪，即必胜的感觉，从而激发与必胜感觉相一致的必胜行动。

找个地方静静坐下来，努力回忆过往经历中使你感到成功和快乐的体验。尽可能详尽地重现整个画面，细心观察成功事件中的每一个细节：当时周围的环境如何？有什么声音？在场有哪些人？他们的表情和言语是什么？发生了什么事？当时的季节？用心捕捉每一个细微的感受：你感到是冷还是热？你的心跳？你的皮肤？你的情绪？回忆你当时的感受，越详细越具体越好。如果你能感同身受、身临其境，那么你现在拥有的感受就和当年取得成功的必胜感一样。你也可以把这些成功体验写下来，经常翻开看看，回味回味。如果你能记住这些感受，它们就能在现在焕发活力，激活你取得成功的动机，增强你的自信。

活动 2：画图法

在我们心中都有一幅憧憬的美好灿烂蓝图，将这幅图描绘的越具体说明你实现目标的愿望越强烈，为之努力奋斗的动力越强大。你可以持续不断地在你的蓝图上添加愿望，为你的点滴进步感动喝彩，这样你就能保有一颗自信满满的心。

闭目思考 1 分钟，想象出一幅你最想要的生活画面（也可以是你想达到的目标），并将它用五彩的颜色详尽的画出来，跟他人分享自己的图画，里面的人物、关系、风景、摆设、氛围、心情等。当你取得一些进步时，在你的蓝图上描上一笔你喜欢的颜色，选择一项你自己喜欢的物品或活动奖励自己。时常拥有成功感是培育自信的重要源泉，尽管有时的成功只是一件小事情。

3. 积极心态培养——积极心态催眠练习

具体操作步骤：

选择一个安静的地方，穿着宽松、舒适的衣服，以舒服的姿势坐在椅子上，静静地聆听以下指导语。

以放松的姿势做好，闭上眼睛，轻松呼吸，把头脑清空。我现在要带你去一个特别的地方，一个你感到平和的地方……这是一个彻底宁静的世界……一个你不再有烦恼的地方，一个你的身体和头脑完全放松的地方……继续放松，轻松的呼吸……现在继续特殊的旅程，前往一个彻底宁静的世界，你已经到了那里。这是你的独特领地，它只属于你，这是个特殊的地方，一个完美的境地，一个宁静的世界，慢慢地环顾四周，你在左边看到了什么？你的前面呢？你的右边呢？你听到了什么声音？皮肤感受到了什么？闻到了什么气味？慢慢地环顾四周，继续放松。在这个特殊的地方，放松的感觉环绕着你，在这个彻底宁静的世界，继续放松，并且体会这个特殊世界的魔力……

从现在起，我的潜意识里的各种负面信念都不会发生作用。我乐观、自信，有能力解决任何问题。我有很强的自控力。我行动力很强。我能很好的控制情绪，我爱我自己，我要让自己的身体跟心理都很健康。我喜欢我自己，我要让美好的事情发生在我身上。我尊重我自己，别人也尊重我。我喜欢我自己，别人也喜欢我。因为我一天比一天更好，我已经具有值得别人信赖的能力，我做任何事情都会无往不胜。我有坚强的意志，也有敏锐的感觉，我用乐观的态度来观察这个世界，我能够掌握我的人生。我拥有幸福、成功的人生，我有强大的意志力，只要我设定一个目标，我就会全力以赴来实现我的目标。

（三）找一找

根据人本主义心理学家赛里格曼的研究，当你处于以下情况时，就说明我们正在利用自己的长处。

看到自己真实的一面，有一种真正自我的感觉。

感到兴奋。

活动中一直处在快速学习的周期。

给你提供使用已学技能的新方法。

你渴望去做，或者喜欢这样做。

做这件事对你来说非做不可，你感觉无法阻止自己去做这件事。

做这件事你觉得精神饱满，而不是筋疲力尽。

你发现自己完全融入所从事的工作中，并且这项工作需要你的这种状态。

你对做这件事很热情，它能给你带来很多乐趣。

找一找：用五分钟时间，找出你做哪些事情时有上述感觉，从而发现的长处。

四、拓展阅读

超越自己　创造自己　肯定自己

刘墉

人生在世，最大的敌人不一定是外来的，而可能是我们自己！我们难以把握机会，因为忧虑、拖延的毛病；我们容易满足现状，因为没有更高的理想；我们不敢面对未来，因为缺乏信心；我们未能突破，因为不想去突破；我们无法发挥潜能，因为不能超越自己！其实每个人都有超越自己的经验，在幼儿期，没有人逼我们学走路，我们试着去站立，不断跌倒、不断站立、不断试步，终于能从爬的阶段，进入走的时期。然后，我们对走不满足，又要学跑。问题是为什么在我们能跑、能跳、能说、能写之后，那原先所具有的、不断超越自己的冲力，竟渐渐消失了呢？因为这是上天设计的，让我们有了谋生的能力之后，就少有那继续超越的想法。也就这样，我们才安安静静地作为一个“凡人”。只有那少数的人会说：“我不要做一个普通人，我要超越！超越我那看来有限的自己。”于是在这种不信自己办不到的愤懑和努力下，他们将自己提升了。且随着不断的提升、不断的超越，为人类历史，创造出更辉煌的成就。

心理剧：我怎么了？

第一幕　寝室里

开学第一天，三位刚报到的大一女生在寝室忙着整理自己的床铺和物品。王静背着行李包，哼着快乐的小曲，来到寝室门口，推门一看。

王静：“大家都到齐了呀，来的好早噢，我还以为我会是第一个到的呢！我叫王静，你们呢？”

李小雨：“我叫李小雨，你们可以叫我胖胖。”

刘梦：“我叫刘梦，今后大家叫我梦梦就可以了。”

这时大家都把目光转向了寝室里的另一个女生，只见她郑重其事地站起身来，说道：“我叫林小影。”随后拿起行李，走向A号床位说道：“既然大家都到齐了，我来安排一下床位！”

“你睡上铺B号床。”她用手指向刘梦。

“你睡下铺C号床。”她又用手指向王静。

“你就睡上铺D号床吧。”然后，她用手指向胖胖，“洗漱盆具也按次序摆放，大家都动手整理吧！”

“What？ 叫我睡上铺？我可不干，万一半夜摔下来怎么办？你为什么是下铺，我要和你换！”胖胖惊讶又气愤地对林小影说道，可林小影并没搭理她，只顾着收拾自己的行李。

“喂！”胖胖想要过去和她理论，被王静拉住了。

“我是下铺，我和你换吧！梦梦，你睡上铺行吗？”王静说道。

“No problem！我无所谓的，胖胖，你就和静静换换好了”刘梦说。

“可是……”胖胖生气地撅着嘴，不满地斜视了林小影一眼，开始整理东西，没再多说什么。

第二幕 班会课

班会课上，大家都踊跃上台竞选班长一职，气氛非常热烈。林小影傲慢地登上讲台，昂起自己的下巴，甩甩自己乌黑柔顺的长发，留给大家一个美丽的侧脸。

“大家好！我叫林小影，我从小学到高中一直都在班级里担任班长，我相信凭借我的才智与经验一定能胜任此职务的。还有，我是我们班一个以二本分数线入读这所大专院校的。”说完林小影脸上露出沾沾自喜的笑容。

“原来她从小就是班长啊，而且成绩又那么好，难怪昨天那么强势呢。”刘梦说。

“切！就她还从小班长呢，我看就是一乡巴佬，成绩好就了不起了，瞧她那样！”胖胖不屑地说道。

“大家好！我叫王静，我是上海人，虽然我从小就没当过什么职务，但俗话说得好：没吃过猪肉，也见过猪跑，对伐？现在我嘴馋了噢，好想吃猪肉！请大家支持我吧！最后一句‘只要我有肉吃，你们就有肉吃’！”王静微笑着说道。

“吃肉，吃肉，王静，王静，支持王静！”班级同学一阵欢呼……结果不出所料，王静顺利地当上班长，而林小影落选了。林小影眼里禁不住透露出一丝丝的失落和怨恨。

第三幕 寝室里

回到寝室，林小影一人坐在自己的位置上，默不作声，一副拒人于千里之外的神态。

“今天太高兴了，吃肉，吃肉，班长，咱庆功去吧！”胖胖拍着王静的肩膀说。

“这还用说吗。走起！”刘梦也连忙高兴地说道

“好好好！”刘梦笑着说，“小影，我们一起去吧。”

“我有事，你们去吧。”林小影头也没抬，冷冷地说道。

“真的不去啊？”王静说，“那…… ”

“我们赶紧走吧，我可饿了，肚子都咕噜叫了呢！”胖胖拉着王静和梦梦便往门外走去。

寝室里，小影独自一人坐在电脑前写着日记。她思绪纷杂，内心里有无数个声

音在愤怒的咆哮："为什么大家都不喜欢我！我到底做错了什么？？？"

林小影抱着头，揉搓着自己的头发，烦躁不安。她的内心有两个声音在激烈地争吵，互相撕扯。这两股力量之大、冲突之激烈差点将林小影撕裂。

声音A："不，你没有错，你是绝对的优秀者，你完全有能力凌驾于她们之上，你才最适合做班长！你才是！！！"

声音B："你什么也不是，你只是一个失败者，高考的失败者，你还有什么资格担任班长，你不配！不配！"

声音A："你是班长！……"

声音B："你是个失败者！……"

林小影突然站起来声嘶力竭地喊道，又像是在发泄："我是班长！我从小就是班长，我也应该是班长，她们绝对是耍了什么手段，在背后说了我坏话，她们想加害于我！！！！"

正在这时，王静她们三人正好回到寝室。

"小影，我们给你带了些糕点。"王静拿着糕点在小影眼前晃了晃，高兴地递给小影。

（林小影一看她们回来了，赶紧把电脑给合上了。）

"我不饿，你们吃吧！"小影敏感地将糕点推开，却被刘梦拦住了。

"你就拿着吧，我们都吃过了，这是特意留给你的。"小影只好无奈地收下了它。

过了一会儿，林小影偷偷瞥见室友们在各自忙碌着，没有谁注意到她。于是假装像要上厕所，悄悄地把糕点带出了寝室，扔进了垃圾桶。

"哼，没想到她们想加害我的速度如此之快，我可没忘记大学里的投毒事件。你有你的七十二变，我有我的火眼金睛，这种方法已经 out 了！"她的眼里充满了不信任，不屑地拍了拍手，走开了。

第四幕　垃圾桶旁

"这不是你买的糕点吗？怎么会在垃圾桶里？"刘梦拉着王静说

"不是我买的吧？我不是给小影了嘛！"

这时胖胖拿着手机急匆匆地从后边跑来，声音颤抖地说道："看林小影的微博了吗？你们看……""没有啊，怎么了？发生什么事了！"刘梦和王静都惶恐地看着胖胖说道。

胖胖急忙将手机拿到她们俩面前，屏幕显示林小影的微博：

1. 9月1号，开学第一天：我会是真正的 leader，耶！
2. 凭什么是她当选！！！我不甘心！！！班长应该由我来当！
3. 我正与恶势力作斗争！
4. 非常时期，糕点也可能是危险品！

“天哪！太可怕了，真是太过分了，把我们当什么了！她的内心究竟有多邪恶！”刘梦瞪大眼睛害怕地说。

“也许是投毒案看多了吧！认为人人都邪恶。”胖胖戏谑地说道。

王静再也忍耐不住了，她拾起垃圾桶里的糕点，来到寝室，狠狠地将其摔在小影跟前。

“你为什么要这么做？到底为什么？什么叫糕点也是危险品！”王静愤怒地吼道。

“如果你觉得有毒，那我吃给你看好了！”说着就抓起袋子里的糕点往嘴里塞。

小影对王静突如其来的怒吼与行为感到有些惊讶，头微微低下，继而又不屑地瞥了王静一眼，“砰”的一声摔门而去。

静静想去追，被胖胖和刘梦紧紧拉住说道：“静静，你先冷静一点，你认为你追上去，她就会理你吗？小影肯定是有一些心理困扰，现在最重要的是怎么样发现她的症结，并打开她的心扉。”

一阵生气之后，王静的怒气渐渐消了，于是三人坐在一起开始商量对策。

小影摔门而去后自己一人来到操场，漆黑的夜晚寂静得让人发慌，她再也控制不住了，缓缓地蹲下身子，眼泪喷涌而出，心里百般挣扎，有两个声音在内心纠缠不清：

声音A：“为什么会变成这个样子？不应该是这样啊？难道我真的错了？”

声音B：“不对，我没错！她们这次只是假装好心来降低我的防备，下次！下次她们便会加害我！！！”

声音A：“也许是我做得太过分了……”

声音B：“我没错！！”

两个小时过去了，宿舍很安静，已身心疲惫的小影慢慢向宿舍走去，推开宿舍门走向自己的床铺准备睡觉。

“小影，刚才我情绪太激动了，不应该对你发脾气，我向你道歉。”王静轻轻地走到小影身边说，“我们几个聊聊吧。”

“对，我们坐下来聊聊吧。”胖胖和刘梦也异口同声地说道，温柔地看着小影。

王静真诚地看着小影，缓缓地向她叙述自己的故事：“其实，我有一段很伤心的经历一直不愿和别人说起。高三时，我因为一次和班长吵架而致使高三一年都被我们班同学排斥。当时每个同学都向班长献殷勤而不理我。那一年我一直生活在孤独、压抑、愤怒当中，没人和我说话，没人理解我，再加上学习上的巨大压力，有时我真觉得自己快承受不住了，甚至想过辍学。但后来我还是坚持下来了，并下决心自己以后一定也要当班长，当一名好班长！！我并没有刻意要与你争班长职位，我们都是公平竞争的，我也不相信我会被大家推选。其实，当我听说你从小就一直担任班长时，心里很佩服你。小影，你心里有什么事可以和我们说说吗？我们都是你坚强的后盾！！”

“我不知道，也许我错了，我真的错了！这几天，我就像恶魔附身一样。自从高考落榜之后，我就有太多的不甘心：我不甘来到高职，我接受不了自己是一个被人指着鼻子说的大专生；我不甘做一个失败者，不甘你是班长！我一直生活在自己的虚幻世界里，我总以为自己依然是那个受人追捧的班长。还有，我讨厌你的不服从，你们之前的所作所为都让我厌恶。我只会以自己的方式生活着，我害怕失去我原有的一切，可是它们都在渐渐离我远去……”说着说着，小影缓缓地蹲下身子，泣不成声了。

王静，胖胖和刘梦忍不住拥抱着她。

“小影，你的心情我们也经历过，那失败的滋味不好受，后来我们意识到应该勇敢面对现实，高考有高考的残酷，但我们也要有我们的乐观啊。大专生怎么了？我们也有不甘心，但我们应该带着那份不甘勇敢的面对现实，激励我们今后更加努力，活出我们未来生活的精彩，绽放我们的青春！你还有我们，还有我们千千万万高职同胞们。让我们一起时刻保持自信，简单而努力地活着，好吗？”王静激动高昂地说道，同时深情地看着小影。

胖胖、刘梦拉着小影的手一起走向王静，赞同地说道：“对！我们就应该自信乐观地活着！！”这时四人脸上都露出了笑容。

四人（站在舞台中央）高举着手自豪地说道：“我们是高职生，我们为自己代言！”

（作者：上海立信会计学院 李越）

参考文献：

[1] 岳晓东著．怎样做最好的自己．安徽人民出版社．2011.

[2] 樊富珉主编．大学生心理咨询案例集．清华大学出版社．1994.

[3] 朱建军著．走出迷茫—增强你的人格魅力．安徽人民出版社．2009.

[4] 张大均，邓卓明．大学生心理健康教育：诊断训练适应发展（1 年级）．西南师范大学出版社．2004.

[5] 赵一，梁素娟．世界上最经典的心理学故事全集．石油工业出版社．2009.

[6] 刘墉．超越自己 创造自己 肯定自己．重庆出版社．2004.

[7] 赵小青．你为职业生涯做什么准备．上海书店出版社．2002.

[8] 克里斯汀·聂夫著，刘聪慧译．自我同情：接受不完美的自己．机械工业出版社．2012.

[9] 凯利·麦格尼格尔著，王岑卉译．自控力．印刷工业出版社．2012.

[10] 戴维·巴斯著．郭永玉译．人格心理学——人性的科学探索．人民邮电出版社．2011.

[11] 埃米尔·库埃著，卢玮译．暗示与自我暗示．中国言实出版社．2005.

[12] 莎克蒂·高文著，蒋永强译．冥想：创造你梦想的生活．中国城市出版社．2012.

[13] 马克斯威尔·马尔兹著，晏樵译．你的潜能．工人出版社．1987.

[14] 威廉·贝纳德著，张悦译．哈佛家训 2. 黑龙江科学技术出版社．2010.

[15] 纪伯伦．认识自我．意林．2008.

[16] 快乐公益"零负担"．中国青年报．2014 年 3 月 7 日第 02 版

[17] 扎西拉姆多多著．内观则自知．读者．2013 年第 12 期．

[18] 李媛．心理健康与现代生活．国家精品课程资源网．http：//video. jingpinke. com.

[19]2011 感动中国十大人物事迹及颁奖词．http：//www. lz13. cn/ganenlizhi/6218. html

习　题

一、单选题

1.（　　）是个体对自己以及自己与周围世界的认识、体验、评价等心理和行为的意识，是在社会化过程中逐步形成和发展起来的。

A. 认识自我

B. 自我意识

C. 了解自我

D. 接纳自我

2. 美国心理学家埃里克森提出了自我发展八阶段理论，青春期（12—18 岁）阶段的主要发展目标和危机是（　　）。

A. 亲密对孤独的冲突

B. 勤奋对自卑的冲突

C. 自我同一性和角色混乱的冲突

D. 基本信任和信任的冲突

3. 有些个体认识自己的方式有失偏颇，形成扭曲认识，"世界上所有的事情都与自己有关，并且把自己与他人做消极比较"属于哪种扭曲认识？（　　）

A. 个人化

B. 自责自怪

C. 消极泛化

D. 综合标定

4. "对现实我的评价过高，虚假的理想我占优势，认为理想我的实现轻而易

举，时常以幻想的我代替真实的我，带有白日梦的特点”，属于哪种类型的自我统一性？（　　）

A. 自我肯定型

B. 自我萎缩型

C. 自我扩张型

D. 自我否定型

5. 罗杰斯认为，有些父母根据儿童的行为是否符合其价值标准和行为标准来决定是否给予关怀和尊重，他们的关怀和尊重是有条件的，这个条件体现了父母和社会的价值观，这个条件被称之为（　　）。

A. 价值条件

B. 关注条件

C. 适应条件

D. 肯定条件

二、多选题

1.（　　）属于心理自我的内容。

A. 人际交往

B. 智力

C. 性格

D. 道德

2. 自我窗口理论将自我分为（　　）部分。

A. 公开的自我

B. 盲目的自我

C. 未知的自我

D. 秘密的自我

3.（　　）类型的人不是靠增强自我价值，而是以别人的态度和评价作为评价的主要标准，以此来修正自己的行为达到提高自我价值感的目的。

A. 贪婪型

B. 焦虑型

C. 对抗型

D. 回避型

4. 不能悦纳自我的表现有（　　）。

A. 为获得别人的肯定，总是花很大的精力注意别人对自己的反应。

B. 很在意别人的评价，情绪起伏大，要花很多时间处理情绪。

C. 觉得对许多结果要负责。

D. 常感疲累，容易沮丧、消极、生活不快乐。

5. 马斯洛需要层次理论将人的需要分为低级需要和高级需要，高级需要又称为成长性需要，成长性需要的满足导致积极的健康。(　　)需要属于高级需要或成长性需要。

A. 安全需要

B. 归属和爱的需要

C. 尊重需要

D. 自我实现的需要

三、简答题

1. 健康的自我意识有哪四大支柱?

2. 什么是悦纳自我? 悦纳的内容包含哪些?

3. 请简要说说构建理想我需要注意什么?

四、论述题

1. 做完本章的辅导和体验后，你对自己的认识发生了变化吗? 如果是，发生了哪些变化? 你认为认识自我的最大困难是什么?

2. 美国思想家、文学家爱默生曾说：一个人总有一天会明白，忌妒是无用的，而模仿他人无异于自杀。因为不论好坏，人只有自己才能帮助自己，只有耕种自己的田地，才能收获自家的玉米。上天赋予你的能力是独一无二的，只有当你自己努力尝试和运用时，才知道这份能力到底是什么。你如何理解这番话?

第三章

鸿雁于飞，肃肃其羽：学习心理

“鸿雁于飞，肃肃其羽”一语出自《诗·小雅·鸿雁》，形容鸿雁翩翩欲空中高翔、振动双翅做好准备的样貌。当今社会是一个学习型社会，学习是人类生活的永恒主题。人类为了生存和发展就必须学习，没有学习就没有人类的进步。大学生的主要任务是学习，可以说，学习能力是每一个大学生必备的能力，是步入当今知识经济时代的一张通行证。美国著名学者阿尔文·托夫勒曾经说过一句话：“未来的文盲已经不再是指不识字的人，而是没有学习能力的人。”培养健康的学习心理是大学生心理健康教育的重要内容，对提高大学生学习的质量和效率具有重要意义。

第一节 人生无处不飞花——发展专业承诺

在通识教育成为现代教育理念的今天，我们对专业的认知也应该相应予以更新和改变。大学中的专业只是给自己的学习限定了一个方向，并不是人生的定轨。李政道博士曾说过：“我是学物理的，不过我不专看物理书，还喜欢看杂七杂八的书。我认为，在年轻的时候，杂七杂八的书多看一些，头脑就能比较灵活。”我们大学生建立知识结构，一定要防止知识面过窄的单打一偏向。专业学习的过程，更应该是大学生培养学习能力、思维能力的过程。通过专业学习，可以培养大学生各方面的综合素质，这比专业知识本身的掌握更为重要。

一、心理案例

理想很丰满，现实很骨感

小丽高考发挥欠佳，因为分数偏低导致与心仪的会计学专业失之交臂，阴差阳错地被调剂到了房地产经营与管理专业。刚入校的时候，小丽也曾踌躇满志，希望通过自己的努力，在大一结束后转到会计学院。但经了解后，她觉得转专业要求很高，即使努力也是白费心思。因为不喜欢所读课程，小丽在大学四年里经常旷课逃学，后来又沉溺于网络游戏，成绩连亮红灯。最终因过半课程不及格，被学校予以黄牌警告处分。根据校规，如果次年再得到黄牌警告处分的话，小丽将面临被劝退。

面对辅导员苦口婆心的劝告，小丽坦言，“学这个专业完全是被动的选择，自己一点都不喜欢。我本来是怀着对象牙塔生活的美好向往步入大学校门，但由于缺乏专业认同感和兴趣，总觉得这个专业枯燥乏味，出路窄，看不到前途。”

二、心理辅导

事实上，每年高考结束后，总有相当数量的学生由于分数不足或者对所报考专业了解不够等原因，选读甚至是被调剂到自己完全不了解的专业。当个人兴趣和所学专业严重背离时，很多学生都采取了类似小丽般的消极逃避的方式，将精力投入到网络游戏中去。把自己进入大学以后一切学习上的不适应都归因于“没有兴趣”，把专业不对口当成自己惰性的挡箭牌，这是缺乏专业承诺导致学业懈怠的典型表现。

（一）专业承诺的相关理论

专业承诺的概念来自于组织承诺和职业承诺的研究。组织承诺由美国社会学家贝克首先提出，用于反映组织成员和组织之间的心理关系。随着组织承诺研究的深入进行，研究者如梅耶、艾伦等将其研究成果直接扩展到职业承诺领域并形成了被广泛使用的职业承诺问卷。其中，情感承诺指个人对其所从事职业的心理归属感，愿意待在某职业的强烈愿望；规范承诺指个人为工作努力的义务感；继续承诺指继续保持该职业身份的意愿及对离开某职业自身代价的认知。

专业学习就是大学生的职业，是其主要的活动。对专业学习的承诺反映了大学生对所学专业的认同、喜爱、愿意付出努力和良好的行为表现等积极的学习心理，直接影响着大学生对专业的学习态度，是大学生学习的主动性和积极性最重要的心理基础。

（二）学业懈怠的相关理论

学生对学习没有兴趣或缺乏动力却不得不为之时，就会感到厌烦从而产生一种身心疲惫的心理状态，并消极对待学习活动，这种状态称为“学业懈怠”。学业懈怠的概念来自于职业倦怠的研究。目前，在关于职业倦怠的概念结构、理论模型及其测量工具的现有研究中，马斯勒所提出的模型测量被认为是最科学、简洁的，也是当前应用最广泛的研究之一。马斯勒提出了三因子职业倦怠模型并形成了测验问卷（MBI），即情绪衰竭、去个性化和低成就感。这三个维度在学业上分别表现为：情绪低落，反映大学生由于不能很好地处理学习中的问题与要求，表现出倦怠、沮丧、缺乏兴趣等情绪特征；行为不当，是指大学生表现出对学习对象和环境的漠不关心，对学习失去热情、敷衍了事，反映大学生由于厌倦学习而表现出逃课、不听课、迟到、早退、不交作业等行为特征；低成就感，是指学生倾向于消极地评价自己，成就体验下降，反映大学生在学习过程中体验到低成就的感受，或指完成学习任务时能力不足所产生的学习能力上的不胜任感。学生常常低估自己的能力，感叹“自己不是学习的料”，认为“自己再怎么努力也不会有好成绩”，自觉前途渺茫，进而对自己的能力产生怀疑。

（三）大学生专业承诺和学业倦怠现状的影响因素

报考专业时，学生并不十分清楚自己所报考专业的特色及社会价值，甚至不清楚自己真正喜欢什么专业。在此情况下，学生报考专业时失去主动性，往往听从家长或老师的安排。而家长和老师在选择专业时，总是受限于他们的阅历、学识、水平及价值观。当学生进入大学校园后，随着其眼界开阔及学识水平和对自身认识程度不断提高，才发现自己陷入了专业误区，也才真正找到了自己的兴趣所在。由于现实存在的诸多因素的制约，他们无法另选专业，不得不继续当前学习，而缺乏对专业的认同感，缺乏兴趣会使个体丧失学习动力，无法积极主动学习。

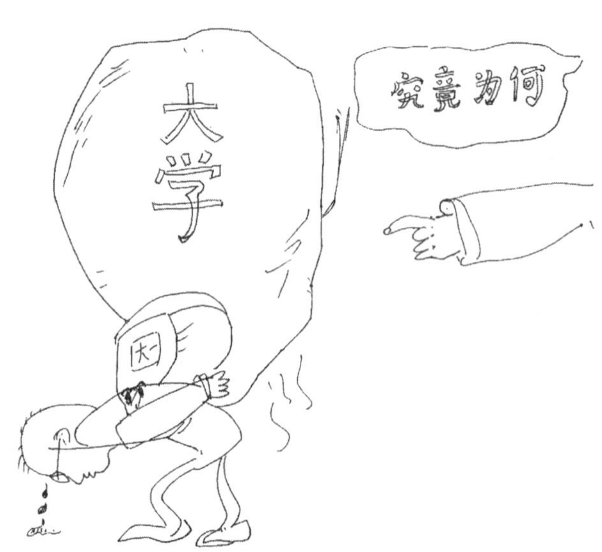

专业前途也是大学生最关心的问题，这直接影响着他们的学习情绪。一些专业由于其广泛性、特殊性，毕业后就业困难或者就业条件艰苦、工作内容枯燥等，同某些专业相比形成强烈的反差。这也使得部分学生对专业学习失去兴趣。

另外，大学的学习生活几乎全凭学生自觉，管理相对宽松，学生的课余时间大大增加，有很多时间可以自由支配和利用。这些现象很容易使学生产生“大学学习太无聊”的错觉，放弃了对自己的严格要求和主动努力。时间的空闲，加上没有明确的目标和动力，大学生很容易对学习产生倦怠的心理。

（四）发展专业承诺、克服学业懈怠的方法

专业承诺和学业懈怠作为学习心理的两个重要指标，其状况不但可以反映大学生的学习现状，而且肯定会深刻地影响大学生的成才。因此，激发和培养专业兴趣，调整心态、树立正确的专业观，是在校大学生的必修一课。

1. 认知重建：厘清专业认识

名校曾是我们的理想，但名校不是万能通行证；就业前景好的专业充满诱惑，但专业并不决定一切。在理想和现实之间，大学新生往往受流俗牵引，盲从于别人的认识，看不清自己的方向。对于专业学习，历来有部分学生进校后会发出“进对大门走错小门”的感慨，不喜欢自己所学的专业，或者认为这个专业不够理想，从而对学习失去兴趣。这种“这山望着那山高”的心态对于大学学习生活是非常有危害的。社会上还流行着这样一种普遍的认识，习惯以实用的眼光评判专业的“好”与“差”，认为比较实用的、就业形势好、工资待遇高的专业是“好专业”，而缺乏实用性、就业形势差、工资预期不太高的专业是“差专业”。事实上，在我国市场经济体制日趋完善的背景下，社会对人才的使用也愈发理性，人才招聘更强调人的综合素质、道德人品和创新能力。在旧式专业人才培养模式下，过分强化专业教育，专业课程体系设置过窄、过专、过深，培养出来的学生知识面较窄，文化素质有明显缺陷，适应性和创造能力差。而知识经济时代，“宽口径、厚基础、复合型”的创新型人才培养模式成为主流。大学中的专业分类并非绝对，知识是相互融通的，而且大学的学习不仅只是要求掌握某一专业领域中的知识，更重要的是从知识的学习中获得专业的学术训练，培养科学的思维方式以及解决问题的素质和能力。

2. 明确学习目标

新入校的大学生在学习进取目标上往往会陷入“理想间歇期”，在高中阶段，他们的理想就是考上大学。为了实现这个理想和目标，他们的学习和生活一直处于十分紧张的状态。所以，当自己的目标实现或接近实现的时候，难免有一种“船到码头车到站”的心理，认为“该轻松了”，不思上进，导致学习成绩大幅下降。而且，进了大学之后，同学们的选择不再像高中时那么整齐划一，人生目标开始多元化，有的想出国、有的想创业、有的想考研……，还有的人，对所学的专业不甚了解，对今后的设想还一头雾水，才开始上课就整天哀叹读错了专业，入错了行当。

困惑、迷茫、缺乏目标和动力，成为大学新生中普遍存在的问题。有人戏称，所谓大学就是“由你玩四年”（university 的谐音），“60 分万岁”是他们的信条，“选修课必逃，必修课选逃”是他们的口号，甚至借打油诗调侃，“分不在高，及格就行；学不在深，作弊则灵。斯是教室，唯吾闲情。琢磨打网游，寻思 80 分（一种扑克牌游戏）。Pad 点得快，短信发得勤。可以打瞌睡、写情书、聊见闻。无读书之劳心，无复习之费神。虽非歌舞场，堪比游乐厅。心里云：混张文凭！”

大学生如果目标缺失，就像是航行时没有灯塔，很容易迷失在人生的大海上，努力也就失去了方向。因此，在顺利通过高考的独木桥后，大学生最重要的事情就是要重新选择和寻找下一个新的目标。否则，就会像案例中的小丽那样陷入极度空虚中无法自拔。

目标设置就是建立一个标准作为一个人行为的指向。是否设立目标，设立的目标是否合适，都会影响个体的行为动机。目标对于学习活动的作用主要体现在两个方面，一是导向作用，二是激励作用。预期目标的设定对学习结果有着非常显著的影响，对学习本身也有着十分重要的促进作用。孟子云：“夫志，气之帅也。”墨子也提出过“志不强者智不达”的类似看法。目标作为人自我实现的指向标，是人生力量的源泉，不仅是奋斗的方向，更能激发出强大而持久的动力。它就像一个指示牌，引导学生注意并努力趋近与目标有关的行动，远离与目标无关的行为。它就像一块磁铁，吸引着学生向它靠近，唤起学生更多的努力。世界闻名的潜能激发大师——美国的安东尼·罗宾先生有个“必成功公式”。这条公式的第一步是要知道我们所追求的，也就是要有明确的目标。第二步就是要知道该怎么去做，应立即采取最有可能达到目标的做法。一旦给自己定好了位，有了明确的奋斗目标，也就产生了前进的动力。一个好的定位不仅是一个奋斗的方向，而且是对自己的鞭策。有了目标，就有了热情，有了积极性，有了使命感和成就感。人的一生所从事的所有活动中，目标的有与无，目标的清晰与模糊，对目标是坚定、执着还是犹豫、动摇，都会影响活动的成败。

小视窗

个人目标管理的 SMART 方案

SMART 原则是指目标应该同时具备以下五个特征：具体明确（specific）、可以衡量（measurable）、可以达成（attainable）、有相关性（relevant）、有时间限定（time-based）。

（1）具体明确。

就如一句英国谚语说的：对一艘盲目航行的船来说，任何方向的风都是逆风。学习者一定要避免“学习陷阱”，不能只顾低头拉车，而不抬头看路，最终忘了自己的主要目标。目标最关键的并非是高或者低，而是它必须明确清晰。所谓明确就是要用具体的语言清楚地说明要达成的行为标准。目标不是镜中花、水中月，设定目标时不仅要将目标以肯定的语气写下来，更要明确抽象的目标概念，根据目标规划具体可达成的方法和步骤。即，目标要尽量制定得具体，有一个实实在在、确定的高度。这样，才不至于使目标沦为空中楼阁。

（2）可衡量性。

衡量性就是指目标应该是明确的，而不是模糊的。应该有一组明确的数据，作为衡量是否达成目标的依据，或者将完成目标的工作进行流程化，通过流程化使目标可衡量。任何一个目标，都应该有可以用来衡量目标完成情况的数据标准。空洞的目标无论是执行还是检查评估，都无法落到实处。一个好的目标应尽可能周详地考虑到你将要完成的工作。你的目标越清晰可测，越能提供给你更多的指引。不要随意用一些空洞的形容词来确立自己的目标。比如，“我要更努力地学习！”“我要少玩游戏！”，类似这样的目标是没有多少效能的。因为所谓的“努力”“少”是无法衡量的。你需要具体说明每天用在学习上的时间是多少，每天玩游戏的时间要减少多少，这样才可能真正实现少玩游戏、努力学习的目标。

（3）可实现性。

既要使学习内容饱满，也要具有可达性。可以制定出跳起来“摘桃子”的目标，不能制定出跳起来“摘星星”的目标。也就是说，目标难度要控制在一定范围之内，既不能没有实现的可能，也不能很容易就能完成。确立目标一定要符合实际，如果目标太高，无论怎样努力都达不到，目标就失去了应有的意义，变成了幻想和空想。而如果目标太低，一样也没有意义。因为它没有挑战性，不需要付出任何努力。

（4）有相关性。

目标的相关性是指实现此目标与其他目标的关联情况。子目标的设定，不能跑题，比如语言专业的学生让他学好物理。英国思想家赛克斯说过：“制定目标没有秘诀，目标就是做自己应该做的事，不是做自己不应该做的事；成功是做自己做得到的事，并且做好自己所做的事，它是把你现在的全部力量集中于你所希望完成的事情上。”目标的制定应考虑和自己的生活、学习有一定的相关性。特别是近期目标的制定，应当有利于中期目标和长期目标的实现。

（5）有时限性。

任何一个目标的设立都应该考虑时间的限定，比如“我一定要考出会计上岗证”，目标虽然明确，但时间期限设定的不同，对当下行为的激励效果也会不同。所以目标设置要具有时间限制，根据学习任务的轻重缓急，拟定出完成目标项目的时间要求，定期检查项目的完成进度，以及根据学习计划的异常情况变化及时地调整工作计划。好的目标应该规定完成阶段性工作的时间节点，明确在什么时间内具体完成哪些工作。

3. 培养专业兴趣

大学生对自己所学专业不满意进而产生倦怠情绪，很多情况下只是由于对新环境的不适应而引起的心理问题。由于对专业的不了解、片面的认识或者是错误的理解，导致对专业产生“先入为主”的厌恶情绪。

但兴趣并非与生俱来，而是可以后天激发和培养的。如果能够通过多种渠道尽量全面了解专业的课程、师资、职业指向、研究方向等各方面情况，尤其是该专业的发展历史及未来的发展潜力，都有助于激发和培养对所读专业的学习兴趣。

兴趣也并非是唯一的，而是多种兴趣可以并存。目前国内各大学所开设的课程类型较为丰富，目的就是为了满足大学生各个方面的兴趣与需求，比如公共基础课、专业必修课、专业选修课、跨系选修课、专题讲座、实践课程等。大学中的学习不仅只是要求掌握某一专业领域中的知识，更重要的是从知识的学习中获得专业的学术训练，培养科学的思维方式以及解决问题的素质和能力。另外，任何专业都有许多不同的研究方向和领域，还有很多专业发展衍生出交叉学科，两个或多个专业的结合往往就是新的兴趣增长点。

4. 兴趣的迁移和调整

如果个人兴趣与所学专业“背道而驰”，虽通过各种方式努力尝试去适应所读的专业，仍然提不起很高的兴趣，那么不妨寻找其他的辅助途径，比如转专业、辅修第二专业，或者是跨专业考研等，来实现自己的人生理想。

（1）转专业。为了给大学生搭建更加广阔的学习平台，激发他们的学习积极性与主动性，帮助他们认清自己的专业兴趣，更好地实现个人发展，近些年来，高校纷纷出台了转专业的相关政策，给予学生更多的自主选择权，让学生在本专业之外有更多机会去了解和学习自己感兴趣的其他专业，也在一定程度上改变了以往专业一经选定无法改变的状况。为了满足学生的个性化发展需求，很多高校都出台相关规定，对确有某方面的特长或对学科（专业）有浓厚的学习兴趣，转换专业更有利于其发挥特长或成才的同学，允许其转专业。

（2）辅修第二专业。如果兴趣真的“超越”了所读专业，而又囿于成绩、名额的限制而无法实现转专业时，可以在不放弃本专业的前提下，尝试通过选修课、辅修第二专业、申请选读双学位等方式来学习感兴趣的专业知识。既可以满足大学生的兴趣需要，又有助于培养复合型人才或创新人才。

（3）跨专业考研。一般来说，大学一年级和二年级是转专业、读辅修专业和攻读双学位的黄金时期。即使错过了这样的时机，也不用灰心，可以选择本科毕业之后继续求学深造，譬如通过跨专业考研或出国留学等其他机会寻求在自己感兴趣领域的新发展。

下文是中国好声音学员平安通过其个人微博发布的一番感言。他在分享其成功之路之余，也给同学们正确处理好专业和兴趣的关系带来有益的启示：人生无处不飞花，生活处处皆精彩。

没做成好会计的我有机会成为一个好歌手——写给我的 35 岁

去年 9 月份，回到母校（上海立信会计学院），校长让我给自己的学弟学妹说些鼓励的话。我对他们说：坚持就会有成绩，虽然不一定达到自己的期许。但千万不要学我哦，我是不务正业，不是一个好会计，呵呵。至于校长介绍我是立信的骄傲这样的话，我自觉难当。

如果人生按照父母的期望来展开，我不唱歌，或许现在应该是在银行、会计事务所或是某家金融机构工作，不错的话也能到一个中层了。情况再好一点，在上海虹桥买一个大一点的房子，妻贤子孝？我想这才是好会计的榜样吧。今年，我 35 岁。却没有做到那样的榜样。按照我一个好朋友的说法：“谁希望自己的儿子放着一份稳定体面的工作不做跑去酒吧驻唱？谁能希望自己的男友是个没名气有上顿没下顿的跑场歌手？”

而我人生的 20 岁和 30 岁的大部分时光，就是那个跑场歌手，就是星爷演的那个“死跑龙套”的。2007 年快男巡演，不能到台前演唱，为 30 多首歌做幕后和和声时，是的；2008 年 1 月在徐家汇大雪天路演，没有观众，为着台前的车水马龙歌唱时，是的。

Sarah Mclachlan 的《angle》是我听了会流泪的歌。“In this sweet madness，oh this glorious sadness. That brings me to my knees”（那甜蜜的疯狂，辉煌的悲伤，都让我屈膝欲拜恐恐惶惶。——我自己翻译的，掌声鼓励）。那段龙套时间，越唱就会越思考一个问题：是不是我花了十多年的时间爱你去证明我一个无法实现的梦想？或许有天赋，并不是通往成功必要的路？

父母为我取名叫：平安，是希望我这一生可以平平安安。殊不知这个已经不单单是我自己的名字了，也成为我的处事方式——平静处事、安心做人。

记得在小学当升旗手的时候，我控制国旗上升速度，却时慢时快，总是很难配合上国歌的节奏，无法在最后一拍时把国旗升到顶端。或许我就是这样很难配合别人给的节奏，包括别人介绍的工作。

比如我做过阳光卫视驻上海机构的财务工作，后来卫视不能在国内落地，公司关闭，失业。其中有个公司跟我很有缘。大学的时候同学就推荐我去这家公司实习，它叫“中国平安”，简称“平安”。我是去做它的保险业务，我向客户介绍我是卖平安保险的，我是平安。客户觉得平安保险找一个叫平安的来，他别是个骗子吧，哈哈。短暂的业务员生涯以失败告终。后来这家公司收购了深发展银行，把它改名为平安银行。现在有个学妹也在那里工作，她对我说：“你知道吗？每天早上我们都唱一首歌《平安颂》，我就想到了你。要不你到我们平安银行吧。”我，晕。

可能习惯不了朝九晚五，做自己比较容易，我还是由着性子选择了唱歌。酒吧驻场，是我、也是每个不出名的歌手唯一练歌、唱歌、维持收入的途径。从大学第一次到酒吧唱歌至今，在酒吧呆了 12 年。这 12 年，把上海著名的 ARK 酒吧和 M-BOX 都熬关门了，我还在。

酒吧也一样是个讲资历的地方。如果新入驻的歌手，就得跟在乐队后面，前两节暖场是最主要的工作；如果逐渐有了小名气，那么就成了酒吧老板眼中的摇钱树。春宵几度，夜夜笙歌，这种享受是属于买单的人。对于驻唱歌手来说，夜夜笙歌意味着无休止的演出，掏干了歌手的精力，熬坏了歌手的嗓子。遇上有场面的大老板，成为“人肉点唱机”在所难免。

我喜欢唱歌，我不想我的嗓子这样被熬坏。所以我不会让自己天天去唱，我的收入也是刚刚好维持生计而已。M-BOX 的 Benny 对我说，自己嗓子快不行了，再唱个两年差不多了。我说你不唱歌了还能做什么？他，沉默。是啊，我除了唱歌还能做什么？

我唱歌没有经过系统地训练，只是在上海音乐学院进修过一段时间。从发声到气息，很多是自己琢磨出来的“土方法”。十多年的酒吧驻唱，我的声音已经远不如大学时清亮。遇见韩红老师后，她对我说：“我一场演唱会能唱 40 首歌，你呢？你这样的嗓子还能唱多久？”她带着我四处求医问药。我想我是幸运的。

毕竟酒吧驻唱，遇上“贵人”带你走进音乐殿堂的机会十分渺茫。参加选秀，也算是歌手能够让更多的人知道自己的途径之一。当我参加快男的时候，将要跨入 30 岁门槛了。30 岁的男生看着那群 20 出头的男生，羡慕的是他们的年轻。但上了舞台，我就无所畏惧。

有朋友问我，年纪这么大为什么还要去？今天想来，理由只有一个，因为喜欢唱歌，所以去那里唱歌。我什么都不会，除了唱歌。多次选秀的失利，一方面总让我觉得时运未到，不甘心，一方面也让我面对成败更加成熟和坦然。

我想现在那么多人认识我，是通过中国好声音的《我爱你中国》吧。实际上，我也爱摇滚。之前的选秀节目，已经深深证明光有好嗓子是没用的，大家要说感情、说形象、说综合素质。只要有投票，就一定会输。没有舞台的歌手，没有选择的权力。《我爱你中国》这首歌是把挑战我以往比赛歌曲的双刃剑，年轻人不一定不喜欢，但也不一定会讨厌，成败在此一举。幸好，结果还算好的，谢谢大家的支持。

十多年前，我是一个爱唱歌的学生；十多年后，我是一个爱唱歌的歌手，35 岁的单纯喜欢唱歌的歌手。最近半年来突然忙碌的生活，让我有些不适应，可是我很开心，因为我正在离我想要的越来越近，我心中的大舞台也越来越清晰。感谢我的老妈，我这个儿子虽然没有成为她期望中的好会计，但至少有机会可以成为个好歌手。感谢陪伴我的朋友，我现在的情况也给他们的生活带来了些困扰，但他们持续的支持让我更有信心。平安，未来会更好的。

三、心理体验

（一）测一测：你的专业忠诚度高吗？

大学生专业承诺量表

	完全不符合	比较不符合	不确定	比较符合	完全符合
1. 我对所学专业充满热情	□	□	□	□	□
2. 所学专业能充分发挥我的特长	□	□	□	□	□
3. 任何情况下，我都不会转专业	□	□	□	□	□
4. 为提高专业学习，我愿意做任何事情	□	□	□	□	□
5. 所学专业有利于我考研	□	□	□	□	□
6. 如果转到其他专业，我可以有更好的发展前途	□	□	□	□	□
7. 我愿意付出全部的努力学好自己的专业	□	□	□	□	□
8. 在专业学习上花了很多工夫，可成绩仍不好，所以我想转专业	□	□	□	□	□
9. 与我所学专业相关的工作，晋升的机会多	□	□	□	□	□
10. 所学专业有利于实现我的理想	□	□	□	□	□
11. 为进入现在所学专业我付出了很多，所以我不会转专业	□	□	□	□	□
12. 所学专业，没意思，让我觉得心情压抑	□	□	□	□	□
13. 我喜欢专业中的挑战和困难，以及战胜它们后的快乐和成就感	□	□	□	□	□

14. 与专业相关的任何实践，我都乐意参加……………	□	□	□	□	□
15. 我认为，青年人要有一技之长，就该学好所学专业	□	□	□	□	□
16. 国家需要各类各专业人才，青年人有义务学好自己的专业…………………………………………………	□	□	□	□	□
17. 与我目前所学专业相关的工作，进修的机会多……	□	□	□	□	□
18. 我非常愿意告诉别人我现在学习的是什么专业……	□	□	□	□	□
19. 我不转专业，主要是因为所学专业的就业形势好…	□	□	□	□	□
20. 我认为，应该“进一行，学一行，爱一行”…………	□	□	□	□	□
21. 所学专业给我提供了足够的自我发展空间，能实现自我价值………………………………………………	□	□	□	□	□
22. 上专业课，我都能保持最佳兴奋状态………………	□	□	□	□	□
23. 所学专业在国家建设中有重要作用，我该学好它…	□	□	□	□	□
24. 毕业后，我会从事“专业对口”的工作………………	□	□	□	□	□
25. 现在所学专业能真正激发我的潜能，取得最佳成绩	□	□	□	□	□
26. 课外时间，我常看与专业有关的书籍或与同学讨论专业问题………………………………………………	□	□	□	□	□
27. 大学是培养专业人才的地方，每个大学生应该学好自己的专业，成为合格、优秀的专业人才…………	□	□	□	□	□

得分解释：情感承诺因子包含1、4、7、12、13、14、18、22、26；理想承诺包含2、5、9、10、17、21、25；规范承诺包含15、16、20、23、27；继续承诺包含3、6、8、11、19、24。

（二）想一想：你有什么样的目标呢？

请在纸上写出你大学学习中所要完成的所有学习目标，如“我计划在大二结束时，通过英语四、六级考试”“我想在大学四年内每门功课都达到良好以上的成绩”“我希望能够考取硕士研究生”，等等。然后按如下要求操作：如果现在有特殊事件发生，你必须在这些目标中抹掉一个，体验一下你现在的感觉如何？现在又有特殊事件发生了，请你再抹掉一个，心情如何？还要抹掉一个，心情又如何？……现在只剩下最后一个了，这就是你四年内最想达成的目标，对你来说也是最重要的一个目标，这就是你当前为之奋斗的长期目标，也是你的金字塔顶。在你的远期目标之下，列出你的中期目标，这是让你走向长期目标的步骤或里程碑。再在中期目标之下，列出你的短期目标，即在较短时间内可以完成的小步骤，列得愈多愈好。

请你根据上面的方法，拟定你的长、中、短期目标，并明确具体的步骤，完成下表。你可将它贴在床头或书桌旁边等醒目的地方，每完成一个步骤，就在上面相应地做个记号。完成的情况不同，所做的记号也可有所区别。

表 3-1 我的目标

目标类型	我的目标	完成期限	达成目标需具备的条件	达成目标需采取的措施
长期目标				
中期目标				
短期目标				

四、拓展阅读

发现兴趣——用激情拥抱成功

在年轻人给我发来的电子邮件里，有许多人面临的苦恼都和兴趣相关，而苦恼在本质上又是因为对兴趣的误解而造成的。

苦恼 1：讨厌自己的专业

根据一份调查，江苏、上海、浙江等省市八家高校中的 2340 名学生中，有 64% 的学生不喜欢自己所学的专业。在“开复学生网”上，几乎每天都有人发这样的帖子：“专业是我苦恼的根源。当初选择专业的时候是父母一手决定的，我根本没有发言权，况且那时我对大学的专业也不熟悉。可上了大学之后，我才渐渐发现这个专业极不适合我，是高考时的草率造成了我当前的困惑。”

对于这些同学，建议你不但要下定决心找到兴趣，也要试着爱你所选，不能够自暴自弃。

苦恼 2：急迫地想要转系

有同学说："我的专业是英语，但我觉得，我的兴趣是法律。"

我的回答是："如果你还不知道法律界有哪些不同种类的工作，不知道你自己最想做其中的哪一种工作。或者你还不知道在这样的工作岗位上每天都会如何度过，那么，你还没有想清楚自己的兴趣到底是什么。你说你的兴趣是法律，那也许是一种'别人的草总要更绿些'的天真想法。人们对没做过的事总会有一种好奇和憧憬，但那不一定就是兴趣。如果你已经考虑清楚了，你也许该想一想，换专业是否现实，换了专业后你是否能适应新的学习状态。此外，兴趣也会随着自己的成长而变化。你应当对所有这些问题有一个清醒的认识。"

苦恼 3：有兴趣的科目不热门

许多学生选择专业时只知道追逐热门专业，我反对这样的选择方式。每个人都应了解自己的兴趣、激情和能力，并在自己热爱的领域里充分发挥自己的潜力。

一些院校的热门专业的确吸引了分数最高的一批学生，但分数高的学生未必就是好学生。用名次、分数来衡量一个人是不公平的。因为我在找到自己的兴趣之前，也是一个学习成绩很好的学生，但绝对不是一个完美的学生。当我找到自己的兴趣时，即便我不是第一名，我也能够从学习中体会最大的快乐。所以，要为了自己的兴趣去学习。而你一旦真的确定了自己的兴趣所在，就不要在专业是否热门的问题举棋不定。

误解 1：过分简化兴趣的定义

有位同学说："我学的是技术类的专业，而我的兴趣在管理。您能告诉我，该如何追寻这个兴趣吗？"

其实，对一个工科的学生来说，"技术"和"管理"都是涵盖范围很广的词，不能说是一个人的兴趣，甚至也不能是一项职业。我的答复是：

"如果简单地把工作分为'管理''技术'两个行当，你就无法明确定位自己的兴趣所在了。因为管理还可以细分为金融管理、人力资源管理、技术管理、娱乐管理、媒体管理等很多种，其中的技术管理又包括不同行业的技术管理，即便在软件行业内部，技术管理又可以进一步细分为研究管理、产品管理、市场管理、营销部门管理等。每一种工作都需要不同的特长和素质。"

"与之相同，技术范畴也包括许多种不同的工作类型：研究人员要好奇、有创意、不怕失败、有耐心；程序员要喜欢动手，喜欢从结果中获得满足；架构师要有远见，有眼光、有技术背景；测试人员既要懂编程，也要会挑毛病；技术支持人员要喜欢为他人服务……”

“所以，如果真想找到并追寻自己的职业兴趣，就要花时间去理解每一个行业里的各种工作机会，理解每个职位需要什么样的人才。要以职业兴趣为主，把学习目标放到未来的兴趣上。因此，你必须首先读完你的本科课程，即便这需要先学习一些自己不感兴趣的知识。”

误解 2：试图把责任推卸给“兴趣设计师”

有些同学在描述了自己的喜爱和成绩后，希望“开复老师帮我找到我的兴趣”。

一个人的兴趣是不可能由另一个“兴趣设计师”设计出来的。兴趣与本人的性格和成长环境有不可分割的关系，既不是与生俱来，也不是从天而降，而是一个人在成长的过程中，经过不断学习、实践、尝试而发现的。所以要给自己足够的时间去发掘或培养兴趣。

关于兴趣的五点建议

希望下面的五点建议有助于年轻人消除上面提到的苦恼和误解，帮助他们找到自己的真正的兴趣所在，并由此获得成功所必需的激情和动力。

（1）选你所爱

（2）爱你所选

（3）把握每一个选择兴趣的机会

（4）忠于自己的兴趣

（5）找到最佳结合点

来自开复论坛的例子

在“开复学生网”（现更名为“我学网”）有一位 ID 为 HoH 的浙江大学学生是一位乐于助人、具有很高情商的学生。当一位学生提出“我不爱我的专业时”，HoH 讲出了她自己如何“爱她所选”的过程：

我大一大二的时候就把本专业研究涉及的各个方向的入门书籍都浏览了一遍——虽然一开始我既不喜欢自己的专业，也不觉得它好（至少从找工作方面来说，形势至今不容乐观）。我还去看了一些我觉得自己可能会感兴趣的专业的培养计划，以及比较有兴趣的课程的高级教材，包括原版教材，在这个过程中我学到了很多东西。现在我已经着手申请出国深造了。

大二结束的时候，我一个中学朋友跟我说他还是不喜欢自己的专业，想换专业，并征询我的意见。我反问他："你对自己想转到的专业了解多少？知道这个专业的核心课程是什么吗？看过相关教材的哪怕是前言部分吗？"他一个劲地摇头。

所以，说自己对大学里所有的专业都不感兴趣，这个论断下得未免太早。你根本就不了解它，怎么知道自己会不会对它感兴趣呢？既然有改变的愿望，那就行动起来吧！当然，最好的办法是找一个有激情的人做朋友，慢慢你就会被她（他）的活力所感染，根本不舍得浪费时间自怨自艾了！

（节选自李开复《做最好的自己》，人民出版社，2005 年）

第二节 轻尺璧而重寸阴——学会时间管理

在钟表王国瑞士温特图尔钟表博物馆内的一些古钟上，刻着这样一句富有哲理的词句："如果你跟得上时间的步伐，你就不会默默无闻。"时间管理能力是影响学生学习效率和学业成绩的重要因素之一。所谓时间管理，是指为了提高时间的利用率和有效性，而对时间进行合理计划、有效安排的管理过程。时间管理可以帮助大学生提高时间利用率，从而提高学习效率。

一、心理案例

为君聊赋今日诗，努力请从今日始

"上大学以后，我开始有了拖延的毛病。立下目标无数，但时常动力奇缺，常常在网上浏览着各色的小说和帖子，或是玩很无聊的在线小游戏，却不愿碰专业书本或文献一下，甚至哪怕 deadline 就在几天之后，只有在 deadline 之前一点点时间才会因紧迫感而开始着手学习任务。这样下来，学业上总体来说算是马马虎虎，但却离自己的理想越来越远。总之，就是无法完全地上进，又不愿彻底地堕落。"这段话摘自一位叫巩卓成的网络日志，他在人人网上分享了这篇《"拖延症"的良方》，详细描述了自己拖延的表现和对克服拖延的体会感受，在互联网上引发了不少共鸣。

学习拖延在大学校园中具有流行性。比如，总是闹铃响了可还是要在床上赖上几分钟，课后作业总是喜欢拖到最后时刻才开始动笔，要做的事情总是以天气、心情等为借口一推再推。例如，把假期作业拖到最后几天才做，制定了计划却总想着"明天再做也不迟"，结果最后来不及完成。拖延作为一种不良的生活习惯在人群中十分普遍，而大学阶段是个人成长和独立生活的重要时期，因而，大学生的拖

延行为尤为引人关注。校园歌曲《童年》中有这么一段歌词："总是要等到睡觉以前，才知道功课只做了一点点，总是要等到考试以后，才知道该念的书都没有念"，打油诗"春天不是读书天，夏日炎炎正好眠。秋多蚊虫冬又冷，收拾书箱好过年"，这些正是许多大学生现状的生动写照。而这种拖延的坏习惯，不知误了多少学生的青春光阴。有研究表明，一半以上的大学生有着长期的行为障碍性拖延行为。学者 Ellis 和 Knaus 估计 95% 的大学生在开始或完成一项任务时存在刻意的拖延，而 70% 的大学生有经常习惯性拖延行为。大学生的拖延行为可表现在学业、日常生活和人际交往等多个方面，并对其心理和日常生活、学习带来较多不良影响。

二、心理辅导

拖延是指不必要地推迟任务以至于产生主观不适体验的行为。拖延可以分为特质拖延和状态拖延。特质拖延指无论在什么情境下都表现出拖延的行为，是一种人格特质。状态拖延则是在具体情境或任务中表现出拖延的行为，如写作业拖延、复习拖延等。学习拖延则是在学业活动中的拖延行为。

学习拖延存在着许多不良的影响，美国人才学家哈力克说："世上有 93% 的人都因拖拉的陋习而一事无成，这就是因为拖拉能杀伤人的积极性。"学习拖延的危害主要表现为，首先，对学业的损害。这是学习拖延对学生的最直接的影响。拖延使学生在学习任务上花费的时间和精力减少，这势必会导致任务完成的质量低，学业成绩差；其次，对学生情绪、情感的损害。拖延会激发学生的负向情绪，越接近最后期限，学生的焦虑、沮丧的情绪就越严重，会导致巨大的心理压力；再次，拖延会对整个社会造成资源浪费，导致效率低下。

（一）学习拖延的成因探析

我国大学生自我报告的学习拖延原因主要是来自个人方面的一些主观原因。这些主观原因包括学习动机不足、时间管理能力差、消极的情绪影响、畏惧学习困难、缺乏坚韧性等方面，而与他们的学习方法和对自身学习能力的判断关系并不大。当前我国大学生学习拖延研究报告还表明，大学生在学习问题上普遍还存在着自我矛盾。他们一方面承受着学习拖延所带来的消极情绪体验，另一方面却又不愿意去改善这个现状。其中的深层次的原因，可能是缺乏自我调节能力所致。

根据现有研究者对学习拖延行为的成因分析，目前主要流行以下几种认识。

1. 人格特质

拖延的人常有完美主义的特质或强迫的特质。这是因为完美主义倾向的学生往往对任务的完成有着相当高的标准，这本身就需要很长的时间才能达成。从而在自己没有十足的把握时迟迟不能着手于任务，导致了拖延行为。另外，抑郁、悲观等特质的学生害怕失败，他们对于失败的恐惧与其悲观主义的特质有关，常常在潜意识中对未来有一个预期：将来不会成功。很多拖延的人常常是悲观主义者，如果学习者担心自己的报告会做得很烂，便可能会拖延它。

2. 缺乏动机

如果作业或论文的主题无法引起学习者的兴趣，很容易一开始就被搁置在一边。很多学生可能会有这样的认知：学习必须是有趣的；我必须对学习的每一部分都很满意；学习环境必须是理想的；我必须自发地学习。很多时候这些想法成为迟迟不开始的借口和理由。诙谐作家杰克森·布朗曾经做过一个有趣的比喻："缺少了动机，就好像穿上溜冰鞋的八爪鱼，看上去动作不断，可是却搞不清楚到底是往前、往后，还是原地打转。"

3. 自我价值保护

人们面对任务或情境时会对其先做出评估，当感到任务或情境会对自己造成威胁时会产生焦虑，进而会选择回避。这是自我价值保护的一种表现，如果任务失败，学习者往往将失败归因于投入精力的不足，而避免做出能力不足等负面评价。

4. 缺乏自我管理

拖延还与较差的时间规划能力有关。这些学生的计划总赶不上变化，计划总是被一些突发事件破坏掉。拖延的人也会有一个关于生活的总体性的目标，但是他们缺乏把总体目标划分为具体目标的意识和动力，他们常常会缺乏对生活的控制感，调节工作和生活的平衡能力比较差。

（二）克服学习拖延的方法

1. 立即行动

千里之行，始于足下。哲学家塞涅卡说："时间的最大损失是拖延、期待和依赖将来。"明明已经制定了详细的计划，明明清楚自己迟早都要完成这些任务。可是，当准备开始的时候，内心偏偏会出现这样的声音："我现在就要开始吗？或许

迟些可以吧？”无论面临的任务多么重要，或许总能为自己找一个看起来很合理的借口：“没关系，反正我迟早会干完这件事情的。”于是，放纵自己扔下手上的学习任务，转而去处理一些较为轻松的事情，比如和同学逛街、上网聊天或者打扫宿舍卫生等。

思考和计划固然很重要，但有效的行动更重要。思考和计划不会让你得到成果和报酬，只有脚踏实地地行动才能实现。要克服学习拖延，最重要的一点就是要把握住现在，立即行动。古往今来的伟大人物无一例外地不是抓住一个个稍纵即逝的现在，立足今天，运筹明天。朱光潜有句名言：“此身应当做而且能够做的事，就此身担当起，不推诿给别人；此时应该做而且能够做的事，就在此时做，不拖延到未来。”阿里巴巴总裁马云曾饶有风趣地说：“很多年轻人都是晚上想走千条路，早上起来走原路。中国人的创业，不是因为你有出色的 idea（创意），而是你是不是为此付出一切代价全力以赴地去做它。”布莱尔也曾经说过：“只思考不行动的人只能生产思想垃圾。成功是一把梯子，双手插在口袋里的人是爬不上去的。”一旦目标确立，随之最重要的一步就是立即让自己行动起来，向着目标实现的方向拿出具体的行动，而不能将计划只停留在纸面上。就像斯宾塞·约翰逊在他的畅销书《谁动了我的奶酪》中描述的那样，随时准备穿上挂在脖子上的跑鞋，立即行动起来吧！

2. 时间管理

研究发现，时间管理与学业表现或学习成绩之间呈正相关。善于管理时间的学生，其学习成绩普遍高于时间管理差的学生。因为缺乏时间管理会造成拖延，长期的拖延会使学习时间减少，结果造成考试成绩较差；而增加学业努力的时间会改善学业表现。实际上，只要加以训练，有效地利用时间是一种人人可以掌握的技巧。通过训练，大学生能够养成良好的时间管理的行为习惯，学业成绩也能够相应地得到提高。

有效的时间管理通常需要遵循许多原则。比如：

四象限原则（帕累托原则）

帕累托原则又称 80/20 法则，这是由 19 世纪意大利经济学家帕累托所提出的。最初应用于经济学领域，后来这一法则也被推广到社会生活的各个领域，并得到了广泛认可。其核心内容是指在任何大系统中 80% 的结果几乎源于 20% 的活动。比如，在企业中，通常是那 20% 的客户给你带来了 80% 的业绩，可能创造了 80% 的利润；经济学家认为，世界上 80% 的财富是被 20% 的人掌握着，世界上 80% 的人只分享了 20% 的财富；心理学家认为，20% 的人身上集中了 80% 的智慧等。

美国管理学家史蒂芬·柯维提出的一个关于时间管理的理论——“四象限原则”，就是帕累托原则在时间管理领域的具体体现和运用。根据这一原则，我们需要分清楚所要做的事情的轻重缓急，根据紧急性维度和重要性维度，将要完成的任务进行排序。即，他按照“重要”和“紧急”两个不同的维度，把工作分为四个“象限”：既重要又紧急（如客户投诉、即将到期的任务、财务危机等）、重要但不紧急（如建立人际关系、人员培训、制订防范措施等）、紧急但不重要（如电话铃声、不速之客、部门会议等）、既不紧急也不重要（如上网、闲谈、邮件、写博客等）。

以下是四个象限的具体说明：

第一象限是重要又急迫的事。

该象限的本质是缺乏有效的工作计划导致本处于“重要但不紧急”的第二象限的事情转变过来的，也是传统思维状态下的学习者的通常状况，就是“忙”。

第二象限是重要但不紧急的事。

这是低效率与高效率者的重要区分标志，建议学习者要把80%的精力投入到该象限的工作，以使第一象限的“急”事无限变少，不再瞎“忙”。

第三象限是紧急但不重要的事。

表面看上去和第一象限很像，因为时间紧迫会让我们产生“这件事很重要”的错觉。实际上就算重要也是对别人而言。我们花很多时间在这个里面打转，自以为是在第一象限，其实不过是在满足别人的期望与标准。

第四象限属于不紧急也不重要的事。

在史蒂芬·柯维看来，将时间和注意力放在不同的象限会造成不同的区别，这也就是为什么大部分人之间工作绩效差异的原因。他的建议是，对于“重要且紧急”类事情，我们需要尽快去处理，毫无疑问这类事情需要给予最高的优先级；而对于“重要而不紧急的事情”，人生而有一种惰性，习惯拖延而不习惯立马去解决，对于这类事情不够重要而等到将来的某个时刻去处理的时候，你就会发现事情已经火烧眉毛了，也就从“重要但不紧急”转变为“重要且紧急”了；“不重要但紧急”的事情和“既不重要也不紧急”的事情，是我们的兴奋点，是我们时间管理的机会领域，我们在工作中应该尽量避免这两类的事情，而应该将注意力集中在“重要”类事情项上。所以，我们在应用四象限法则的时候的逻辑可以是：

首先，先列出事情的清单；

其次，对于每件事情结合重要性和紧急性判断每件事情的优先级；

再次，根据优先级的顺序将各项工作放入四个象限；

最后，将注意力放在“重要且紧急”“重要但不紧急”两象限上。

小视窗

装不满的玻璃瓶

一位老师上课时带了一袋沙子、一袋鹅卵石、几块大石头和一个木桶，问有没有人能把这几种不同形状的东西都装进木桶。一个热心的学生自告奋勇走上讲台，随手抓起沙袋就往木桶里倒，然后把小鹅卵石也放进去，但是轮到大石头的时候，他发现木桶里的空间已经不够了。

老师遗憾地摇了摇头说："如果你先放大石头，再倒鹅卵石，最后装沙子，木桶就能容下它们了。时间管理也是一样的道理：如果先执行重要的任务，你就给一般和不重要的任务留下了时间；相反，如果先执行无关紧要的任务，你就会因为在这上面花费太多时间而无法圆满地完成一般和重要的任务。"

老师接着亲自演示了一遍：他先把那几块大石头放进木桶，再把小鹅卵石放进去，然后倒沙子。最后他摇了摇木桶，只见这三种不同形状的东西配合得天衣无缝，把木桶挤得满满的。

"但是，老师，"在阶梯教室后面的一个学生说，"你忘记了一件事……"说着他走到了讲台前，拿起老师的茶杯，慢慢往木桶里倒茶水。"无论有多忙，"那个学生笑着说，"你总会有时间停下来喝杯茶。"

木桶若能依"石块、碎石、细沙、水"的顺序装入的话，可以达到最"满"（有效率）的效果。在日常生活中，我们要区分事情的轻重缓急，恰当分配时间和精力。

（摘自：《环球时报》，2007 年 3 月 9 日）

逆势操作原则

什么是逆势操作？在华尔街，逆势操作者就是当多数人都在买股票时卖掉股票，而大多数人都在卖股票时买入股票的人；如果每个人都在观望，逆势操作者则疯狂地大买大卖。1980 年，美国人肯·库珀写了一本书名相当吸引人的书：《一直左转》。这本书的要旨是："远离高峰时刻，避免一窝蜂。"

将逆势操作运用在时间管理上，就意味着当别人没有在做某件事的时候，你就去做，这样可以省下许多等待的时间。比如，逆势操作者会在没有人排队的时候去兑现支票、采购，他们不会在周五下午去兑现支票；也不会在周五晚上进超市，而会选在晚上 11 点或早上六七点逛逛 24 小时开放的超市；在办公室里，逆势操作者会在中午大多数职员外出午餐时，使用传真或复印机；逆势操作者会在人潮涌入餐厅前或人潮散去后去吃饭，等等。

"莫法特休息法"原则

《圣经新约》的翻译者詹姆斯·莫法特的书房里有三张书桌：第一张摆放着他正在翻译的《圣经》译稿；第二张摆的是他的一篇论文的草稿；第三张摆的是他正在写的一篇侦探小说。莫法特的休息方法就是从一张书桌搬到另一张书桌，继续工作。

"间作套种"是农业上常用的一种科学种田的方法。人们在实践中发现，连续几季都种相同的作物，土壤的肥力就会下降很多，因为同一种作物吸收的是同一类养分。长此以往，地力就会枯竭。人的脑力和体力也是这样，如果每隔一段时间就变换不同的工作内容，会产生新的优势兴奋灶，而原来的兴奋灶则会得到抑制，这样人的脑力和体力就可以得到有效的调剂和放松。

这种交叉轮作的方式，即把不同性质的工作交叉起来，使大脑不同的兴奋灶交叉产生兴奋和抑制，也是保持时间弹性，提高时间效率的重要方法。车尔尼雪夫斯基曾说："工作的变化，便是休息。"大学生也可以采用这种时间管理的方法来提高学习效能。例如，文理科交叉学习，在学习之余穿插体育锻炼等。特别是下课的10分钟课间休息时间一定要注意充分休息，以免影响下一节课的学习效率。

使用计划表

学习计划的制定，落到实处就是要合理安排自己的时间。时间计划表有几大基本功能：一是提醒功能，提醒你那些可能会被遗忘的事，如开会等；二是优先功能，按轻重缓急将任务进行排序，并把时间进行分割安排。重要的、必须当天完成的事情安排在先，次要的事情放在后面或者插空予以完成；有了计划安排表，还能避免一些意外情况的发生，比如避免时间安排上的冲突等。爱因斯坦说过，人的差异在于业余时间，这句话从一个方面说明了有计划性地安排时间对于成才的重要性。

三、心理体验

（一）每周计划表

凡事预则立，不预则废。请仿照清华学霸马冬晗、马冬昕姐妹安排时间的方法，建立一张自己的时间记录表，你可参照下表格式。

表 3-2 每周计划表

	上午	中午	下午	晚上
周一				
周二				
周三				

（续表）

	上午	中午	下午	晚上
周四				
周五				
周六				
周日				

（二）时间优化矩阵

测一测：假如你今天有以下事务要处理，你将如何安排？

（1）必须要帮老师准备实验仪器。

（2）查看邮件，回复邮件。

（3）图书馆借的某本书明天到期。

（4）今晚有一场演唱会，想去看看。

（5）学习小组定于下午 6 点钟开研讨会，计划为 3 小时。

（6）后天是一个好朋友的生日，准备去买礼物和贺卡。

（7）朋友邀请你周末去玩，你需要整理行李。

（8）上网浏览娱乐新闻。

（9）明天要参加考试，需要复习功课。

（10）晚上到操场跑步，练习太极拳。

（11）同学邀请自己一起去参加舞会。

（12）准备去电影院看电影。

（13）下午 2 点到 4 点有一个重要讲座。

（14）安排下周的学习计划。

（15）错过了星期一学生会的例会，要在今天之内复印一份会议记录。

（16）想邀请同学一起爬山。

（17）课堂笔记没有整理完，或需要在今天之内整理一份会议记录。

（18）需要想一想毕业后的择业倾向。

（19）收到一个朋友的邮件两个月了，没有回信，也没有打电话给他，想打电话联系一下。

（20）到淘宝网上买巧克力饼干。

按照四象限原则，我们可以按照“重要 / 紧急”原则，对以上事项做出安排，请见下表：

表 3-3 生活事件轻重缓急序列

事务类型	事务内容
重要、紧急	(1)、(5)、(9)、(13)、(17)
重要、不紧急	(2)、(6)、(10)、(14)、(18)
不重要、紧急	(3)、(7)、(11)、(15)、(19)
不重要、不紧急	(4)、(8)、(12)、(16)、(20)

(三)时间馅饼

(1)活动目的:学会时间管理。

(2)活动程序:在纸张的空白处画一个大圆圈,代表一天 24 小时,让我们来看看你是怎样使用自己的时间的。请估计一下下列每项事宜(睡眠、学习、锻炼、休闲、应酬、家庭琐事、与家人共处、其他)所占用的时间,然后把自己的时间馅饼按各项的比例分割,画在自己的纸上。分割时可以采用线条,也可以用彩色笔涂出色块。也就是说,将你自己一天生活的平均活动状况,在圈内以比例图的形式体现出来。

(3)活动讨论:每个人都能自由地安排自己的时间,每个人对每样事情给予的时间也是不同的。在随意分割自己的时间之后,再集中讨论怎样安排最合理。当画好自己的时间馅饼后,想一想:

① 你对自己一天中时间的安排满意吗?理由是什么?

② 哪一项活动占用你的时间最多?

③ 哪一项活动的时间是可以增加的?

④ 哪一项活动的时间是可以减少的?

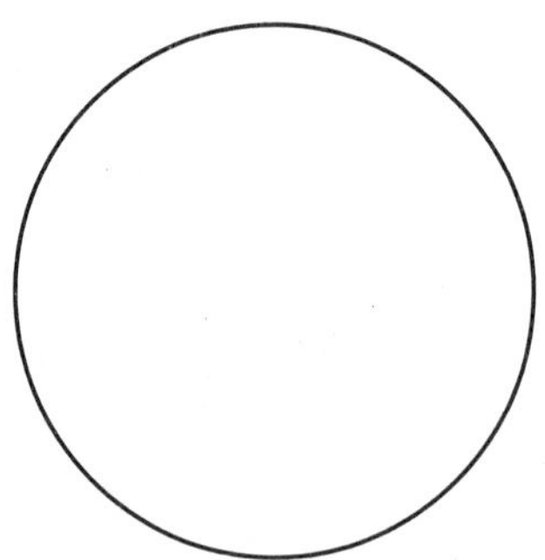

图 3-1 我的时间馅饼图

(4)请思考或分组讨论以下问题:

① 你觉得应该怎样安排时间才算合理?

② 如何才能使自己的时间安排更加合理?

四、拓展阅读

“清华学霸”是怎样炼成的

一张“最牛学习计划表”，让清华大学的双胞胎姐妹马冬晗、马冬昕红了。

在A4大小的纸上，密密麻麻地写着周一至周日各个时间段的学习生活安排：“复习大学物理”“听CNN”“完成作业”“预习代数”等。被同学随手拍下并发布在人人网上后，几天的点击量和转发量过万。

有网友不禁发问：排得这么满，她们洗澡的时间在哪里？

一段在网络上疯传的姐妹俩申请清华大学本科生特等奖学金的答辩视频，更使她们被封为“清华学霸”。在视频中，马冬晗的自我介绍让网友纷纷惊呼“太牛了”：三年学分成绩名列专业第一名，单科最低成绩95分，还成为精仪系历史上首任学生会女主席……

面对外界的议论，妹妹马冬昕说：“计划表只是工具而已，它能帮助我合理地安排时间，但并不是绝对有效。”姐姐马冬晗在一旁补充：“其实实施计划才是关键。要认真地学，带着兴趣学，才能享受学懂的过程。”

“2008年，携手圆梦清华园。”这是刚进入高中时姐妹俩的约定，3年后，她们分别在物理竞赛和化学竞赛中取得了优异成绩，双双保送清华，姐姐马冬晗就读精仪系，妹妹马冬昕就读化学系。

作为清华大学有史以来第一对被保送入学的双胞胎姐妹，2011年年底，马冬晗、马冬昕分别以综合评分第1名和并列第2名的成绩获得清华本科生“特等奖学金”——这是清华授予本科生的最高荣誉，每年只有5名本科生能够获此殊荣。

然而，马冬晗坦言，和大多数新生一样，刚进入大学的她也曾经历过学习上的迷茫期，她对自己的评价是“适应能力差”。

大一时的机械制图和微积分课程曾经困扰了她很久。“空间想象力很差，常常望着一黑板的板书不知所云。”马冬晗说，“那时就只好赶紧把笔记都一字不落地抄下来，即使上课听不懂也要紧跟着老师。”

大一上学期，马冬晗在全年级150人中考了第26名，一向“总是希望最好”的她受到了打击，为此感到压力很大，便不断探索好的学习方法。这时，妹妹马冬昕的学习法宝——“周计划表”启发了她。

“周计划表”是马冬昕在社会工作概论课上学来的方法，老师建议大家通过计划表来平衡学习与社会工作的关系。

“计划永远赶不上变化，一定要学会调整。”马冬昕说，她至今还记得老师上课时强调的话，“一方面不要被计划牵着鼻子走，另一方面不要让生活中的变化太多。”

有了计划表，姐妹俩把一周的时间合理分配下来，每天都要总结“计划完成情况”“学习情况”“社会工作”“体育锻炼”“生活状态”“修养品行”等。表上还时常出现“高效、专注”“积极、平和”“多思、少言、必行”等自我激励的话语。

重新找到学习方法的马冬晗充满了斗志：“有压力就有动力，既然这学期做不好，那下学期一定要做好。”

每天早晨 6 点 30 分，姐妹俩就一起起床学习，晚上自习到 10 点 30 分教室关门，才收拾东西回宿舍休息。

这样一天天坚持下来，到了大二时，姐妹俩就完全跟上了老师的节奏，真正把进度把握在了自己手中，成绩跃居专业第一。

“大家都把‘周计划表’说得那么夸张，其实它对于我就像备忘录一样，只是工具而已。关键是一颗想要安排好时间的心。”对于马冬晗而言，计划表帮助自己提高了学习效率，才使得她适应了大学生活的节奏。

每当有学弟学妹请教关于制定计划表的方法时，马冬昕就会说：“制定的计划一定要可行，每天完成一项就是对自己的鼓励，那种看上去就完成不了的计划只会造成打击。”

时至今日，姐妹俩一直保持着制作“周计划表”的习惯。

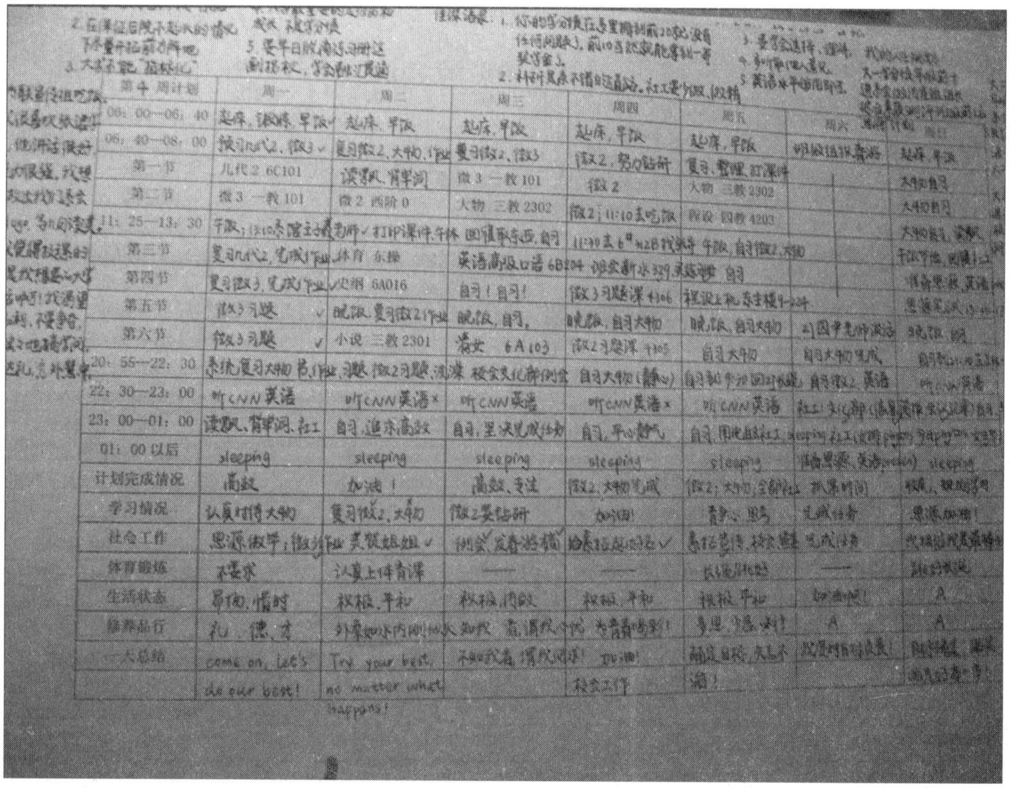

图 3-2 “清华学霸”周计划表

（摘自《中国青年报》2013 年 2 月 18 日，第 12 版）

第三节　谁持彩练当空舞——掌握学习策略

“这里是人类知识的宝库，如果你掌握它的钥匙的话，那么，全部知识都是你的。”

——德国柏林图书馆大门格言

最有价值的知识是关于方法的知识。有选择、有针对性地学习显然比随心所欲、漫无目的地阅读有更好的效果。“走不尽天涯路，淘不尽世间书。”一个善于学习的大学生，往往更注重学习策略，讲求学习方法和学习效率。我们不能否认努力、毅力等优良个性品质对于问题解决和学业成功的重要性，但是在许多时候，一个好的方法能让你事半功倍，在付出同等努力的情况下获得更好的成绩。

一、心理案例

驼背摔跟头，两头不着实

对于很多大学生来说，对“书山有路勤为径，学海无涯苦作舟”这条学习箴言恐怕是再熟悉不过了。从入小学开始，我们就一直接受着“勤能补拙是良训，一分辛苦一分才”的教诲，春秋孔子的“韦编三绝”、战国苏秦的“悬梁刺股”、西汉匡衡的“凿壁偷光”、晋代车胤和孙康的“囊萤映雪”、屈原的“洞中苦读”等更是我们耳熟能详的励志成语故事。现实中，也有不少人是按照这些话的教导来做的。

然而我们却发现，对有些学生而言，努力和成绩的回报却并非总是呈正比关系，甚至背向而驰。他们失望地发现，无论其多么勤奋，多么刻苦，却总是不能有一个好的结果。小剑似乎就陷入了这样的“学习魔咒”中。某日，他情绪低落地迈入学校心理咨询中心的大门，诉说自己的困惑，“我是以比较低的分数考进来的，不过曾经一直都以为勤奋可以弥补一切，所以我起早贪黑地看书，甚至连别人睡午觉的时间和节假日都是在图书馆度过的。但是学习的压力是越来越大、要学的东西是越来越难，精力总是不够用，熬夜的后果是上课昏昏欲睡，导致课堂听讲注意力不能集中……学习好像成为一件非常困难的事情！结果竟然是考试频挂大红灯笼，而一些平时经常旷课和抄作业的都比我考得好……俗话说，‘驼背摔跟头，两头不着实’，应该就是形容我这种人的吧？我的勤奋是不是根本没有意义？世界原来一直都是不公平的，我是应该放任自流，还是继续做这种无意义的努力呢？”

小剑的遭遇不禁让人联想到了果戈理的名著《死魂灵》中那位叫作比德尔西加的青年，他不甘于自己的下人地位而发奋读书，甚至到了嗜书如命的地步。但是，他不知道学习方法，对书也没有选择。一会儿读小说，一会儿读化学。只要能够找得到的书，他都不加选择得阅读。结果是，头脑中杂乱无章的东西并没有改变他的命运。

二、心理辅导

学习策略的定义众说纷纭，如梅耶认为："学习策略是指在学习过程中，任何被用来促进学习效能的活动。"这个定义比较宽泛、含糊。因为促进学习效能的途径可以有很多，激发学生动机也可以提高学习效能。目前对学习策略比较通行的定义是，学习策略是指学习者为了完成一定的学习任务与目标，所采用的有效的认知活动。

（一）有效策略对学习的助推作用

学校是养成求知习惯的地方，但多数人毕业以后，却并不具备求知的能力。在大学中，很多像小剑这样的同学学习很努力，却没有达到理想的效果。而有的同学很轻松地学习，却取得很好的成绩，这就是是否掌握科学有效的学习方法的差别。小剑的遭遇提示我们，在很多情况下，方法比努力表现得更为重要。英国诗人柯勒律治曾将学习者分为四类：第一类人好比计时的沙漏，他们学习就像在注入沙子，注进去又漏出来，到头来一点痕迹也没有留下；第二类人像海绵，他们什么都吸收，挤一挤流出来的东西却原封不变；第三类人像滤豆浆的布袋，他们将豆浆都流走了，留下来的只是豆腐渣；第四类人像宝石矿床里的矿工，他们把矿渣甩在一旁，只要纯净的宝石。这四类学习者成败的原因，就在于方法的不同。

小视窗

欧拉和高斯

在18世纪，有天文学家在火星与木星之间发现了一颗星。为了能够搞清楚这颗星究竟是行星还是彗星，他们邀请了一些数学家计算它的运行轨道。

有"数学泰斗"之称的欧拉计算了三天三夜，才算出了数据。当数据出现时，他的右眼也因为劳累过度而失明了。而与欧拉同时接受计算任务的数学家高斯，却想出了另外一种方法。他首先革新了欧拉行星运行轨道的计算方法，引入了一个八次方程，仅仅用了一个小时就得出了更加精确的结果。事后高斯深有感触地说："若我不变换计算方法，我的眼睛也会瞎的。"

（二）有效的学习策略

学习有法而学无定法，学习策略的种类不胜枚举。下面择其要者，介绍几种常见常用的学习策略。

1. 阅读：SQ3R 读书法

SQ3R 读书法是一种提升研习能力的方法，是美国俄亥俄州州立大学心理学教授罗宾逊所设计的一套有效读书方法，最早在他的著作《有效的学习》（Effective Study）中有所提及。“SQ3R”来自以下五个英语词语的字首，即：综览（Survey）、问题（Question）、阅读（Read）、复述（Recite）、复习（Review）。国外一些教育学家和心理学家认为，这种读书法符合人们读书时的一般思维规律，有助于理解书本内容和增强个人记忆力。

五步读书法的过程包括五步，即 S—Q—R—R—R。

第一步：综览（Survey）：在详读文章之前，先概览文章一番：留意文章内的标题及结构，以控制阅读的目的、方向和注意力。细阅文章的引言、综述及参考题，但不要阅读文章的内容，试试能否从所得的资料略知文章的主题，目标定为掌握文章主题的 3 个至 6 个要点。即，通过阅读要学习的材料的部分章节，比如章节要点、概要、学习目的、列表、序言、结语等，对这个资料进行概览，来获得对整个资料的总体把握。

第二步：问题（Question）：这一阶段，要读书中各章节的标题以及章节承上启下的内容，一边粗读一边提问。这样可以激发学习兴趣，促进自己的钻研。

第三步：阅读（Read）：这是最重要的一步。认真、积极而带着批判性的眼光进行阅读。阅读者需要逐一章节细阅，而不是一次过细阅览整个篇章。阅读时应用主动阅读技巧，尝试在内文中找寻先前拟定问题的答案。

第四步：复述（Recite）：即“回忆印象”，如俗话说的“过电影”。离开书本，回忆书中的内容，或自己发问。这是自我检查学习效果的方法，也是巩固记忆的手段，能够帮助学习者了解自己对所阅读材料的理解和掌握程度。在这一阶段，可以对自己或者同学重述或者解释一下所阅读的资料，也可以回答自己早些时候提出的各类问题，最好是大声说出来。

第五步：温习（Review）：这是记住所学习材料的必要条件。通过对前面几个步骤的重新回顾和反思，能够让学习者注意到资料的不同部分是如何被整合在一起的，同时也有助于发展其对学习内容全景式的认知。一般在复述后一二天内进行，隔一段时间再重复一次，可以巩固已有的知识，又能温故而知新，从中获得新的体会。

小视窗

爱因斯坦的读书三法

伟大的物理学家爱因斯坦总结出的“一总、二分、三合”读书法，可资借鉴。

一总：先浏览书的前言、后记、序等总述性部分，然后认真地读目录，以便概括地了解全书的结构、内容、要点和体系等，这样便可对全书有个总体印象。

二分：在读了目录后，先略读正文，这不需要逐字读，要着重对那些大小标题、画线、加点、黑体字或有特殊标记的句段进行阅读，这些往往是每节的关键所在。你可以根据这些来选择自己所需的内容来细读。

三合：就是在翻阅略读全书的基础上，对这本书已有个具体印象，这样再回过头来细读一遍目录和全书内容，并加以思考、综合，使其条理化、系统化，以弄清其内在联系，达到深化、提高的目的，进一步深入领会初读时所不能领会的许多东西。这一步很重要。人们往往在这一步不得要领时，看过书一扔，便算了事。

2. 有效的记忆方法

在学习的实践中，人们创造和总结了许多种记忆方法，大体可分为两类：一类是可以归结到学习和记忆的对象方面，即记忆的客体；另一类可以归结到大脑记忆活动的特点方面，即记忆的主体。

（1）客体记忆法。

形象记忆法。形象记忆法就是在记忆时尽量多印留直观印象，尽量多运用形象思维，以提高记忆的效果。俗话说，“百闻不如一见”，意思是听到不如看到的可靠，直观形象的材料比枯燥抽象的材料容易记住。这是因为人们认识客观事物依靠感知器官，而感知正是从直观形象开始的，而对抽象概念、系统知识的记忆需要有一定的知识结构做基础。直观实物形象易于记忆，亲眼观察一只动物，亲手制作一件标本，得到的印象要比听别人讲来得鲜明得多，要比从书本上看来得生动得多，记忆自然也便牢固得多。

上海师大附中的周国振老师在地理教学中，就依照下面几种形象记忆的方法，帮助学生记忆并收到了很好的效果。

图形形象法：把某一国或地区画成简单的几何图形。如欧洲大陆像个平行四边形，亚洲像一个不规则的菱形，非洲大陆像一个三角形加上一个半圆形，澳洲像一个五边形，南北美洲像一个直角三角形，等等。

物体形象法：如罗马尼亚像握紧的拳头，意大利像只皮靴。

数学形象法：如越南像数字3，朝鲜像数字5，索马里像数字7，等等。

系统学习法。系统学习法就是按照科学知识的系统性，把知识顺理成章，编织成网，这样记住的就是一串。就好比零散的珠子，我们一手抓不了几粒，如果用一根线把珠子穿起来，提出线头就可以带起一大串。记忆也是这样，分散的、片断的知识记得不多，也不能长久保持。把知识条理化、系统化了，就会在脑子里留下深刻的痕迹。

记忆圆形、扇形、弓形的面积公式时，可以这样记忆：首先抓住这三种形状的关系，如扇形是圆形的一部分，弓形又是扇形的一部分，然后再把几种图形面积的公式串起来。这样记忆起来，就不困难了。把知识系统化，往往还可以采用列表比较的方法。记忆是智慧的仓库，但这个仓库里不能杂乱无章，应该把各种知识分门别类地放在应放的位置上，这样记得清楚，提取也方便。在列表的过程中，也可以培养比较和归纳的能力。往往是一张表整理出来了，知识在脑子里也就清晰了，不需要专门去背，也能记得很牢。

口诀记忆法。有些内容比较枯燥的材料，难于记忆，这时可以借助口诀帮助记忆。“口诀法”就是把一些材料变成顺口溜，赋予它们一定的音韵和节奏，使记忆材料合辙押韵，朗朗上口，便于记诵。

比如，初中化学金属活动顺序表“钾钠钙镁铝锰锌铬铁镍锡铅氢铜汞银铂金”，对初学者来说，背起来并不容易，往往要重复多遍，还不一定能记得牢靠。但有聪明的学生把它编成顺口溜“加拿大美女，身体细纤轻，统共一百斤”，这样记起来是不是又快又方便呢？

（2）主体记忆法。

复述策略。即为了保持信息而对信息进行多次重复的过程。例如，学生为了记住外语单词，必须出声或不出声地重复诵读单词；要背诵一首古诗，也必须多次进行重复。我们在学习了新的知识后，一定要通过复述帮助知识的记忆。

组织策略。组织是学习和记忆新信息的重要手段，其方法是将学习材料分成一些小的组块，并把这些小的组块置于适当的类别之中，从而使每项信息和其他信息联系在一起。许多研究表明，组织有序的材料比杂乱无章的材料易学易记。比如，你周末逛街，需要购买的物品很多很杂，你难免会丢三落四，这是因为记忆容量一时难以承载如此多的信息量。但如果你用某种逻辑的方式将这些东西组织起来，如将具体要买的物品归入日用品、服装、食品等不同的类别中去，就会赋予记忆材料新的意义，变得容易识记起来。

看看在这样一个由20个数字组成的序列中，你能发现多少个组块？19411917186518121776。如果你把这个序列看作一列无关数字，你会回答“20”。而如果你把这个序列分为美国历史上的几次主要战争的年代，你会回答“5”。如果是做了后者，那么你会很容易在快速扫视之后按正确顺序回忆出所有的数字。但如果你把它们看作20个无关联的项目，就不可能在短暂呈现后将它们全部回忆起来。

精加工策略。所谓精加工，就是通过把所学的新信息和已有的知识相联系，来增加新信息的意义。这是一种较高级的认知策略，是通过所学各种信息之间建立联系来实现的。也就是说对有意义的东西我们可以记得更多。如果本来没有意义的内容，我们将它加工一下，变成有意义的内容有助于记忆。

从前，有个嗜酒如命的私塾先生。一天，他给学生布置了一道题目，要求学生们在放学之前把圆周率背到小数点后30位，如果背不出来，就不准回家。先生说完，就在黑板上写下了一串长长的数字，然后出门找山上的和尚喝酒去了。

学生们眼巴巴地望着这一长串数字3.141592653589793238462643383279，个个愁眉苦脸。但是想到背不出就不准回家，大部分学生还是硬着头皮，摇头晃脑地开始背起来。而另几个性情顽劣的学生却怀揣题单，溜出私塾，跑到后山玩去了。忽然，他们发现先生正与和尚在山顶的凉亭里饮酒吟对作乐，就互相扮着鬼脸，偷偷钻进了林子里。

夕阳西下，先生酒足饭饱，回来考学生了。那些死记硬背的学生背得结结巴巴、张冠李戴。而那些顽皮的学生却背得清脆圆顺，令先生惊诧不已。

原来，有一个学生在林子里看到先生时，灵机一动，就把要背诵的数字编成了谐音咒语：“山巅一寺一壶酒（3.14159），尔乐苦煞吾（26535），把酒吃（897），酒杀尔（932），杀不死（384），遛尔遛死（6264），扇扇刮（338），扇耳吃酒（3279）。”就这样，他和那些一同上山的学生一边念，一边还指着山顶做喝酒、扇耳光等动作，只念了几遍，就能背得滚瓜烂熟了。

3. 笔记：康奈尔笔记法

俗话说，“不动笔墨不读书”“好记性不如烂笔头”。读书笔记，能够加深理解，帮助记忆，是课堂学习的重要内容之一。康奈尔笔记法是由康奈尔大学的沃尔特·波克于20世纪50年代发明的。具体使用步骤如下：

第一步，划分区域。其方法是将笔记的一页划分为三个区域，就是左边四分之一左右和下方五分之一左右的空间单独划拨出来，而右上方那最大的空间就是我们平时做笔记的地方。

第二步，笔记区域（页面右上方）。边阅读或听课，边在笔记区域做记录，尽量使用编码符号以方便略读，在不牺牲可读性的前提下尽可能多记速记。

第三步，纲要区域（页面左上方）。下课后，审阅课堂笔记，并将思考的关键问题或关键词，记录在纲要区域内。在学习的过程中，这些提纲可以帮助学习者串联笔记，也可以帮助回忆笔记中的相关内容。

第四步，概要区域（页面底部）。这一栏是用来做总结的，在每一页的底部写简短的概要总结来进一步精简笔记，就是用一两句话总结本页记录的内容，起到促进思考消化的作用，同时也是笔记内容的极度浓缩和升华。

第五步，复习时使用提示栏。"提示栏（即纲要区）"是康奈尔笔记的使用关键。复习时用白纸盖住页面右边的笔记部分，只显示纲要区域。阅读提示栏中的每一项，并展开陈述。如果提示栏中记录的是个问题，复习时就回答问题；如果提示栏记录的是个关键词，就定义这个词，并说出它为何重要。复习过程中，主要看提示栏，适当移开遮挡物看主栏的笔记区域，对复习内容进行核对比照、查漏补缺。

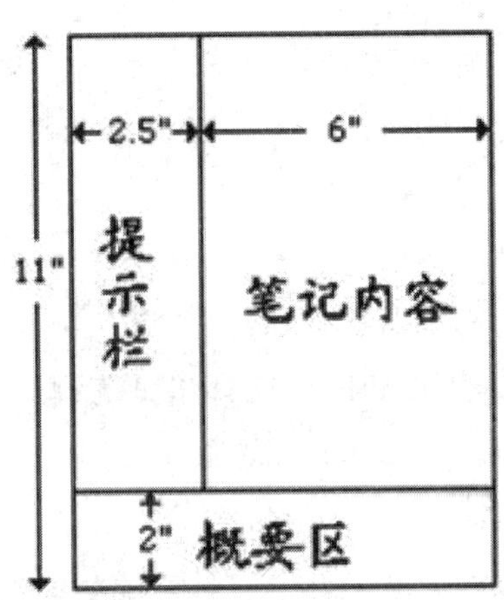

图 3-3 康奈尔笔记示意图

4. 思维导图

思维导图是由英国学者东尼·博赞在 20 世纪 70 年代初期提出的，又叫心智图，是一种组织性思维工具，是将放射性思考具体化的方法。它能将我们大脑中的想法用彩色的笔体现在纸张上，是将传统的语言智能、数字智能和创造智能结合起来，表达发散性思维的有效的图形思维工具。

思维导图是一种革命性的学习工具，自诞生以来，被誉为 21 世纪全球性的思维工具，广泛应用于学习、工作、生活的各个方面，如制定计划、管理项目、人际沟通、活动组织、分析问题、论文写作、复习迎考等都可以用思维导图来解决。它的核心思想就是把形象思维与抽象思维很好地结合起来，让学习者的左右脑同时运作，将思维痕迹在纸上用图画和线条变成发散性的结构，快速、生动、准确地表现各个概念间的关系。简单地说，思维导图就是更加有效地将信息“储存”进学习者的大脑，或者将信息从大脑中有效“提取”出来。它是个系统思考的工具，帮助学习者更有效地联想、想象、理解和记忆：在用导图整理知识的时候，是一个理解、记忆的过程；在用导图做发散联想的时候，是一个激活大脑、尝试更多选择的过程。

思维导图制作的要点是：

（1）留出足够的空白。笔记本纸张的大小必须得是 11 英寸 *17 英寸以上。如果手边没有，将常规的笔记本页面横过来放置，这样宽度比较大一些，就可以采取水平而非垂直的格式记笔记了。

（2）确定课程内容的中心思想。将这一思想写在纸张的中央，将其圈起来，画上下划线，用不同颜色或大字体来突出它的重要性。将其他概念都记录在中心思想的分散线上。在纸的中心，画出能够代表你心目中的主体形象的中心图像，再用水彩笔尽任意发挥你的思路。

（3）只使用关键词。在画思维导图时，尽可能地将线上或圈中字的字数精简到单一词组。虽然刚开始的时候会显得有点奇怪，但它能促使你总结出思想的精髓。用速记符号或缩写会很有帮助。关键词常常是表达了说话人思想的名词和动词，选择比较容易联系并且能帮助你再现课堂内容的词语。

（4）创造链接。一张思维导图不需要包含一本书或者一篇文章的全部思想。你可以将思维导图连接起来。比如，画一张概括了一个章节中五个关键点的思维导图，然后就每个关键点再分别画更详细的思维导图。在每一个思维导图中，都给出互相间的指示。这能有助于解释和强调许多思维概念间的关系。所有大脑都是通过联想来工作的，线条附着于主题就会在大脑内部产生类似于附着的思想，把分枝连接起来，会很容易地理解和记住更多的东西。

（5）列提纲。提纲可以表现要点和支撑点的关系。以提纲格式记笔记的一个好处是可以让你完全投入，在记录内容的同时完成整理和组织。这在碰到知识点陈述比较紊乱的时候很有优势。通过不停地变更，你会发现列提纲在呈现各概念间关系时的巨大作用。从学术上来说，每一个出现在提纲中的字、词、句都是一个标题，安排在不同的层次中。

（6）结合各种格式。你可以根据不同主题自由选择不同的记笔记方法，并将各种格式相结合。只要你觉得有用的，都可以进行变通。如要强调顺序，可以在次分支关键词旁写上序号；如果关键词很有必要进行进一步的分析，可以在关键词旁写上引号，然后在纸的一个空白地方写上对应的引号和分析的内容；如果想强调各关键词的关系，还可以用箭头等来直观表示；如果要更直观地分清各分支和加强联想，可以在每个分支上画上外围线。

三、心理体验

（一）记忆体操训练法

俄国作家列夫·托尔斯泰有较强的记忆力，他精通英语、法语、德语、拉丁语、希腊语等。托尔斯泰说他每天清晨都要做“记忆体操”。原来，托尔斯泰自我规定：每天早起都要拿出一部分时间，熟读一些外语单词或者普希金等名家的诗句。在他看来，记忆力就像人的体质一样，是可以通过长期不懈的锻炼得到增强和提高的，所以，他称这种活动为“记忆体操”。托尔斯泰的这个说法，得到了近代脑生理学研究结果的支持。如有人把白鼠分为两组，一组给予多种刺激，如让它们踏小轮子，荡秋千等；另一组则关闭在黑笼中，几乎与世隔绝。两个月后，分别对白鼠进行走迷宫的测试。结果发现，前一组白鼠的记忆力远远超过后一组。解剖它们的大脑发现，前一组白鼠不仅脑神经细胞的细胞体和细胞核明显增大，神经末梢特别肥大，而且细胞间的联结点（突触）也增多，负责传递记忆信息的化学递质也有所增加，这就是它们记忆力发展的物质基础。而另一组则恰好相反，脑神经细胞突触数目很少，明显地表现出大脑作用的废退。

人的大脑比任何动物都发达，当然也遵循着“用进废退”的普遍规律。像托尔斯泰这样坚持用背诵法锻炼记忆力的人很多。明末清初的著名学者顾炎武为了增强记忆力，规定自己每天温课 200 页，自己边默诵，边请人朗读，发现错误，立即查对。他骑马遍游天下时，在马上也随时默诵读过的书，以锻炼记忆力。长年累月的训练，使他“十三经尽皆背诵”。马克思的记忆力更令人吃惊，他在谈话时随口引述某些著作的原文、数字，都不会出错。他的记忆力当然不是天生的，而是常常有意用外语背诵莎士比亚、海涅、歌德等人的著作而锻炼出的。

上述故事表明，记忆能力是可以通过训练得以大幅提高的。就像每天用一定的时间坚持做体操能提高身体机能一样，如果能每天抽出一定的时间要求自己记住一些新知识，坚持做“记忆体操”，日久天长记忆力也能得到很大的提高。

下面，让我们根据本章学习的记忆策略，进行记忆体操练习吧！

（1）15 位数字的记忆测试。

随意写出 15 个数字，如 256235794359238（数字也可以换成字母或汉字），要求在 30 秒的时间内进行识记。然后进行默写测试，全对的是 10 分，每记对一位是 0.6 分。可以和同学进行记忆比赛，看看谁记得更快、更准。

（2）选一篇文章（课文或经典诵读），花 5 分钟时间识记，看看能背诵多少。

请思考，在刚才的记忆体操训练中，你分别采用了哪些记忆策略帮助自己识记学习材料？

（二）练习并使用康奈尔笔记法

康奈尔笔记法既兼顾了具体知识内容与要点，又为事后复习补充预留了空白位置。让我们参照前述学习内容，在活页笔记本上完成本次活动体验。

（1）记录：将课堂学习的重点内容记录在右侧的笔记栏中。

（2）简化：从右侧笔记栏中抓取重点，以关键词、简短标题、重要概念摘要等方式扼要地概括在左侧纲要栏中。

（3）背诵：遮住笔记栏，根据纲要栏中的摘记做提示，试着复述课堂上所学内容。

（4）补充：将自己的想法、意见、经验、联想、体会写在下方概要栏内。

（5）复习：每天每周快速复习一遍笔记，主要先看纲要栏和概要栏，再参照笔记栏，检查自己的背诵是否有误或者有遗漏。

比较一下，康奈尔笔记法相对于传统笔记记录法，哪种方法更能有效地提高学习和复习效率？

（三）思维导图的制作

美国波音公司在设计波音 747 飞机的时候使用了思维导图。通过使用思维导图，他们的工程师只使用了 6 个月的时间就完成了波音 747 的设计并节省了 1000 万美元。

图 3-4 斯坦利博士与 25 英尺长的波音飞行工程手册思维导图

请根据前面所学的内容，练习制作思维导图，并和同学们分享你的方法和经验。

四、拓展阅读

学　　习

同学们：首先，请允许我代表学校党委、行政，代表全体师生员工向新同学表示最热烈的欢迎！

同学们，你们光荣地来到华中科技大学，来到这所全国著名的高等学府，即将开始你们新的学习阶段。今天，我不妨就“学习”与同学们说几句话。

1. 为什么学习

你们已经知道为了国家、为了民族、为了家庭、也为了你们自己而学习，这是理所当然的。我要说，还要为了某种未知而学习。这个宇宙和世界中，有太多的未知需要我们学习，需要我们探求。人类的未知还太多，你们的未知就更是没有穷尽了。对未知的渴求应该是有知识、有抱负的人的标志之一。我想说，还要为了某个梦想而学习。“我有一个梦”，这是世界千年名言之首。人之为人，不能没有梦想，然而梦想的实现一定需要学习。我还要说，为了生命的过程而学习。其实，学习就是成长过程之关键。成长中一定需要学习，人都要在学习中成长。当国家和你们的家庭为你们提供如此好的学习条件的时候，你们更应该珍惜这个机会。我还想说，既然为了生命的过程而学习，更进一步，就要无为而学习。著名教育家杜威言“教育本身并无目的”，其意义恐怕也在于此。真正的无为乃是无所不为。

2. 学习什么

你们已经知道要学习马克思主义，你们已经知道要学习科学与人文知识，这是不言而喻的。我要说，你们还要学习社会。虽然你们来到大学这个知识的殿堂，可千万不要忘记了解和学习社会。高尔基的大学不就是社会吗？学习社会，你会充满希望和激情；学习社会，你会坚定信仰和方向；学习社会，你们可以齐家治国；学习社会，你们可以走向四海八方。我想说，你们还要学习情感。一个没有健康情感的人是不健全的人。责任是一种情感，尤其是青年人，对社会、家庭、国家、民族，乃至集体，都应该有一份责任；同情是一种情感，恻隐之心，人皆有之。尤其对于弱势群体或弱者，现代青年更应该充满同情；爱心是一种情感，社会因为充满爱心而更文明，环境因为人类的爱心而更美好，你们因为充满爱心而更有魅力、更有前途。我还要说，你们要学习竞争。生态的繁荣需要竞争，人类社会的进化需要竞争，你们的发展一样需要竞争。竞争需要追求卓越，竞争需要创造。我还想说，你们要学习和谐。社会需要和谐，环境需要和谐。为了社会和环境的和谐，你们能做什么？你们还要学习如季羡林先生所言的自身和谐。没有自身和谐，你们很难为社会和环境的和谐作出贡献；没有自身和谐，你们可能迷失自我，失去目标，还可能陷入茫然、苦闷、挣扎、甚至崩溃。

3. 怎样学习

你们已经知道怎样在课堂中、在书本里、在实验室学习，这都是必要的。我还要告诉同学们，懂得情景学习、能动学习、技巧学习。

其一，情景学习。我要说，你们应该懂得在集体中学习。孔子言，“三人行必有我师”；爱因斯坦学生时期，几位好友自发组织了“奥林匹亚学院”。爱因斯坦后来认为，他从中受益匪浅，尽管其他几位并未成大名。在你们的一生中，即便是大学期间，将身处许多不同的集体，你们的学习源泉是不会有穷尽的。留心吧，同学们，在集体中向他人学习。我想说，你们要在生活中学习。杜威有言：“教育是生活的过程，而不是将来生活的预备”。这也就是说，学习实际上应该是生活过程中的一部分。你们生活在社会中，生活和社会就是取之不尽的学习源泉。生活中有社会的各种需求，生活中有各种知识的再现。在生活中你可以学到情感，还可以学到意志。

我还要说，你们应该懂得在实践中学习。实践是认识事物、改造世界的最基本的方式。袁隆平的长期实践使他能作出造福人类的巨大贡献；吉林一汽的技校毕业的王洪军不断在实践中学习总结，在轿车修复方面做出了系列的创新；革命领袖的伟大实践更是改变了世界。你们还要学会主动实践，即主动地寻找实践的对象以及解决实际问题的方法，而不是依赖老师的被动实践。除了老师要求的实践课程外，你们完全可以自发地参加一些课外实践活动。第二课堂和研究团队正在成为华中大的光荣传统。我还想说，你们要在理想和志向的情景中学习。理想和志向是心灵中的情景，也是未来的情景。要设计或布置一个美好的情景，就需要很多方面的知识，就需要你们不断地学习。要把心灵中的情景变成未来现实的情景，又需要更多的知识，并且往往是书本上学不到的知识。你们的师兄陈志峰，就勾勒了一个美好的情景，他想创业，他想设计比蒙娜丽莎还美的系统架构。在这个情景中，他在努力发奋地学习。

其二，能动学习。我要说，你们要懂得主动学习。课堂永远只是学习中的一小部分。真正的主动学习，是以学习者为中心，而不是以教师为中心。只有主动学习，才能真正调动自己的潜能，发挥自己的主观能动性。我想说，你们要学会乐观学习。子曰：“知之者不如好之者，好之者不如乐之者”，此乃乐观学习之谓也。既然学习是生活的一部分，就应该乐观地对待它，不管你在轻松地学习，还是困难地学习。其实，只要善于在未知中寻找兴趣，你就能永远乐观地对待学习。

你们还要乐观地对待贫穷和困难，那其实也是一种财富。黄永玉曾经在他租住的没有窗子的小屋中大笔一挥，便生出一个窗子，虽是苦中作乐，其乐观精神可见。我还要说，你们要懂得感悟学习。在学习中感悟，在感悟中学习。要把学到的知识升华、凝练，需要感悟。日常生活，世上万物，皆蕴涵着很多哲理，要理解它们，需要感悟。我还想说，你们要尽可能地本能学习。真正优秀的学习者会把学习变成一种本能，一种习惯。他能在一切非例行学习状态下挖掘知识、吸取营养。

其三，技巧学习。我要说，你们要懂得能力学习。不仅要学习知识，更重要的是培养自己的能力。知识一般都容易在书本上找到，然而某些能力是很难从书本上学到的，即使书上详细地介绍，也很难直接从书本上学到。真正的能力学习需要去直面人生，融入社会，勇于实践。我想说，你们要明白博约学习。博而反约，博约相济。博是博学多识，多闻多见之谓；约，只是知其要也。既要有知识的广度，又要有知识的深度。要学会把一本书越念越厚，也要学会把一本书越念越薄。要知道精读，也要懂得泛读。我还要说，你们还要学会质疑学习。要在问题中学习，社会以及我们所知道的科学与技术永远是不完美的，永远存在许多问题。正是在问题中，人们有可能重新认识世界，创造新技术，乃至改造世界。你们要善于发现问题，其实问题就是机遇。你们还需要有质疑的习惯。创新在很大程度上是建立在质疑的基础上的。不质疑苹果为什么从树上掉到地上，牛顿恐怕难以发现万有引力定律。

我还想说，你们还要学会路径学习。有些时候，不要走人家的老路。你们当然需要大路上的学习，即是一般规律的学习内容与方法。这些你们很容易从老师那儿学到。然而真正体现学习水平的是自己在边缘路径上的探索，以及在崎岖山路上的攀登。

同学们，你们经过了多年的努力与奋斗，今天才有机会进入这所著名的大学。千万别以为你们已经知道学习的真谛了。在大学，比学习具体知识更重要的是要明白和悟出学习的道理。方如此，非但是在大学的道路上，而且你们在未来人生的道路上会越走越宽广。同学们，学出你们人生的灿烂，学出华中大的辉煌。

（选自华中科技大学校长李培根院士在2007级新生开学典礼上的讲话）

心理剧：我的大学

故事梗概

故事写的是，刚进入大学生活的大一新生面对新的生活在行为和心理上变化，有的沉迷网络失去斗志，有的以谈恋爱来填补空虚，更多的是像在读高中时一样努力学习，他们不想虚度光阴，但同时受身边同学的影响也不甘于那种白开水般单调的生活，由此产生剧烈的心理矛盾：既不能潇洒地玩也不能踏实地学习，也因此令他们觉得好像自己失去了目标。本剧中的稽斯仁和姚枫光就是前两种同学的代表。辛泰凡则代表了第三种同学，他最终通过和班长卞诗菲的交流，重新认识了自己，找到了自己，重新树立了目标并且不再迷茫。本剧所要表现的是大一新生对大学生活从感到乏味迷茫到充满希望热爱的过程，以及在这个过程中表现出来的同学之间相互关心的友爱和情谊。

心理剧剧本

时间：2008年10月31日

人物：辛泰凡　卞诗菲　稽斯仁　姚枫光　艾卿弥　汪洛蜜

第一幕

场景一：

时间：下课后　地点：回寝室的路上　人物：辛泰凡

旁白:“半年过去了,我的生活出现了各种各样的变化,激烈的或不易觉察的。但是我相信,真正值得纪念的生活还没有来。对我来说,我的大学生活像是在不断地穿越一重重雾气。雾气后面是一双迷茫的眼睛,这双眼睛本应该露出耀眼的光芒,却被迷雾掩盖了青春的色彩,我因此而看不到自己的未来。”

(辛泰凡走出教室,神情低落。一件衣领竖起的黑色外套将他包裹得严严实实,只露出一双黯淡无光的眼睛。他的腋下紧紧地夹着几本书,双肩缩起,似乎有些寒冷。停下,仰起头,朝向天空,莫名的发出长长的几声吁叹。)

(背景音乐:“变幻之风”中的风声)

辛泰凡(走两步,面向观众):“又在云雾里上完了两节课,上星期拉下的课还没补上,这个星期的问题又来了,看来我又得在自习室待上整个晚上了。唉!(摇头)”

(舞台的另一边便是他的寝室)

场景二:

地点:寝室　人物:辛泰凡　稽斯仁　姚枫光

(辛泰凡回到寝室,姚枫光正摆弄着自己的头发,心情愉悦,看到辛泰凡后便打了个招呼。辛泰凡勉强地笑了一下,算是回应。他坐到桌前漫不经心地翻起书来。这时稽斯仁兴冲冲地回到寝室,背景音乐:反转地球)

稽斯仁(眉飞色舞):“兄弟们!我的武士现在已经升到60级了,哈哈,厉害吧!那可是我不分昼夜杀了N多怪才有今天这成绩的。牛吧!”

辛泰凡(羡慕的表情):“确实厉害!”

姚枫光:“哇!升得那么快!牛呀!就凭你每天坐在那里十几个小时一动都不动的功力,兄弟我就自叹不如呀!”

稽斯仁:“你以为我真是金刚不坏之身啊?我也是常常腰酸背痛腿抽筋啊,可是,结束游戏一离开网吧,我又不知道该干啥,巨大的空虚感就会将我吞没。和浑身的不舒服不相比,精神上的饥饿才更恐怖呢!所以,还是坐在网吧充实呀!”

姚枫光(大笑):“典型的网络成瘾者!赶明儿兄弟我也去试试,看是不是像你说的那么带劲。”

稽斯仁:“谁像你那么幸福啊!天天被爱情滋润着,一副春风得意的样子,不比我们谁都强呀。真应该好好向你学习学习才对呀!辛泰凡,你说呢?”

辛泰凡(赔笑):“对,对。我应该向你们两个学习。”

姚枫光(满面春风的):“哪里哪里,相互学习,相互学习。(对辛泰凡)要是你凭悬梁刺股般的读书精神去参加‘加油好男儿’,保准晋级!”

稽斯仁(哄笑):“哈哈,没错。泰凡,我看真正厉害的是你。”

姚枫光(笑着看表):“糟糕,要迟到了。我可不想惹我亲爱的达令生气。兄弟们,沙扬娜拉!”

稽斯仁:“幸福的人啊!”(姚枫光远远的打出一个OK的手势。)

（稽斯仁的电话响起）

稽斯仁（打电话）："喂？啥？队都组好了，行，我马上就去，等我呀。（扭头对辛泰凡说）走，一块玩去？"

辛泰凡（动了动身体，又摇摇头）："算了，我还要看书呢。"

稽斯仁（拿过辛泰凡手上的书）："《大学英语》？走吧，玩一晚上能耽误啥？整天待在寝室里，闷不闷啊？"

辛泰凡："上网太耽误时间了，会影响学习的。最好你也少上点，多看看书吧！"

稽斯仁："看书？哼！见你天天看书也没看出个状元呀！知道现在大学里哪个词最土老冒儿么？学——习！那是高中没办法才会干的傻事。大学来干吗的？是来享受的呗！Enjoy！像你这样整天就知道捧着书看，简直就是在浪费青春！浪费宝贵的青春呀！别说没提醒你，青春短暂，还是及时行乐吧！好了，好了，反正我是忍不住要去享受青春的激情了。真不走？那你就在这儿做你的乖学生吧！"（稽斯仁下）

（辛泰凡目送稽斯仁走下后，目光再次投到了书上。）

辛泰凡："见鬼，今天这书上的内容怎么就这么难懂呢？"（缓缓站起）"上网、恋爱，难到这才是我应该拥有的大学生活的吗？不，不是……"（迷惑的仰起头）"可，可？为什么我却不快乐呢？青春的快乐究竟是什么？"

第二幕

场景一：

时间：中午上课前　地点：教室　人物：辛泰凡　卞诗菲　艾卿弥　汪洛蜜

（辛泰凡早早地便来到教室上自习，班里寥寥无几人。）

辛泰凡："班长，上次的考试成绩出来了吗？"

卞诗菲（缓慢递出）："哦？哦。这是你的成绩单。"

（辛泰凡接过来一看，脸色顿时变了，郁郁寡欢地走向了自己的座位。看着看着书，他便没了耐性，把手中的一扔，又重新换了一本，但一会他又失去了耐性，把手中的书又丢开了。他就坐在那里，用手托着脑袋，两眼木然地盯着桌子上的试卷。）

（所有人被定格，辛泰凡站起，开始内心独白。背景音乐"命运"响起。）辛泰凡："这就是我的成绩吗？怎么会这样，怎么会是这样？我到底哪里做错了，难道我还不够努力吗？我在自习室里待的时间还不够长吗？为什么给我开出这样残酷的玩笑？我放弃了所有娱乐休闲的时间，变成了一台读书的机器，可最终得到的结果却是不及格！这就是期望中能展示自己的大学生活吗？这里，这里？我待在这里有什么意义！还有什么意义！！！"

（两个诱惑上，分别是艾卿弥和汪洛蜜，并作自我介绍）

艾卿弥："离开这个毫无情趣的地方，让甜蜜的爱情去安慰你心灵的创伤吧！"（拉起辛泰凡的一个胳膊）

汪洛蜜:“到网络虚幻的世界里来，这里有无限的可能，可以让你成为一代霸主，成为世界上最强大的人，得到想要的一切。”（拉起辛泰凡另一个胳膊）

艾卿弥:“寻找爱情吧，你的世界将不再有迷茫与寂寞 。”

汪洛蜜:“到网络世界吧，你所做的一切都将被认可，你将是最优秀的。”

艾卿弥、汪洛蜜:“放弃那只会给你带来痛苦与孤独的生活吧。”

艾卿弥:“想想你的努力得到了什么？”

汪洛蜜:“想想你周围的人，为什么不努力，却依然很潇洒？”

艾卿弥、汪洛蜜:“放弃你的坚持吧，来我们这吧 。”

艾卿弥:“这里的一切都是完美的。”

汪洛蜜:“你的生活将变得五彩缤纷 。”

艾卿弥:“不要再犹豫了，放弃吧 。”

汪洛蜜:“做出英明的抉择，放弃吧。”

艾卿弥、汪洛蜜:“放弃吧，放弃吧！！！”

（辛泰凡痛苦地挣扎起来，大吼一声“不”。他拿起自己的成绩单铺在了桌面上，呆呆地看着，手中的笔在上面写着。一会儿，只见他越写越快，越写越快。突然，他发疯似的把成绩单狠狠地揉成一团，重重地扔了出去。辛泰凡双手支撑着桌面，无力地站在那里。这一切都被卞诗菲看在眼里。她从座位上走出，拾起那纸团，打开了它，念起了上面的话）

卞诗菲:“这就是大学吗？大学？见鬼去吧！”

（卞诗菲坐到了辛泰凡的身旁，轻轻地把卷子在桌子上一点点地抹平）

卞诗菲（不解）:“考试成绩不理想当然不开心，可是你的反应怎么会这么强烈呢？”

辛泰凡:“不，这个不及格不是简单的一个成绩，它完全否定了我现在的大学生活。（沉默着，卞诗菲静静地看着他）我的大学怎么会是这个样子？大学对于我来说是那么的神圣，那么美好。在为它而拼搏的日子里，苦也甜，累也笑。为了有一天能实现自己的梦想，我从来都没有想过放弃。可是，现在我又过着怎样的生活呢？我不想像别人那样虚度光阴，在毕业的时候再来后悔自己没有努力过，所以我放弃了寻找快乐。然而，我清楚地知道，自己的内心里却又不甘心像苦行僧一样，日复一日地过着白开水般的生活。这种剧烈的矛盾让我痛苦极了，既不能洒脱地玩，又不能踏实地学习，我快被这两股力量拧碎了。我一直那么辛苦地强撑着，可如今成绩没了，快乐没了，连对生活的激情与信念也没了，你说我怎么能不痛苦呢？”

卞诗菲:“虽然，我没有你那么强烈的感受，但曾经我也和你一样迷茫过，对眼前的生活总是有这样那样的不满意。”

辛泰凡（诧异的）:“怎么？你也有过这样的情形？”

卞诗菲（笑）:“是的，而且，我相信很多同学也都有过这样的经历。大学是开放的也是新鲜的，让我们认识了许多的朋友，见识了许多与自己完全不同的生活方式。这些事情带来的诱惑往往是巨大的，让我们充满了好奇，再加上我们还如此年轻，心理发展的水平还不稳定，看待、处理问题的方法都太单一了，自然很容易就受到了周围的影响。可这不是我们的错，每个人在成长的道路上都会遇到一些彷徨，都会有感到无所适从的时候。可是如果不经历这些，我们又怎么能成长，变得成熟起来呢？只要我们明白自己究竟想要的是什么，就不会一无所获，就能找到自己应该走的路的。你说是吗？"

辛泰凡（受到了卞诗菲的感染，恢复了一些朝气）："我想我有些明白了。过去，读书的目的就是为了上大学。等上了大学，却不知道为什么学习了？双学位？考研？那只是另一个如同上大学的目标罢了。接下去又该怎么办呢？这样被动的学习怎么可能产生兴趣和坚持下来呢？更不用说周围又充满了形形色色的影响。我们应该为自己而学，为自己成为真正的优秀的大学生而学，为将来的每一天而进步！"

卞诗菲（拍辛泰凡肩膀）："辛泰凡，你说得太棒了！现在竞争如此残酷，我们应该从现在就做好应战的准备，哪里还有时间去迷茫和彷徨呀！给自己一个理由，让自己振作起来吧！"

辛泰凡（不好意思状）："可是，班长，只是学习会不会还是太枯燥了一些？"

卞诗菲："我们是大学生，应该有丰富的生活。不是不能谈恋爱，也不是不能去上网，更不是要远离社会现实生活，只单纯地待在这个象牙塔里。这些事情对我们来说也是一种生活体验，也是一种学习啊。可是，这不应该成为我们生活的主流，让我们偏离了重心，更成为放纵自己的借口呀！"

辛泰凡（背景音乐《青春纪念册》）："班长，谢谢你，和你的交谈让我感觉上了一堂重要的课程，我终于了解自己了。自己想成为什么样的人，拥有怎样的人生，是自己在掌握。别人的生活纵然五光十色，也不能影响我自己的选择。因为，对自己负责的只有也只能是我们自己！年轻的朋友们，让我们的大学没有遗憾，让我们的青春没有遗憾！"

（来源：华东交通大学心理咨询中心　作者：邱涛　王宇帆）

参考文献：

[1] 罗亚莉，刘衍玲，刘云波．大学生专业承诺现状的调查研究．高教探索，2008 年第 2 期，120-123.

[2] 连榕，杨丽娴，吴兰花．大学生的专业承诺、学习倦怠的关系与量表编制．心理学报，2005，37（5）：632-636.

[3] 连榕，杨丽娴，乌兰花．大学生专业承诺、学习倦怠的状况及其关系．心理科学，2006，29（1）：47-51.

[4] 徐继玲著．大学生活与生涯规划．上海辞书出版社 .60-69.

[5] 戴夫·埃利斯著 . 大学应该这样读 . 科学出版社 .2010 年 8 月第 1 版 .
[6] 东尼·博赞，巴利·博赞著 . 思维导图 . 中信出版社 .2009 年 4 月第 1 版 .
[7] 东尼·博赞著 . 启动大脑 . 中信出版社 . 2009 年 6 月第 1 版 .

习　题

一、单选题

1. 有效的时间管理通常需要遵循许多原则。下面选项中哪个不属于时间管理范畴？（　　）

A. SMART 原则

B. 帕累托原则

C. “莫法特”休息法原则

D. 逆势操作原则

2. SQ3R 读书法中，几个字母分别代表的含义是：（　　）

A. 综览、阅读、问题、复述、温习

B. 综览、问题、阅读、复述、温习

C. 综览、阅读、问题、复述、温习

D. 问题、综览、阅读、复述、温习

3. 通过把所学的新信息和已有的知识相联系，来增加新信息的意义。这种信息加工策略称之为：（　　）

A. 复述策略

B. 组织策略

C. 系统策略

D. 精加工策略

4. ________是指目标应该是明确的，而不是模糊的。应该有一组明确的数据，作为衡量是否达成目标的依据，或者将完成目标的工作进行流程化，通过流程化使目标可衡量。（　　）

A. 具体明确

B. 可衡量性

C. 有相关性

D. 有时限性

5. ________是指在具体情境或任务中表现出拖延的行为，如写作业拖延、复习拖延等。（　　）

A. 状态拖延

B. 特质拖延

C. 决策拖延

D. 回避性拖延

二、多选题

1. 专业承诺的概念来自于组织承诺和职业承诺的研究，具体包括：(　　)

A. 情感承诺

B. 规范承诺

C. 发展承诺

D. 继续承诺

2. 发展专业承诺、克服学业懈怠的方法：(　　)

A. 认知重建：厘清专业认知

B. 明确学习目标

C. 培养专业兴趣

D. 兴趣的迁移或调整

3. 影响学习拖延行为的成因主要有：(　　)

A. 人格特质

B. 缺乏动机

C. 自我价值保护

D. 缺乏自我管理

4. 根据不同特征，拖延症分为以下几种类型：(　　)

A. 完美主义风格型拖延

B. 低兴趣情绪化型拖延

C. 任务过重困境型拖延

D. 唤起性拖延

5. 主体记忆法包括：(　　)

A. 复述策略

B. 组织策略

C. 认知策略

D. 精加工策略

三、简答题

1. 简述 SQ3R 读书法的步骤。

2. 简述康奈尔笔记法的具体使用步骤。

3. 简述思维导图的制作要点。

四、论述题

1. 你的高考志愿是听从师长亲友建议选报，还是出于自己的兴趣填写的？你喜欢目前自己选读的专业吗？如果答案是否定的，你打算如何合理安排未来四年的学习生活？

2. 时间管理有法，却无定法，贵在得法。请查阅相关书籍资料，制定一个切合自己实际情况的时间管理方案。

第四章

嘤其鸣矣，求其友声：人际交往

“朋友一生一起走，那些日子不再有，一句话一辈子，一生情一杯酒。朋友不曾孤单过，一声朋友你会懂，还有伤还有痛，还要走还有我……”每当《朋友》这首温婉动听的旋律响起时，你是否也曾感同身受，会思念亲爱的友人？当我们放飞梦想，跨入高等学府，我们需要的不仅是成才——学业有成，还要成人——学会与人交往。良好的人际关系是一个人生存和发展的必要条件，在生活节奏不断加快、竞争日趋激烈的当今社会更是如此。因此，了解人际交往的内涵，培养人际交往的技巧，构建良好的现实与网络人际关系，是同学们大学学习生活的必修课之一。

第一节 孤独的围城——透视大学生人际交往

大学被人们形象地称为“小社会”“准社会”。和中学时代相比，同学们会发现，大学的人际交往环境更为复杂，交往的目的和手段更具有社会性，步入大学校门相当于步入了准社会群体的交际圈，交往能力也越来越成为同学们衡量个人能力的一项重要标准。然而，并不是每个同学都能处理好自己的人际关系。不论是认知、情绪、人格等内在心理因素，还是家庭出身、个人行为方式、穿着打扮、所在学校甚至所学专业等外在因素，都会在不同程度上影响着我们的人际交往。很多同学常感叹：人际关系怎么这么难处啊？

一、心理案例

案例一：是什么困扰了她

真真是一个性格很开朗的人，平时喜欢主动和人聊天，与人沟通时总是大大咧咧、不拘小节，有什么就说什么。比如，同学找了一个新的女朋友，那个女孩有点胖，个子又不太高，真真见过后就说："你眼光怎么这么差，找了一个'矮冬瓜'啊！"再比如，一次一位室友生病了，其他同学来看望她，向真真询问她的病情，真真说："没什么大不了了，小命能保得住。"噎得对方半天没回上一句话。日子久了，真真慢慢地发现同学们有什么事情都不和她说了，有时看到大家在一起做什么事，真真刚想凑过去，大家就散了。在孤独中，真真感到极端困惑和苦闷："我对人一向很真诚啊，从不隐瞒自己的真实想法，为什么现在弄得我好像病毒一样，大家都躲着我呢？到底我哪里做错了？"

案例二：我想去坐牢

尊敬的老师：

也许您会觉得我很变态，但我就是这样想的：我想去坐牢——如果监狱生活真的像书上写的那样：有饭吃，有书读，有狱友做伴，有狱警关心。真的，这比我现在的生活强多了：一日一餐，无心读书，孤独苦闷，绝望痛苦。

我现在读大三，曾有社交恐惧症，至今也没全好。同学们都去上课了，我却憋在宿舍不敢外出，直到饿得饥肠辘辘，才硬着头皮出去买点东西吃。我有足够的聪明取得好成绩，却没有能力与人打交道。我的朋友屈指可数，内心极度自卑，严重的时候几乎丧失社会功能，无法与人交流，因为交流就意味着痛苦。我没有本领面对别人真诚的目光，无法接受别人善意的帮助，我的交往几乎都以失败而告终。因为害怕面对可能出现的尴尬，我用冷漠来掩饰慌张，用拒绝来换得所谓的“自尊”，用孤独的痛来逃避交流的苦。我一直在寻找一种解脱，穷思竭虑，幻想能坐“安乐牢”。

小　艾

二、心理辅导

他人的存在真的是一种干扰吗？小艾如果去坐牢就能回避人际交往了吗？相比小艾来说，真真似乎积极很多，因为她不但没有回避，而且还主动与人交往，但为什么她也遇到了困惑呢？问题就在于真真虽然有一颗愿意交友的心，但是她不懂得如何交往，所以最终还是碰壁受伤。而要学会交往，首先就必须了解关于人际交往的一些基本概念和原理。

（一）大学生人际交往的内涵

人际交往也称人际沟通、心理交往，它包括两方面的含义。

从动态的角度说，人际交往指人与人之间的信息沟通和物质的交换。人与人之间的一切直接或间接的相互作用，都超不过这个范围。当我们用语言、用眼神、用表情或用其他身体动作表示我们的意见、情感或态度时，我们就是在与别人进行信息沟通；当我们买东西、送礼或进行其他物质交换时，我们之间的相互关系既有物质的交换，也有信息的沟通。

从静态的角度来说，人际交往指人与人之间已经形成的关系，即通常所说的人际关系。这种关系是通过直接交往所产生的情感积淀，是人与人之间相对稳定的情感纽带，所反映的是人与人之间的心理关系与心理距离。人际关系的好坏，将直接影响人际交往的数量和质量。

大学生人际交往也称大学生人际沟通，是指大学生个体之间在共同活动中彼此交流思想、沟通信息、表达情感和协调行为的互动过程。大学生正处于学习知识、了解社会、探索人生的重要发展阶段，对社会交往有着强烈的渴望和要求。据统计，大学生每天除了睡眠外，其余时间中有70%左右都是用于人际交往。和谐的人际关系对于大学生个体而言，犹如阳光之于草木、水之于鱼一样至关重要。

首先，人际交往增强同学们的归属感和认同感，促进其心理平衡。人是社会的动物，每个人都需要与人交流，同学们更是如此。现在的大学生基本上都是独生子女，当你们刚刚进入大学新环境时，常常产生难以言表的孤独感和寂寞感，容易想家、思念家人。这时开展积极的人际交往，不仅有利于你们沟通思想、相互了解，更有利于你们在心理上产生一种对同学、对集体乃至对学校的亲密感、归属感和认同感，从中汲取心理情感能量，从而促进你们保持心理平衡，达到心情舒畅，身心健康。

其次，人际交往促进同学们深化自我认识。人对自己的认识总是以他人为镜，需要通过与他人进行交流、比较，把自己的形象反射出来加以认识。同学们在交往过程中，往往以同龄人作为参照，从他人对自己的反应、态度好坏及评价中发现自己的价值和不足，找到自己恰当的社会位置，从而选择更为恰当的行为，为自我的设计、发展和完善创造条件。因此，同学们有必要全方位、多层次、与更多的人交往，来获得更多可靠的信息，达到更清楚地认识自己的目的。

再次，人际交往是同学们人格发展和健全的重要条件。一个人的人格除了受先天遗传因素影响外，更重要的是受后天环境的影响。如果长期生活在友好和睦的人际关系中，个体的人格就会变得乐观、开朗和主动；相反，一个人如果长期生活在充满冲突的人际关系中，则可能会出现压抑、暴躁或冲动等人格障碍问题。大学是我们人格塑造的关键时期，积极的、和谐的人际关系有助于同学们人格的发展和健全。

最后，人际交往是同学们获得事业成功的重要基础。现代社会是一个合作与竞争的社会，随着职业流动性的增大和大学生自主择业制度的形成，社会对同学们的人际交往能力提出了更高的要求。一方面，同学们需要凭借自己的人际沟通能力，为自己的求职面试开启大门；另一方面，只有通过与人交往、团队合作，让别人了解到、认识到自己的能力、才华和品格，才能逐渐被社会所认可，达到自我实现的境界。

（二）大学生人际交往的类型与特点

1. 大学生人际交往的类型

大学是一个浓缩型的小社会，人际关系也是形态各异，同学们的人际交往类型更是丰富多彩。

（1）师生关系。老师是同学们人际交往的重要对象，师生关系是同学们人际关系的重要内容。师生关系如何将直接影响着同学们能否健康地学习、成长，并在很大程度上决定着学校教育目标是否能实现。大学校园里，师生关系较中小学时有所改变，同学们尊重老师，但不再认为老师是权威。大家敢于在课堂上表达自己的观点，与老师交流思想。师生之间教学相长，建立起一种亦师亦友的关系。与此同时，由于高校教育的特点，大学老师与学生的接触并不像中小学那样频繁，课外时间师生交往不多。从交往内容来看，往往仅限于传授知识，交往内容较狭窄；从交往过程来看，对流性比较小，往往是老师讲的多，学生听的多，因此，很多时候，同学们对大学师生关系并不满意。据调查，更多的同学只有遇到与学习有关的问题时才会去寻求老师的帮助，至于其个人的心理问题、情绪问题、恋爱问题等，则很少有人会去找老师帮忙。

（2）同学关系。同学是大学生人际交往最基本的对象。同学们相互之间的交往最普遍、也最复杂。一方面，同学之间年龄相近，经历相同，兴趣、爱好相似，又在一个集体中学习和生活，因此比较容易相处；另一方面，同学之间由于生活习惯、个性等各方面存在差异，加之交往频率过高、空间距离过小，因此在交往过程中难免会发生这样那样的矛盾。

在众多校园环境中，宿舍是同学们人际交往最亲密的场所，所以，对同学们影响更多的应属宿舍人际关系。大学生的室友关系体现了亲情化、家庭化的趋势。几乎每个同学的寝室都会按年龄大小进行排行，一个寝室的几个同学就像一个家庭的孩子一样，按大小排序，平时称呼也不叫名字，而是叫老大老二、姐姐妹妹之类。表面上看，同学们的室友关系比较和谐、融洽，但也正因为同处一个屋檐下的近距离相处，往往也会造成各种矛盾和争执。2013 年 1 月，武汉长江工商学院新闻专业学生针对大学生寝室关系，在华中师范大学等 12 所高校做了问卷调查。结果显示，仅 43% 的大学生对寝室关系表示满意。调查发现，容易引发寝室矛盾的原因主要是性格、生活习惯以及沟通方式等方面存在差异。而当问题出现时，多数同学会选择跟室友“冷战”。很多同学甚至因宿舍人际不和而影响到身心的健康发展。2013 年 4 月某高校发生的投毒案就是一个惨痛的教训。因此，必须加强大学生宿舍人际关系的协调，为同学们创造宽松良好的人际交往氛围。

（3）网络交往。网络人际交往是人们在网络空间里进行的一种新型人际互动方式。网络人际交往给同学们的生活方式、价值观念带来的挑战和改变是前所未有的。中国互联网络信息中心发布的统计报告表明，目前学生占中国网络用户的 40%，是上网用户比例最大的一个群体，其中，大学生占所有上网学生的 90%。网络人际关系有着交往公平，心理隐秘的特点，深受同学们的喜欢。在网络交往中大家可以尽情表达自己，感受自己的重要性。但网络中交往主体的虚拟性，使同学们在交往过程中不必遵守社会规则，不必履行角色义务，可以在无拘束的状态下说话做事，这种匿名效应容易导致社会角色的混淆，部分同学整日沉迷在网络世界中逐渐患上网络心理依赖症。正如精神病专家托尼所说，“长期的网上冲浪会渐渐使人失去自我，改变个性”。从这种意义上说，网络剥夺了大学生网民正常交往的权利，使一些同学成了孤独的网络人。

2. 大学生人际交往的特点

大学生人际交往的特点是由同学们自身的条件所决定的。同学们的文化层次较高，生理和心理日趋成熟，比较重感情，因此大学生人际交往与其他类型的交往相比，有以下特点：

（1）交往动机——感情色彩浓，追求纯洁性。同学们远离父母步入大学校园后，急切地希望通过交往结识新朋友，获得友谊，填充陌生和孤独的感觉，找到新的情感支撑点。大学里流行着一句话：“小学的时候全班是朋友，中学的时候半数是朋友，大学的时候一个朋友也没有。”这句话既反映出同学们在交友过程中失落的心情，也折射出同学们对友情的渴望。也正因同学们对友谊的珍惜和渴求，加之青年人情感丰富的心理特点，使得同学们在人际交往中十分注重感情的交流，追求情投意合和心灵深处的共鸣。同时，同学们在人际交往过程中，功利因素较小，不存在复杂的政治、经济、权势等利害冲突，所以，大家的交往动机比较单纯，注重的是情感满足。不过，由于同学们的情感不是很稳定，情绪起伏较大，有时容易情绪冲动，因此在交往和择友时变化较快，经常出现用感情代替理智的现象。

（2）交往范围——丰富多彩，全方位拓展。在今天的大学校园里，同学们根据各自的兴趣、爱好、性格等的不同，结成了一个个不同类型的社交圈，一般可分为学习型、娱乐型、生活型、社团型、老乡型等几种类型。

学习圈。这个圈子里的同学有一个共同的爱好，就是学习，并且多半是通过考研、考托福、考证等某种公共考试而形成的。

娱乐圈。由于共同爱好某种娱乐活动，如体育运动、文艺活动、休闲娱乐等聚集在一起而形成的圈子。

社团圈。学生社团是大学校园里一道亮丽的风景，是校园文化的重要组成部分。大学生社团有理论类、实践类、文艺类、体育类等各种类型，许多同学通过社团活动培养能力，增长才干，结交朋友，将自己和社会生活融为一体。

老乡圈。这是以地域上的“同乡”为基础，由来自同一地区的同学所组成的交际圈，以老乡之间的感情维系，对内是一种比较亲密的人际关系，对外则具有封闭性和排他性，一般在新生入校和毕业生离校期间活动比较频繁。

合租圈。这是部分由于种种原因不住宿舍而在校外租房合住所形成的生活圈，合租圈是在社会转型时期大学校园里出现的新型同学交际圈。

（3）交往方式——直接交往占主流，网络交往普遍化。有关调查显示：大学生的交往方式日趋多样化，但是多数人仍然是以寝室和教室为中心，以面对面的直接交流为主要形式。广东大学高等教育研究所对广东大学生交往地点的调查显示，选择最多的仍然是寝室，占到了近七成。其次是教室和食堂，在这些亲密的接触中，同学们之间很容易产生心理认同感。调查同时也发现，手机联络和网络交流在大学里非常普遍。特别是网络交往的非直面性，身份的隐蔽性，思想情感表达的随意性、自由性、超时空性的特征，使网络交往成为大学生们时髦的、新型的人际交往的重要方式。

（4）交往能力——主观上认同，仍需在实践中提高。尽管越来越多的同学认识到人际交往能力对于自己的发展具有重要的意义，并且从心理上积极主动地与他人交往，很注意学习社交知识，但从实际的交往效果来看，同学们对自己的社交能力和人际环境评价并不高。一项针对大学生职业适应能力的调查结果显示：有41.98%的学生认为人际交往能力的训练是“找工作时对自己特别有帮助的教育内容”，大大超过了专业能力训练（14.9%）。而在回答“通过择业你感到自己特别欠缺的素质是什么”时，选择人际交往能力的比例高达34.8%，排在分析与解决问题能力（28.8%）、操作技能（25.9%）、基础知识（4.6%）等之前，位列首位。由此可见，人际交往能力的培养和提高是同学们急切关心的问题，同时也是现代社会对人才素质的要求。

（三）大学生人际交往的心理效应

社会心理学研究表明，在人际交往中有一些非常有趣的心理现象。科学地用好人际交往中的心理效应对促进同学们的人际关系具有重要的意义。

1. 首因效应

首因效应就是我们通常所说的第一印象。首因即最初的印象，或称第一印象。在人际交往中，人们往往注意开始的细节，如对方的表情、身材、容貌、着装等，而对后来接触到的细节不太注意。这种由先前的信息而形成的最初的印象及其对后来信息的影响，就是首因效应，即人们常说的“先入为主”。

第一印象赖以产生的信息是有限的，第一印象并非总是正确的，但却总是最鲜明、最牢固的，并且决定着今后双方交往的过程。

2. 近因效应

近因效应指的是最后的印象对人们认知具有的影响，也成最后印象。最后留下的印象往往是最深刻的，这也是心理学上所阐述的后摄作用。

近因效应和首因效应是一个问题的两个方面。一般来说，在对陌生人的认知过程中，首因效应比较明显，而在对熟人的认知过程中，近因效应所起的作用则更为明显。近因效应在同学们的人际交往中是常见的。如一位同学平时表现很好，可一旦做错了一件事，很容易给别人留下很深的负面印象。同学们在人际交往中应注意克服近因效应带来的认知偏差，要用历史的、动态的、发展的眼光看待他人，同时，也要注意利用近因效应在人际交往中的积极作用。

3. 晕轮效应

晕轮效应又称光环效应，它是指根据某人身上一种或几种特征来推论概括该人其他一些未曾了解的特征，这就像在刮风的前一天夜里，月亮周围会出现光晕或光环，其实它们是月亮光的扩大化或泛化，故称之为晕轮效应。

晕轮效应实际上是个人主观推断泛化、扩张的结果。在晕轮效应状态下，一个人的优点或缺点会被人为扩大。如老师对学生智力的看法，很可能受学生本人的相貌、举止、家庭背景以及一些无关事项的影响。

美国心理学家K. 戴恩等人的研究，为验证晕轮效应提供了很好的论据。他们给被试者看一些人的照片，这些人看上去是容貌美丽的、容貌不美丽的和中等水平的；然后，要求被试者来评定这些人的其他特点，如个人能力、职业状况等，这些特点其实与容貌美丽与否不相关的。结果发现，容貌美丽的人其他特点也得到了较高的评价，而容貌不美丽的人得到的评价则较低。被试者对于容貌美丽者，不仅赋予了和蔼可亲的人格特质，而且还认为他们会谋得称心的职业，找到理想的伴侣。在这里，一个人容貌是否美丽直接影响到别人对他的其他特点的评价，这就是晕轮效应在起作用。

晕轮效应会使人对交往对象产生认知偏差，导致人们作出错误的判断和反应，影响正常的人际交往。同学们在人际交往中，特别要注意克服由晕轮效应引发的消极作用，尤其应防止喜欢一个人某一点便认为他（她）一切都好，讨厌一个人某一点便认为他（她）一切皆糟。要有意识地训练自己从多个角度去观察和评价他人，力求做到实事求是、客观公正地看待和评价身边的人。

4. 投射作用

投射作用是指个体认知他人时把自己的特性归属到他人身上。也就是以自己的想法去推测别人的想法，认为自己是这样想的，别人也一定会这样想。例如，有的同学对别人有意见，总认为别人对自己也不怀好意；有的同学背后议论他人，也认为他人在背后议论自己；有的男生或女生喜欢某个异性，希望对方也喜欢自己，进而把对方的一个眼神、一个笑脸、一个友好的表示看成是对自己的示爱等。

投射作用的实质就在于从主观出发，简单地去认知他人，自我与非我不分，主观与客观不分，认知主体与认知对象不分，结果导致认知主观性、随意性，也容易产生猜疑心理。实际上，世界上没有完全相同的两个人，自己与他人在认知、情感体验、个人喜好等方面肯定存在着一定的差异，因此，同学们在人际交往中应注意客观性，克服和摒弃主观臆断、妄想猜测，尽量减少人际交往中的矛盾和误区。

5. 刻板印象

先回答这样一个问题：有一天某医院的急诊室送来了一个急需开刀的病人，护士立刻找了一位医生，那个医生一看到这个人就说："我不能动手术，因为他是我儿子。"请问这个人是病人的什么人？如果你之前见过这个问题，你可能很容易就说出正确答案，但如果你是第一次见这个问题，你的答案很有可能是"爸爸"，实践发现只有非常少数的人第一反应是"妈妈"。有些人在得知"爸爸"这个答案不正确的时候，还是无法想出正确的答案。可见，性别刻板印象给我们的判断产生多么大的影响。

刻板印象，也称为定型作用，是指在人际交往中，人们往往习惯于机械地将交往对象归于某一类群体中，对于某个人或某一类人产生的一种比较固定的看法。例如，认为北方人豪爽、厚道，南方人精明、细致，知识分子文质彬彬，商人过于精明不可靠等。刻板印象在人际交往中有利有弊。一方面，它可以在认识别人的过程中进行某种程度的简化，有助于人们对他人作概括性的了解；另一方面，倘若在非本质方面做出概括而忽视了人的个别差异就会形成偏见，做出错误的判断。所以，刻板印象不一定正确，易造成偏见、成见，从而对人际关系产生不利的影响。同学们要懂得不能按刻板印象去认识他人，而要做具体观察，在交往中去认识和了解一个人。

小视窗

社交剥夺实验

美国心理学家S. 沙赫特曾做过这样一个实验，他以每小时15美元的高薪招募应试者到他创设的一个小房间居住，居住的时间越长，得到的报酬越多。这个小房间完全与外界隔绝，里面没有报纸、电话和信件，听不到外界的声音，当然更找不到人聊天，每天只供应饮食等必需品。先后有5个人应聘参加实验，其中一人在小房间里待了2个小时就出来了，3个人待了2天，1个人待了8天。这个待了8天的人出来后说："如果再让我在里面待1分钟，我就要疯了。"这个实验充分说明了作为社会性的人，离不开与别人的交往，就像吃饭、睡觉一样，人际交往也是人的一种需要，人们通过相互交往，诉说自己的喜怒哀乐，增进了彼此的情感共鸣，从而在心理上产生一种归属感。尤其是当人处于紧张、孤独、焦虑时，更需要与人交往。剥夺人的正常交往，不仅影响到人的正常心理发展，而且影响到人的精神健康，良好的人际关系是人生存和发展的基础和条件。

三、心理体验

1. 心理量表：人际关系自我诊断问卷

指导语：下面的测验对于大学生了解自己与朋友的关系，了解自己在与同学相处过程中存在哪些典型的行为困扰具有一定的意义。测验共有28个问题，请你根据自己的实际情况逐一对每个问题做出"是"或"否"的回答。为了保证测验的准确性，请你认真作答。

测试题：（1）关于自己的烦恼有口难言（　　）

（2）和陌生人见面感觉不自然（　　）

（3）过分地羡慕和妒忌别人（　　）

（4）与异性交往太少（　　）

（5）对连续不断的会谈感到困难（　　）

（6）在社交场合感到紧张（　　）

（7）时常伤害别人（　　）

（8）与异性来往感觉不自然（　　）

（9）与一大群朋友在一起，常感到孤寂或失落（　　）

（10）极易受窘（　　）

（11）与别人不能和睦相处（　　）

（12）不知道与异性相处如何适可而止（　　）

（13）当不熟悉的人对自己倾诉他生平遭遇以求同情时，自己常感到不自在（　　）

（14）担心别人对自己有什么好坏印象（　　）

（15）总是尽力使别人赏识自己（　　）

（16）暗自思慕异性（　　）

（17）时常避免表达自己的感受（　　）

（18）对自己的仪表（容貌）缺乏信心（　　）

（19）讨厌某人或被某人所讨厌（　　）

（20）瞧不起异性（　　）

（21）不能专注地倾听（　　）

（22）自己的烦恼无人可倾诉（　　）

（23）受到他人排斥与冷漠（　　）

（24）被异性瞧不起（　　）

（25）不能广泛地听取各种意见、看法（　　）

（26）自己常因受伤害而暗自伤心（　　）

（27）常被别人谈论、愚弄。（　　）

（28）与异性交往不知如何更好地相处（　　）

计分方法：选择“是”得1分，选择“否”得0分。

结果解释：如果你得到的总分是0—8分，那么说明你与朋友相处上的困扰较少。你善于交谈，性格比较开朗，主动关心别人。你对周围的朋友都比较好，愿意和他们在一起，他们也都喜欢你，你们相处得不错。而且，你能够从与朋友相处中得到许多乐趣。你的生活是比较充实而且丰富多彩的，你与异性朋友也相处得很好。一句话，你不存在或较少存在交友方面的困扰，你善于与人相处，人缘很好，获得许多人的好感与赞同。

如果你得到的总分是9—14分，那么，你与朋友相处存在一定程度的困扰。你的人缘很一般，换句话说，你和朋友的关系并不牢固，时好时坏，经常处于起伏波动的状态之中。

如果你得到的总分是 15—28 分，那就表明你在与朋友相处上的行为困扰较严重。分数超过 20 分，则说明你的人际关系的行为困扰程度很严重，而且在心理上出现较为明显的障碍。你可能不善于交谈，也可能是一个性格孤僻的人，不开朗或有明显的自高自大、讨人嫌的行为。

2. 体验式活动：棒打“薄情郎”

（1）活动目的：促进同学尽快相识，增进团体凝聚力。

（2）活动准备：用挂历纸或旧报纸卷成一根纸棒。

（3）活动过程：

① 初次聚会，全体同学围圈而坐，轮流介绍自己的名字、兴趣、出生年月等个人资料。每个人都专心去记其他同学的资料。

② 全体站成一圈，选一个执棒者站在圈中间，由他面对的人开始大声叫出一个同学的姓名，执棒者马上跑到那个被叫的人面前。被叫的人马上再叫出另一个同学的姓名。如果叫不出来，就会受到当头一棒。然后由他执棒。以此类推，直到大家熟悉互相的姓名为止。如果一个人 3 次被打就必须出来表演，作为惩罚。

3. 体验式活动：针线情

（1）活动目的：加强学生适应团体及有效处理人际关系的能力，培养学生合作精神及尊重他人的美德。

（2）活动准备：针线、心形纸、盒子、泡沫

（3）活动过程：

① 两人一组，一人拿针，一人拿线，限时一分钟（或更短），将线穿入针眼内就算完成。要两人合作，不得一人完成（穿线时不限单或双手），穿完线后，收拾起备用。

② 准备心形卡片（数量为活动总人数的一半），将心形卡剪成任意的两半，分开置于两个纸盒内。分两组，分置两盒，每人各抽出一张，写上姓名。

③ 持半颗心形卡寻找另外半颗心配对，然后取针线将它缝起来成为一颗完整的心。小组内分享感受。

4. 体验式活动：走过障碍物

（1）活动目的：通过助人与受助的体验，增加对他人的信任与接纳。

（2）活动准备：在教室、活动室或操场上，全班同学围坐成一圈，中间摆放一些障碍物，如桌椅、体育课上用的“山羊”、跳箱可以上下的台阶等。

（3）活动过程：

① 请 8—10 位同学参加，蒙上眼睛，原地转 3 圈，然后单独走过设有障碍物的场地。

② 再请同样数量的没蒙眼睛的同学，分别搀扶着刚才的同学，让他们重新走一遍原来的路线。

③ 请每一对同学都把眼睛蒙上，相互搀扶着绕场地走一圈。

（4）引导讨论：

① 当你蒙上眼睛，不知前方会遇到什么障碍物时，心里在想什么？

② 当你被同学搀扶着走过障碍物时，你心里在想什么？

四、拓展阅读

没有人可以分享的人生

一位犹太教的长老，酷爱打高尔夫球。在一个安息日，他觉得手痒，很想去挥杆，但犹太教规定，信徒在安息日必须休息，什么事都不能做。这位长老却终于忍不住，决定偷偷去高尔夫球场，想着打九个洞就好了。

由于安息日犹太教徒都不会出门，球场上一个人也没有，因此长老觉得不会有人知道他违反规定。然而，当长老在打第二洞时，却被天使发现了，天使生气地到上帝面前告状，说某某长老不守教义，居然在安息日出门打高尔夫球。上帝听了，就跟天使说，会好好惩罚这个长老。

第三个洞开始，长老打出超完美的成绩，直到打完第九个洞，长老都是一杆进洞。因为打得太神乎其技了，于是长老决定再打九个洞。天使一直跑去找上帝：“上帝呀，你不是要惩罚长老吗？为何还不见有惩罚？”上帝说：“我已经在惩罚他了。”天使不明就里：“到底惩罚在哪里？打完十八洞，成绩比任何一位世界级的高尔夫球手都优秀，把长老乐坏了。”上帝这才对天使说：“你想想，他有这么惊人的成绩以及兴奋的心情，却不能跟任何人说，这不是最好的惩罚吗？”

故事中的长老是由于犯错误才导致惩罚的，可我们的生活中却有很多人在不知不觉中惩罚自己。因为他们忙于学习、忙于工作，不信任别人，把自己限定在自认为安全的小圈中而独立于人群，在孤独中承受各种喜怒哀乐。他们封锁自己的心灵而让生命显得干燥、生硬，表面上很坚强，可坚强里面藏着一颗濒于枯竭的心！

人的心理健康需要一个健全的社会支持系统，包括家人、朋友、同学等。在这样的系统中找到一种安全感、归属感，才能更有力量地面对生活、体验生活的乐趣。这种支持不是金钱和利益，而是一种心灵的互动，分享快乐和痛苦。没有人分享的人生，无论面对的是快乐还是痛苦，都是一种惩罚。

第二节 你我相距有多远——城里的世界之现实篇

处于青年时期的大学生，思想活跃、情感丰富，人际交往的需求极为强烈，人人都渴望真诚友爱，大家都力图通过人际交往获得志同道合的友谊。可以说，在踏入大学之前，同学们对大学中的人际关系都有一个美好的憧憬：纯洁、无私、互助、和谐……但在现实的人际交往过程中，则既有成功的喜悦，也有悲伤的烙痕；既有有声的对白，也有无言的世界；既有纯真的关爱，也有功利的色彩。我们只有逐一品尝其中的酸甜苦辣，体会和分析其中存在的问题，总结其中的经验和教训，才能收获人际交往的乐趣。

一、心理案例

案例一：我的地盘我做主

前两天接到一个案例，某宿舍四个人一起过来，说是要咨询。经询问得知原来她们其中三个同学是陪另外一个叫青青的同学来的，她们一进门就开始说起青青的种种不是。原来青青自幼家庭条件优越，从小到大一直是自己单独住在一个大房间里，习惯于到处乱放物品，而且从不主动整理和打扫自己的卧室。现在住在四人一间的宿舍，青青依然我行我素，把寝室当成是她一个人的天地，随心所欲乱扔东西，高兴时放声歌唱从不顾及其他室友是否正在学习或休息，也从不参加寝室的集体劳动。刚开始其他室友还挺包容和照顾青青，只是婉转地提醒她注意。但青青却固执地认为“这是我的宿舍我的地盘，当然由我做主”。日子久了，室友们心里不平衡了，宿舍原本是四个人的空间，凭什么事事都是你说了算呢？！

案例二：投毒案

2013 年 4 月 16 日，一个平淡而又温暖的春日里，某高校医学院 2010 级研究生黄洋因中毒抢救无效而不治身亡，而涉嫌投毒的犯罪嫌疑人恰恰是黄洋的室友林某。随着嫌疑人林某被捕，他所交代的杀人动机为“和死者黄某因生活琐事引起不和，心存不满”。动机一经曝出，引发公众惊愕，很多人表示怀疑，“不理解”和“不相信”重点高校的高才生会仅仅因为生活琐事就毒杀舍友。在随后的调查中我们看到了林某心理的“两面性”。据林的老师和同学回忆，林曾是本科学生会学术部部长，科研能力惊人，学习成绩非常优秀，但正是这样一个上进好强的青年，在与人交往时却表现得敏感、羞怯，尤其是和异性沟通时常常碰壁，充满挫败感和自卑感。一直以来，他以自己的方式努力与外界沟通，却始终难觅出口，最终酿成害人害己的悲剧。

二、心理辅导

上述案例故事的发生地点都是在宿舍。的确，从自己的家到宿舍，从自己的房间到 4 个人甚至 6 个人的房间，大学宿舍成了大学生第二个家。大学同班同学每周除了上课，未必会有太多机会交往，但同宿舍的人同住一个屋檐下，天天吃饭睡觉在一起，低头不见抬头见，室友之间交往的密度甚至远远大于在家里和爸爸妈妈相处的密度。因此，宿舍也就成了有我们独特气候的小环境。这个气候是暖还是冷，是湿还是热，直接影响到我们的身心健康发展。高校投毒案发生后，一时间“感谢室友不杀之恩”成为同学们之间最流行的调侃，这句话也折射出处理好宿舍人际关系应该是我们大学人际交往生活的第一课。

（一）牙齿总有咬到舌头的时候——大学生宿舍人际“七宗罪”

宿舍人际是同学们人际关系中极其重要的一个方面，寝室关系也成为很多同学适应大学生活的一道坎。从上面的心理案例中，我们也可以看出宿舍人际交往容易出现多种问题，我们把这些问题归纳为宿舍人际“七宗罪”。

1. 自我中心

所谓“自我中心”是指凡事都只希望满足自己的欲望，要求人人为己，却置别人的需求于不顾，不愿为别人作半点牺牲，不关心他人痛痒的心理特征。以自我为中心的人，与人交往时总是处处为自己着想，只关心自己的需要和利益，强调自身的感受，不尊重他人的价值和人格。案例 1 中的青青就是自我中心的典型代表，她在进入集体宿舍生活后依然像在家里一样我行我素，自己的东西随手摆放，也不顾及其他室友的作息规律和生活习惯，完全把宿舍当成她自己一个人的空间，没有意识到大学的宿舍不再是仅属她个人的“太阳系”，而是需要和大家分享的“银河系”，难怪其他室友都对她抱怨连连。

青青要想改变现状，关键在于改变自己的认识。一方面，正视自己的权利和义务。同学们应该认识到，每个人都有其各自的需求和欲望，也都有其权利和义务，这就难免会出现矛盾，不可能人人如愿。这就要求每个人都要正视客观现实，学会礼尚往来，必要时作出让步，不能只顾自己，忽视他人的存在。另一方面，转换视角，从自我的圈子里跳出来，多设身处地地替他人想想。同学们要学会欣赏他人，换位思考，并学会尊重、关心他人，这样才能获得别人的尊重和理解。

2. 容易冲动

同学们的情感体验丰富，情绪波动起伏大，冲动性较为明显，经常会因一点儿小事互相责骂，或者因别人的某些做法不够合理而影响到自己就开始冷战，从此不相往来等。当我们一旦在冲动状态下，则主要受情绪控制，理性控制相对较弱，很多时候跟着感觉走，未必能解决问题，有时甚至使问题更加复杂化。克制冲动，可以试试下面的建议。

首先，沉默两分钟。冷场可以暂时冻结冲突的氛围，在这段沉默的时间里，可以思考一下发生冲突的缘由，理清思路，看看自己占理的地方，也为对方提供了思考的时间。

其次，想想眼前的矛盾值不值得自己花费时间和精力去解决。比如只是对方上网影响你复习了，有必要浪费两个小时去斗嘴吗？不如自己出去找个安静地方，把这两个小时花在复习上。

最后，就事说事，不要拉扯其他事情，否则会让你越说越生气，越生气越容易冲动。上网吵了你就说上网这事，不要再扯到前天对方悄悄用了你的洗发水的事情。

3. 过度自卑

自卑是由于过低的自我评价而产生的一种消极情绪体验，表现为过低评价自己的能力与品质，轻视自己，担心失去他人尊重的心理状态。通俗地说，就是自己看不起自己，又以为别人也看不起自己的一种心理。自卑的同学，一方面总认为自己不如别人，因而情绪消沉、自怨自艾；另一方面对自己期望过高，在交往中总想使自己的形象完美，对别人的评价过于敏感，唯恐出丑、受挫、遭到拒绝或耻笑。

自卑感人人都有，但当自卑达到一定程度，影响到学习和生活的正常进行时，就成为一种心理疾病。自卑心理的调适可以从以下方面着手：第一，要正确地认识和接纳自己。要消除自卑心理，必须学会多方面、多途径地了解和认识自己，并且能够正确地进行自我评价和接纳自己。比如对自己的身高、体重、外貌、心理品质以及交往能力等各方面，应力求全面了解，不但能认识和接纳自己的长处，而且也能容忍和接纳自己的短处。第二，要正确与他人比较。自卑的同学往往拿自己的短处和别人的长处比较，或是把自己与各方面都优于自己的人相比，结果越比越泄气，越比越自卑。其实，人各有所长，也各有所短。当发现自己某一方面不如别人时，采取不承认态度当然不必，但只看己不如人处也失之片面。这时不妨多想想自己的特点，取长补短。第三，要量力而行，循序渐进，积极进行交往实践锻炼。自卑心理往往是在表现自己的过程中，由于受到挫折而对自己的能力发生怀疑而造成的。要消除这种怀疑，除了正确评价自己以外，还要学会适当地表露自己的才能，通过实践中的成功体验，重拾信心。

4. 过度自负

自负的人只关心个人的需要，强调自己的感受，在人际交往中表现为目中无人，总是觉得自己很了不起，喜欢拿出自己的长处炫耀，总以为自己什么都好。自卑和自负是两种非常极端的态度，互不相容，就像跷跷板的两端。在宿舍人际交往中，要想培养良好的人缘，就要克服自己过度自负的心理。

一方面要放下身段，接受批评。自负者的致命弱点是不愿意改变自己的态度或接受别人的观点。接受批评并不是让自负者完全服从于他人，只是要求他们能够接受别人的正确观点，通过接受别人的批评，改变过去固执己见、唯我独尊的形象。另一方面，要学会与人平等相处。自负者视自己为上帝，无论在观念上还是行动上都无理地要求别人服从自己，只看到自己的优点和长处，一叶障目，不见泰山。平等相处就是要求自负者在客观认识自我的基础上以一个普通社会成员的身份与别人平等交往。

5. 敏感多疑

猜疑心理是由主观推测而产生的一种复杂的不良心理。它是人际交往中的一大障碍。一个人一旦掉进了猜疑的泥沼，必定处处神经过敏，事事捕风捉影，对他人失去信任，对自己也心生疑窦，损害正常的人际关系。在宿舍人际交往中，很多问题都是由无端猜疑而引发的。例如有的同学看见两个室友在窃窃私语，就以为在说自己的坏话，或准备对自己使坏；室友无意间多看了自己一眼，就以为室友不怀好意，别有用心；每当自己做错了事，即使室友不知道也怀疑他们早就知道，好像正盯着自己似的。久而久之，整天心事重重，闷闷不乐。

消除和克服敏感多疑主要可从以下措施着手：第一，多角度了解别人。了解别人是不怀疑别人的前提。多方面、多角度了解别人，把握别人的性格特征、处世方法，增进相互理解，澄清事实，这对于克服认知偏见，防止猜疑非常有效。第二，用理智力量克服猜疑的冲动情绪。当发现自己开始怀疑别人时，应当立即寻找产生怀疑的原因，而不要意气用事。如“疑人偷斧”中的农夫，在丢失斧头后如能冷静地想一想：斧头会不会是自己砍柴时忘了带回家，或者挑柴时掉在了路上？那么，这种险些破坏他同邻里关系的猜疑或许根本就不会产生。第三，及时沟通，消除误会。同学们在与人交往时，难免产生误会。一旦发生误会，首先要冷静，调整自己的心态；其次是要心平气和地、开诚布公地把问题摆在桌面上讨论。

6. 恶意妒忌

在社会生活中，人总会自觉不自觉地在多方面与他人进行比较，当发现自己的才能、机遇、名誉、地位不如他人时，便会产生一种羞愧、怨恨、愤怒相混合的复杂心理，这就是所谓的妒忌心理。本来，妒忌是人类的一种普遍的情绪，其本身具有一定的生物学意义，或起积极作用，或起消极作用。但在人际交往中，妒忌就是一种消极的心理品质。妒忌心强的同学在人际交往中会表现出强烈的排他性，并很快地导致诸如中伤、诋毁等妒忌行为的发生。更严重的妒忌心理还具有报复性，它会把妒忌对象作为攻击和发泄的目标。某高校药杀室友案中的林某正是因为妒忌室友的才华和能力，加之与其因琐事发生不和，而最终酿成了害人害己的苦果。因此，对妒忌心理必须进行有效的控制和调适。

第一，要纠正自己认知的偏差。妒忌者看到别人成功时，总以为别人的成功是对自己的威胁，是对自己利益的侵占。实际上，别人的成功完全在于自身的努力，妒忌者不应把别人的成功等同于自己的失败。人生就是一个大舞台，每个人都可以在这个舞台上各得其所、各有精彩。同学们应学会欣赏别人的成功和优点，要有勇气承认别人有比自己更高明、更优越的地方。与此同时，同学们也要改变与他人比较的角度和标准，避免以己之短比人之长，确立"你有你的优点，我有我的长处"的理性观念。第二，要积极地升华。妒忌者在看到别人比自己强时，应当把不服气的心理引导到积极的方面，化妒忌为努力进取的力量，力争赶上并超越对方。第三，要合理地自我宣泄。学习和生活中会有种种令人不满意的地方，难免一时会心理失衡和妒忌。一旦察觉到自己的妒忌心理，可以适当地宣泄一下。比如，可以向知心朋友、老师倾诉，求得暂时的心理平衡。当然，这种方法只能削减妒忌情绪，要最终解决妒忌心理，还需配合其他方面的调整。

7. 过分依赖

健康的、平等的人际关系是具有选择性的，这种选择性能使人得到友爱及独立性。但有的人在人际交往时却对别人存在着过分的心理依赖，他们在家依赖父母，在校依赖老师和同学，总是期待着别人的安抚与赞许。表面上看，他们非常重视人际关系，总是把别人的需求放在第一位，一味地顺从和依附别人。实际上，这种行为不仅使其丧失了自我，而且也严重影响到别人的心理空间。美学中有一种"心理距离说"，指在审美过程中，只有主客体的距离适当，美感才能产生。朋友交友就是个体审美，只有把朋友放在一定的距离欣赏，朋友才独具魅力。如果贴得太近，就像眼前看油画毫无生趣。然而，在实际的大学生人际交往中，不少同学并未意识到这点，经常出现因擅入别人的心理"自留地"而让对方不舒服甚至愤怒的情况。比如有的同学在大学"接触不良"，难有新交，便拼命地拽着中学旧友在昔日的情感中沉溺，发疯一样三天两头写长长的信，天天微信，每日煲电话粥；有的同学结交面不广，整日与某位室友形影不离，一起学习，一起运动，一起娱乐，一起就餐，甚至去厕所也跟着，如影随形。殊不知，这些早已让对方不胜其烦。

因此，在人际交往中，要学会把握交往分寸，适度地依赖别人但又不可依附对方，可以从以下方面着手：首先，要承认和尊重彼此存在的外显或内在的心理距离，这包含着尊重他人的人格、情感、兴趣、隐私等。其次，运用好“心理距离效应”，培养自己拉开一定距离看他人的习惯，适时掌握交往的频度和深度，不与朋友腻在一起，善于制造“重逢”的新鲜感和兴奋感，保持一定的“神秘感”。最后，把握人际交往的空间距离。人际空间距离是人际心理距离的需要与体现。

（二）人际交往的心理模式

人际关系的成功与否，往往与一个人的心态有关。盖一所房子，它的高度、样式都与其地基、用料有关。同样，人际心态的不同类型是人际关系取向的基础。有良好的沟通心态才能有良好的人际关系。

美国著名的心理学家埃里克·伯纳根据个体对自己和对他人所采取的态度，将人际交往归为以下四种基本的模式。

1. 我不好——你好，我不行——你行

这是一种常见的心理自卑者与他人的交往关系。它的特点是交往的一方深深感到自己是无能和愚笨的，无论做什么都不行，似乎所有的人都比自己强得多。持这种交往心态的人对自己相当消极，常给自己消极的评价，觉得自己处处不如别人，也对不起他人，往往选择牺牲自己来成全他人的快乐。这种人与他人交往的时候往往会过度赞美他人而过度贬低自己。刚开始与这种人交往的时候会感觉很舒服，因为这种人总是给别人赞赏的言辞，而对待自己则比较谦虚。但时间长了，这种交往就会让另一方感觉很不舒服，由于这种人总是给他人过度赞美的评价，所以很难让人相信这些赞美的真实性。

2. 我好——你不好，我行——你不行

持这种态度者，总认为自己对别人好，而别人对自己不好，为此愤愤不平，把人际交往中的失败与挫折归结为他人不好，或者把自己看成是充满了优越感的人，把交往的对方当作缺乏头脑的笨蛋。这种人似乎充满自信，其实是虚弱的，他们的心理防御倾向往往比较突出。这种对他人否定的态度在与人交往的时候不可避免地会流露出来，所以多数人都会因为难以忍受这种傲慢的态度而中止与他的交往。

3. 我不好——你也不好，我不行——你也不行

交往者自认低能，同时也认为别人并不比自己优越多少。他们既不相信自己，也不崇拜他人；他们既不会去爱人，也不能体验和接受他人的爱。这种人常陷入可悲的场面，他们捧着灰白的面孔，无论走到哪里，都带来生活的低潮，而且常常得不到他人的怜悯。

4. 我好——你也好，我行——你也行

这是一种健康的、成熟的心理状态，它的特点是充分体会到自己拥有一种强大的理性能力，并对生活的价值有着恰当的理解。他们是爱自己与爱他人、相信自己与相信他人的统一。虽然他们并非十全十美，但他们能客观地悦纳自己和他人，正视现实，并努力去改变他们能改变的事物。他们善于去发现自己、他人和世界的积极面，肯定自己也肯定他人，态度开放，真诚。人们喜欢与之交往，因为这种人的生活中充满了阳光，在交流的过程中彼此肯定、共同成长。

以上四种人际交往的心理模式是建立在一定的价值观念、认知方式以及行为习惯诸因素基础上的，现实生活中种种复杂的人际交往方式都是这四种基本模式的不同程度的展现。一般来说，前三种模式容易阻碍人际交往，并且不利于心理健康发展。因此，同学们在人际交往过程中，应该努力避免，并且应该有意识地培养第四种人际交往心理模式，为自己的同窗情谊贡献一份正能量，实现共赢。

（三）交互作用分析理论

交互作用分析理论最初是由美国心理学家伯恩提出的，又称自我状态分析理论。该理论认为每个人都由三种不同的自我状态（儿童、成人、父母）构成，三位一体。但不同个体以及同一个体在不同时期和场合可能表现出其中的一种主导的自我状态，有时候在外界环境或者他人的引导下人们可以从一种状态转为另一种状态。

1. 儿童自我状态

儿童自我状态由“冲动、情感以及自发的行动”所组成，分为自由儿童（FC）和适应儿童（AC）两种。

自由儿童表现为自发的、娱乐的、易接近的和快乐的、好奇的，但有时会被认为是“失去控制的”或“不负责任的”。当个体处于自由儿童状态时会使用“有趣”“要”“不要”等词，他们的声音是自由的、大声的和充满力量的，行为表现为不受约束、放松和自发的。

适应儿童表现为顺从的、勤勉的、妥协的。处于适应儿童状态的人常用“不能”“试试”“希望”“请”等词，声音可能像发牢骚、挑衅或要求，行为表现伤感，容易生气和无所谓，态度顺从、羞愧或苛求。

2. 成人自我状态

成人自我状态表现为比较理智的、客观的、思考的。处于成人自我状态中的人会吸取和贮存其他自我状态以及外部世界的信息，并在这些信息的基础上形成决策。他通过问“为什么”以及对后果的考虑而为人格提供“如何做”的成分。

3. 父母自我状态

父母自我状态分为抚养型父母状态（NP）和权威型父母状态（CP）两种。抚养型父母表现为关心、帮助和保护性行为。而权威型父母表现为压制、歧视、控制他人，并要求对方做出“是”与“否”的答复。

根据这三种自我状态，可以把人际交往过程中，双方的相互作用（语言、动作或非语言信号的交换）归类为互补式和非互补式的。如果发出者和接受者的心态在回答中仅是方向相反，如一方是父母状态，一方是儿童状态，则交互作用是互补式的。如果用图表示发出者——接受者的心态交互作用的交互模式，线是平行的。当双方心态不平行时，非互补式的交互作用，或者称为交叉式的交互作用就会出现。如一方努力按照成人对成人的模式来对待对方，但对方是按照儿童对家长的模式做出回答的。例如，甲说：“你认为我们应该怎么处理社团的经费问题？”乙不是以成人的心态回答，而是以儿童对家长的模式说：“那不关我的事。你是头儿，由你做主。”当出现交叉式相互作用时，沟通往往被堵塞，不会得到令人满意的结果，冲突经常是紧跟其后。

一般来说，最有效的交互作用是成人对成人的交互作用。这种交互作用促使问题得到解决，视他人同自己一样有理性，降低了人们之间感情冲突的可能性。有时候互补式的交互作用也能令人满意地发挥作用。例如，如果两个朋友之间，一个想要扮演家长的角色，另一个想要扮演儿童的角色，他们之间可以形成一种和谐的依赖关系。

同学们在交往中要自觉地使自己处于成人自我状态，这样，才能诱使对方也进入成人自我状态，使不良的交往转变为良好的交往。例如，甲：“你这次根本不用想拿奖学金！”乙：“请问这次评选奖学金的标准是什么？”甲：“这次评选奖学金的标准是……”上述例子说明，当同学甲是儿童状态时，若能用成人的态度对待他，往往可以将他引导到成人状态。

（四）人际沟通姿态理论

沟通是与人交往的桥梁，沟通模式也代表每个人的生存姿态。一个人与生俱来就有沟通的需要和愿望，其人际关系和生命质量也常常因沟通受到影响。人际沟通姿态理论是美国心理治疗师维吉尼亚·萨提亚提出的。她认为个体在人际沟通时关注的焦点有自我、他人和情境。自我是指我是否接触到自己的感受和需求，并愿意为自己表达与行动；他人是指我是否关心与接纳对方的感受和需求，并愿意积极倾听和探询；情境是指我是否注意到双方所处的环境与客观条件，并愿意以对等协商的态度处理彼此面临的问题。有效的人际沟通即是以一种健康的方式将自我、他人和情境三者很好地结合起来，做到真实一致的表达自己，接纳他人。但在现实生活中，由于个体的成长环境和经历的不同，我们关注的焦点会各有侧重，据此萨提亚提出了五种不同的沟通姿态，分别是讨好型、指责型、超理智型、打岔型和一致型。

1. 讨好型

这类人在与人沟通时关注的是他人，忽略自己和情境，内在价值感较低，漠视自己的感受，内心实际上是渴望被喜爱，但因不确定自己的价值，只能借由讨好他人的行为来获得他人的注意和情感，让自己觉得被需要。言语中经常流露出“这都是我的错”“我想要让你高兴”之类的话，行为上则表现出过度和善，习惯于道歉和乞怜。

2. 指责型

这是一种与讨好型截然相反的姿态，它关注的是自我，忽略他人和情境。与人沟通时习惯于攻击和批判，将责任推给别人，“都是你的错”“你到底怎么回事”是他们的口头语。实际上这类人的内心是脆弱而孤单的，他们害怕被他人看出自己的弱小、害怕被挑战，因此借由权威、强势的外表武装来让自己获得尊敬。

3. 超理智型

这种姿态的显著特征就是保持非人性的客观，仅仅关注环境情境，漠视自己和他人的价值，只关心事情合不合规定、是否正确，总是逃避与个人或情绪相关的话题，不去触碰、不去审视、不去感受也不去抒发自己的情绪感受。他们总是告诫自己“人一定要有理智”“不论代价，一定要保持冷静沉着”。这类人表面上很优越，举止合理化，实际上，他们内心很敏感，有一种空虚和疏离感，只能借由表现理智的行为与思考方式来获得掌控感，避免自我情绪的不稳定。

4. 打岔型

这种姿态的人不知道该如何了解自己和他人，与人交往时既不关注自我的情绪和感受，也不关注他人和情境，永远抓不住沟通重点，习惯于插嘴和干扰，总是借由将话题停留在表面阶段来获得安全感，避免碰触过于沉重的感受与判断事情的对错。他们的内心焦虑、哀伤，没有归属感，不被人关照，还常被人误解。既无法满足表达自我的需求，也无法实现与人深交的愿望。

5. 一致型

这是萨提亚所倡导的目标。该理论认为，任何一种沟通都包含着语言和情感两方面信息。个体在做语言陈述时，同时也会自动地表达出包括表情、姿态、语音语调以及呼吸频率等在内的多种非语言信息，而且这些非语言信息往往反映了人们内心的真实状态。当人们的语言信息与非语言信息一致时，就称之为“一致型的沟通”。而前述四种类型都属于“不一致”的沟通姿态，它们共同的问题在于个体总是掩饰、压抑或扭曲自己的情感，不愿袒露自己的感受，而是用自以为高明的办法来掩饰它。例如，当某人做了一件让你愤怒的事，你无法直接说“你这种做法让我感到愤怒”，却要转成一个指责者说“你怎么什么事都做不好”。

一致型的沟通姿态是建立在高自我价值的基础之上，达到自我、他人和情境三者的和谐互动。当我们处于表里一致时，我们既可以意识、觉察到自己的感受和体验，也能够承认、理解和接纳它们，并且能够表达它们；倾听我们的知觉和期望，并通过觉知我们深层的渴望，将外界和自身条件通过行动转化为满足我们需求的可靠方式，从而充分发挥我们的潜能，使我们的身心保持和谐、平衡状态。

在一般情况下，同学们应该尽可能运用一致的姿态进行沟通；但在某些特殊的情景下，也需要我们善于利用不一致的姿态与他人沟通，如当自己与他人处于等级关系中时就需要善于利用不一致的姿态与他人沟通。此时，只要我们自己在沟通时知觉到自己所采用的沟通姿态只是为了响应情景的要求以及考虑到他人的感受而愿意自己作出妥协，就不会影响到自我的自尊。举一个具体的例子：当同学们在上课迟到而被老师批评时，尽管我们当时会由于各种各样的原因感到非常不痛快，但在与老师沟通时，我们就需要以讨好的姿态与之沟通，以让事情的处理往有利于自己的方向发展。此时就不能刻板地认为必须要以一致性的姿态进行沟通而表达出自己的不痛快，甚至用责备的姿态与老师沟通。如果那样，事情肯定会大大不妙的。这时候我们需要认真地审视自己及对方的真实意图，巧妙地进行变通处理。

因此，采用何种沟通姿态，要根据情境来随机应变，基本原则就是我们所采用的姿态要有利于沟通的进行，有利于事情的处理。总之，最好的沟通是兼顾情景、自己的感受和他人的感受而综合做出最优选择的沟通模式和姿态。

三、心理体验

1. 体验式活动：人际特质问卷

（1）活动目的：协助他人觉察自己喜欢的人际特质，了解他人欣赏的人际特质，进而反省自己与他人互动的人际形态。

（2）活动过程：

首先，活动前教师先请学生将桌椅挪至两旁，将教室中间空出来。本活动亦适合于户外举行。

其次，教师发给每位学生“人际特质问卷”，并请其回答上面的问题。

再次，请学生起立至没有阻碍的空间进行“搭肩活动”。

① 教师宣读第一个题目，A 学生则至其答案中 B 学生的身旁，将手搭在他（她）的肩上。

② 待所有学生都站定后，教师再宣读下一个题目。

③ 当所有题目皆进行过后，学生可分组分享其在此活动中的感受及领悟。

最后，全班学生可回到原来的位子。

① 教师可公布学生所填答的理由。

② 教师指导学生将“人际特质问卷”切割成 12 份，送给答案里的同学。

附录一：“人际特质问卷”

1. 如果你突然急需一笔钱，但你正好没钱，你会向班上那位同学借？为什么？

2. 如果你的男（女）朋友来找你，你不想理，你会请班上那位同学帮你去打发他（她）？为什么？

3. 如果你想聊天打闹，你会去找班上那位同学？为什么？

4. 如果你心情不好，想找人谈谈，你会去找班上那位同学？为什么？

5. 如果你想讨论学业上的问题，你会去找班上那位同学？为什么？

6. 如果你想谈一些专业性或严肃一点的话题，你会去找班上那位同学？为什么？

7. 如果你必须参加一个正式的场合，但你没有正式的服装，你会向班上那位同学借？为什么？

8. 如果你在生活上遇到一个大麻烦，需要人帮忙，你第一个想到的班上同学是谁？为什么？

9. 你觉得班上人缘最好的人是谁？为什么？

10. 你觉得班上最神秘的人是谁？为什么？

11. 平心而论，你觉得班上最有魅力的人是谁？为什么？

12. 你觉得班上的好好先生是谁？为什么？

（3）引导讨论：

首先，当你填答问卷时：

① 有无任何困难？如果有，原因何在？

② 你有没有想过将你自己填在答案栏上？如果有，你有没有这样做？

其次，当你搭在别人肩上时，或被别人搭肩时，是什么感觉？当时你想到什么？

最后，对你而言，什么样特质的人你较易与他相处？

① 这样的特质与你自己的特质相似或是互补？

② 有哪些特质，你的看法和其他人一样？而哪些是不一样的？

2. 体验式活动：我拿鸡蛋我来说

（1）活动目的：人际关系团体运作时认识自己的角色定位；了解自己在团体沟通中自己的沟通模式。

（2）活动准备：塑料鸡蛋若干，若干份不同题目的试卷（题目教师自定）。鸡蛋个数和试卷份数不少于组数。

（3）活动过程：

① 将班上的同学分组，一组人数约 10 人。

② 教师发给每组一个鸡蛋和一份试卷。说明只能由手拿鸡蛋的同学发言，没拿鸡蛋的同学不能说任何话，想要发言的同学就得拿到鸡蛋后才能说话，依此方式讨论出试卷的答案。

③ 5 分钟后，开始回答试卷的问题。每一组轮流回答一次，依旧还是只有拿鸡蛋的同学可以回答。答对最多的那组获胜。

（4）引导讨论：

① 在生活中，我们的习惯是你一言我一语地交流，现在规定只能由手拿鸡蛋的同学才能发言，情况与平时有什么不同？

② 回想刚刚讨论的时候，自己是属于拼命拿着鸡蛋不放的人，还是就算是知道答案，也不去争取鸡蛋的人。检视自己在团体中的沟通定位。

③ 自己的沟通模式与人格类型有关吗？

3. 体验式活动：捆绑过关

（1）活动目的：认识在完成任务中与他人协作的重要性。

（2）活动准备：绳子或其他可以捆绑的东西。

（3）活动过程：

① 分组，不限组数，但每组最好二人以上。

② 每一组同学围成一个圆圈，面对对方。指导者帮忙把每个同学的手臂与隔壁同学的绑在一起。

③ 绑好以后，现在每一组的同学都是绑在一起的，指导者交代一些任务要每组去完成。如吃东西、写字、脱鞋子、帮每个组员倒水等。

④ 交流被捆绑者完成任务过程中的感受。

（4）引导讨论：

① 被捆绑的人如何才能更快更好地完成任务？

② 通过本活动你学到了什么？

4. 体验式活动：我说你做

（1）活动目的：使同学们了解单向沟通的缺陷，增进沟通的技巧，达成有效的人际交往。

（2）活动准备：废纸若干张，大小为 A4 纸的一半即可。

（3）活动过程：

① 将预先准备好的废纸发给同学，每人一张。

② 请同学们闭上眼睛。

③ 对同学们说明活动进行的方式。指导语：同学们，请闭上眼睛，看我们今天的活动名称那就可以知道我们今天要做什么。等一下，我说什么，你们就做什么，不用思考些什么，凭直觉去做就可以了，也不需要去看别人怎么做，大家清楚了吗？好，都闭上眼睛。

④ 开始引导同学折纸（自己也要折纸）：把纸对折；再对折；再对折；把右上角撕下来，转 180°，把左上角也撕下来；睁开眼睛，把纸打开。

⑤ 让同学互相看看折出来的东西是否相同，是否与老师所折的相同。

（4）引导讨论：

① 看看周围的同学折出来的纸是不是一样呢？那跟老师折出来的又有什么不同呢？老师说的明明是同一个指导语，为什么会造成这么不同的效果。

② 在我们日常生活中，是不是常常发生类似的状况？有时候同样的语言，在不同的人耳中听起来会有不同的意思。

③ 影响沟通效果的因素有哪些？

四、拓展阅读

脏　　窗

有个女人多年来不断抱怨对面的女人很懒惰，那个女人的衣服永远洗不干净，“看，她晾在外院子里的衣服，总是有斑点，脏死了，我真不明白，她怎么连洗衣服都洗不干净，太笨了……”

直到有一天，有个朋友到她家，才发现不是对面的女人衣服洗不干净。细心的朋友拿了一块抹布，把这位挑剔女子的窗户上的灰渍抹掉，说：“看，这不就干净了吗？”原来，是自己家的窗户玻璃脏了。

抱怨别人过多的人，往往自己就有问题。

第三节 不做缩在壳里的蜗牛——城里的世界之网络篇

在大学校园里，“上网”早已不是什么新鲜的话题。互联网自诞生以来，便以其独特的魅力给同学们带来了深远影响，也给大家带来了全新的思维方式、交往方式和生活方式，让我们越来越真切地感受到“地球村”的存在。电脑渐渐地代替了电视，因为在互联网上可以看各种影视节目；电脑部分代替了电话，因为在互联网上可以语音聊天，并且可以省去大笔话费；电脑几乎代替了钢笔，因为互联网上的电子文件已然成了正规文本。同学们在参与互联网生活的过程中，也表现出与现实生活不同的心理特征，据 Kraut 等人的研究发现，网络的使用会造成网民社会参与的减少以及心理幸福感的降低，表现出孤独感和抑郁感的增加。长期的痴迷上网，可能导致多种网络疾病。可见，互联网对于同学们来说，是一把福祸两栖的双刃剑。因此，正视互联网给我们带来的正负面影响，培养良好的网络交往心理，是同学们心理健康发展的时代性课题。

一、心理案例

案例一：一场游戏一场梦

张林是上海某高等专科学校的一名男生，在他的床头贴着这样一张作息时间表：13：00，起床，吃中饭；14：00，在宿舍玩游戏；17：00，晚饭在宿舍叫外卖；通宵练级，第二天早上9：00上床休息……看到这样的作息表，谁能想到张林的高考成绩是超过当年的重点分数线，只是由于志愿填报错误才来到这所专科学校的，而且是该校当年新生总分成绩中的第三名。一年过去了，他的学习没有任何收获，而网络游戏技术却进步神速，现在的他已经深深痴迷于网络游戏而不能自拔，整天浑浑噩噩如同生活在游戏的梦境中。

案例二：网络庐舍族

网络庐舍族（英语loser——失败者的音译）一般指每天在互联网上耗费2小时以上的学习和工作时间，沉迷于类似网游、开心网和各大论坛等与学习和工作毫不相关的事情，无主动进取的心态，得过且过混日子的网民。

2009年4月24日，上海青年报A07版《20企业联手反“网络庐舍族”》引起了全社会的轰动，一时间“庐舍族”成了新的网络流行词。根据“反庐舍联盟”发起人黄相如把庐舍的意思解释为“loser”，不是单纯指能力方面的缺陷，更侧重于心态——即一遇挫折或是不如意就在网上怨天怨地怨父母怨社会而不反省自己的人；普遍缺乏通过自身努力来改变命运的勇气和意愿；有强烈的弱者意识和受害妄想。网络庐舍族当然也包括啃老族、沉迷于网络游戏的大学生。

二、心理辅导

张林可能只是众多网络庐舍族的一员，在人类发展史上，谁曾料想网络在不到30年的时间里，已成为人们日常学习、生活与工作中不可或缺的交往手段与通信媒介。2013年7月17日，中国互联网络信息中心（CNNIC）在京发布第32次《中国互联网络发展状况统计报告》。报告显示，截至2013年6月底，我国网民规模达到5.91亿，互联网普及率为44.1%，半年共计新增网民2656万人，这其中，又有多少人像张林一样成了新的网络庐舍族呢？！

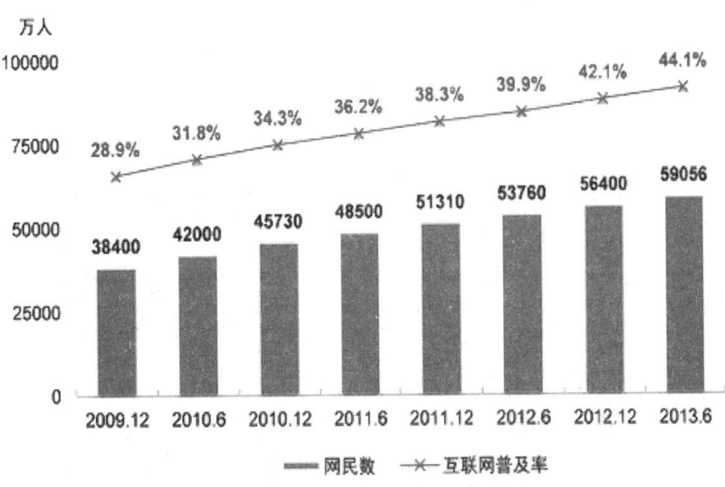

图 4-1 中国网民规模和互联网普及率

（一）大学生网络人际的心理分析

“鼠标手中握，天涯若比邻”，互联网的出现直接影响与改变着大学生人际交往的生存环境。越来越多的同学坐到了电脑面前，凭借着互联网，运用数字化的语言及灵活多变的方式，毫无拘束的任意发挥。他们或与远方的朋友视频、通信，建立一种便捷快速的通讯方式；或和陌生人聊天，谈情说爱；或在网上重塑自我，在虚拟的人际环境中自我满足、自我实现。

大学生网络人际交往具有如下特征。

其一，交往角色的虚拟化。网络是一个虚拟的平台与空间。在这里，因为用户不用 face-to-face（面对面）的交往，因此角色在网络空间便成为一种代号或形象。

用户只要随便填写一下注册表或登记表，就可以获得一个相应的身份角色，并以这个身份角色在网络上进行人际交往。这种虚拟或虚假的角色身份，使得交往双方没有任何心理负担，各种出格的想法与行为都有可能在网络背后出现。

其二，交往过程的随意性。在现实人际交往中，交往主体双方的身份、职业、容貌、家世等个人特征与社会信息都会直接影响着交往双方的言行，这种影响最直接的体现便是交往双方要遵循一定的社会规范与沟通规则，否则，交往双方便无法顺畅、持续地进行交流沟通。但是，在网络中，因为交往主体大多是以一种虚拟身份进行交流沟通，现实人际交往中的相关因素便无法发挥作用，而且现实人际交往中需要遵循的一些社会规范，在网络中也无须遵循。这种弱社会性、弱规范性的随意性网络人际交往，很容易使一些同学暂时摆脱现实社会诸多人际关系的束缚和行为的约束，甚至放纵自己凌驾于道德行为规范之上，从而造成非人性化的倾向。

（二）网络人际关系的发展阶段

人际关系的发展有自身的规律。虽然网络与现实有巨大的差别，但是网络人际交往也有一定的阶段性，具体来说，一般包括三个阶段。

首先，随心所欲，寻找意中人。

人是社会性的动物。按照心理学家马斯洛的理论，交往是人的基本心理需求之一。在茫茫人海中，虽然知己难寻，但是这并不妨碍同学们通过各种方式找寻朋友，进行人际交往，满足自身最基本的心理需要。在当下的互联网时代，网络无疑是大学生寻找交往对象最直接、最容易的途径和方式。据调查，通常大学生经常到各大 BBS 灌水，交朋友，上网聊天，而且聊天占了他们上网时间的 80% 以上。他们认为，在网上与朋友交谈比现实生活中更无拘无束，不用顾忌现实生活中诸如身份、地位等因素的影响。但另一方面，他们又对网友抱着很大的不信任感。因而，他们总是先在网上各大论坛里聊天，广泛结交朋友，通过一段时间的交往，删减自己不中意的网友，保留与自己有共同语言的网友进行更深一步的交往，这是大学生网络人际交往的第一阶段。

其次，志趣相投，结为知己。

伴随着交往时间的增长，虽然双方没有直面相见，但是通过键盘语言，双方的了解不断深入，双方的基本人格特质，嗜好、经历、背景都会在交往中逐渐显现。彼此或因兴趣爱好，或因共同经历，或因对某些事件的评论看法相近，而产生相见恨晚之感。因此，在同学们身边时不时会听到一些通过网聊而获得的真挚的友情故事、浪漫的爱情故事。

而且，随着交往的深入，交往中所使用的语言文字所包含的信息量似乎也无法满足交往双方的需求。此时，双方开始通过不同方式增加交往信息的类型与数量，如相互发送照片，通过语言聊天，开放自己的 QQ 空间等。一般来说，达到如此亲密程度的网友，人数一般不多，通常为一或两个。此时虽然有空间阻隔，但是距离在这个时刻反而会产生一种互相吸引的魔力，让交往双方相互吸引，欲罢不能。

最后，揭开面纱，坦诚相见。

当在网络中建立较为确定的人际交往关系后，交往双方非常迫切地希望揭开对方的"神秘面纱"，想了解对方的年龄、容貌、性别、性格、爱好等信息是否属实。于是，在现实中一个个充满不同气氛的"见面会"应运而生。或是浪漫，才子佳人，促成"情侣"；或是兴奋，志趣相投，结成挚友；或是尴尬，身份揭穿，形同路人……从这些不同网友见面结果中，也可以从另一方面证实大学生网友也如同其他人一样，对网络交友充满着期待，希望浪漫或幸运之事发生在自己身上。如果事情朝着与自己期望相反的方向发展，许多同学常常会选择放弃这一段交往，转而重启新一轮的交友程序。

（三）大学生网络人际关系的影响因素

与其他媒体相比，互联网具有开放性、虚拟性、新异性、主体的不确定性、平等性等多种特征，以其超出想象的刺激性和娱乐性，对大学生群体有着特殊的吸引力。大学生的网络人际交往主要受以下因素影响。

1. 性格的多样性

性格是一个人最鲜明的、最重要的区别于他人的个性心理特征的总和；是人在生活中所形成的对周围现实的一种稳固的态度及与之相应的习惯了的行为方式。每个人都有自己的性格，性格在人际交往中起着很重要的作用。朋友可以有很多，但是真正的好朋友或者知己，一般是志趣相投的人。

对于同学们的网络人际交往来说，性格同样在其中起着重要作用。如果我们希望和周围的人和谐相处，一般来说，那就需要开朗豁达的性格，不拘小节。或许，有的同学对自己的性格不满意。其实，性格没有明显的好坏之分，每种性格都有它的优点和缺点。在网络人际交往中，更多的是通过语言而非行为展示自己的性格。因此，对于同学们的网络人际交往来说，需要的是思想上的改变，一个真正懂得人际交往的人会和各种性格的人交往，只不过交往有深有浅，如果和那些小气的人计较，那就是自己不够豁达了，我们不能改变对方的性格，而只能接受和适应对方，所以我们应该有宽广的胸怀去适应各种性格的人，只要我们有乐观积极的心态和豁达开朗的性格，就一定可以和不同性格的人相处愉快。

2. 心理的复杂性

同学们在网络上参与人际交往有多种不同的心理取向。一般来说，影响大学生网络人际交往的不良或消极心理有如下几种：

（1）猎奇与从众心理。有一部分同学上网交友的目的是追求一种在现实生活中，通过正当渠道难以获得的奇、艳事情，并借以获得感官刺激。而且这些同学的上网交友行为也会直接影响其周围的同学，引发其他同学的从众行为。

（2）发泄与逃避心理。在互联网上，同学们可以更随意地发表自己的高见，表达自己的思想、观点和信仰，而不必担心受到限制或承担责任。与发泄心理密切相关的则是逃避现实的解脱心理。同学们在生活与学习中难免会遇到诸如学习、情感、人际关系方面的挫折与危机，因此逃避现实，在网络交流中主动倾诉也成为他们积极上网的重要动因之一。

（3）焦虑与自卑心理。在现实生活中，同学们在面临考试、交友、恋爱等问题时，极易产生焦虑心理；同时由于大学汇聚了来自天南地北的优秀学子，一些原本在高中属于尖子生的同学到了大学，可能学习、能力各方面都表现平平，这种情况下他们就很容易产生自卑心理。而一旦有了自卑或焦虑心理，很多同学会选择像鸵鸟一样，把自己深深地埋藏于网络世界中，企图在一种虚拟的空间里重塑自己。

3. 主体的隐匿性

现实社会中，人际交往很大程度上是一种“熟人”交往，故交往活动受着较为稳定的社会价值与文化观念的支撑与规范。而网络世界里，主体是隐匿的。一名白发老翁可以发布电子信息将自己伪装成青涩少女，就连比尔·盖茨也曾开玩笑提到：在 Internet 上没有人知道你是一条狗！这种主体的不确定与隐匿也像一把双刃剑，一方面参与者想利用这种隐匿性进行人际交往；一方面又担心自己的交往对象不真实。

4. 网络的新异性

网络以其特有的手段创造了逼真的环境、绚丽的图片、悦耳的音乐，并以其强烈的视听媒介，渲染了一个神奇和新异的世界，激发着同学们参与各种网络行为，引领着时代的潮流。我们会发现，每隔一段时间不同的网络交互平台要么升级，要么改版，很重要的原因之一就在于它们希望通过不断更新的新异性去吸引更多群体的参与。网络交互平台的新异性、便捷性、共享性与娱乐性也是影响大学生网络人际交往的重要因素之一。

（四）自我表露理论

网络的隐匿性既为大学生的人际交往提供了面具，同时在一定意义上更为大学生在无人监督的情况暴露或表露自己提供了氛围与条件。下面将简要介绍自我表露理论，以使我们对于大学生网络人际交往的认识更加深刻。

广义地来说，社会交换过程也包含情感的交流，而情感交流是与自我表露分不开的。一般来说，自我表露（self-disclosure）是指人们常说的“敞开心扉”，是个体与他人交往时，自愿地在他人面前将自己内心的感觉和信息真实地表达出来的过程。良好的人际关系离不开交往双方的自我表露。

奥尔曼等人的研究发现，良好的人际关系是伴随着自我暴露无遗的增加而发展起来的，它给对方一个强有力的信号：你对他（她）相当信任，愿意和他（她）进一步交往。而且，对他人的自我表露可以引发他人做自我表露，由此可以增进相互理解，相互信任。

伯瑞格认为：自我表露对交往双方的益处包括：一是双方知道彼此相似与不同点在何处，还能了解相似与不同的程度；二是准确地向对方表露自我，是健康人格的体现；三是自我表露增强了自我觉察的能力；四是分享和体验，帮助个体发现这不是他们唯一存在的问题；五是自我表露可以从他人获得反馈，减少不必要的行为。

自我暴露的程度，由浅至深可以包括四个层面：首先是情趣爱好方面，比如饮食偏好、生活习惯等；其次是态度，如对某个人的看法，对时事的评价；再次是自我概念与个人的人际关系状况，比如自己的自卑感，与朋友的关系状况等；最后是最为隐私的内容，比如自己不为社会接受的一些想法和行为。

当然，自我表露也必须注意分寸，过分的表露会让人不舒服。一般来说，表露的范围和深度是随着关系的发展而逐步增加的，对于不同的交往对象，在不同的发展阶段，自我表露的广度和深度明显不同。在非常亲密的朋友中，自我表露往往十分深入，达到所谓无话不说的地步。但是，无论关系多么亲密，人们都可能存在不愿意暴露的领域，这就是所谓的“隐私”问题。虽然在人际交往中，我们往往将部分隐私袒露给自己信任的亲友，这是因为我们有沟通的需求，需要向“知己”说一些知心话，而且亲密关系本身也要求人们坦诚相待。但是，这并不意味着关系亲密的人之间就不应该有任何隐私。只有隐私需求和沟通需求之间保持适度的平衡，亲密关系才能正常发展。

另外，需要进一步指出的是：自我表露也存在风险，最实质的风险包括来自不同目标人的攻击、嘲笑、拒绝与不关心等；个人表露可能会受到听者的伤害；不适当的自我表露，可能会引起他人的退缩或拒绝，对不适宜的对象或在不适当的时间过分表露的人，被认为是社会化不良的标志。

小视窗

网络孤独五味良药

中国现代学者和思想家胡适曾给大学生推荐过一个防身药方的三味药，并为这三味胡家铺子的陈药正式定名为问题丹、兴趣散、信心汤。在这里我们再加两味即目标丸、朋友膏一起送给大学生网民们。

（1）目标丸：迷恋网络主要源于空虚，而空虚则主要源于空闲。经常制定切实可行的目标是治疗空虚的一味良药。

（2）兴趣散：寻找一定的兴趣，形成一定的爱好是治疗空虚让网虫走出网络阴影的又一良方。

（3）问题丹：时时寻一两个值得研究的问题是养成兴趣爱好、打发空虚无聊的有效途径。

（4）信心汤：树立坚定的信心是大学生网虫们走出网络泥潭的关键。

（5）朋友膏：交几个知心的朋友，建立良好的人际关系是避免迷恋网络不能自拔的好方法。

三、心理体验

1. 心理量表：网络使用情况自测量表

指导语：下面的题目可以帮助你了解自己的网络使用情况。请根据你最近1个月的情况，在符合的数字上打“√”（“1”表示“没有”；“2”表示“极少”；“3”表示“有时”；“4”表示“经常”；“5”表示“总是”）。

测试题：（1）花在网上的时间比预期的长。　1 2 3 4 5

（2）试图减少上网时间却无法做到。　1 2 3 4 5

（3）因为上网宁愿失去重要的人际交往。　1 2 3 4 5

（4）上网没有明确目的，但就是不愿停下来。　1 2 3 4 5

（5）每天早上醒来，想做的第一件事就是上网。　1 2 3 4 5

（6）经常上网而影响学习功课及成绩。　1 2 3 4 5

（7）经常放弃需要完成的事情去收 E-mail。　1 2 3 4 5

（8）常对亲友掩盖上网的行为。　1 2 3 4 5

（9）遇到生活中烦恼的事总会避开，转而去回想上网时的愉快经历。　1 2 3 4 5

（10）只要有一段时间没上网，就会觉得好像少了什么。　1 2 3 4 5

（11）没有网络的世界是沉默、空洞、没有生机的。1 2 3 4 5

（12）总觉得上网的时间不够。　1 2 3 4 5

（13）如果有人打扰你上网，你会不高兴。　1 2 3 4 5

（14）常常在离线时想上网的事情想得出神。　1 2 3 4 5

（15）不上网时感到情绪低落，上网后马上精神亢奋。　1 2 3 4 5

评分与解释：每题所选择数字就是该题所得分数，将15道题的分数相加。

15—29分：你是一个正常的网络用户，能够理性控制自己、健康使用网络。

30—59分：你会因网络产生情绪问题，需重新考虑网络对你的影响，适当使用网络。

60—80 分：网络已经明显占据了你的生活，要想办法积极面对并改善你的上网习惯。

2. 体验式活动：终极密码战

（1）活动目的：使成员了解解读别人口语及非口语讯息的重要性，认识如何专注、倾听来使讯息正确地传递而减少传递错误。

（2）活动准备：密码（绕口令句子）若干。

（3）活动过程：

① 将班级人数平均分成四组并请组员尽量集中以利于活动的进行。

② 请各组推选一名成员，并由老师予以分派小组密码。

③ 请各组推派的特派员以唇语的方式，不可发出声音，也不可比划动作，向其他组员传达密码内容，如云云运球运到晕倒、姗姗买了 33 个珊瑚，彬彬在冰箱旁边吃冰淇淋。

④ 当各组完全正确读出密码内容时即予以停止，并以各组猜出的快慢为顺序公布密码。

⑤ 分享各自的心得和感悟。

（4）引导讨论。

① 说说在密码传递过程中，你是如何做的。

② 要怎么做才能快速准确地听懂别人的话？

③ 专注和倾听在人际交往中有何作用？

3. 体验式活动：合力吹气球

（1）活动目的：通过分工合作明白人际支持的重要性，学会人际互动的道理。

（2）活动准备：准备每组各六张纸签，上面写着嘴巴、手（二只）、屁股、脚（二只）、气球（每组一个）。

（3）活动过程：

① 分组，不限组数，但每组必须有六人。

② 指导者请每组每人抽签。

③ 吹气球并坐破。首先抽到嘴巴的人必须由抽到手的两人帮助来把气球吹起（抽到嘴巴的人不能用手自己吹气球），然后两个抽到脚的人抬起，抽到屁股的人去把气球给坐破。

（4）引导讨论。

① 请完成速度最快的一组说说他们的做法和体验。

② 在本活动中，分工合作与人际支持有什么作用？

③ 我们在什么时候需要人际支持，你的人际支持主要来自哪些方面？

4. 体验式活动："画"中有话

（1）活动目的：当团体共同进行一项工作时，每个人心中都会有自己的一个蓝图，你心中所想的和别人所想可能非常像或非常不同，这时就需要通过沟通找到大家都能接受的方式。在活动中规定大家不能说话，就是希望大家能体会到“沟通”的重要。

（2）活动准备：八开图画纸 7 张、彩色笔 7 盒、抢答铃。

（3）活动过程：

① 把全班同学分成七组，坐成七直排，每一排人数尽量一致。

② 将七张图画纸贴在黑板上，指定顺序，对应相应的小组。

③ 每个人依序出来到各组的图画纸上作画，可选择自己喜欢的颜色，每人限时 30 秒，30 秒一到，会按铃提醒。第一位同学画完之后，回来换下一位同学，至少要轮过一轮。在第一轮的时候，每个人都要动笔，从第二轮开始，当你觉得这幅画可以接受时，就可以不用动笔，但还是要依序出来画，总共要轮完 3 轮。在活动过程中大家不能交谈或交换意见。

（4）引导讨论。

① 当那心中有想法却无法说出的感觉是什么？

② 当你心中的蓝图和那幅画差距越来越大的时候，心里有何想法？你想要怎么做？

四、拓展阅读

八大网络成瘾的自救方法

自我提醒法。将上网的好处和坏处分别列在一张对称的纸上，按程度轻重排好顺序，每天做思想斗争 10—15 次，每次 4—10 分钟，尤其是在网瘾发作时。也可以将好处和坏处分别贴在显眼的地方，如电脑上、卧室里、门上。每天多时段内默念或大声对自己念上网的坏处，战胜自己关于上网的不合理的观念。

自我暗示法。如果又有了沉迷网络的念头时反复自我暗示，如“不行，现在应该学习（工作），等周末再说”“我一定能行”“我一定能戒除”，每当抵制住了诱惑，认真学习（工作），度过了充实的一天后，就进行自我鼓励，如“今天我又赢得了一次胜利，继续坚持，加油”。这样不断强化，形成良性刺激，加强自己的意志，使上网的欲望得到抑制。语言暗示既可以通过自言自语，也可将提示语写在日记本上，或贴在墙壁上、床头上，以便经常看到、想到，鞭策自己。

厌恶疗法。在左手腕带上粗的橡皮筋，当自己有上网念头时立即用右手拉弹橡皮筋，橡皮筋回弹会产生疼痛感，转移并压制上网的念头。拉弹的同时，还要提醒自己，网瘾有危害。

想象漫灌法。想象自己上网成瘾后种种极端后果，如被大家看不起、被别人羞辱、对不起自己的父母、亲人等，想象自己长时间上网后萎靡不振的颓废样子；使自己厌恶“现实自我”的形象，并用“理想自我”激励自己。

转移注意法。在其他活动中寻找快乐，比如听一些优美抒情的音乐，去运动场跑步、打球，做一些除了上网以外的业余活动。

规范生活法。打破紊乱的生活节奏，重新规范每天的作息时间，无特殊情况不打破规律，并在最易出现上网行为的时间段安排不同的活动，让更多更有意义的事充实自己的生活，感受生活的乐趣和意义。

系统脱敏法。与家人或是好朋友定出总体计划，由家人或是好朋友监督实施，在两个月内逐步减少上网时间，最终达到偶尔上网或不上网。如原来每天沉迷网络 12 小时以上，则第一周减少为 10 小时，第二周 8 小时，第三周 6 小时，第四周 4 小时。自己若能按计划执行则获得家人、朋友或是自我给予的奖励。做不到时则给以惩罚。

放松训练法。在运用系统脱敏法的过程中，为应对戒网过程中瘾发时出现的紧张、焦虑、不安、气愤等不良情绪，采用肌肉放松法、想象放松法、深呼吸放松法以稳定情绪，振作精神。

第四节 缔造城与城相通的心桥——构建和谐人际

人际交往直接构筑了我们的人生状态，有什么样的人际交往，直接决定了我们有什么样的人生。正如美国著名的人际关系学大师戴尔·卡耐基所说，“一个人的成功，只有 15% 是依赖于他的专业知识和技能，而 85% 则是依靠他的人际关系和处事能力”。因此，掌握人际交往的原则，懂得人际沟通的艺术，学会正确处理人际冲突，形成人际交往的良性发展，是同学们在大学阶段成长的必修课，更是我们实现社会化、适应未来社会的重要内容。

一、心理案例

案例一：晓敏的烦恼

从高中起，晓敏一直保持着早睡的良好习惯。为了确保第二天有精力学习，她每天总是早早地上床睡觉。可进入大学后，宿舍却有同学老是睡得很晚，常常很晚了还开着灯，肆无忌惮地大声说话，完全不顾别人的感受。晓敏有点生气，想和室友说说，可又想刚进大学，要和室友友好相处，不要起冲突。为了不破坏宿舍同学关系，她选择了忍耐，强迫自己不去理会室友的干扰，想方设法让自己尽快入睡，可她费尽心思还是无济于事。第二天起床，晓敏感觉头昏昏沉沉的，上课也老是走神，完全不能集中精力。她在心里埋怨着那位室友，虽然口头上不曾表示什么，那位室友也似乎感觉到了她的疏远，每次见到她都会有意识地回避。明明两人没有争吵，可两个人之间的感觉却是怪怪的。宿舍氛围也变了味，不再像开学初那么和谐，晓敏觉得特别难受，她想：我难道做错了吗？

案例二：为什么受伤的总是我

王杰是大三的学生，从大一起他就和寝室同学相处不好，为此调换过一间寝室，但是在新寝室里他依然不能和同学和睦相处，他感到非常烦恼。他觉得寝室同学都不理解他，而且都存在一些自己不喜欢的毛病，因此，常和同学发生争执，有时为一件小事也争得面红耳赤，他很苦恼：为什么受伤的总是我？日益恶劣的人际关系不仅影响着他的情绪状况，更影响着他的学习和生活质量。

二、心理辅导

看到案例中苦恼的晓敏和王杰，你是否心有同感？或许此刻的你，和他们一样，也因为人际关系矛盾而烦恼。的确，人是社会性的动物，不可能脱离人群独自生活，正所谓“人生不能无群”，每个人的成长和发展都依存于人际交往。与人交往，难免会发生矛盾、摩擦甚至是冲突，关键是我们应该如何面对和处理。是像晓敏一样选择忍让；还是像王杰一样直面争执，抑或有第三种解决方案？

（一）人际交往的原则

人际交往是同学们日常生活中的重要组成部分。如何顺畅地进行人际交往既是同学们心理健康不可缺少的条件，也是大家获得心理健康的重要途径。同学们要改善人际关系，就必须遵循人际交往的基本原则，具体有：

1. 自尊自信，言行一致

同学们要实现顺畅的人际交往，自尊自信与言行一致是重要的前提要求。一个人只有充满自信自尊，才会走出自我的小圈子；一个人只有言行一致，才能让别人相信他的一言一行，对未来的交往行为与过程产生积极的期待。因此，对于同学们来说，首先需要调整心态，保持自己的自尊与自信，保证自身言行的一致，这是成功进行人际交往的重要前提。

2. 平等待人，待人以诚

当我们与他人进行人际沟通和交往时，不仅需要对自我心态的调整，更需要在交往的过程中，遵循平等待人与待人以诚的原则。或许在现实生活中人的地位有高低之分，学问与金钱也存在差别，但是在人格上绝对是平等的。鲁迅先生曾说过："不要把自己看成是别人的阿斗，也不要把别人看成自己的阿斗。"这就说明，在人际交往过程中，基本的原则就是平等待人，不要自视高人一等。

待人接物要以诚为本。"诚"字包括的内涵很广：忠诚、守信、诚实、诚恳等，都是基本的内容。在生活中每个人都拥有知心朋友。所谓知心朋友，就是能够互相理解信任，能够以诚待人。如果把别人的痛苦当笑话，把别人的秘密随意泄露，那么这种交往就很难继续深入。因此，同学们在人际交往中还要注意信守诺言，要对自己的言行负责。说话要留有余地，没有把握的事情不要轻易许诺。一旦许诺就要努力去执行，实在无法完成，要向对方解释清楚，力争再找机会补救，不可敷衍，甚至置之不理。

3. 互帮互助，互利互惠

社会心理学家霍曼斯提出，人与人之间交往的本质是一种社会交换过程。这种交换虽然与市场中的买卖关系不同，但是这两种交换却遵循着同样的原则，即人们希望交换时对自己来说是值得的，希望在交换中所获得的大于或者等于所付出的。

人际交往是双向互动的，如果在交往过程中，我们过分地考虑自身的利益，而忽略或忘记对方的收益，那么这种以自我为出发点的交往模式将最终会把我们的人际关系带入困境中。因此，同学们在人际交往中要深刻理解与把握"投我以桃，报之以李""爱人者，人恒爱之；敬人者，人恒敬之"的道理，这些传统文化的交往智慧也向我们形象地展示了人际交往中注重互帮互助、互利互惠的重要性。

4. 己所不欲，勿施于人

己所不欲，勿施于人，简单来说，就是对于自己不喜欢的东西，不要要求别人接受；对于自己不想干的事情，也不要要求别人去做。从人际交往的角度来说，其价值在于在人际交往中，对于不合理的欲望与要求要加以约束，从而使别人乐于接纳自己，形成人与人之间的和谐关系。每个人在谋求自己生存与发展的同时，还要帮助别人生存与发展。如今的大学生基本都是独生子女，已经习惯于享受父母掌上明珠般的呵护和溺爱，但当同学们进入大学，好几个"明珠"聚集在一起时，一些同学自小养成的"以自我为中心"的心理就暴露无遗，这时候更需要大家注意"己所不欲，勿施于人"这条人际交往的黄金法则，即在人际交往中，希望别人怎样对待自己，首要的是自己以同样的方式对待别人。而要做到这一点，同学们在人际交往中就要将心比心，设身处地的考虑和理解别人的感受。通过换位思考，了解别人的欲望和需要，在人际交往中才不会因自己的私欲而侵犯或损害他人的利益，才能最终达到有效的人际交往，实现和睦相处。

（二）人际交往的艺术——有效沟通

1. 学会倾听

人际关系学者认为"倾听"是维持人际关系的有效法宝。因为倾听本身就是褒奖对方谈话的一种方式，你能有效地聆听对方的谈话，等于告诉对方“你是一个值得我倾听的人”，这在无形之中就能提高对方的自尊心，加深彼此的情感联系；反之，则会使对方的自尊心受挫，人际沟通也会受阻。事实也表明，越是善于倾听他人意见的人，人际关系就越融洽。对于同学们来说，做一名倾听者，要做到：① 耐心倾听，即在听他人说话时，应精神集中、表情专注，不要东张西望、心不在焉。在倾听过程中，尽量不要看书看报、哈欠连天，更不要剔牙、挠头等小动作，这类举止不仅不礼貌，也无疑向对方透露你不想听了。② 虚心倾听，即在倾听过程中，要谦虚认真，不要得理不让人和不必要争辩，这样会打破和谐的交往氛围。③ 用心倾听，即在倾听过程中，不要只是被动地接受，还要积极反馈，在交往时注意与对方进行目光交流，用赞许性的点头，或用“哦”“对的”“是这样的”来表示你在倾听，以鼓励对方继续讲下去。

2. 学会移情

移情是一种理解与体验他人的能力。移情在建立和维持友情、协调与处理人际冲突方面起着重要的作用。具备了移情能力，在人际沟通中，才能换位思考，观察与体悟对方的情感与思想，设身处地，以对方的眼光去看对方的世界、心情与思想，这对于建立顺畅、和谐的人际关系是至关重要的。在现实生活中，人际冲突的重要根源之一就是因为交往中的一方以自我为中心，不能站在对方的角度，常常不顾场合和对方心情，一味地按照自己的思路与性子控制交往过程，致使在交往中出现矛盾与冲突而无法继续。因此，为了更好地进行人际交往，同学们不仅要树立移情的意识，更要注重培养自己的移情能力。

3. 学会赞扬

一般来说，人们总是喜欢那些喜欢自己、真诚评价自己的人。因为，人际交往是一个互动的过程，交往的双方在心理上总是以情感的相悦性作为交往的动力，而且赞扬能够释放一个人身上的能量，调动人的积极性。有这样一个小故事：一日甲乙两个猎人，各猎得兔子两只回来。甲的妻子看见冷漠地说：“你一天只打到两只小野兔吗？真没用！”甲猎人不太高兴，心里埋怨起来，你以为很容易打到吗？第二天他故意空手而回，让妻子知道打猎是件不容易的事情。乙猎人遇到的则恰恰相反，他的妻子看到他带回了两只兔子，欢天喜地，“你一天打了两只野兔吗？真了不起！”乙猎人听了满心喜悦，心想两只算什么，结果第二天他打了四只野兔回来。两句不同的话，产生了完全相反的结果。

人总是喜欢被称赞的，无论是六岁的孩子还是古稀的老人都一样。那么如何赞美别人呢？首先，要真诚。赞美别人最关键的是真诚，不要说一些敷衍搪塞的话，口是心非的奉承只能让别人更反感。其次，要善于发现别人的长处与优势。这就是说，赞美别人不仅可以从大处着眼，也可以从小处发挥，从多个方面寻找交往者的优点所在。赞美语应尽可能做到热诚具体、深入细致。比如赞美一个人穿的衣服漂亮，你不妨说："这件衣服穿在你身上很合身，颜色鲜艳，人显得特别精神。"再次，要适度。对别人的赞扬要把握一定的度和时机。不要不分场合与时机的赞扬别人，有时过分的赞扬别人反而会起到适得其反的效果。恰当地运用赞赏，你将在人际交往中收到意想不到的效果。

4. 学会拒绝

在人际交往中，学会拒绝别人既是一种能力更是一种技巧。在同学们的人际交往中，当朋友有困难或者有求于你时，虽然请求已经超出自己力所能及的范围，但是有时碍于情面，依然答应别人的请求，结果自己进退维谷，陷入窘境。在此情况下，学会拒绝、学会善意地拒绝别人，既是对自己的尊重，也是对别人的负责。在人际交往时学会拒绝从某种意义上来说，也意味着自身的成熟，因为在表达拒绝时，就意味着你知道如何正确表达自己的观点，你明白自己需要、期待和考虑的东西，也意味着你既懂得满足自己，更懂得如何让他人快乐。

如何拒绝别人呢？首先，要表示理解。对于对方的希望或者请求，要表示理解，这种理解是通过情感的认同换取进一步的拒绝。对于勉为其难的事情，可以先肯定对方的意见和人格，这样可以使对方先进入良好的情绪状态，进而使用一种积极的心态看待随即到来的拒绝。其次，拒绝时要委婉。在拒绝时，尽量使用"抱歉""对不起"等语词，以表示自己的诚恳与歉意，同时在语气上也要尽可能的委婉，容易让别人接受，而不要说一些生硬的话使对方觉得尴尬。

（三）人际冲突的处理

大学阶段是人生的第二个"心理断乳期"，也是一个关注自我、注重个性表达和情绪体验的时期。因此，在这一阶段，因为个性差异、观点分歧、利益关系等引发的交往对象之间的紧张状态和对抗过程，即是大学生人际冲突。

导致大学生人际冲突的因素是多方面的。其一，个性因素。由于每个人的生活环境与人格特质不同，因此每个人都有自己独特的一面。在交往中，如果双方的个性差异过大，且不肯妥协让步，那么在交往与合作中产生冲突的可能性就会大大增加。其二，沟通因素。在人际交往中，沟通的渠道与方式也会影响着人际交往的质量。诸如沟通渠道不通畅，信息被片面传递或者被曲解，往往也容易导致冲突的产生。其三，利益因素。在现实大学生活中，有许多资源都是有限的。因此，在争取有限的大学校园资源时，也易使同学们之间产生冲突。比如自习室、图书馆的座位，学生干部岗位与奖学金名额等。一旦双方成为竞争者，人际冲突就极易产生。其四，环境因素。大学的人际交往环境相比中学来说，要复杂得多，同学们踏入大学后，要面对来自天南地北的同学，需要和文化、风俗与习惯各不相同的同学磨合，在这个思想碰撞与行为互动的过程中难免会发生矛盾和冲突。

在人际交往过程中，冲突是不可避免的。一定意义上讲，人际冲突具有客观性和普遍性。对于人际关系来说，冲突可以带来挑战，也可以带来机遇。就大学生

人际冲突的消极作用来说，主要表现在如下方面：双方沟通不良，交往过程难以继续；在情感上交往双方产生隔阂，严重者甚至会相互诋毁，互不往来。另一方面，从人际冲突的正面功能来说，在冲突过程中，交往双方可以把平日里隐藏的分歧、误解与不满等公开表达出来，通过辩论交流得以澄清、化解，从而消除隔阂，增进理解，深化关系。因此，在人际交往过程中，我们应该以理性的态度对待人际冲突，掌握缓解人际冲突的技巧。

1. 正确认识人际冲突，提高人际协调能力

在人际交往中，冲突是一种常见的现象，对冲突的看法与观念直接影响着化解人际冲突的策略与方法的选择。对冲突的看法可以概括为三类：第一类认为冲突具有破坏性，应当避免与消除；第二类认为冲突是正常的，应该接受和自理；第三类认为冲突具有解决问题的正向功能。个体对人际冲突的看法越消极，在冲突发生时所体验到的消极情绪也就越强烈，进而导致人际信任度下降，更进一步加剧人际疏离。因此，在高校心理健康教育中，应该引导同学们认识冲突并形成合理的看法，客观地分析其中存在的不合理，并在此基础上，转变消极观念，形成建设性的冲突观。同时，在丰富多彩的校园文化和社会实践活动中，要给同学们提供人际交往的空间与场所，使大家有机会在活动和体验中掌握人际交往的尺度，把握人际交往的分寸，提高应对人际冲突的能力，逐步养成良好的社会协调能力和人际交往能力。

2. 学会自我宣泄，提高情绪调节能力

人际冲突会产生一系列的消极情绪反应，因此，同学们应学会正确的自我宣泄。冲突发生后，我们可以把自己的委屈或对对方的怨言和不满通过积极的、间接的方式宣泄出来，如尽情运动、听音乐看电影、向亲朋好友倾诉，甚至是大哭一场等，通过这些简单易行的方法一方面让我们暂时离开冲突情景，使我们的情绪尽快平复下来，另一方面可以转移我们的注意力，中断不良情绪，不使事情因为负面情绪的影响而变得扩大化。此外，同学们还要不断加强自身的心理素质，有意识的控

制自己波动的情绪，以乐观、坚强的态度面对所遇到的困境，采取适合自己的调适方式，创造和谐、轻松的人际环境。

3. 勇于承认自己的错误，对事不对人

勇于承认错识是人际交往中的润滑剂。当人际关系产生障碍时，承认自己的错误是明智之举。虽然承认自己的错误是一种自我否定，但同时也是一种责任感的表现，对他人具有一种心理感召力，在此情境下，人际冲突的僵局会因此被打破。另一方面，发生冲突时，还要学会一点，就是把焦点置于事情本身，客观分析冲突的起因与双方对错，不要将冲突扩大化。人际交往是双向的，不论好坏都是双方互动的结果，双方都要承担一定的责任。如果将冲突的起因只归于对方，那么双方只会相互攻击，激化冲突。因此，同学们在处理人际冲突的时候一定要把握就事论事的原则，对事不对人，客观分析事情本身，而不将个人的恩怨牵扯进来，这样事情就会单纯得多，处理起来也会相对容易。

4. 积极进行有效沟通，及时化解冲突

冲突并不代表着人际交往的结束，而只是代表着交往系统的暂时短路，需要及时的调适与化解。在这种情况下，更需要积极有效的沟通，及时化解矛盾。在这一过程中，可以尝试采用如下方式：（1）坦白表述自己的想法。“逢人只说三分话，不可全抛一片心”，在中国传统文化的影响下，我们通常是含蓄表述自己的想法，而对方在接收信息时，也是有所选择的。这样势必导致沟通偏差。因此，要进行有效的沟通，需要坦白自己的想法，将感受与期望都表达出来，让双方能够进一步理解。（2）换位思考。发生冲突时，应该多站在对方的角度思考问题，体会别人感受，试着理解别人为什么那样做。否则的话，总是固执地认为自己是对的，对方是错的，这样无疑只会使事态朝着更坏的方向发展。（3）“先整理心情再处理事情”。人在非理性的时候容易产生争执，处理事情也很难有好结果，特别是当事情没有转机而自己又情绪激动时。因此，这种情况下，不妨先停下来，整理好自己的心情，避免负面情绪参与其中，然后再来思考和处理事情。总之，同学们在人际交往中，要学会理解，学会包容，学会用爱去化解生活中的冲突和不快。

三、心理体验

1. 头脑风暴：名医劝治的失败

我国古代春秋战国时期，有一位著名的医生，他的名字叫扁鹊。

有一次，扁鹊谒见蔡桓公，站了一会儿，他看看蔡桓公的脸色说：“国君，你的皮肤有病，不治怕要加重了。”蔡桓公笑着说：“我没有病。”扁鹊告辞走了以后，蔡桓公对他的臣下说：“医生就喜欢给没病的人治病，以便夸耀自己有本事。”过了十几天，扁鹊又前往拜见蔡桓公，他仔细看看蔡桓公的脸色说：“国君，你的病已到了皮肉之间，不治会加重的。”桓公见他尽说些不着边际的话，气得没有理他，扁鹊走后，桓公还闷闷不乐。

再过十几天，蔡桓公出巡，扁鹊远远地望见桓公，转身就走。桓公特意派人去问扁鹊为什么不肯再来谒见，扁鹊说：“皮肤上的病，用药物敷贴可以治好；在皮肉之间的病，用针灸可以治好；在肠胃之间，服用汤药可以治好；如果病入骨髓，那生命就掌握在司命之神的手里了，医生是没有办法了。如今国君的病已深入骨髓，所以我不能再去谒见了。”蔡桓公还是不相信。五天之后，桓公遍身疼痛，连忙派人去找扁鹊，扁鹊已经逃往秦国躲起来了。不久，蔡桓公便病死了。

讨论：（1）从沟通角度分析扁鹊的失误，应该怎样改进其沟通策略？

（2）蔡桓公为何没有把扁鹊的话当作一回事？

2. 心理量表：平息人际冲突能力测试

从下列各项中选出适合自己的一项。

（1）你正埋头赶一件急事时，你的一个朋友上门来找你倾诉苦闷，你的做法是：（　　）

A. 放下手中的工作，耐心倾听。

B. 显得很不耐烦。

C. 似听非听，思维还在自己的事情上。

D. 向他解释，同他另约时间。

（2）你的朋友向你借新买的 IPAD，你自己还没有好好用过，你的做法是：（　　）

A. 借给他，但牢骚满腹。

B. 脸色很难看，使你的朋友不得不改变主意。

C. 骗他说已经借给了别人。

D. 告诉他你想用一个时期，然后再借给他。

（3）在公共汽车上，你无意踩了别人脚，别人对你骂个没完，你的做法是：（　　）

A. 听其自然，充耳不闻。

B. 同他对骂，打架也在所不惜。

C. 推说别人挤了我才踩到你脚的。

D. 请他原谅，同时提醒他骂人是不对的。

（4）影院不准高声喧哗，但你的邻座却旁若无人地讲话，你感到厌烦，你的做法是：（　　）

A. 很反感，希望有人向讲话者提醒注意。

B. 大声指责他们“没修养”。

C. 请服务员来干涉，或自言自语地对讲话者旁敲侧击地进行指责。

D. 很有礼貌地提醒对方不要影响别人。

（5）休息日你忙了一整天，把房间全部打扫干净，你爱人下班后却指责你没有及时做饭，你的做法是：（　　）

A. 心里很气，但仍勉强去做饭。

B. 大发雷霆，骂爱人自私，要爱人自己去做饭。

C. 索性当晚不吃饭。

D. 向爱人解释，然后请爱人一同出去"改善"一顿。

（6）某一天你家里有急事，领导不了解情况，要你加班，你的做法是：（　　）

A. 同意加班但心中暗自埋怨。

B. 拒绝加班，不做解释。

C. 借口身体不适，不能加班。

D. 同领导商量由于有急事能否不加班，但若工作的确重要，就仍服从领导安排。

（7）你辛苦了好长时间，自己觉得某项工作做得颇为出色，但上司却很不满意，你的做法是：（　　）

A. 不耐烦地听上司指点，心中充满委屈但默不作声。

B. 拂袖而去，认为自己受到的对待不公平。

C. 寻找各种借口开脱自己。

D. 诚恳地注意自己做得不够的地方，以便今后改善和提高。

（8）别人做了一件很对不起你的事，却又试图掩盖，知道事情真相后，你的做法是：（　　）

A. 不客气地告诉对方自己已经知道了一切。

B. 与对方大吵大闹，威胁报复。

C. 将事情埋在心底，装作什么也不知道。

D. 诚恳地告诉对方事情对自己造成的苦恼，并表明双方以后仍可真诚相处。

评分与解释：以上题目选 A 项记 2 分；选 B 项记 1 分；选 C 项记 3 分；选 D 项记 4 分。得分越高，表明平息人际冲突的能力越高，处理人际冲突的方式越有建设性。得分越低，意味着处理人际冲突的方式越情绪化，越容易使事情变得更糟，也使得自己付出更大的代价。每道题目的 D 项是最有建设性的处理人际冲突的方式，也是最理性、从长远看最有利的处理方式。这类方式是值得提倡的。每道题目的 B 项是对人际关系最具有破坏性的做法，这些处理方式不但对冲突的解决无益，也使得自己失去更多东西。

3. 体验式活动：戴高帽游戏

（1）活动目的：学习发现别人的优点并欣赏，促进相互肯定与接纳。

（2）活动要求：7—10 人一组，围成圆圈坐着。

（3）活动过程：7—10 人一组围圈坐，请一位成员坐或站在团体中央，其他人轮流说出他的优点及令人欣赏之处（如性格、相貌、处事等），然后被称赞的成员说出哪些优点是自己以前觉察的，哪些是不知道的。每个成员到中央被戴一次高帽。

（4）活动规则：必须说优点；夸别人时态度要真诚，不能毫无根据地吹捧；要注意体验被人称赞者感觉如何，怎么用心去发现别人的长处，怎样做一个乐于欣赏他人的人。

4. 体验式活动：挤眉弄眼

（1）活动目的：增进班级成员更多交流和互动，增进团队合作精神与向心力，活跃班级气氛，增进同学们对非口语信息的观察能力，培养同学们的专注力等。

（2）活动准备：四则运算数目数个。

（3）活动过程：

① 分组及推选三名出题者。6—10 人一组，各组推选三位同学上前担任出题者。

② 出题者使用挤眉弄眼出题。运用五官代表数字出题，如眉毛代表千位数数字，眼睛代表百位数、鼻子代表十位数、嘴巴代表个位数、运动五官的次数代表数字。运用头部晃动方式代表数学运算符号，如头向上仰代表加号，头向下低代表减号。各组三位出题者以接力方式呈现题目，其他同学负责算出正确答案，每位出题者只有两次出题机会，出题者不能开口说话及给予任何手势提供暗示。

③ 各组其他同学齐声高喊正确答案。

（4）引导讨论。

① 邀请担任出题者分享在呈现题目时的技巧或遭遇的困扰。

② 邀请担任猜题者分享刚刚的感受和想法。

③ 邀请大家分享在活动过程中的感想和收获。

④ 你觉得哪些地方可以做一些改变，让活动进行得更顺利？

四、拓展阅读

用一生的时间去理解

一位青年拜访年长的智者。青年问：“我怎样才能成为一个自己愉快，也能使别人快乐的人呢？”智者说：“我送你四句话，第一句是：把自己当成别人。即当你感到痛苦、忧伤的时候，就把自己当作别人，这样痛苦自然就减轻了；当你欣喜若狂的时候，把自己当作别人，那些狂喜也会变得平和些。第二句话是：把别人当作自己，这样就可以真正同情别人的不幸，理解别人的需要，在别人需要帮助的时候给予恰当的帮助。第三句话：把别人当成别人，要充分尊重每个人的独立性，在任何情形下都不能侵犯他人的核心领地。第四句话是：把自己当作自己。”青年问道：“如何理解把自己当自己，如何将四句话统一起来？”智者说：“用一生的时间去理解。”

心理剧《风波》

（1）表演目的：学生将自己人际交往中的问题或困扰通过表演的形式展现出来，体验人物的内心感受，从中培养和提高自己的洞察力，减少人际冲突，增强人际沟通技巧，实现自我整合和人际关系和谐。

（2）表演过程：① 学生参照剧本进行人际交往心理剧表演；

② 学生对表演进行讨论和总结（剧中反映了大学生人际交往中的什么问题？这些问题应如何应对和解决？）

第一幕

（幕起。两张床左右摆放，两张桌子放在中间，地上有垃圾，王敏正在扫地，舍友躺在床上）

张茹（睡眼蒙眬，揉揉眼睛，看看王敏）：“今天还起这么早啊，太强了，今天可是公元2014年1月1日——元旦啊，一年才有一个元旦啊，大清早的不睡觉却干活，你这不是浪费光阴吗？”（说完把被子蒙在头上又睡）

王敏（笤帚停下）：“我早起习惯了，睡不着。”（低头继续扫地）

李佳（拿着上衣准备穿）：“是啊，还有几天就考试了，大家每天晚上都学的那么晚，最近又没课，谁不趁机在床上多赖一会啊。”（说完把上衣套在头上）

赵慧（斜倚在床上，放下手中的书）：“咱们昨天晚上不是说今晚上聚餐吗？正好放松放松。”

张茹（倏地坐起来）：“是啊，是啊，一想起乐购的炸鸡和那醇香的葡萄酒我就激动不已。（鼻子在空中嗅嗅）啊——真香啊！”

王敏（手刮张的鼻子，一手拿笤帚）：“美女，吃，吃，一天到晚就知道吃，小心身材不保哦，哈哈哈哈……”

张茹（叹息）：“哎，就是资金比较紧张。”

赵慧：“咳！都学期末啦，谁的资金不紧张啊，是吧？”（向张）

张茹：“是啊，资金咋解决？”

赵慧：“咳，这还不简单，（诡异的看看舍友）咱们穷，有不穷的啊，（朝李佳的床努努嘴）李佳不是刚发了奖学金吗？咱先让她垫上不就行了。”

众人（兴奋，赞同）：“对呀！”

张茹（犹豫）："行是行，不过她刚把钱存起来，银行离这里有点远，最主要还要排很长的队等很长时间才能取到钱，她会去吗？"

王敏（想了一想）："管不了那么多了，再说我们钱也不够了，就让李佳跑一趟吧。咱又不是不还她！"

众人（附和）："是呀！"

赵慧（看看四周）："哎，李佳去哪了？"

王敏："刚出去，可能去厕所了吧。（朝向舍友赵）舍长，等会儿李佳回来你和她商量一下吧。"

赵慧："好啊。"

（李佳从舞台一侧走上台，推门进来，捂着肚子，众人看着她）

众："李佳回来了。"（惊喜）

李佳："哎，饿死了。"

赵慧："李佳，我有事儿跟你说。"

李佳（挥挥手）（不耐烦）："我先去买饭，有事回来说吧。哎，饿死我了。哎，有要捎饭的吗？"

（没人响应，李佳拿衣服要走）

（王敏已扫完地面，正在往垃圾袋里装垃圾）

王敏："李佳，等一下，把垃圾袋拎去吧。"（继续装垃圾）

李佳（一副不耐烦的样子）："哎呀，我去吃饭，你却让我拿垃圾，真够恶心的。"

王敏："你不是顺便吗，再说宿舍垃圾你什么时候管过？"

李佳："凭什么让我倒啊，这地又不是我弄脏的，再说我还得学习呢。"

王敏（有些火了，但仍然忍耐）："算了，我自己去倒吧。"

李佳（不客气的）："自己去就自己去，谁管！"（摔门而去）

（王敏随后提垃圾出去）

（众人无奈）

张茹："哎，舍长，你说李佳连个垃圾袋都不提，让她去银行取钱，这不是难于上青天吗？"

赵慧："哎呀，李佳这人别的没啥，就是有点太自私了，宿舍的开水就她用得最多，可一到打水的时候就找不着人了。"

张茹："是啊，我的大宝刚买来一星期，就被她用去一半，你说她拿那么多奖学金就不能自己买一瓶。"

赵慧："哎，行了行了，大家都是来自五湖四海的姐妹，都应该互相谅解嘛！等她回来，我跟她说。"

第二幕

（王敏默默地收拾书包，准备去上自习；李佳津津有味地吃饭；张茹、赵慧在看书，赵慧和李佳坐在一起）

赵慧："李佳，咱们学期期末资金都比较紧张，今晚聚餐的钱想让你先垫上，回来我们再还你，行吗？"（舍友张点头）

李佳（边吃饭边说）："哎，凭什么让我出啊？发奖学金的又不止我一个。再说，我刚存银行，取钱那么麻烦，我才懒得去呢。"（继续吃）

王敏（听到这里，再也忍不住了，拿出钱包掏出钱交给舍友赵）："舍长，我不用她垫，我交上我的那分。"

李佳（看到这里，停下筷子）："有钱不先垫上，还让我跑那么远。"

王敏（真的火了）："我垫上？！"（气愤，大吼）"我要是有钱还跟你废什么话！"

赵慧："真的，李佳。我们四个身上所有的钱凑在一起也不够了。"

李佳（不在意的，边吃饭）："不够我就去取呀，也不用发火啊，真是的，仗着自己是个班委，就对人家吆五喝六的，德行！"

王敏（愤怒的）："你说谁呢，啊，你说谁呢？！拿奖学金就了不起啊？！"

李佳（也火了）："是呀，是不算什么，有本事你也拿一个给咱瞧一瞧啊！"

王敏（钱包扔在桌子上，嚷）："哎吆吆，还真把自己当成学霸啦，凭什么小瞧人啊？！"

李佳："我哪敢瞧不起你啊，谁不知道你是班花，成绩再烂也有大把的追求者。"

王敏："我成绩好坏关你什么事，你怎么侮辱人啊！"（王用手指着李，两个人开始拉拉扯扯，有肢体冲突）

（舍友张和舍友赵一人拉一个）："行啦行啦，都是舍友，有话好说！"

李佳："就你是老大呀，凭什么都以你为中心啊？"（挣扎着冲王敏吼）

王敏："凭我心里有大家，谁像你，自私鬼！"（大吼）

（舍友张和舍友赵劝止）

王敏（背起书包）："谁不为宿舍做点事谁就该死！"（摔门而去）

（屋里一片沉寂）

张茹（走上前来）："李佳别生气，她就是性子烈点儿。"

李佳（不屑）："她性子烈，我性子还没烈呢。"

赵慧："是啊，李佳，你刚才的话也太伤人了。"

李佳（不耐烦的）："哎呀，行了行了，我取钱去。"

第三幕

（元旦晚上，桌上摆满东西，聚餐开始，王敏和李佳对面而坐。杯子盛满葡萄酒，王敏、李佳相对不语）

王敏（独白，追光）："我这样做对吗？毕竟是同学，是姐妹，眼看快考试了，大家时间都很紧，取钱又那么麻烦，我怎么就不能替李佳想一想呢？哎呀！"（低头，懊悔）

李佳（独白，追光）："哎，都是舍友，王敏也是为了大家，我是不是有点太自私了？可是让我道歉，真是放不下这张脸呀！"

（最终，王敏打破二人之间的尴尬，举起杯子，朝向李佳，李佳也举起杯子）

王敏："对……对不起啊，李佳，我太冲动了。"

李佳（惭愧地低头）："不不不，是我错了，我们都应该多为宿舍做一些事情，是我太自私了！所以，今天我请客！"

张茹："好啦好啦，大家都是姐妹吗！正所谓'前生回首今生缘，数载同窗情义坚'。正所谓……"

王敏（推张茹）："得了吧，别跟咱们拽文啦！"

（众笑）（举杯）"好，来来，为了宿舍，干杯！"

众人：（齐举杯）"干杯！"

（幕落，剧终）

参考文献：

[1] 彭运石，丁道群编．大学生心理健康教程．湖南：湖南科学技术出版社 2009.

[2] 胡敏．大学生心理健康教育与指导．上海：上海中医药大学出版社 2005.

[3] 季丹丹，陈晓东编．现代大学生心理健康教育．北京：清华大学出版社 2009.

[4] 段鑫星，赵玲编．大学生心理健康教育．北京：科学出版社 2005.

[5] 陈红英编．新编大学生心理健康教程．武汉：武汉大学出版社 2008；第 2 版．

[6] 谭昆智，杨力著．人际关系学．北京：首都经济贸易大学出版社 2007.

[7] 陶国富，王祥兴编．大学生网络心理．上海：立信会计出版社 2004.

[8] 林崇德，申继亮编．大学生心理健康读本．北京：教育科学出版社 2005.

[9] 胡华北，钱清编．我的青春我做主．合肥：合肥工业大学出版社 2010.

[10] 彭贤等编．人际关系心理学．北京：清华大学出版社，北京交通大学出版社 2008.

[11] 蒋平生，黄卫国编．大学生心理健康教育．北京：北京理工大学出版社 2011.

[12] 励骅编．大学生心理学．合肥：合肥工业大学出版社 2011.

[13] 李振荣等编．大学生心理健康教育与训练．河南：黄河水利出版社 2006.

[14] 桂世权编．大学生人际交往指导．成都：西南交通大学出版社 2007.

[15] 骆风．“和谐社会”与大学生人际交往水平的提高——来自广东高校的调查和思考 [J]. 中国青年研究，2005（6）.

[16] 贾晓波．论大学生职业适应性发展现状与就业能力培养 [J]. 天津师范大学学报，2005（3）.

[17] 陈鹏庭：20 企业联手反“网络庐舍族”，

http：//www. why. com. cn/epublish/node4/node23420/node23424/serobject7ai172935. html.

[18] CNNIC 发布第 31 次《中国互联网络发展状况统计报告》，

http：//news. xinhuanet. com/tech/2013-01/15/c_124233840. htm.

习 题

一、单选题

1. 从静态的角度来说，人际交往又称人际关系，它是通过直接交往所产生的情感积淀，是人与人之间相对稳定的情感纽带，反映的是人与人之间的：（ ）

A. 现实关系

B. 心理关系

C. 社会关系

D. 亲缘关系

2. 在人际交往中，人们往往会根据某人身上一种或几种特征来推论概括该人其他一些未曾了解的特征，出现个人主观推断不断泛化的现象，心理学上将其称之为：（ ）

A. 首因效应

B. 刻板印象

C. 晕轮效应

D. 投射作用

3. 随着社会的发展，大学生的人际交往类型也在不断丰富，除了传统的师生关系、同学关系，还包括新型的：（ ）

A. 网络交往

B. 老乡关系

C. 娱乐交往

D. 群租关系

4. 人际交互作用分析理论认为，当我们在与人交往时，会呈现不同的自我状态，包括儿童自我状态、父母自我状态和（ ）

A. 青年自我状态

B. 成人自我状态

C. 感性自我状态

D. 理性自我状态

5. 当我们在与他人交往时，往往会自愿地有意地在他人面前将自己内心的感觉和信息真实地表达出来，心理学上将这一过程称之为：(　　)

A. 自我认识

B. 自我表露

C. 自我评价

D. 自我接纳

二、多选题

1. 大学生人际交往的特点包括：(　　)

A. 交往动机——感情色情浓，追求纯洁性

B. 交往范围——丰富多彩，全方位拓展

C. 交往方式——直接交往占主流，网络交往普遍化

D. 交往能力——主观上认同，仍需在实践中提高

2. 宿舍人际关系是我们大学人际生活中的重要一课，在与舍友的交往中，往往会出现不同心态和问题，包括：(　　)

A. 自我中心

B. 过度自卑

C. 恶意妒忌

D. 过分依赖

3. 大学生在进行网络人际交往时，一般会经历以下几个阶段：(　　)

A. 随心所欲，寻找意中人

B. 志趣相投，结为知己

C. 揭开面纱，坦诚相见

D. 相见恨晚，相恋相守

4. 在人际交往中，根据我们对自己和对他人所采取的态度，可以将人际交往心理模式分为以下几种：(　　)

A. 我不好——你好

B. 我好——你也好

C. 我不好——你也不好

D. 我好——你不好

5. 影响大学生网络人际交往的主要因素包括：(　　)

A. 个体性格的多样性

B. 个体心理的复杂性

C. 交往主体的隐匿性

D. 互联网络的新异性。

三、简答题

1. 请结合实际，谈谈大学生人际交往的重要性。
2. 请结合实例，说明人际交往中常见的五种沟通姿态。
3. 请简述大学生人际交往的基本原则。

四、论述题

1. 互联网时代，你是如何处理网络交往和传统现实交往的关系？
2. 在人际交往中，如何与他人沟通和正确处理人际冲突？

第五章

执子之手，偕老与否：健康恋爱

“执子之手，与子偕老”一句出自《诗经·邶风》，用来形容两个人永结美好，白头到老的坚贞不渝的感情。青春时期的爱情，激情澎湃又跌宕起伏，虽不是每一段恋爱都能“与子偕老”，但它就像一粒种子，即使最后没有开花结果，也会发酵成一滴酒，在未来的某个时刻，让我们陶醉。那么，让我们一起走进这象牙塔里的爱恋吧。

第一节　窈窕淑女，君子好逑——爱情是什么

“假如人生不曾相遇，我还是那个我，偶尔做做梦，然后，开始日复一日的奔波，淹没在这喧嚣的城市里。我不会了解，这个世界还有这样的一个你，只有你能让人回味，也只有你会让我心醉。”每个人都期盼，在懵懵懂懂的青春岁月中，我喜欢你，你喜欢我，握一份十指相扣的美好，遇一段细水长流的爱情。对于象牙塔里的大学生来说，爱情是个永恒的话题，不管是只身一人等待一场相遇，还是两个身影绘出朝思暮想，抑或是转身离去祝福彼岸花开，在这最美丽的年华里，每个人都守护着自己心中的一份爱恋。

一、心理案例

案例一：众里寻他千百度——你是我的幸福吗

商学院的小艺美丽大方，多才多艺，是学院公认的“女神”。追求她的人很多，有人在生日时送上玫瑰，有人在宿舍楼前制造浪漫的“表白门”。其中，男生小魏，瘦瘦高高，并不是最擅长言辞的那个，却总是在她选修课时在教室外等候，只为送她回宿舍，一起走过短短的10分钟路程。一年后，在拒绝了众多追求者后，小艺一脸幸福地和小魏走到了一起。朋友们都觉得小艺应该找个“高富帅”类型的男朋友，是什么原因让小艺选择了不是最出众的小魏呢？小艺有着自己的解释，在她忙碌的学习生活中，并不青睐耀眼闪光的追求，深情和稳重才是最打动她的。小魏，经常在她最需要鼓励的时候，给她电话和短信；在她参加各项比赛时，为她整理资料，检索信息；在天气寒冷时，提醒她注意并送给她温暖的围巾。

小魏的细心深情让小艺坚定地选择了他。时光荏苒，大四的时候，他们共同进退，跨过了“毕业分手”的坎，又通过了找工作、适应岗位的严格“检阅”，在毕业两年后迈进了婚姻殿堂。婚礼现场，新郎小魏对来宾说了这样一段话：“在大学的恋爱季节里，我们播种了爱情，收获了幸福。我感谢我的大学——不管尘世怎样浮华，在我们美丽校园里的爱情都是最纯粹、最执着的东西，虽然它不是真金白银，却留在我们记忆中，永远熠熠生辉！”

案例二：爱我你就陪陪我——我的依赖不好吗

小丹和小杨恋爱了，一切都变得那么美好。两人在同一个城市的不同学校里面，尽管一个在城市的西南角，一个在城市的东北角，可刚刚坠入爱河的两人总是一有时间就坐上近两个小时的地铁相互探望，一起去吃学校附近的美食，一起去看场温馨浪漫的电影。即使不见面，两个人每天也要相互通话很久，讲讲每天的课程、活动，学校有意思的事情，或是发一些甜蜜的短信。

小杨是学生干部，总是有很多事情要忙，有时候忙得连吃饭都顾不上，回小丹短信的频率低了，汇报自己及时动态的语音也少了，小丹每次问“你在干吗”时，小杨总是过很长时间才回复，慢慢地，小丹开始有了抱怨，等待和依赖如影随形，“亲爱的，你在忙吗，又不回我短信了”“明天我们没课，你有空过来陪我逛街吗”“你是不是不在乎我了”……小杨一个个解释下来，慢慢有些不耐烦了，提出他的意见，“不要每天瞎想，没有马上回你短信不是不在乎你，而是有时候忙起来真的没空”。小丹觉得委屈马上打过去想问个究竟，可小杨挂了电话，短信说“活动结束我再打给你”。小丹赌气着，“那你忙吧，以后也不用打给我了，你根本不爱我”。等小杨活动结束后，一身疲倦打给小丹，小丹的不理睬让他也懒得再去哄她开心，他不明白的是：“为什么不信任我，为什么恋人之间要变得陌生”。

争吵，猜疑，冷战，和好，再争吵……循环了两个月，小丹总是心事重重，小杨也觉得提不起精神，两人默默维持着脆弱的感情。最后，在一次冷战后，小杨说，“我们冷静一段时间吧，我觉得真的很累，不想继续下去了。”

二、心理辅导

在柏拉图的《会饮篇》中，苏格拉底有过这样的叙述，爱神艾洛斯是资源神与贫乏神结合，并在阿佛洛狄忒的生辰之日降生的。因此爱神既有母亲贫乏神的贫乏、丑陋、邋遢和无家可归，又有父亲的勇敢豪爽、精力充沛、聪明坚韧，强烈地渴望一切善和美的东西。所以爱可以发生很多变化，时而生机勃勃、如花似锦，时而消退衰亡、贫乏无知。

案例一中小艺和小魏的爱情绵长温暖，相依相伴，最终走向圆满的结果；案例二中小丹和小杨的爱情亲密却有间，磨合中消失殆尽。尽管结局不同，但都曾经在青春岁月中收获过爱情。那我们来看看爱情究竟包括哪些成分，又有怎样的生化基础，他们是如何被吸引，又如何把握爱情的距离呢？

（一）斯滕伯格“爱情三角形”理论

耶鲁大学的研究者罗伯特·斯滕伯格认为，爱情可以用三个元素来理解，这三个元素可以看成三角形的三个顶点，分别是亲密、激情和承诺，三个因素中的每一个因素都能以不同形式使用，三角形的面积代表了爱的容量和模式。

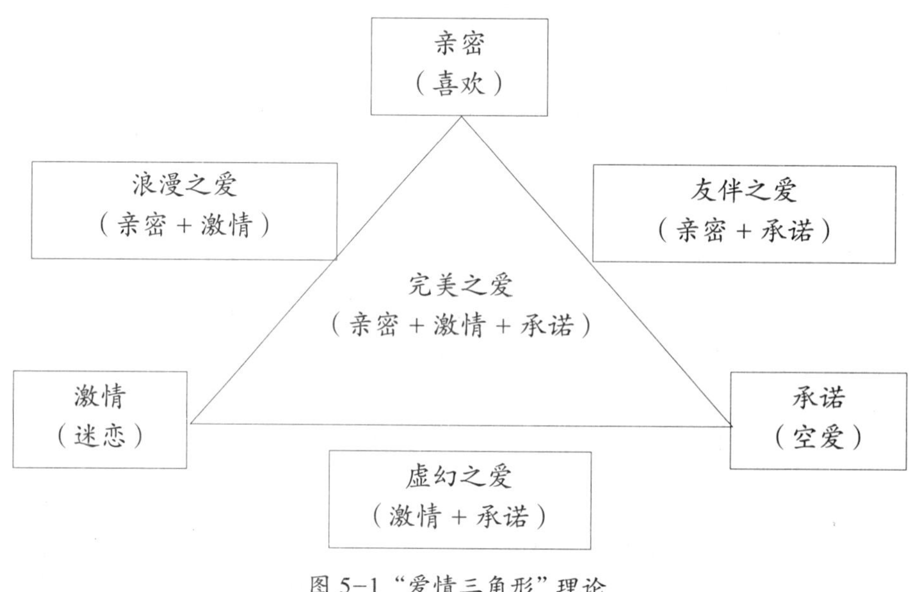

图 5-1 “爱情三角形”理论

爱情的第一个元素是亲密，包括热情、理解、沟通、支持和分享等这些爱情关系中常见的特征。亲密是指在爱情关系中亲近、连属、结合等体验和感觉，因此，这个因素包括那些在爱情关系中能促进温暖关系的感觉。爱情的第二个元素是激情，是指引发浪漫之爱、身体吸引、性完美以及爱情关系中相关现象的驱力，包括那些在爱情关系中能引起激情体验的动机性以及其他形式的唤醒源。爱情的第三个元素是承诺，指投身于爱情和努力维护爱情的决心。从短期来讲，承诺指的是一个人决定爱另一个人，从长期来讲，它是指一个人维持爱情的承诺。这两个方面不一定同时存在，一个人可以在不承诺长久之爱的前提下决定爱一个人，一个人也可以处于一段关系，却不承认爱着另一个人。

三个元素能够组合成不同类型的爱情。在本质上，承诺主要是认知性的，亲密是情感性的，而激情是动机性的。爱情关系的热度来自激情，温暖来自亲密，决定来自承诺。这三个成分被看成“爱情三角形”的三个边。每个成分的程度会由浅到深，所以三角形可能有着各种不同的大小和形状，实际上可能会产生数不清的形状。所以为了简化，我们将考虑几个相对纯粹的、三个成分强弱不同而产生的爱情类型。

• 无爱。如果亲密、激情和承诺都缺失，爱就不存在。两个人也许仅仅是熟人而不是朋友，彼此的关系是随便的、肤浅的、没有承诺的。

• 喜爱。当亲密程度高而激情和承诺非常低的时候，会产生喜爱。喜爱发生在有着真正的亲近和温暖的友情中，但不会唤起激情，也不会唤起你与之共度余生的期望。如果一个朋友确实激起了激情，或者他 / 她离开的时候会被强烈思念，则这种关系就已经超越了喜爱。

• 迷恋。迷恋中有着强烈的激情，但缺乏亲密和承诺，当人们被不太熟悉的人激起欲望时会有这种体验。

• 空爱。没有亲密或激情而只有承诺就是空爱。在西方文化中，这种爱见于激情燃尽的关系中，既没有温暖也没有激情。

斯滕伯格认为，你的爱情或许不太符合上述的任何一种类型，因为这几种类型都缺失爱情的一些重要成分。爱情是复杂的体验，如果我们把爱情的三个组成部分结合起来形成更复杂的爱情形态，这一点就更清楚，以下就是在复杂的划分下，爱情的集中表现形式。

• 浪漫之爱。当高程度的亲密和激情一起发生的时候，人们体验的就是浪漫的爱。对浪漫的爱的一种看法是，它是喜爱和迷恋的结合。人们常常会对自己的浪漫关系做出承诺，但斯腾伯格认为承诺并不是浪漫之爱的典型特征。

• 友伴之爱。亲密和承诺结合形成对亲密伴侣的爱，可以称为友伴的爱。亲近、交流和分享伴随着对关系的充足的投资，双方努力维持深度而长期的友谊。这种类型的爱会集中体现在长久而幸福的婚姻中，虽然年轻时的激情已渐渐消失。

·虚幻之爱。缺失亲密的激情和承诺会产生一种愚蠢的体验，叫作虚幻之爱。这种爱会发生在火速的求爱中，在势不可当的激情中两个人闪电结合，但对彼此并不很了解或喜爱。在某种意义上，这样的爱人为一场迷恋做了一次“风险投资”。

·完美之爱。最后，当亲密、激情和承诺都以相当的程度同时存在时，人们体验的是完美的或称为圆满之爱。这是许多人寻求的爱，但斯腾伯格认为，这好像减肥一样，短时期是容易的，但很难长久坚持。

案例一中，小艺和小魏同时存在了亲密、激情、承诺，是一种完美之爱，而案例二中小丹和小杨开始的感情是一种浪漫之爱，当承诺这个元素缺位时，浪漫之爱慢慢减弱，并受到其他因素的干扰。

浪漫之爱之所以会随着时间而减弱，一般有三个原因。首先，幻想促进了浪漫，但幻想会随着时间的流逝和经验的积累而逐渐变弱。当双方开始越来越近，直到生活在一起、变得越来越现实时，浪漫就会消失。其次，新奇也能为新确立的爱情关系注入兴奋和能量。恋人之间的初吻，比其他的亲吻更令人激动，而当人们为新的伴侣而精神抖擞、魂牵梦绕时，绝不会意识到在30年后自己的爱人会变得多么熟悉和习以为常。最后，唤醒随着时间的流逝会逐渐消失。身体的唤醒如脉搏加快、呼吸急促都会增加激情。但人们不可能永远保持紧张的激动状态，爱情的激情成分比亲密和忠诚更快地发生变化，这就意味着浪漫的爱情也会发生改变。

亲密比激情更为稳定，因此相伴之爱比浪漫之爱更为稳定。能长期维持婚姻幸福的人通常会向配偶表达出大量的相伴之爱。虽然相伴之爱不依赖于激情，身处相伴之爱的人仍会感到非常满足。

所以，好的爱情策略应该是：享受激情，但不要把它作为维持爱情关系的基础；培养与爱人之间的友谊；努力保持新鲜感；把握住每一个与爱人共同进行成长和探索的机会。

（二）爱情的生化理论

赵刚和冯楠的眼光短暂地对视了一下，竟碰撞出一团看不见的火花，因为双方的心里都微微一动，好像似曾相识。

冯楠中等个子，体态均匀，如果用语言形容的话，那么挺拔、婀娜都算不上，只能说是比例适中。她谈不上美丽，但清秀的面容使人望一眼就难以忘怀，她的下巴微微扬起，带有一种贵族式的骄傲，她的眼光里没有丝毫的羞涩，只带有一种智慧的探寻。赵刚从没见过这样的女人，猛一看，哪方面似乎都很平常，五官中的任何部位如果单挑出来，决无称道之处，一旦将它们组合起来，一股清纯和柔和的气息竟迎面扑来，使你感到有些窒息。赵刚惊讶地想，气质真是个奇妙的东西，看得见说不出，有形似又无形，竟能把一个相貌平常的女人装饰得魅力逼人，浑身洋溢着一种使人说不清道不明，拿不起放不下的味道，赵刚觉得，气质的魅力是无法言传的，他分明能强烈地感觉到，但实在说不出来。

与此同时，冯楠也得到一种奇妙的感觉。这个统兵数万的青年将领身上表现出的气质，绝不能用“儒将”这样简单的称呼所涵盖，在他沉静如水的神态下，早年的书卷气和多年戎马生涯带来的杀伐之气表现得同样分明、强烈。本来他白皙清瘦的脸上带出几分儒雅，但只要他稍稍一咬牙，脸部的柔和立刻荡然无存，每块肌肉都棱角分明地凸起，线条马上变得粗犷起来，连唇边和下巴上的短胡茬子都像钢针似地扬起，一副不怒自威的神态，恐怕没有人敢对这种男人表现出哪怕半点不敬，他的眼光能杀敌人，也能把女人溶化。真是个不可思议的男人，没有早年的寒窗苦读和常年在血与火中厮杀的双重阅历是绝难创造出这样的男人。冯楠突然觉得她的心脏猛地迸裂开来，一股滚烫的液体喷涌而出，一霎间，她眼里竟贮满泪水。

——选自《亮剑》

在上述选文中，爱情的生化影响栩栩如生，下面我们就来看看爱情到底怎样通过激素影响我们的身体。

爱情有五种激素：苯基乙胺、多巴胺、内啡呔、去甲肾上腺素、脑下垂体后叶荷尔蒙。苯基乙胺使人坠入爱河，多巴胺传递亢奋和欢愉的信息，内啡肽能够使恋人双方持久快乐，去甲肾上腺素让恋爱的人产生怦然心动的感觉，脑下垂体后叶荷尔蒙则是控制爱情忠诚度的关键激素。

1. 苯基乙胺（Phenylethylamine）——坠入爱河

苯基乙胺是一种神经兴奋剂，它能让人感到一种极度兴奋的感觉，使人觉得更加有精力、信心和勇气。由于苯基乙胺的作用，人的呼吸和心跳都会加速，心跳加快，手心出汗，颜面发红，特别是瞳孔是否放大是判断真爱还是敷衍的最佳标准。无论是一见钟情也好，还是日久生情也好，只要让头脑中产生足够多的苯基乙胺，那么爱情也就产生了，通俗说的“来电”的感觉就是苯基乙胺的杰作。

恋爱中的人喜欢海誓山盟。在承诺的时候，一个深陷情网的人会相信自己有这样的能力。自信心的空前膨胀是苯基乙胺的副作用之一。另外一种副作用就是能让人产生偏见和执着，丧失客观思维的能力，如“情人眼中出西施”。英国伦敦大学的一位科学家曾经招募自称处于热恋阶段中的青年男女作为志愿者，采用磁性共振成像技术记录他们的大脑活动，图像表明，在看到自己恋人照片的时候，大脑的四个特定的区域不约而同地出现血液流量急升的现象，而同时，大脑中负责记忆和注意力的部分活动则受到了抑制，所以，那些处在恋爱中的男女自然就“变笨了”。

通常苯基乙胺的浓度高峰可以持续 6 个月至 4 年不等，平均不到 30 个月。而巧克力确实是最佳的爱情食物，它的苯基乙胺含量是所有食物中最多的一种。所以，送爱人巧克力是有科学道理的。

2. 多巴胺（Dopamine）——安全感，满足感

多巴胺，它能产生一种很欢欣的感觉。多巴胺是去甲肾上腺素生物合成的前

提，可增加心肌收缩力，增加心输出量，让脑血管扩张、血流量增加。对周围血管有轻度收缩作用，升高动脉血压。多巴胺的作用之一是刺激后叶催产素的分泌，这种激素影响妇女的分娩和哺乳，有消除紧张和抑郁的作用。一般认为拥抱时所感受到的那种安全感和满足感与这种激素密不可分。

3. 内啡呔（Endorphin）——持久的快乐，婚姻激素

有过恋爱经历的人都知道，爱除了激情外还应该有些其他的东西。在轰轰烈烈地爱过之后，我们需要另外一种爱情物质内啡呔来填补激情。内啡呔的效果非常接近于一种毒品——吗啡，是一种镇静剂，可以降低焦虑感，让人体会到一种安逸的、温暖的、亲密的、平静的感觉。

科学家指出，运动能让大脑释放情绪元素内啡呔，它能使人感到快乐和充满活力，你运动越多，这感觉越强烈；内啡呔所带来的感觉是和苯基乙胺之类的物质完全不同的。虽然这并不能让人激动和兴奋，但这种温馨的感觉一样能使人上瘾。一般来说当一个婚姻存在的时间越长久，这种状态也就会越牢固。这里面很大的一个原因就在于夫妻双方已经习惯了内啡呔所带来的宁静。看来让爱情历久长新的关键就在于在苯基乙胺之类的激情物质消退之前，分泌出足够多的内啡呔。

很显然，内啡呔的效果和苯基乙胺之类的爱情激素的效果完全不同，或许我们可以称内啡呔为婚姻激素。婚姻激素是在爱情激素水平下降后开始起主导作用的。婚姻的物质基础并不一定需要爱情物质参与其中。

就像有些人天生很难被爱情打动一样，有些人就是没有办法得到充足的内啡呔使自己安定下来。他们的爱情生活是由一系列热恋、分手所组成的，周期就是爱情物质的波动周期，一般为 6 个月到 4 年。如果他们真的结婚了，那么婚外恋也就成了一种必然。与其说他们有着一种散漫的生活态度不如说这是一种病态的表现，也可以称他们为爱情瘾君子。

4. 去甲肾上腺素（Norepinephrine）——怦然心动的感觉

有强大的血管收缩作用和神经传导作用，会引起血压、心率和血糖含量的增高。所谓心跳的感觉就是去甲肾上腺素在起作用。它能让恋爱的人产生怦然心动的感觉。其原理是因为去甲肾上腺素有强大的血管收缩作用和神经传导作用，会引起血压、心率和血糖含量的增高。

当然，任何物质都有产生到消亡的过程。若以上激素消失，人就会清醒过来，即恋人间失去激情。但如果人体能分泌出内啡肽来弥补的话，就可以产生历久常新的稳固恋情。

5. 脑下垂体后叶荷尔蒙（Vasopressin）——爱情忠诚度

动物实验中已经得到验证，注射了脑下垂体后叶荷尔蒙的雄性野鼠对交配过的雌性的兴趣会远远高于对其他雌性野鼠的兴趣，而面对其他雄性野鼠对自己伴侣的亲昵行为，它也表现得更加好斗。而脑下垂体后叶荷尔蒙注射入老鼠体内会

引起勃起，近年来美国几位专家就曾尝试拿伴侣关系特别稳定的土拨鼠与最不稳定的山鼠作一比较，发现土拨鼠对脑下垂体后叶荷尔蒙的感应力特强，而山鼠则相反；同时一旦土拨鼠交配时的上述荷尔蒙受干扰，交配后便不宜结合为伴侣，而一旦把该种荷尔蒙感应基因移植在山鼠身上，山鼠就更愿担负社会责任与配偶责任。这些实验说明，即便是贞操、忠心，也可能是生物化学的奴隶。

这些爱情激素将爱情区分为两种不同的类型：激情型爱情和伴侣型爱情。激情型爱情是指渴望和另一人结合，并处于很高的生理唤醒水平。它包括三个成分：认知的、情感的、行为的。认知成分包括对爱人全身心的关注和对爱人或恋爱关系的理想化；情感成分包括生理唤醒、性吸引和结合的渴望；行为成分只是关心对方和保持身体上的亲近。激情型爱情是无法抵抗的、强迫的、令人废寝忘食的。相比之下，伴侣型爱情则是指对已建立亲密关系的人之间的一种深深的依附感和责任感。激情型爱情是火热的，伴侣型爱情是温和的。激情型爱情往往是恋爱关系的第一个阶段。两人相遇、坠入爱河、海誓山盟。但随着关系的发展，在恋爱关系确定 6—30 个月时候，激情型爱情逐渐转向伴侣型爱情。

（三）爱情的依附与亲密距离

为什么一个平时很独立的女孩，恋爱后会对男友十分依赖？为什么有外遇时丈夫对原配会冷若冰霜，却对并不及原配的情人曲意讨好、柔情似水？案例二中小丹的依赖让男友感觉压力很大，那我们来看下爱情的依附来源于哪里，怎样的亲密距离才是合适的。

爱情依附风格理论认为，个体婴幼儿期与成人建立的依附关系，会使个体形成一个持久且稳定的人格特质，这项特质使个体在与异性建立亲密关系时自然流露出来。成人的爱情依附风格，可能是从婴幼儿时期就开始发展的一种人际关系取向。

哈森和辛普森将成人的爱情关系视为一种依附过程，即伴侣间建立爱情连接的过程，犹如婴幼儿与父母建立依附性情感连接的过程一样。根据这个理论，成年人的爱情关系可以被划分为三种类型。第一，安全型的爱人。是指那些很容易与其他人接近，而且其他人在与其接近时有一种舒适的感觉。在关系中互相依赖是正确的，安全型的爱人不担心会被抛弃，能彼此信任，互相支持，约占 56%。第二，逃避型的爱人。在与其他人接近时会感到很不舒服，别人与他接近时也有同样的感受，害怕且逃避与伴侣的亲密，约占 25%。第三，焦虑—矛盾型的爱人。这种人很想完全接近自己的同伴，却发现同伴没有相应的回应。他们总是担心爱人不是真的爱自己，经常产生情绪不稳定、极端反应的现象，善于妒忌，约占 19%。

这三种类型中，安全型的爱人是最独立和快乐的。另外两种类型的人，在择偶恋爱的过程中，会感到比较辛苦。特别是焦虑—矛盾型的爱人，过度混乱，会把依赖的需要纳入自己的人格，变得惶惶不可终日，整天害怕被别人抛弃，形成“依赖型的人格”。

案例二中小丹就是一个依赖型的人，所以她需要一个“安全型”的制造机，需要一座情感的靠山。她选中小杨，是因为这个人可以满足自己依赖的需求，即使他觉得受不了，“挣扎”了，她也能凭发脾气让他心软。她要不断确定，自己和小杨是有归属关系的，他可以保护自己、关心自己。她把自己很多重量压在小杨身上，最后让他不堪重负。

那亲密距离保持多远，算合适呢？如果把两个人画成两个圆，用位置关系可以表示三种亲密距离。

第一种：纠结型。这一型可以用“亲密无间”“两个人如同一个人”来形容。很多人认为亲密无间是两个人要好的表现。实际上这样的距离很可能产生问题。两个人不分彼此，对方的事都要有所深究，干涉对方做的每一个决定，要认识对方身边的每一个人，完全占领彼此的私人空间，就像小丹要求小杨每天见面，使他没有时间和精力去投入自己的活动。这样的亲密关系到最后，往往会产生冲突，直至分手。

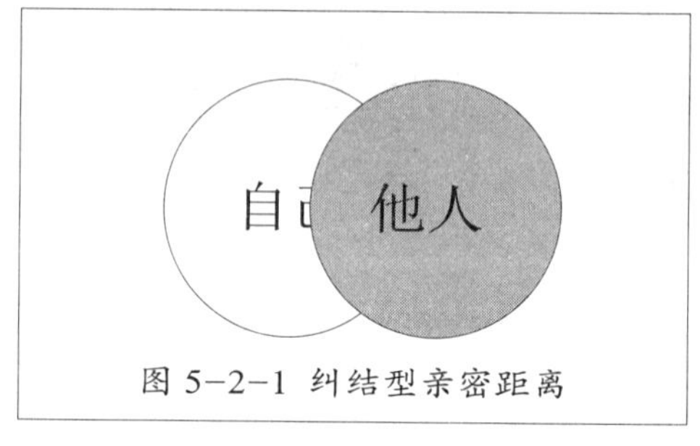

图 5-2-1 纠结型亲密距离

第二种：疏离型。这一阶段的亲密距离是指两个人，一方隐形蒙面，一方铁甲护身，守着极为严格的界限，谁都无法进入对方的心里了解彼此的感受。就像沿着两条永远不能相交的平行线运动的行星，只会按照程序条款互动，毫无热情。这样的关系，让人感受不到一点“亲密的温度”，虽然人近在咫尺，心却远在天涯。

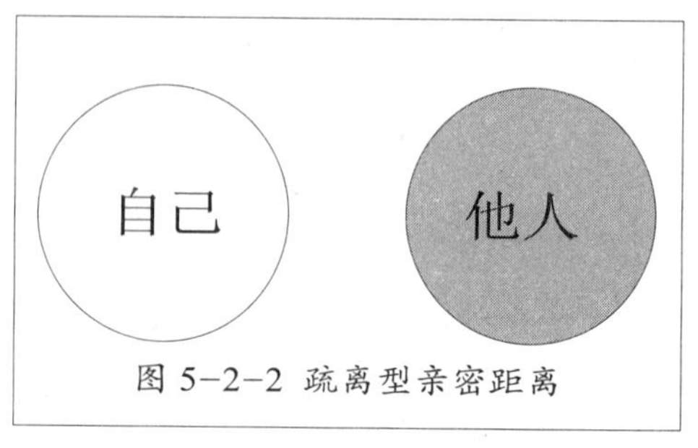

图 5-2-2 疏离型亲密距离

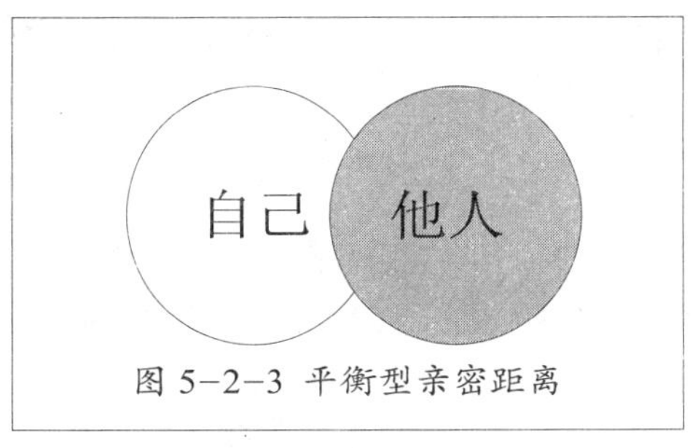

图 5-2-3 平衡型亲密距离

第三种：平衡型。平衡型的亲密距离是最为合适的，像部分交集的两个独立的圆，不太近，也不太远。两个人各自保有完整的自我，彼此独立却又能在不干涉对方的前提下表达关心与支持，两个人一起成长，有部分交集，亲密却有“小间”，界限富有弹性，必要时可以开放让对方进入。在这样的关系中，彼此是安全与温暖的，总能体验到幸福感。

在爱情里，有时候我们很容易会忽视亲密距离，刚坠入情网时的“不分你我”是可以的，但慢慢地需要调整回平衡的距离。衡量这个度，需要学会在靠近前问下对方的需要。

两个人在一起，就好比一起旅行的两个旅伴。先问过彼此的需要，才能结伴而行。他要往哪边走？想去哪些地方？一路上想要看哪些风景？……在我们满足自己的需要时，也要记得对方的需要。两个人相爱，总要经受时间和空间的考验，学会用信任联络着对方，而不是短信、电话、争吵……体察需求，才能安全地爱对方，才能让两人在美好的距离里体验亲密，并实现各自的理想。如果小丹可以看到小杨的需要是体验丰富的大学生活，并能给他时间和空间去满足这种需要的话，相信小杨对她的爱，不会这么快就离开。

（四）性别的相互吸引

为什么两个人在一起会相互吸引，彼此有好感，而对有些人，无论他 / 她对自己再好，也始终没有心动的感觉？那么我们来看一下相互吸引的几个因素。

1. 临近：喜欢身边的人

我们可能在网上认识某人，但当我们听到他们的声音、看到他们的微笑、能真实地握着他们的手的时候，这样的交流所发展的感情更具有回报性。多数情况下，我们的友谊和浪漫是源于与周围人的交往。与人见面不一定会爱上他们，但爱上他们则必须先见到他们。美国的国民健康状况与社会生活调查曾经询问过一些参与者，他们是在什么地方遇到现在的约会伙伴和配偶的，超过 50% 的人是在学校、单位、教堂或者派对上认识的。这些在同一地点工作或上过相同课程的人当中，与我们有过几次接触的人，比那些几乎与我们没有接触的人更容易对我们产生吸引力。

2. 外表的吸引力

我们见到别人时最先注意的通常是长相。外表吸引力对第一印象的形成产生很大影响。一般而言，我们很容易认为长得好看的人更令人喜欢，也更好。例如，在一个以大学生为被试的关于简单印象的研究中，实验者获得了每个被试约会的历史记录，然后通过照片来评价每一个人的吸引力。被判断为有吸引力的女性，比吸引力相对较小的女性有更多的约会。对于男性而言，外貌和声望也有一定的相关度，但不像女性那么明显。

3. 相互性：喜欢那些喜欢我们的人

般配现象表明，为了在关系中获得最大的成功，我们应该追求与我们相似的伴侣。在考虑可能的伴侣时，多数人通过下面的公式评价我们对别人的实际兴趣以及接近并试着展开关系的可能性：

值得拥有的程度 = 外表的吸引力 × 被接受的可能性

其他条件相同时，人们长相越好，就越可能被人喜欢。如果一个人非常喜欢我们，但他 / 她却很丑，那么这人可能并不是我们约会对象的第一人选。如果某人长相很好，却不是同样喜欢我们，就不必再浪费时间。最有潜力的伴侣是外表说得过去，也很有可能接受我们的人。

4. 物以类聚：喜欢和自己相像的人

事实上，人际关系的一个最基本的原则就是相似性：彼此喜欢者也相互吸引。无论是朋友还是恋人，幸福的伴侣在各方面彼此都很像。首先，双方在年龄、性别、种族、受教育水平、宗教信仰和社会阶层等方面有相似的地方。另外，大家在态度和价值观方面也有着相似之处。

小视窗

一种你不想经历的爱——单恋

你是否曾经爱过并不爱你的人？或许爱过。根据不同的样本，有 80% 到 90% 的年轻人报告他们曾经经历过单恋：浪漫地、充满激情地被某个人所吸引，但对方并不爱自己。单恋是一种很普遍的爱情体验，个体在青少年晚期，即 16—20 岁之间产生单恋的似乎最为多见。不过，并不是每个人都会经历单恋。男性比女性更多地发生单恋，痴迷型依赖风格的人比安全型或回避型风格的人更可能发生单恋。

为什么我们会经历这样的爱情？可能有几个原因。首先，想要成为对方恋人的人总是被不太愿意的对象强烈吸引，他们想当然地认为与对方的爱情关系值得努力和等待。其次，他们过于乐观地高估了对方喜欢自己的程度。第三，可能也是最重要的一点，单恋虽然很痛苦，但仍有奖赏价值。想要成为对方恋人的人，体验到的感受除了沮丧之外，还有因深陷情爱而实实在在体验到的激动、得意和兴奋。

成为别人单恋的对象实际上感觉更糟糕。确实，有人追求让我们感觉更好，但有人单恋我们而自己一点也没有动心时，我们常常会发现追求者的坚持不懈具有冒犯性，惹人讨厌，而且决绝热心的追求者常会让我们感到内疚。当我们陷入了单相思，渐渐认识到情感所寄托的对象不会成为自己稳定的伴侣时，尽管会感到苦恼，但却会使我们单恋的对象更为难堪。

三、心理体验

（一）斯滕伯格爱情三角形量表

哪个因素是你爱情力量中最强大的？亲密、激情还是承诺？或者三个因素都包含？

请完成以下量表，题目中的他 / 她代表你的爱恋对象。每题分两栏记分，目前没有爱恋对象的人，“实际感觉”一栏不填；有爱恋对象的人“重要性”一栏不填。第一栏“重要性”的记分表示你觉得在爱恋关系中自己应该在多大程度上具有题目所说的这种感觉，即你觉得题目所说的这种感觉在爱情关系中有多重要。第二栏“实际感觉”记分表示在现实生活中，你对你的爱情关系的实际感觉。

每个问题只能有一个记分。记分用 1—9 表示，1 表示完全没有，5 表示中等，9 表示非常、完全，以此类推，从 1 到 9 程度逐渐加深。

1. 我愿意为他（她）做所有的事情。
2. 对他（她），有着占有欲。
3. 我孤寂时，首先想到的就是要去找他（她）。
4. 当我看到他（她）时我有时兴奋得身体颤抖。
5. 我不愿跟任何人在一起，只愿跟他（她）在一起。
6. 他（她）在眼前时，我渴望接触他（她），也渴望他（她）接触我。
7. 我感到我的伴侣和我密不可分。
8. 我会用一生的时间与他（她）共度。
9. 我愿意宽恕他（她）所做的任何事。
10. 没有他（她），我难以生活下去。
11. 如果我的伴侣忽视我一会儿，有时我会做一些蠢事去吸引他（她）的注意。
12. 在所有的事件上我都可以信赖他（她）。
13. 自从我爱上了我的伴侣后，我对于其他事难以集中注意力。
14. 我觉得他（她）得到幸福就是我的责任。
15. 我发现自己在一天里时常想着他（她）。
16. 他(她)会记住我一切的粗心大意，然后在一起的日子里，一点一滴地提醒我。
17. 他(她)和我有着很好的默契。

18. 我积极促使他（她）健康和幸福。
19. 他（她）常在我幻想中出现。
20. 我们之间无话不说，我不会对他（她）有所保留。
21. 我会记得他（她）的生日以及我们所有的纪念日。
22. 和他（她）在一起，即使什么事都不做，只用眼睛看着他（她）也令我舒心。
23. 当他（她）接触我时，我能感觉到自己身体的反应。
24. 我会试想万一我们有了孩子，我们双方的家庭是否能很好地协调。
25. 我愿意为他（她）忍受一切。
26. 如果我听说他（她）跟别人的一些事情，我会非常不安。
27. 他（她）在外形上符合我的理想标准。
28. 我通常愿意为实现他（她）的愿望而放弃我自己的愿望。
29. 我跟他（她）能很好沟通，我们有着共同的话题。
30. 我们之间没有很清楚的财物划分。

题号	重要性	实际感觉	题号	重要性	实际感觉	题号	重要性	实际感觉
3			2			1		
5			4			8		
7			6			9		
16			11			10		
17			13			12		
18			15			14		
20			19			21		
22			23			24		
29			26			25		
30			27			28		
总分								

算分方法：算出每一纵列的总分。以 45 分为界线，≥ 45 分的记作“+”，<45 分的记作“–”。

对照下表，就可以知道自己的爱情类型了：

爱情类型	亲密	激情	决定/承诺
无爱	－	－	－
喜爱	＋	－	－
痴迷的爱	－	＋	－
空洞的爱	－	－	＋
浪漫的爱	＋	＋	－
伴侣的爱	＋	－	＋
愚昧的爱	－	＋	＋
完美的爱	＋	＋	＋

（二）恋爱类型测试

你的恋爱心理发展到了什么程度？请根据实际情况自测：

1. 你认为恋爱是为了：

a. 找到一个情投意合的伴侣；

b. 成家过日子，养育儿女；

c. 满足性的需求；

d. 刺激、有趣、好玩。

2. 你喜欢的异性是：

（女性选择）

a. 英俊潇洒，有男人魅力；

b. 有钱有势有能力；

c. 人品好；

d. 爱自己的，其余的无所谓。

（男性选择）

a. 漂亮性感，有女性魅力；

b. 贤惠能干，善于理家；

c. 温柔体贴，人品好；

d. 只要有爱，其余的无所谓。

3. 你和恋人确定恋爱关系是因为：

a. 条件般配；

b. 我比对方优越；

c. 对方比我优越；

d. 没想过。

4. 你希望恋爱这样开始：

a. 一见钟情；

b. 青梅竹马；

c. 在工作（学习）中逐渐产生；

d. 经人介绍。

5. 让爱情更深一点的良策是：

a. 极力讨好取悦对方；

b. 尽力使自己变得更完美；

c. 欲擒故纵；

d. 爱情是缘分，无计可施。

6. 当恋人暴露出一些缺点和不足时，你会：

a. 委婉告知并帮其改正；

b. 震惊意外，对其加以指责；

c. 嫌弃动摇，怀疑爱情；

d. 无所谓。

7. 当一位比你目前恋人更优秀的异性对你表示爱慕时，你会：

a. 离开恋人接受其爱；

b. 将其恋情淡化为友情；

c. 瞒着恋人与其往来；

d. 为迟到的爱后悔痛苦。

8. 当你倾慕的异性另有所爱时，你会：

a. 一如既往地待他（她），等其觉悟；

b. 参与竞争，力争成功；

c. 抽身止步，成人之美；

d. 整日后悔痛苦。

9. 恋爱中的波折矛盾是：

a. 必然又必需的；

b. 对恋爱的否定；

c. 无聊的；

d. 束手无策的痛苦经历。

10. 由于种种原因，你的恋爱失败，对方提出分手，你会：

a. 千方百计抓住他（她）；

b. 到处诋毁对方名誉；

c. 说声再见，各奔前程；

d. 矛盾痛苦，不知所措。

11. 进入大龄的单身贵族队列，你的恋爱态度会：

a. 一如从前，宁缺毋滥；

b. 放弃追求，随便凑合一个；

c. 重订更现实的择偶标准；

d. 不谈爱情。

计分标准：

请按以下标准记分，并判断自己的恋爱心理成熟程度。

	a	b	c	d	
1	3	2	0	1	
2	2	0	3	1	（女性选择）
	1	2	3	0	（男性选择）
3	3	2	1	0	
4	2	1	3	0	
5	1	3	2	0	
6	3	2	0	1	
7	2	3	1	0	
8	2	1	3	0	
9	3	0	2	1	
10	2	0	3	1	
11	1	2	3	0	

测试分析：对待恋爱你属于什么型

甲：26—33 分

乙：18—25 分

丙：9—17 分

丁：3—8 分

甲、圆熟型

恋爱心理非常成熟。懂得爱的真谛，向往爱情又能在现实中实现爱。就像一名竞技状态良好的运动选手，你能够在爱情面前轻松舒展，游刃有余；更可贵的是，即使面对失败也有良好的心态。你的恋爱婚姻一定很幸福美满。

乙、正熟型

渴望爱的垂青，然而常会失误，一时难以如愿。校正一下恋爱指针，太过浪漫的要往现实方向调整，太现实的要多加一些浪漫温馨情调，幸福快乐已在眼前了。

丙、待熟型

恋爱婚姻是人生的一门必修课，要取得好成绩单凭热情是不够的，还须专心修习，从理论到实践，再从实践到理论，一点一滴，终会水滴石穿。

丁、青涩型

爱情对你而言是迷宫，是八卦阵，是氤氲可怖的夜景，或者是平淡苍白的荒漠，让心里轻松开放些，爱的光线会缓缓照射进来，那时你才能体会到柔情温暖。

（三）爱情价值

1. 非常男女价值观

（1）活动目的：在异性互动中，每个人都有自己重视的价值，而这种价值观会影响其他人的方式，这个活动就是让同学们清楚地看到自己所重视的异性的价值观是什么。

（2）活动材料：纸、笔。

（3）活动程序：

分小组。第一次小组讨论：你喜欢的异性的性格和自己的性格是互补的还是相似的？你对另一半的要求是否比对自己的要求高？选出你最重视的对方的三个特质，并说明原因。每组将大家的回答集中起来展示，展示男生和女生最重视的排名前十位的特质。

第二次小组讨论：每个人的异性价值观会不会随着经验、成长背景发生变化？有哪些原因影响自己的这些价值观？讨论第一次大家说出的特质有哪些共性和 个性。

2. 爱情买卖

（1）给成员展示恋爱过程中吸引对方的 20 个特点，即男性喜爱的 20 个女性特质，女性喜爱的 20 个男性特点。

女性特点（男性选择）：漂亮，努力，性感，有情趣，脾气好，自信，有品位，家境好，有才华，皮肤好，聪明，心地善良，幽默，有气质，勤劳，工作好，爱干净，可爱，节俭，孝顺。

男性特点（女性选择）：帅气，阳刚，身材体型好，幽默，成熟，有品位，家境好，有才华，聪明，上进，孝顺，工作好，有情趣，心胸开阔，冷静，勤劳，有气质，努力，自信，有较强经济实力。

（2）假设每个成员都有 10 万元，让大家思考自己愿意花多少钱购买清单上自己喜欢的异性特点。

（3）讨论拍卖结束后大家手上的“成果”。

四、拓展阅读

《致我们终将逝去的青春》影评

忘了不知道哪里看到的一句话。

说何以琛和赵默笙最后在一起，是完美。

沈佳宜和柯景腾没有在一起，郑微和陈孝正没有在一起，才是青春。

遗憾的，才是青春吧。

光线散漫地射到每个人的脸上，镜头切到电影的最后几个镜头。

郑微问，陈孝正你那个时候在游泳馆对驯兽师说了什么。

陈孝正回忆着过去说：我今天要和我的女朋友求婚，可是我买不起钻戒，能不能让她摸摸海豚？

他回忆着，回忆着。眼中带着泪水。

全剧终。

我们喜欢一件东西能喜欢多久？

一首歌听了几天也就腻了。一种饮料喝了几个月也该换了。

一个人喜欢了几年，怎么样？也就应该找下一个了。

你想到你和他都还 16 岁的时候，那些共撑一把伞的日子，他握着的伞柄明显地倾向你，自己却淋湿半个肩头的日子。

光阴无法倒退，你觉得实在是已经到头。剩下的三十岁，四十岁，五十岁，或者说下半生都和他没有关系了。

一种感动能保存多久？

你接到手里的玫瑰花几天就凋谢了，那香气能留在你记忆中么？

你们曾经听过的那几首歌几年后就已经过时了，那旋律你还记得吗？

天早就放晴了，与你撑伞的也不再是那个人了，那把伞还立在你的墙脚么？

你是不是会把这些都忘记呢？

仿佛什么都有期限，爱情或者友情，以及更多更多。

过程，挫折，时间，现实，无论是什么让他过期了。

你听过压抑的哭声，了解感情的过度，知道心境的变化。

你那么遗憾又无可奈何。

当你停在这样一个美丽而又冷酷的地方，很久之后才想起回头去看看，对岸依旧青春正好，梧桐树在两旁笔直地连成线，男孩或者女孩一路摇摇晃晃地冲过，笑声长留在耳边。

于是你背过身用手掩住了潮湿的眼眶。然后你才明白。

我们真正爱了，真正难过了，原来也就只有那几年。

在触手可及的时光里的那个人如果再次出现在你的面前。

阳光温暖。微风熏醉。

你们穿着校服或者白色的衬衫。

你还会直直地看着他的眼睛。

勇敢而坚定地说：我喜欢你吗？

曾经有那么一刻。

你想拉住他的手或者摸摸她的头发。

可是你什么也没有做。

少年的隐涩终究埋下。悄然想着静香最终也没有嫁给大雄。

念叨着说不定这世间最好的感情就是你喜欢他，他喜欢你。

你们最终却没有在一起。

然后就释怀了。

时光兜兜转转，谁得到了谁，谁又失去了谁。

也许是陈孝正在洗衣服的地方残忍的那句“人首先要爱自己才能爱别人”。

也许是张开和土木工程系毕业聚会时的那句“陪君醉笑三千场，不诉离殇”。

也许那时你笑得天真烂漫。

让我一度希望我们曾经的青春永不散场。

我今天要和我的女朋友求婚，可是我买不起钻戒，能不能让她摸摸海豚？

他笑得朴实。

然后他哭了。

我们也哭了。

致我们永不逝去的青春。

——选自网络

第二节　人生若只如初见——恋爱中的心理问题

曾经在某一瞬间，我们都以为自己长大了。但是有一天，我们终于发现，长大的含义除了欲望，还有勇气、责任、坚强以及某种必须的牺牲。在生活面前我们还都是孩子，其实我们从未长大，还不懂爱和被爱。

——《与青春有关的日子》

恋爱的初学者还很难拥有爱的能力，没有人天生是为了跟你在一起谈恋爱，所以我们更需要用心经营来之不易的爱情。没有人天生是王子，也没有人天生是公主，所以，吵架司空见惯，只是见好就收，是要慢慢学习的。每个人对于爱情总有不同的理解，所以也会做出不同的选择。在现实的压力面前，是牵手走到未来，还是放手去勇敢追逐属于自己的生活？每个人的爱情，都有不一样的路，每一条路都是合理的，学会爱自己、爱他人，即使没有走在一起，也是属于青春特有的成长……

一、心理案例

案例一：到不了的彼岸——毕业了我们就分手

小丁和女朋友的分手并不突然。“刚谈恋爱的时候，我俩几乎每天在一起，一块上课，一块吃饭，看见我肯定就找得着她。”小丁家在湖北，女朋友是上海人，家境很好。“今年面临毕业，写论文、投简历、找工作，忙得晕头转向，和女友见面的时间屈指可数。”女朋友的父母给她联系了一家薪酬待遇很不错的公司，上升空间也很大。而身为外地人，要想在上海找份好工作实在不容易，投出的简历不是石沉大海，就是面试后被刷下来，小丁的压力越来越大。两人见面的时间少了，矛盾却越来越多。有时候好不容易见一次面，一些鸡毛蒜皮的事情总会引发一场争吵。小丁因为压力大，有时候约会话就少了，特别是不愿提到找工作的事情。而女友想要多问几句，他也总是敷衍回答：“在找，没事儿。”女友觉得为什么找工作的困难不能说出来，一起想办法解决，而她遇到实习中棘手的问题，想跟小丁讲一讲发泄情绪。可刚讲出来，小丁会说：“刚入职场，每个人都有很多不足，其实这也是一种锻炼。”女友更加不开心，觉得小丁越来越疏远，不再体贴、不再甜蜜，不愿考虑她目前焦虑的问题，也不努力去创造两人走到一起的条件。而小丁感觉自己连生存都成了问题，更加无力去承诺以后的生活，他觉得很累，甚至懒得去安慰女友的情绪。面对未来的不确定，两人都感到茫然。当女朋友说出“分手”二字时，小丁甚至没有多少挣扎，就接受了这样的结果。

案例二：因爱受伤——面对失恋

小尚是大三学生，恋爱半年，女友刚对他提出了分手，理由是性格不合。他一直想挽留这段感情，经常会发短信给女生。女生会回复，但态度很冷淡。如此反复了几次，小尚说自己冷静了一些，决定好好看书不再想这些事情。周围同学看他情绪不好也纷纷劝他，可这些话对小尚都没用。他每天没心思看书，也吃不下饭。"她是我的初恋，我真的觉得她是一个特别好的女生，是我理想的那种，漂亮，温柔，有时候也很可爱，她的很多方面我都很喜欢。我不知道她为什么要分手，她身边也没有别人，而且我们在一起特别开心，我能够回想起每一次见面的场景。"

小尚说："这种状态我觉得很不好，可是我很难改变。昨天在图书馆本来想看书，可就是看不进去。我害怕一个人待着，更不敢一个人去食堂吃饭，整个学校附近都是我们曾经一起走过的，走到哪里我都能回想出之前的东西，整个校园都有她的影子，都有我们的回忆。"他觉得自己付出了真挚的感情，却换来不能理解的结果，曾经的甜蜜变为现在的冰冷。如何调整心态接受这个不愿意接受的现实？小尚很困惑，害怕面对感情的失败，害怕面对一个人的孤寂，可是这些又必须是自己要一一面对的。

二、心理辅导

对于爱，当你得到时，倍加珍惜，好好相处；当你失去时，留作回忆，不刻意为之。爱和被爱都要学习，了解两个人在恋爱中的心理差异，学习爱的表达方式，做可爱、可被爱的那个人；而不爱和不被爱也都是生命中的常态，给自己一面不是那么愿意去面对的镜子，看看自己和周围的"不完美"，去寻找下一次的"完美"。

案例一中的小丁和女友爱情受到了挑战，既有两个人相处模式上的差异，也有现实存在的困境；而案例二中小尚一直徘徊在女友给过的"美好"中，不愿意接受

“不美好”。爱情是这么的让人痴狂，又在转身时让人觉得苦涩。那我们来了解一下爱情中两性的心理差异和爱的不同表达。其实走不到最后并不是坏的事情，洞察了自己和周边的各种差异、需求，才是爱情带给我们的无法替代的一种成长。

（一）男女两性在婚恋中的心理差异

由于在生理上有许多不同之处，加上受社会性别文化和自身成长经历的影响，因此男女两性在恋爱中的心理和行为也存在明显的差异。

1. 男女两性对异性外表、形象、气质的追求明显不同

由于爱情本身源于性生理的成熟，恋爱最初的吸引大都来自对方的性别形象。在外表形象上，女性较关注男性的身材，男性则多关注女性的第二性征。最能吸引女性的男性，一般都是身材高大、宽肩阔胸、充满力度的形象，这样的形象可以给女性一定的安全感。相反，矮小、瘦弱的“单薄”男性会令女性疑虑丛生，因为单从视觉上就无法给女性依赖感。这种对安全和依赖难以自我察觉的心理需求，形成了女性心中的男性美的标准。男性则容易被那些第二性征较为明显的女性所吸引。男性不大考虑对方的身高，却重视女性的皮肤，也是同样的原因。这是因为在生理特征上，男性更容易被视觉上的性刺激所激发，因此不自觉地形成这样的审美观。

在气质上，女性容易被那些独立自信、宽容大度、体贴细心的男性所打动，这样的男性给女性以充分的依赖感和安全感。男性容易被温顺、善良的女性所吸引，他们认为，贤惠温柔不仅仅是自己感情的需要，更是生活的需要。

2. 男女两性选择恋爱对象所看重的因素不同

从选择恋爱对象所看重的因素来看，男性倾向于性吸引标准，女性倾向于忠诚可靠等内在性格因素和社会条件。男性择偶定向受传统的“男强女弱”的婚姻模式影响，因为自身一般要承担家庭中的经济重担，比较自强自立，所以男性考虑婚姻时，潜意识里把女性放在附属的地位。他们觉得自己有把握创造身外之物，认为女性只要吸引自己就行，并不太注重女性的社会条件，所以在择偶时常把女性的外貌形体、魅力放在第一位。叔本华说：“吸引异性的首要条件是健康、力量和美。”也就是说恋爱的本钱是青春。

女性的择偶定向明显不同于男性，两者间存在着较大的差距。由于男性的情欲具有冲动性与不稳定性的特点，这对家庭的稳定是不利因素，所以男性的道德品质对女性的选择具有十分重要的意义。女性在择偶时，侧重对男性的道德品质的考察，期望选择忠诚可靠的爱人；其次由于受传统观念的影响，女性把婚姻生活作为一种“托付”，希望对方能成为自己以后生活的坚实依靠。所以在择偶时，虽然也看外表，但更多会从婚姻和未来的关系上考虑，较注重男方的社会条件，如对方的才华、职业、家庭、经济条件等。因此，在恋爱中，女性更多从男性现实社会条件出发，也是有理论依据的。

3. 男女两性的价值观不同

男性重视力量、能力、效率和成就。他们的自我价值是通过所获得的成就来定义的。能否实现预定的目标或独立完成要做的事情是他们能力的表现。所以男性最不愿意让人告诉他该如何做事。他没要求你就主动去帮助他，是对他的不信任，意味着你不相信他能独立完成要做的事情，这是对他的冒犯。

女性重视感情、交流、美和分享。她们花很多时间在相互帮助和相互安慰上。她们的自我价值是通过感觉和相处的好坏来定义的。只有分享和交流才使她们感到满足。当别人谈话时，她们从来不提供答案。耐心地倾听别人的谈话，理解别人的感觉，是她们爱和尊重别人的表示。

女性有一种观察并考虑到别人需要的直觉。她天性的一部分就是不断改进做事的方式，把事情做得更好。当她关心一个男性时，她就会向他指出什么地方需要改进，应该如何改进。在她，那是关心和爱护，且不知却恰恰触动了男性的那个敏感点。结果，在无意中她伤害和冒犯了她所爱的男性。

男性碰到问题时，不轻易说出来，他会将问题留给自己。只有当他需要从别人那里得到答案时，他才跟别人说。所以，一旦他跟别人谈论自己的问题，便意味着请求答案。因此当女性跟他说她的问题时，他自然以为她也在请求答案。可是他发现，她得到他的答案后，并没有像他所期望那样感觉开始变好。这时，他便很难再继续听下去。因为他的答案被拒绝了，这让他感到自己的无能。其实，女性谈论问题是为了感情上的沟通，而不是为了答案，只要男性用心去听，表示他的关注，她就会感觉好起来。

了解了这一点，男性和女性就都会变得更加聪明。男性学会了耐心倾听女性的说话，女性学会了完全接受男性的做事方式。

4. 男性女性对待压力的方式不同

印第安人有这样一个说法：在年轻的女性结婚之前，母亲会告诫她，男性在生气或心绪不佳时会撤进他的洞穴，女性千万不要跟过去。如果她跟过去，守在洞边的龙就会喷出火来烧着她。

男性的压力反应之一：退缩。在压力之下，男性倾向于否定内心感受和感情上的痛苦，并自动退缩。退缩的大体征兆是停止沟通。他不愿意说话。伴侣总以为他这样是对她有所不满，其实这只是男性应对压力的特殊方式。案例一中小丁在找工作时有很大压力，他选择的就是退缩，不愿说话，不愿跟女友讲出自己面临的困境，这其实是男性正常的处理方式，可是在女友看来却是没有重视她的存在。

男性的压力反应之二：抱怨。男性倾向于一次只专注做一件事情，做完这件事之后，再集中精力做另一件事。因此，如果做事情时受到干扰，他就会抱怨。在转移目标的过程中，心理压力越大，他的抗拒也就越强。面对男性的抱怨，女性应该记住一点，请求他帮助之后，马上保持缄默，不要找理由为你的请求辩护。解释他为何“应该”做，或是该轮到他做，或者你已经做了二十多次，等等。仅仅是请求他，然后沉默。这就是著名的“意味深长的停顿”，它包含着所有的可能性。

男性的压力反应之三：关闭自己。这种关闭是不由自主的反应。这时他的思维走进了一个洞穴。他在洞穴里独自思考自己的问题，其他的一切他都视而不见。如果他找到了解决问题的办法，便会走出洞穴，恢复以前的样子。如果他一时没有找到办法，他就会做一些事情，使自己忘掉烦恼，慢慢恢复正常。在男性关闭自己时，女性不要自作主张试图予以帮助。这时候只需要给他空间，理解他正默默地处理着他的痛苦和挫折，相信他有能力解决要处理的问题。

女性的压力反应之一：心烦意乱。面对压力，女性会变得更加情绪化，不自觉内心有股冲动，促使她不仅对自己的情绪做出反应，也对伴侣和他人的情绪做出反应。其实她只是用自己的方式释放着压力，她需要伴侣做她的共鸣板。男性只需要通过倾听和理解她的烦恼，就能帮她找回平衡。

女性的压力反应之二：反应过度。由于不断积累沮丧，她会对周围反应过度，常会说一些不合理、不公平、前后矛盾、不合逻辑的事情，然后又很快忘记。当女性反应过度时，男性会感觉自己在受惩罚。为了反击，男性也会用激烈的方式反击。其实，男性要做的只是倾听就可以。千万不要解释自己和女性的情绪反应无关，也不要试图帮她解决问题，因为女性只是为了发泄和弄清自己的真实感受。

女性的压力反应之三：筋疲力尽。当女性达到她的压力极限时，显得极度空虚和无力，压垮她的可能不是大事，只是一堆琐事中的一两件。她需要的是有人分担她的压力，而不是指责她的要求过分。所以，男性只要从中选择几样最容易做的去做就可以了。

5. 男性女性的语言差异

《男人来自金星，女人来自火星》中对男女两性的语言差异进行了深刻的解读。当女性说“你从来就没爱过我”时，男性也许会回答说：“什么叫‘从来不’？”于是一场争执在所难免。为了强调她的感觉，女性说话时喜欢用“从来不”“一点儿也不”“总是”等一类的词。她不要你去抠字眼，她希望你从中了解她的感觉。

表 5-1 男女两性的语言差异之女性篇

女性说	男性听成	女性真实的意思
我们从来不出去。	你变成这样，真让我失望。 我们再也不一起干点什么了。 你懒，不浪漫，没意思。	我想让你带我出去做件什么事。 和你在一起，我总是很快活。 我们有好几天没出去了。

（续表）

女性说	男性听成	女性真实的意思
我太累了，什么事也做不了。	什么事都我做，你什么都不做。我是瞎了眼了，怎么选上你。	我今天做得太多，我需要休息一下。你能不能向我说一句，说我干得不错。
房子总是乱七八糟。	房子这么乱，都是因为你。 我刚收拾好，你又弄乱了。 你是个懒虫，我不想跟你一起过了。	今天我不想做事，可房子太乱了，你能不能主动帮助清理一部分？
再也没人听我讲话了。	我听你的，可你却不听我的。 你已经习惯这样。你自私，不关心人。	我怕你烦我了，我怕你对我不再感兴趣。我今天特别敏感。你能不能关心我一下，问问我今天怎么样。
没一件事是好的。	你什么都做不好。你真没本事。 如果我不听你的，就不会落到这一步。	我今天有点不知所措。你能不能分担一下我的感觉？ 只要你告诉我，我做得还不错我就会好的。
你不再爱我。	我将我最好的年华给了你，你什么也没给我。 我真傻，爱上了你，现在我一无所有。	今天我觉得你不爱我。我怕被你推开。 我知道你是爱我的，你为我做了这么多。但我今天觉得有点不安全，你能不能再向我表示一下你的爱？

我们知道，当男性感觉到有压力时，变得少言寡语。男性的沉默很容易引起女性内心最深处的恐惧："他不再爱我，他要离开我。"女性需要了解到，男性的沉默是说："我现在不想说话。我不是不关心你，我正在思考。"

表 5–2 男女两性的语言差异之男性篇

男性说	女性听成	男性真实的意思
还行。	我不想告诉你让我生气的原因。 我不相信你能为我做什么。	我能够处理好使我生气的问题。我不需要任何帮助，谢谢。

（续表）

男性说	女性听成	男性真实的意思
挺好的。	我不关心发生的这件事，这个问题对我来说不重要。	我能很好地处理好这个问题，别试图帮助我。如果我需要，我会说的。
没事儿。	我不知道什么事打搅我。我需要你问我问题，帮我找到问题所在。	我不会被这件事难住，我能独自处理好。请别再问与它有关的问题。
没关系。	本来就该这样，不需要任何改变。但下不为例。	这个问题责任不在你，我自己能解决。你就当什么也没有发生一样。
没什么大不了的。	你把鸡毛当令箭，你考虑的那些事儿都不重要。	没什么大不了的。我能让它又工作起来。请别再多说什么。

表 5-3——节选自《男人来自金星，女人来自火星》

了解这些语言上的差异，有利于恋爱或者婚姻中的双方换位思考，避免形成矛盾。

（二）掌握爱的表达方式

西方有这样的一个故事。有一对老夫妻结婚六十年了，每次吃饭时都是丈夫分面包。面包有两层，上面一层比较蓬松，老头每次都把蓬松的一面留给老太太，自己留下下面的部分，就这样他们吃了六十年。六十年了，在金婚那天早上，老太太说话了："威廉，今天能不能变一变？我想吃面包的下面部分。"威廉就问他的妻子："为什么？"妻子说："六十年来，我一直都喜欢吃面包的下面部分，但是我觉得你喜欢吃，所以我就一直让你，但是六十年过去了，我也想吃吃那部分。"威廉大吃一惊，说："太太，其实我最喜欢吃上面部分，但是，六十年来，我都把最好的部分给了你，而把最不喜欢吃的部分留给了自己。"

爱需要表达，这是两性沟通要面对的问题。在关系的发展和质量中，有效的表达和交流是一个很重要的因素。不幸福的伴侣比幸福的伴侣更多地通过不断的交流来挫败或激怒对方。

1. 积极倾听

苦恼的伴侣在表达自己意图时是有困难的。他们倾向于东拉西扯，交谈常常不切主题。他们也不善于倾听别人，经常地打断别人，甚至断章取义，在别人所说的话中挑错。最糟糕的是，他们表现消极的情感，以批评、轻视和自卫的方式说话。他们也会对彼此如石墙般的沉默，使双方陷入交战状态。这类行为是很具有破坏性的，长此以往会导致婚姻破裂。好的倾听者会努力理解伴侣，经常会将发出者发出的信息加以意译，以弄清它的意思。他们也会通过询问自己的判断是否正确来评估其准确性。

2. 重视精心的时刻

什么是精心的时刻？答案是：给予对方全部的注意力，花高品质的时间跟对方在一起。你是否留意过，一起用餐的男女中婚前约会的和已婚夫妇，非常不同：前者彼此注目，后者则东张西望。所以，称得上精心的时刻必须是全神贯注的交谈，或是一顿只有你们两人的烛光晚餐，也可以是手拉手散步。活动其实是次要的，重要的是花时间“锁住”对方的情感。假如你与关注精心时刻的朋友或爱人在一起，你就一定要注意给足时间在对方身上，不要冷落了对方。否则对方就会认为你不关心他的需求。

3. 给他 / 她肯定的语言

肯定的言语，就是赞美的话。看到对方的好处，就称赞他。当你感激对方的时候，可以直接告诉他，也可以通过电话，表达对对方的鼓励、感激和想念。心理学家威廉·詹姆斯（William James）说过，人类最深处的需要，就是感觉被人欣赏。对那些安全感低、有自卑情绪模式的人，缺少安全感时，就会缺少勇气。而这时，如果配偶能给一些鼓励的话语，往往会激发出对方极大的潜力。

4. 重视交流的气氛

沟通中，幽默和玩笑产生的效果远远大于严肃生硬产生的效果。幽默能使趋于紧张的气氛缓和，也能引导对方用另外一个视角看问题。生活本身并不轻松，何必搞得更累呢？当自己的情绪不稳定时，不要去做一些重要事情的决定和讨论，这时候你很容易主观，控制不住自己的情绪，让场面很难堪。

5. 吵架也是一种沟通

不要认为吵架都是坏事，这是在双方都难以稳定情绪时可以选择的沟通方式之一，只要双方都本着充分阐明自己意见的看法，在没有人身伤害的前提下，吵架对问题的解决、意见的沟通都是有益的，比冷战的方式有益。有些情侣虽然没有“唇枪舌剑”，似乎平安无事，但常常以另外的方式蓄势待发；而有些情侣可能小吵不断，但亲密无间。我们不是鼓励大家吵架，但应意识到这并非没有益处。

要想越吵架感情越好，就要注意：一方面吵架是“角度”问题，而不是“是非”问题；另一反面，吵架应该“讲情”，而不是“讲理”。陆琪说过一句话很好，吵架的真谛，是撒娇，而不是比谁更凶。

小视窗

吵架，也是有轨迹可循的——情侣吵架的基本模式

情侣吵架，经常是这样的进行的：

1. 因为男人的某种言行，女人很生气很不爽。

2. 男人开始想解释，然后想：用得着这么大惊小怪的吗？这不就是丁点小事吗？值得发那么大的火？

3. 女人开始不断地唠叨，试图证明男人的做法以前跟现在有何不同。她明确地告诉男人，不是事情本身，而是男人的态度让她寒心和气愤。

4. 男人想：怎么又开始翻旧账，还有完没完？简直是无理取闹嘛。这件事，明明是我对你错，这不是明摆着的嘛？我认错，门都没有。惹不起，我躲得起。我闪！

5. 女人想：现在的男人怎么这样不负责任啊，我的命好苦哦！看来妈妈说得对，天下没有一个男人是好东西。这一次不能就这么便宜了他，否则要翻天了。

6. 男人和女人都在想：我对你错。两个人都忘记了为啥吵架了。要么吵架，要么冷战。谁也不愿意先服软。

争吵背后的心理诱因是：被忽视和被威胁

美国贝勒大学最新心理学研究发现，亲密关系中二人发生争吵的背后有两大因素：被威胁和被忽视。

贝勒大学心理学副教授基思·桑福德博士设计了专门的问卷，调查了一批吵过架的男女，发现争吵背后一个原因是觉察到威胁，包括一方觉察到对方怀有敌意，对自己挑剔批评或抱怨，甚至试图控制自己；另一个原因是觉察到被忽视，包括觉得对方不能做到自己期待他或她应该做到的事情，或者对方在亲密关系的投入上不能让自己满意。

当一方觉察到被威胁和被忽视，就会本能地感情用事，引起争端。这意味着被威胁和被忽视都与一系列独特的情绪有关。因此，当一方感到被忽视时，最好的解决之道是他或她能得到对方的道歉，然后予以原谅；当一方感到威胁，他或她更愿意看到对方对自己表示尊重、欣赏并减少敌意。

（三）恋爱的心理定律

1. 爱情中的角色定势心理

爱情中性别角色的要求已经在我们的文化熏陶中成型，不可避免地左右着我们对爱情双方的角色定义，支配着我们以应有的角色行为来表现自我。这些角色定势来自家庭，家庭给了人们最具体的性别认同的榜样。男孩子会像父亲那样或威武或儒雅，女孩子会像母亲那样或贤惠或热情。有意无意中恋人们在两人的关系中遵循着过去的家庭轨迹，演绎着自己的爱情。

2. 光环效应

情人眼里出西施，是人心理上的一种光环效应现象。心理学认为，当某个人被认为是好的时候，他就被一种积极的光环所笼罩，从而也就把其他好的品质赋予了他。男女之间产生了爱慕之情，在各自身上也会产生积极、美妙甚至理想的光环。在这种光环笼罩下，不但恋人的外貌上、心灵上的不足被忽略了，甚至人为地被赋予了很多美好品德。但由于恋人双方都把对方看成理想中的伴侣，因而促使爱情产生错觉，掩饰了恋人身上的缺点。这样可能造成的后果是，一旦婚后这种光环效应消失，恋人的缺点暴露出来，会在双方感情上留下阴影。

3. 爱情的利他原则

在爱情中会伴随着一种十分高尚的利他心理。恋人们总是处处替对方着想，甚至时时做出自我牺牲。同时处于恋爱中的人们会体验到高兴、愉快、欣喜、兴奋等一系列积极的情绪，良好的情绪状态会激发他的行为动机。正如研究所指出的：任何一种利他行为，追根究底都会有自我报偿的结果。通过利他行为，我们可以缓解焦虑、等待、紧张、犹豫带来的不良情绪，有力地推动双方情感向预期的方向发展。

4. 契可尼效应

西方心理学家契可尼做了许多有趣的试验，发现一般人对已完成了的、已有结果的事情极易忘怀，而对中断了的、未完成的、未达目标的事情却总是记忆犹新。这种现象被称为“契可尼效应”，经常会跟初恋联系在一起。初恋之所以令人刻骨铭心，正是源于初恋的未完成性。同样，在未获成果的初恋中，我们和初恋情人一起度过的美好时光，大多会深深地印入我们的脑海，使我们一生都难以忘却。案例二中小尚正是如此，初恋的女友之所以令他刻骨铭心，正是源于初恋的未完成性。

（四）爱情的心理博弈

古希腊哲学大师苏格拉底的三个弟子曾求教老师，怎样才能找到理想的伴侣。于是苏格拉底带领弟子们来到一片麦田，让他们每人在麦田中选摘一支最大的麦穗——不能走回头路，且只能摘一支。第一个弟子刚刚走了几步便迫不及待地摘了一支自认为是最大的麦穗，结果发现后面的大麦穗多的是；第二位一直左顾右盼，东瞧西望，直到终点才发现，前面最大的麦穗已经错过了；第三位把麦田分为三份，走第一个 1/3 时，只看不摘，分出大、中、小三类麦穗，在第二个 1/3 里验证是否正确，在第三个 1/3 里选择了麦穗中最大最美丽的一支。这叫麦穗理论，也是博弈论的一种。我们在追求爱情的过程中，应为自己定好坐标，通盘审视，在遇到合适的情况时就要当机立断，莫要迟疑，选择属于自己的那束“麦穗”。

再来看一个博弈论中的经典案例——囚徒困境。两个犯罪嫌疑人甲和乙被抓到后被分别囚禁在两个独立的不能互通信息的房间里。如果两人都承认自己的罪行，则双方都被轻判；如果一人承认一人不承认，承认的一方将被释放，不承认的一方将被重判；如果两人都不承认则因证据不足双方均被释放。我们可以看出，如果甲选择承认的话，乙最好是选择承认，否则就要被重判；如果甲选择否认的话，乙最好还是选择承认，因为这样可以被释放。就是说，不管甲怎样选择，乙的最佳选择都是承认，反过来也一样。这样，两个人都会选择承认，不过这样的结局是两人都要遭遇牢狱之灾。其实这个例子讲的就是个人选择和集体选择之间的矛盾，放在爱情里也一样。

爱情如同市场，在信息不对称的情况下，很难逃离分手的结局。在恋爱市场中，双方都想成为最后的赢家，希望自己付出少回报多，一方对另一方从经济角度来说，都会有相应的成本比较。恋爱前，每人都会对自己所追求的对象有一个期望收益，并根据这一期望决定自己将要付出的努力，并且希望收益大于努力，而当现实情况低于自己的期望值时，便会选择放手，或者因为失望产生矛盾而导致最终分手。爱情也是个揣摩对方心理的过程。如果双方都不变心，那是最好的结局，他们将得到爱情的幸福；如果都变了心，那结果也还可以接受，双方还可以继续各自寻找各自的幸福；如果一方变了心，找到了更好的情侣，另一方被抛弃，那么显然另觅新欢的一方是最幸福的，而被抛弃的一方是最不幸的，要独自忍受痛苦的感受。

情侣之间吵架也是一场博弈，双方都有两种策略：强硬、软弱。这样男女双方有四种战略组合：男强女强型、男强女弱型、男弱女强型、男弱女弱型。这样来看，结果无非是一方先妥协，或者两方均妥协，或双方都不妥协而分手。显然最稳定的状态是男弱女弱型，这样就根本吵不起来。再次就是男强女弱型和男弱女强型，这两种组合也是最常见的。要么男方主动退出，退到一旁抽烟，安静不再争执，要么男方在事后主动找女方道歉；要么女方以哭泣结束争执，要么女方在事后主动向男方道歉承认错误。当然最不好的组合就是男强女强型，这是最容易分手的组合。

再比如一对情侣要去看一场电影，男的想看战争片，女的想看爱情片。博弈论中的均衡状态是两人都去看战争片或者两人都去看爱情片。这时无非是要么男的陪女的看爱情片，要么女的陪男的看战争片。这时的决策只能看两个人博弈的结果。在爱情中，我们可以肯定的是哪一方更爱对方，哪一方就会对对方妥协。但如果我们愿意更爱对方的话，我们也会觉得他 / 她开心我们也开心，选择看什么电影已经不重要了。

恋人之间的博弈，可能是双赢，也可能是双输，但是长久的爱情一定是达到一种均衡的博弈，是一种互惠互利的机制。在爱情博弈当中，我们的博弈策略应当是对待恋人要善意、要宽容、要理解、要忠贞不渝、要简单真诚，这样我们才会获得美满的爱情。

三、心理体验

（一）爱情态度自评表

诺克斯和斯波拉科斯基把爱情的态度分为两种，一是浪漫型，即把爱情看着是一种神秘的、永恒的力量，对爱情充满了激动、幻想和渴望，较少注重一些现实问题；另一种是现实型，以注重现实为特征，恋爱关系稳固、和谐。下面的量表可用以测量一个人对恋爱的态度是现实型还是浪漫型。

请仔细阅读每条陈述，把你认为最能代表你态度程度的数字写在每题后面。

1. 当你真正恋爱时，你对任何别的人都不感兴趣。

1. 坚决同意	2. 适度同意	3. 不好决定	4. 有些不同意	5. 坚决不同意

2. 爱没有什么意义，他就是那么回事。
3. 当你完全陷入爱情时，就会确信它是现实的。
4. 恋爱绝不是你所能客观地加以研究的，它是高度的情感的状态，不能进行科学观察。
5. 和某人恋爱而不结婚是个悲剧。
6. 有了爱，就知道这爱。
7. 共同兴趣实际上并不是重要的，只要你俩真正相爱，就会彼此协调。
8. 只要你知道你们是相爱的，虽然彼此认识的时间还很短，马上结婚也不要紧。
9. 只要两个人彼此相爱，即使有着信仰差异，实际上也不要紧。
10. 你可以爱一个人，虽然你不喜欢这个人的任何一个朋友。
11. 当你恋爱时，你经常是茫然的。
12. 一见钟情往往是最深切、最永恒的爱。
13. 你能真正爱上的，并能在一起幸福生活的人，世界上只有一两个。
14. 不用管其他因素，如果你确实爱上另一个人，就可以和这个人结婚了。
15. 要得到幸福就必须对你要与之结婚的人有爱情。
16. 当你和所爱的人分离时，世界上的一切仿佛都暗淡而令人不满意。
17. 父母不应该劝说儿女同谁约会，他们已经忘记恋爱是怎么回事了。
18. 爱情被看成是婚姻的主要动机，那是好的。
19. 当你爱上一个人时，你就想到将来要和那个人结婚。
20. 大多数人都会在某些地方有一个理想的对象，问题是怎样去找到对象。
21. 妒忌通常是直接随着爱情而变化的，就是说，你越是爱就会越有妒忌心。

22. 被任何人都爱上的人大约只有少数几个。

23. 当你恋爱时，你的判断力通常不会太清楚。

24. 我认为，一生中爱情只有一次。

25. 你不能强使自己爱上某一个人，爱情说来就来，说不来就不来。

26. 和爱情相比，在选择结婚的对象时，社会地位和宗教信仰的差别是无关紧要的。

分数解释：选择 1 计 1 分，选择 2 计 2 分。依此类推，将所有题目得分相加，分数越高越接近现实型，分数越低越接近浪漫型。

斯波拉科斯基将此表在 100 名男女未婚大学生中进行调查，结果显示：在恋爱中女生大多数偏向现实型态度，男生大多数偏向浪漫型态度。调查者认为，这可能是女生认为此类事对她们的利害关系大。学生年级越高，年龄越大，恋爱的态度越表现为现实型。对年龄较大和即将毕业者来说，不是为了“浪漫的夜晚”，而是按将来的生活伴侣去选择约会对象，而标准也从“他（她）会跳舞吗？”变化为“他（她）是否有着和我一致的生活目标？”

（二）恋人的沟通模式

以下练习可以帮助你和你的伴侣改进你们的沟通模式。开始时，请先互相进行评估，使用 4 点量表，在表中所列出的特质前为对方打分。不要互相讨论量表或者是上面所述的特质，直接把你的答案写在纸上。

评估量表：

4= 最好。他 / 她在这个特质上对我的表现最好。

3= 还可以。多数时间我从他 / 她那里感受到这个特质。

2= 一般。我希望能从他 / 她身上多获得一些这个特质。

1= 糟糕。我从来没有从他 / 她那里感受到过这个特质。

为你的伴侣打分	你伴侣的特质
	关心我，考虑我的感受。
	有能力表达温暖和爱。
	能感受并理解我的感受。
	让我感受我需要感受的情绪，不会打断我。
	似乎在倾听，并且确实明白我在说什么。
	对我表现出真诚和诚实，所以我能感受到他 / 她的真诚。
	平等对待我。
	不会对我和别人轻易下结论或者做判断。
	尊重我。

（续表）

为你的伴侣打分	你伴侣的特质
	值得信任。
	看上去信任我，并能与我分享内心的感受与想法。

当你们都为对方打完分后，交换一下，你们可以看一看对方为你打的分数。然而，你们都必须同意以下内容：

（1）15 分钟内，不要对你的得分做出反馈，在这 15 分钟内，你应该：

a. 考虑为什么你的伴侣会给你打这个分数。假设评估代表了诚实的反馈。

b. 考虑一下，哪个得分让你感觉最好，哪个让你感觉最不好。

c. 询问自己是否因哪个得分而感到惊讶，为什么？

d. 思考一下你可能会对得分感到愤怒，也许你甚至难以接受对方给你的分数。如果你受到伤害，做好接受它的准备。记住，你的伴侣有权利以他或她的诚实想法给你打任何分数。这可以加深理解。

（2）当开始一起讨论你们互相的分数时：

a. 你们应当协商一个最舒服的时间和地点进行沟通。

b. 只分享你的感受和反馈，不要对你的伴侣的感受和动机进行假设和评价。

c. 当一方表达完自己的观点以后，另一方应当花一些时间对自己所听到的内容进行概括，从而你们可以确定你们听到的内容是正确的。澄清你的伴侣对你所说的内容的任何误解。给对方一些时间来做这件事。现在你们会从哪里开始？如果这个练习能帮助你改进沟通能力，你是否准备好努力向这个目标前进？试着决定你们两个人是否会在这个特殊的领域努力。

（三）爱的对对碰

1. 心灵舞蹈

（1）活动目的：拉近彼此距离，体验信任的建立过程，感受默契的重要性。

（2）活动材料：音乐、眼套。

（3）活动程序：

两两自由组合，男女搭配。第一部分是，一个同学戴上眼套，另一个同学用自己的一只手拉住同伴的手，跟随音乐节奏，引领闭着眼的同学跳舞。可以转圈、前进、变换脚步，看彼此之间的配合。第二部分是，双方交换角色，再进行一次舞蹈引领。

结束后分享交流，双方之间是否信任对方？是否能跟随音乐节奏？这个过程两个人之间有没有变化？最后大家围成一个大圈，相互对在场的其他人说“我爱你！谢谢你！”

2. 爱情博弈——鲜花为什么插在牛粪上？

爱情实际上是两个人感性的博弈的过程。博弈中有时是甜蜜的合作，有时是残酷的折磨，有时是追逐逃跑，有时是一拍两散。

（1）情景讨论：

假设有三个人，A 是一朵“鲜花”，B 是一位“俊男”，C 是一堆“牛粪”。现在是，B 和 C 同时在追 A。而 B 在追求 A 的同时，也有几个很不错的女孩子在追求他。但 C 由于相貌差，没有美女敢追。假定 A 从心里有点喜欢 B 的，但由于美貌，她选择伴侣的标准也就与众不同，还要看谁追她时更具有耐心、谁更爱她。那分析一下，如果你是 A，你会选择 B 还是 C，为什么？

（2）爱情博弈论的分析：

由于 C 没有人追，所以他是没有什么后顾之忧的，反倒可以全心全意地去追 A。追到了，他的人生目的也就实现了一半。当然，就算没有追到，他也没有什么损失。但 B 可就不行，因为在他追 A 的时候，也有几个女孩在追他。所以，如果他追不到 A，也就意味着“满盘皆输”，因为追他的几个靓妹也恐怕没有了。所以 B 追 A 的风险要比 C 的风险大很多，B 在追 A 的过程中就没有 C 积极。同时，如 B 经过艰苦的追求后，迟迟不见 A 回应，便会考虑：A 是怎么想的？会不会答应？如果追不到，那会不会失去其他靓妹？假如 B 选择的标准是，如果不能找到自己所爱的人做伴侣，那么就找一个爱他的人做老婆。在这种情况下，B 最优的选择结果是选择追他的靓妹。也因此，他要两线作战，既要不断地去追 A，另一方面又要保持好和那些靓女的关系，只有这样他才能避免自己鸡飞蛋打。因为如果追不上 A，起码也不会失去追他的靓妹。由于上面这种情况的出现，导致 A 判断结果是：C 更爱她，能保证她终生幸福，因为他对自己死心塌地。丑点有什么关系？毕竟 B 还是花花心肠不可靠。她会觉得 B 如同一个花瓶，虽然鲜花放在花瓶里很好看，但鲜花也会因为缺少营养而慢慢枯萎或者花一枯萎就会把花拿去扔了，而插在牛粪上，这种危险性会小很多。

（3）延伸讨论：

《射雕英雄传》中，绝顶聪明的黄蓉为什么找了相对木讷的郭靖？庄子说，与其相濡以沫，不如相忘于江湖。从爱情博弈上来说，这应怎么解释？

3. 拿起失恋的镜子

失恋是大学生中比较常见的情感挫折。当不得不面对它时，你该怎么办？如果你有这种体验，请尝试以下思考。如果你没有这种体验，可以想象着去操作：

（1）小组讨论：说一说经历过或听到过的失恋的原因。在这些原因中，是否有当事人本身存在的问题？

（2）失恋一定是坏事吗？试着找一下失恋的五大好处。

（3）探索放松心情、摆脱失恋的渠道有哪些。

四、拓展阅读

台湾作家刘墉写给18岁儿子的爱情须知

儿子：

现在就把这个文件下达给你是否早了，我很犹豫，可是又怕迟了，因为你已经18岁了。

也许我是多事，可是不干涉你一下终究不甘心。尤其你的恋爱素质不够好：你脑子不笨，人颇讨喜，善交际，会说话，不固执。你又正好赶上了这个男女交往障碍不多的年代，我真担心你少年轻狂早早就败了胃口。不是我危言耸听，《恋爱须知》的宗旨，就是给你设障碍。这对至情至深的人来说是多余的，对于你，我却要试当一次愚蠢的教育家，希望能对你有所规范。

1. 每一个令你真正动心的女孩，必有一点其他女孩不再会使你感觉到的极美之处，这一极美之处会在一个阶段里不由分说地主宰你，令你全身心地感动。所以它应该是你终身的神祇，即便分手也不可以亵渎它，否则就是亵渎了你自己的感情。如果你仅仅是对某个女孩感兴趣，却没有那种原子裂变似的反应，你不可去招惹人家。你可以等待，等待时间和机遇为你揭示这种兴趣的源头，爱与发现是紧紧相连的。

2. 恋爱中无经验可言，无技巧可言。通向不同的对象，路径一定不同，你需潜心体验、小心分辨才能找到那条特殊的路。经验与技巧则会使你变得粗糙，它们只会越来越快地带你走至那世俗过程的尽头，而你的所求是那极美之处，是更为精致与奢侈的爱的享受。

3. 经验和技巧还会使你有游戏感。游戏偶一为之，只要不自欺欺人，并确认双方都懂得游戏规则当然不是不可以。但是你须当心，感情游戏的花样是很有限的，一旦重复，自己无趣，且成为他人的笑柄，那真是偷鸡不成蚀把米了。更何况感情失贞的次数多了，喜怒哀乐不能保鲜，终究也都会走了味。

4. 不要以为男人能追上女人、女人能迷住男人是什么了不起的事，这是这个世界上最容易成就的业绩，因为男女之间相互被吸引是人的本能。恋爱的成功只对自己有意义，对他人没有意义。把女孩当资本来炫耀，或当作趋附时尚的填充，都是一种商业行为。

5. 敬重有年轮的感情，敬重有了沧桑有了倦意看似松弛而平淡的亲情。你慢慢会懂得它们的好处，并且慢慢会明白它们的厉害。如果你的爱，伤及女孩与她周围亲人的关系，你不可接受更不可要求她的牺牲。新鲜感情所取得的胜利从来都是暂时的——因为新的里面本来就没有多少“时”。

6. 有能力爱的人也不需要抢夺他人已经占领的地盘，人若争夺的也无非是你所爱之人身上那些世俗性的好处，你让掉就是。

7. 语言在真情的压迫下是没有表现能力的。甜言蜜语说得越顺嘴越有才气就越不可信任，但是人们往往迷恋语言带来的快感。你要慎用语言，有“涩”的感觉才是最高境界。

——选自刘墉《恋爱须知》

第三节　你侬我侬，忒煞情多——性心理与困扰

《围城》中说到，爱情跟性欲一胞双生，类而不同，性欲并非爱情的基本，爱情也不是性欲的升华。性是男女情感关系的一座桥梁，站在这座桥梁上，男女双方会展现出不同的态度，对于生理成熟的大学生们，性心理是否已经成熟？对于爱情，性从来都是锦上添花的角色，却难以雪中送炭，两个人的亲密关系又该如何把握？

每个人都是独立的个体，是爱异性还是爱同性，也越来越是个不可回避的问题，只需做到不恐惧、不猎奇，了解自己、尊重自己，便是对自己最自然的回应。

一、心理案例

案例一：设防的青春更美丽——学会保护自己

小乐和男友的感情很好，在一起一年多时间，慢慢熟悉彼此，从牵手到亲吻，一步步完成情侣接近彼此的每一个步骤，但到最后一步，小乐犹豫了……“我没有处女情结，我也没有做过严密的规划，一定要在结婚后才和对方发生性关系。我很爱他，希望和他更亲密，但是我就是不想现在发生性关系。我们已经打了好几次擦边球，但总是在最后激情澎湃时候我刹住了车，他也不是很开心。”男友不理解。两个人的关系很好，也很稳定，开始的时候，他也尊重

小乐的想法，但随着感情越来越深，情难自禁，而且他身边的同学有的也结束了处男之身，男生之间讨论敏感问题时候他总是觉得没有面子，就问小乐是不是不够爱他，是不是有担心以后的情况。小乐也思考过自己为什么难下决心，既担心发生关系后两个人之间吸引力会减少，也担心发生关系后万一感情出现问题，自己会因为这个事情痛苦。“难道爱和性就一定要靠得这么近吗？我自己觉得到这个程度也挺好，说到底，可能是内心的安全感并没有强大到要去发生关系的这一步，毕竟是学生，还是有很多的不确定，既然自己从心理到生理都没有准备好，那就先说不吧。我不是一个稀里糊涂的人，不希望自己因为愧疚，或者想留住他而发生关系。”

案例二：粉红色的爱恋——关注“大同”

“我并不讨厌男人，也并不喜欢。平时和男性朋友的关系也不错。我很享受一个人的快感，或者有一个、几个亲密的同伴。我觉得自己不需要男人。没有男人，我也一样拥有我的生活，享受我的快乐，尽管还并不是被所有人认同。目前，我的家里并不赞同我的选择，而我很明确自己的性取向，也不为这个取向而烦恼。其实最初，我努力过。在父母刚刚发现我的“与众不同”时，我试着和他们中意的相亲对象交往，甚至尝试过性行为，却发现它并没有给我带来所谓的快乐，而是痛苦。很不幸，我不是双性恋，我是彻头彻尾的同性恋，我已经认识到并接受了这个事实。我并不想重复开始的迷茫。至于我，其实同性之间的快感和亲密已经足够。我们有我们的生存方式，也有选择快乐的自由。我想，明白这一点，我是幸运的。在我们的圈子里，大家都能相互理解，并支持我的所有行为。这不是个怪异的、畸形的群体，我们每个人都跟异性恋中的双方没差别，有自己的快乐，偶尔也会因为感情有一些或多或少的情绪变化。不是这个圈子的朋友不少知道我的选择，有些仍旧是我的好朋友，没有什么不同。有些可能不是很理解吧，也许会私下说一些不好听的话。可是，既然我选择了这个取向，就有我自己的理由。别人看不惯我，我不是完全不在意，只是也无能为力。现在的我能想得这么明了，也许跟我早些时候的痛苦的抉择有关吧，我也不觉得自己缺失了什么。”

二、心理辅导

坠入爱河的男女会激发两种性激素：睾酮和雌二醇睾酮，这对性欲产生起重要作用。海伦·费舍说这些激素能“让你寻觅任何可能的对象”。那么在爱情中，爱欲到底是独坐在爱情殿堂正中那华丽的宝座上呢，还是只能被抛弃在爱情之外，抑或是与心灵之爱共生共舞呢？案例一中小乐正是遇到了这样的困扰，我们可以从男女在性欲表达上的差异、心理驱动来一探究竟。而小J的“自我表白”也与成长中的性别角色认同有密切的联系，不妨走进她的特别世界，听听不一样的声音。

（一）性策略上的男女差异

在男女两性情感关系中，男性往往以“生理冲动”为先导，情感相对于性而言处于次要地位；女性则以“情感渴求”为先导，性是情感的表达工具，而不是主要目的。一项关于成年人恋爱的调查表明，有65%的男性同意“没有发生性行为就不算真正的恋爱”这一命题，而同意这一命题的女性只有20%。男女性心理的这一差异反映在两性情感关系上则是：女人喜欢追求浪漫，而男人则不太在意是否浪漫，他们更喜欢直达目的。多数男人在婚后仍旧和自己的好友保持密切联系，譬如一起喝酒、打麻将等等，而女人们婚后则希望能够有更多的时间和丈夫单独相处，不希望被人打扰。在中、老年夫妻中，多数男性对于“左手摸右手”的夫妻生活习以为常，但多数女性则对此不满并深感忧虑。

抛开性道德不论，男性的性选择具有“多向性”，他们同时拥有多个性对象而不会感到身心不适，而女性的性选择具有“专一性”，当陷入多重性关系或拥有多个性对象时，会有“分裂感”并感到焦虑。男人是一种野性动物，女人则是守巢动物。男人可以本能地花样恋爱，而女人则一心一意地沉溺于自己钟情的某个男人，难以分心。造成这一差异的原因较为复杂，一般认为，这是人类生物进化及社会分工的必然结果，它与种族繁殖、子女养育及婚姻模式相关联。譬如，大多数男人在外打拼，他们自然会受到更多的外界诱惑，由此引发了他们在性选择上的多向性。而女人的传统分工是在家带养孩子和操持家务，所以客观上需要比男人专一。

男性喜欢主动出击，女性喜欢被动诱惑。在体验、表达和性行为上，男性一般比较主动，女性则比男性被动。情场犹如战场，男人就像猎手，当他们发现猎物后往往主动出击。而女人大多扮演守株待兔的被动角色，她们不会像男人那样，在遇到自己心仪的目标时便立即主动上前搭讪，寻找交往机会。

男性在两性关系上具有独立性与独断性，女性在两性关系上具有依赖性和控制性。男人喜欢没有约束的生活，不管自己结婚与否，这种秉性都不会改变。所以，他们在感情上往往是独立的、独断的，并习惯于将性、婚姻与感情生活分而论之。而女人则不同，她们对亲密关系、家庭和亲情有着天然的依赖，并倾向于控制、管辖自己所爱的对象。普遍的事实是，女性在小的时候会依赖自己的父母，结婚后会依赖自己的丈夫，晚年则会依赖自己的孩子。即使是社会地位和经济收入处于强势的女人，仍然具有依赖性和控制性这一心理特征。当女性在两性关系上失去了一份重要感情时，她们便会把这种依赖性转移到同性或非性的友情关系上来。

男性倾向于对“具有良好生育能力”的女性产生性冲动，女性则不完全如此。人类性行为的原始功能是满足生育的需要，这是根植于人类集体无意识中的心理动力。因此，男性倾向于对“具有良好生育能力”的女性产生性冲动，而这样的对象往往是一些皮肤光滑、身体健康、肌体富有弹性的年轻漂亮女性，而对中、老年女性和有各种生理疾患的女性，则没有太多的性欲。女性则没有这样明确的性选择倾向，一些年轻女性甚至倾心于具有沧桑感的中、老年男性，便是一个例证。因为女性更看重那些在情感关系与生活细节上对自己体贴入微的对象，并与之保持情感关系。这就解释了一个现象：在身心健康的前提下，男性随着年龄增长，适婚的对象越来越多，女性随着年龄的增长，适婚的对象越来越少。

（二）性行为的心理动机分析

1. 崇尚性自由观念

近几年来，随着西方文化思潮的涌入及我国性文化的泛滥，冲击了有着很深文化积淀的传统性道德。有些大学生盲目崇尚西方的性自由观念，想冲破所谓传统性道德观念。观念一变，行为随之而变，当他们的爱情还处于不知道如何理智地去驾驭生活之舟时，就被欲火烧得不攻自破，过早发生了性行为。有的与恋人周期性地发生关系，有的虽已预感到两人不可能最终成婚，但特殊的关系仍一如既往。浮躁的性观念使扭曲的性行为一发而不可收，结下了“不负责任的恶果”。

2. 满足对性的好奇与探秘心理

在当今文化环境中，性已渐渐撕去了遮遮掩掩的面纱。对于有些大学生来说，已不是“谈性色变”，羞于启齿，而是谈性欲如同谈食欲似的轻松、正常。宽松的社会文化氛围使他们产生对性的朦胧意识和好奇心理更加深化与现实化，由原来对性比较无知发展到已不满足于书刊上所介绍的和影视屏幕、马路大街、娱乐圈、月光下所目睹的，而是要亲自去尝试、探秘，好奇地提出、迎合对方提出的性要求。

3. 使爱情关系升级

部分大学生把性作为衡量爱情的尺码，认为只有性方能维持爱情、发展爱情。有的认为，婚前发生性关系是恋爱的程序化要求，必经之路。提早发生，可以早日确定关系，使爱情升级、深化，加固双方凝聚力。有的认为，这种关系迟早要发生，不如“先上车，后买票”。在这种性爱观念的支配下，他们过快地获得或献出了自己的全部。有的或因男友对自己殷勤有加，在学习、生活上给自己以极大地帮助，或因男友为自己亲属解决了许多困难而付出了很大的牺牲，常常感到于心不安，报恩和感激之情油然而生，“我拿什么奉献给你，我的爱人”的声音在她心中回荡。当男友提出性要求时，担心拒绝会伤害他的心，于是“我无以回报，只有以身相许”，把满足男友的性要求当作对他深情厚谊的回报。

4. 占有心理

有的大学生感到男友或女友符合自己的择偶条件，是理想中的“女神”或“男神”，一见钟情，大有“过了这村没有这店”之感触，在恋爱过程中表现主动。有的男性怕女性“另有新欢”，便“先下手为强”，认为这样就可以将对方据为己有；

有的女性为了占有男性的心或不想被男方抛弃，采取了这种所谓“能拴住男人心”“以性锁情”的行为，造成“木已成舟”“生米煮成熟饭”的效果。

5. 抗拒环境阻力

这是爱情心理发展过程中的反向效应。恋爱中的青年男女，当经过一番了解确定爱情关系后，总希望得到周围环境中的人，特别是父母亲和朋友的支持和赞许。但如果遭到意外的粗暴干涉、他人干扰、父母竭力反对、亲友百般阻挠，他们不但不终止恋爱关系，反而更热情、更密切，以“生米煮成熟饭”的既成事实来对抗阻力，促使恋爱成功。

小视窗

择偶的进化心理学解释

远古时代，生态恶劣，人类面临各种危险。要生存，除自身强壮外还要结成同盟与互助。对于无论从力量、体力等都相对弱于男人的女人来说，必须寻找到强壮、勇猛的男人来保护自己。所以，男人间往往通过“角斗”的方式来争夺一个女人。胜者，将拥有并占有一个女人。

而作为男人，必须要通过展示“勇力”来获得一个女人，来证明自己的优秀——有足够的能力保护自己的“战利品”，并且为她打到更多的猎物以维持生计。与一个强壮、勇猛的男人生活在一起，女人不仅可以获得安全感与充足的食物，还可以获得优良的精子，创造出优质的下一代。

从生理的角度而言，女人一次只排一个卵，而男人一次射精产生数亿精子。显然，卵子在数量上比精子贵重得多，这就让女人的卵子有了优先的权利，女人会想方设法为它找到最好的归宿——与最优良的精子相结合。另一方面，男人一次射出数亿精子，为的是可以最大限度提高“命中率”，让自己的基因得以延续。为了“捕获”一枚珍贵卵子并让自己的遗传基因得以延续，男人可谓煞费苦心，不仅经常处于“备战”状态，更是四处寻求“播种”机会。这也是男人身体更容易出轨的进化遗迹。

而处女情结，从遗传进化角度而言是出于对自我基因的保护，为的是保证哺育出的下一代沿袭的是自己的基因。在微观世界中，数亿精子中用于“攻破堡垒（卵子壁）”的精子只是很少一部分。那大部分精子在做什么？在用于防卫其他男性精子的入侵，以确保“自家”的精子可以与卵子受精。然而，男人一方面绝不容许他的“专属”被其他同性染指，另一方面又在寻求更多的“播种机会”。或许，这就是女人眼中最鄙薄的男人的“劣根性”。

当然，这些是纯生理角度的进化观点，而人类的诸多行为是进化与文化（生物机制与环境）这两个因素共同作用的结果。进化只是其中一个视角，而不是全部。

（三）性别角色认同理论

“认同”的涵义包括以下两方面：一是认为跟自己有共同之处而感到亲切，承认、认可和赞同；二是自觉地以所认可的对象的规范要求自己，按所认可对象的规范行事。性别有“性别”（sex）和“社会性别”（gender）之分。前者指男性和女性的生理差别，后者指男女两性在社会文化的建构下形成的性别特征和差异，即由社会文化形成的对男女差异的理解，以及在社会文化中形成的属于男性或女性的群体特征和行为方式。

性别角色认同指获得真正的性别角色，即根据社会文化对男性、女性的期望而形成相应的动机、态度、价值观和行为，并发展为性格方面的男女特征，即所谓的男子气和女子气。性别角色的正确获得对两性交往中角色的明确很重要。如在两性交往中，作为女性应该具有怎样的特质？是否存在一些男性的女性化或者女性的男性化特征？性别角色的错乱是不是对正常恋爱产生干扰？抑或是同性恋倾向的开始？下面我们先看一下性别角色认同的几种理论。

一是精神分析理论。弗洛伊德认为个体对某一性别角色的偏好是在其童年期通过对同性别父母的竞争和认同建立起来的。三到五岁期间，男孩为了压抑自己对母亲的渴望，开始逐渐地内化父亲所具有的男性化特质和行为，这种认同能够降低焦虑，解决男孩的恋母情结。同样的，女孩为了取悦父亲，开始内化母亲的女性化特质和行为，并最终形成女性化的性别定型。男女通过认同同性父母解决了冲突，认同是孩子开始健康适应同性父母的特质的开始。精神分析对性别角色认同的理论受到很多质疑。如有研究发现，男孩对父亲男性化角色的认同并非由于害怕，相反是由于父子之间良好的关系。

二是社会学习理论。社会学习理论通过“认同”的概念解释了性别角色定型的现象。他们认为，认同是一种特殊的模仿，指儿童不需要专门的培训和直接的奖励，就把与自己关系密切的人视为被模仿者，同时复制他或她的完整的行为模式。研究者指出，父母的性别角色取向会影响到孩子对自我的知觉方式，父母在早期与孩子的交互关系可能是对女性化或男性化行为的社会期待的一种强化。

三是群体社会化理论。认为在个体性别角色认同的过程中，家庭的作用并非如之前研究所显示的那么重要，而起到重要作用的是同伴群体。因此，群体社会化理论预测当另一性别的同伴个体不在场时，性别分化的行为减少。很多的研究支持了这一观点。一项研究证明了男孩在场对女孩行为的影响：一群女孩在玩球的游戏中表现出很强的竞争性，在游戏中加入男孩后发现女孩的行为发生了很大变化，她们变得比加入男孩之前更加害羞而且竞争性减少。一项在美国理工科学校中的调查结果显示，理工科的女生大部分来自于女子学校，即在缺乏男性的学校环境中，女性变得更加偏爱于传统意义上属于男性的学科。在德国，开设的情报学和企业经济管理学课程中，女性班级单独学习和男女混合班上课两组中的女性，前者对专业显得更有兴趣。

四是认知发展理论。这一理论提出了与精神分析、社会学习理论相反的观点，即在性别角色认同的过程中，儿童不再是被动的承受者，而是积极主动地参与性别社会化过程。科尔伯格认为，性别角色认同并不是“人们以男孩的标准对待我，所以我必须成为一个男孩”，而是“我是个男孩，所以我必须做一切事情来学习成为一个男孩”，即性别角色认同开始于对性别的认知。他把儿童对性别认知的发展分为三个阶段：第一阶段（2 至 3 岁），儿童首先形成基本性别认同，具备了识别自己和他人性别的能力；第二阶段（4 岁左右），儿童获得性别稳定性的理解，认识到随着年龄的增长，性别是稳定不变的；第三阶段（5 至 7 岁），性别一致性阶段，儿童已经认识到性别不会随外界条件的改变而改变。至此，儿童具备了性别恒常性。科尔伯格认为儿童只有获得性别恒常性之后才开始性别角色社会化的进程，即充分的性别角色认知是性别角色同化的基础。

五是性别图式理论。性别图式理论是对性别发展和差异的解释理论。其假设是儿童和成人都有关于性别的图式，这些图式直接影响行为和思维。贝姆（Bem）指出，性别图式是信息的重要组织者。性别图式使个体搜索与图式一致的信息，而与图式不一致的信息则被忽视或转化。个体在性别角色形成的儿童初期，首先建立基本的性别认同，即把自己标签为男孩或女孩，并把这些信息整合到性别图式中，形成一组关于男性和女性的信念和期望。这一性别图式类似于信息过滤装置，使个体对于他们性别图式相一致的信息进行编码和记忆，对与性别图式不一致的信息则遗忘或歪曲，使得信息更加符合他们的图式，性别刻板印象就是运用性别图式对信息进行加工的结果。

六是社会结构假说。性别角色社会化的过程受到家庭结构和家长性别的影响。在男孩和女孩的性别角色发展过程中，父亲比母亲所起的作用更重要。男孩和女孩在婴儿时都体验到来自母亲的母性角色，形成了对母性角色的最初认同。而父亲角色，则包括给予儿童有关外面世界的规范和期待。

（四）同性恋的心理学理论

狄安娜，月亮女神，是太阳神阿波罗的孪生妹妹。她与阿波罗一样：喜欢森林、草原，因而也是狩猎女神。按照神话里的说法，狄安娜身材修长、匀称，相貌美丽，又是处女的保护神，所以她的名字常成为“贞洁烈女”的同义词。据说，她有很多求婚者，但她不愿结婚，宣称自己特别热爱自由，愿意与森林中的仙女们永远生活在一起。因此，在英语中，“to be a Diana”可用来表示“终身不嫁”。月亮女神是森林里的独舞者，注定要成为一种神圣的象征，派生出月亮的文化。独舞者，即通常所说的同性恋。

同性恋是希腊文“同样”之意，原用于界定同性间的情感和本能间的吸引现象，是一种心理上的缺陷，被翻译成中文引入时候，带入了诸多隐含的贬义。受西方文化影响，中国同性恋者也会用“Gay”来指代男同性恋，用“Lesbine”“拉拉”指代女同性恋。同性恋这一性指向是指以同性为对象的性爱倾向与行为。

尽管不是传统上被祝福的对象，但面对现代社会逐渐从黑暗中走出来的同性之爱，面对越来越多的同性恋者，你的反应是什么呢？如果你身边的朋友，你所熟悉的人告诉你，他 / 她是同性恋，你又有什么反应呢？

早在人类文明最早期的古希腊时代，爱情就不仅仅只是男女之间的爱恋，而是包含了男男、男女、女女三类爱情。而中国的同性恋行为在3000年前就已出现，在商代之后，同性恋一直没从中华文化中消失。同性恋从性爱本身来说尽管不一定异常，但性发育和性定向可伴发心理障碍，因而常感到焦虑、抑郁与内心痛苦。

21世纪初，《中国精神障碍分类与诊断标准》把同性恋从精神疾病名单中取消，实现了中国同性恋非疾病化，表明了我国精神病学界在同性恋问题上的认识及与国际的接轨。这比美国同性恋非病理化的结论晚了整整17年，比世界卫生组织把同性恋从“国际疾病分类”名单上删除晚了9年。此前，我国把同性恋归类为性变态，受到大众的歧视。今天，虽然在我国，同性恋没有如美国、欧洲一些国家那样多，但人数的发展迅猛，已使世界各国震惊。一位医务工作者在医学刊物上发表了一篇题为“《红楼梦》中的同性恋现象”的文章，分析了《红楼梦》中至少有5对是同性恋者，很快收到全国上万封同性恋者的来信，信中指出古代那种封建社会里就有同性恋，为何过了数百年的现代社会还这样大惊小怪？希望社会给予同性恋者多一点理解，少一点歧视。

同性恋产生的原因是多样的，主要原因有先天遗传因素和后天因素，其中后天因素包括家庭环境、社会环境、文化、心理等。

研究表明，同性恋的性取向有70%是遗传基因所产生的结果。携带有同性恋基因的个体细胞，在适宜的条件下易于发展为同性恋细胞。同样，胎儿的大脑受某种性激素的影响，决定了个体细胞未来的性取向。如果男性胎儿未收到睾丸激素的影响，而是受到母亲卵巢的雌激素影响，男性胎儿大脑就会女性化；女性胎儿如果收到睾丸激素的影响，女性胎儿大脑也会雄性化。

弗洛伊德认为，孩子在四五岁时有强烈的“恋父情结”或“恋母情结”。男孩子因为恋母情结而害怕被父亲阉割，从而导致阉割焦虑；女孩子因为恋父情结，产生阴茎嫉妒。如果这个情结没有很好解决，孩子长大后便有向异性父母认同的倾向，从而导致同性恋。1962年，77名精神分裂学家与同性恋者进行了深入的会谈，获得了 106 项个案研究结果。他们发现同性恋者的父母有一些共同特征：父亲冷淡、疏远，母亲则富有诱惑力。

社会学习理论认为，同性恋是个体观察和模仿异性行为、发生了角色错乱的结果。如女孩对男孩的行为产生认同，转过来对自己的同性感兴趣。生活中，我们会发现有不少被称为“假小子”的姑娘和被称为“娘娘腔”的男子，这两种人容易成为同性恋者。对于女性来说，如果儿童时期经常与男孩子一起摸爬滚打，加之旁人常常称其为“假小子”，这样的女孩子就可能发生角色认同混乱。她的生活风格是男性化的，这一切都是她社会学习的结果。

同样，如果同性恋者的父母未能为其子女提供适当的性别角色榜样，其子女的性别自我认同就不完全。如：亲切型母亲不恰当地取代了父亲的角色，反对男孩子常见的粗鲁莽撞行为，而鼓励其进行更富女性化的活动。

还有其他因素可能造成同性恋倾向。如家庭中父母婚姻不幸和早年的性经验，尤其是首次性经验、异性恋中受到严重挫折，特殊的性经验，伙伴群关系，偶然的机遇，性教育的缺失等。由于人类性行为是多元化的，本能的宣泄和外界的刺激所产生的渴求，是人性正常的需求。但是在缺乏异性的环境中，如军队、监狱、长期在海上作业的船只，一些人会把同性间的性爱作为一种满足性欲的取代行为。

同性恋是一种跨文化古今存在的现象，是各种不同背景下人类性行为的一种基本形式。同性恋在人口中所占的比例十分稳定，并不因社会规范的阻碍而有所减少，也不因人们的宽容而增加。人们的接受与否对同性恋人群的生活至关重要。很多情况下，因为无法被家人理解和社会认同，同性恋者往往选择逃避或者掩盖自己的真实想法，同样也会背负沉重的精神包袱。社会对同性恋的宽容，只不过在一定程度上，让原本隐藏在角落里甚至黑暗里的人群可以正大光明地在阳光下呼吸。

所以，对同性恋朋友不要故意疏远、另眼相待，或者是孤立他们。我们作为他们的朋友，不能因为知道他们是同性恋，就故意疏远。和同性恋的人接触，我们并不会因此受到伤害，但是他们却会因为我们的疏远，从而在心底刻上一道伤疤。要学会尊重他们，不要经常把与同性恋有关的字眼挂在嘴边，那样会伤害到他们。要本着一颗平常心，学会接受他们、包容他们、尊重他们。就算实在接受不了，也尽量让自己表现得平平淡淡。很多人在知道朋友是同性恋后，会一直劝解与开导，希望他们改变性取向，变成异性恋。其实这样的做法还是会给同性恋者一种，你没有接受他们，所以才会一直想着要改变他们性取向的印象。

无论我们身处在哪个群体中，都要以一种最平凡的态度对待迎面而来的一切，顺应自然带来的一切。

三、心理体验

（一）激情之爱量表

请你描述在激情之爱中的感受。描述这一感受的一些常见词语为：激情的爱、迷恋、相思病、着魔的爱。现在就想一个让你爱的最有激情的人。如果你现在没有谈恋爱，请想一想你的前一个恋爱对象。如果你从来没有谈过恋爱，想一个你以类似的方式关爱过的人。在完成以下问题时候，始终想着这个人。

请用 1—9 的分数标出每项得分，1 表示完全不正确，5 表示比较正确，9 表示完全正确。

1. 如果他 / 她离开我，我会很难过。
2. 有时候我感觉不能控制自己的思想，一心都挂在他 / 她身上。
3. 当我做了令他 / 她高兴的事情时候，我会很快乐。
4. 我就想与他 / 她在一起。
5. 如果我想到他 / 她爱上别人，我会很嫉妒。
6. 我渴望知道他 / 她的一切。
7. 我身体上、感情上和精神上都需要他 / 她。
8. 我对来自他 / 她的感情渴望永无休止。
9. 对我来说，他 / 她是完美的浪漫伴侣。
10. 当他 / 她爱抚我的时候，我感觉自己的身体在回应。
11. 他 / 她似乎总在我的脑子里。
12. 我想要他 / 她了解我、我的想法、我的恐惧还有我的希望。
13. 我急切地寻找他 / 她对我有欲望的信号表现。
14. 我被他 / 她强烈地吸引。
15. 我与他 / 她的关系不顺利时，我会极其苦恼。

得分高者表明更高程度的激情之爱。在 15 个项目里，男性和女性所得的平均分都是 7.15。

（二）性态度问卷

本问卷的目的是帮助你了解自己的性态度，以及在过去的生活中你的性态度的变化，同时也帮助你评估你在性方面的背景知识及其对你的意义。在问卷中，要求你比较你现在的性态度同 4 到 6 年前的性态度之间的差异。问卷最好能请你父母帮忙完成，如果不行，可以根据你对父母的了解自己评估父母得分。

<table>
<tr><th colspan="4">性态度问卷</th></tr>
<tr><td colspan="4">用以下数字评价你的性态度</td></tr>
<tr><td colspan="2">0= 不确定 1= 非常不同意 2= 有些不同意 3= 相对中立 4= 有些同意 5= 非常同意</td><td></td><td></td></tr>
<tr><td>性态度列表</td><td>你父母的得分：</td><td>4—6 年前你自己的得分：</td><td>你现在的得分：</td></tr>
<tr><td>1. 手淫是健康的，正常的表现。</td><td></td><td></td><td></td></tr>
<tr><td>2. 应当鼓励年轻人手淫，体会另一种性体验。</td><td></td><td></td><td></td></tr>
<tr><td>3. 相爱但没有结婚的两个人之间的性行为是合适的。</td><td></td><td></td><td></td></tr>
<tr><td>4. 只要两个人同意，单纯为了身体愉悦进行的性行为是可以的。</td><td></td><td></td><td></td></tr>
<tr><td>5. 恋爱阶段，只要两个人同意，与对方之外的人发生性行为是可以的。</td><td></td><td></td><td></td></tr>
<tr><td>6. 男女同性恋，或者双性恋是可以接受的。</td><td></td><td></td><td></td></tr>
<tr><td>7. 男女同性恋，或者双性恋不应因为性取向而被歧视。</td><td></td><td></td><td></td></tr>
<tr><td>8. 成年人可以根据自己的意愿购买，观看描述性行为的色情作品。</td><td></td><td></td><td></td></tr>
<tr><td>9. 只要双方同意，任何形式的性行为都是可以接受的。</td><td></td><td></td><td></td></tr>
<tr><td>10. 在沙滩上，我不会因为周围有裸体的人而感觉不舒服或者觉得冒犯。</td><td></td><td></td><td></td></tr>
<tr><td>11. 在沙滩上，我不会因为自己裸体和其他人在一起而觉得不舒服。</td><td></td><td></td><td></td></tr>
<tr><td>12. 人类的裸体应当被认为是美和愉悦的源泉，而不是令人羞耻的事。</td><td></td><td></td><td></td></tr>
</table>

（续表）

性态度问卷			
用以下数字评价你的性态度			
0= 不确定 1= 非常不同意 2= 有些不同意 3= 相对中立 4= 有些同意 5= 非常同意			
性态度列表	你父母的得分：	4—6 年前你自己的得分：	你现在的得分：
13. 女性应该拥有与男性一样的性权利。			
14. 女性能像男性一样享受性的愉悦。			
15. 女性在性行为中应该跟男性一样主动。			
16. 青年人和成年人都应该了解准确的性知识。			
17. 不经过父母的同意未成年人也应该能使用避孕知识和工具。			
18. 内科医生应当能够不通知父母就治疗未成年人的性传播疾病。			
19. 意外怀孕后，我认为堕胎是一种解决方式。			
20. 女性应当有权利自由选择堕胎。			
总分：			

分析：最后的总分给了你一个比较你目前性态度与几年前的性态度，以及最早给你性教育的父母（或者其他人）的性态度之间异同的大概的依据。总的来说，得分越高，性态度越自由（最高分是 100 分）。得分本身没有对错与好坏之分。只是让你清楚了解你父母，几年前的你在性态度上与现在的差别。

（三）爱情迷思

1. 同性恋电影分析：《蓝宇》

（1）影片及导演的背景介绍：《蓝宇》上映于 2001 年，以中国大陆十几年的发展为背景，以两个男人的感情纠葛为主要内容。此片由网络小说《北京故事》改编，导演为关锦鹏，主演为刘烨和胡军，并获得第54届戛纳国际电影节参展影片资格。

（2）讨论：蓝宇选择和捍东在一起的原因。

（3）蓝宇和捍东对同性恋是不是从内心认同？

2. 角色互换心理剧——如果我的孩子要出柜

（1）背景介绍：出柜多指同性恋者向家人、朋友或公众公开自己的同性恋取向。近年随着各地同性恋团体成立及社会对其认同度的提高，许多“同志”选择“出柜”。但孩子的出柜却让其父母遭遇难堪。

（2）过程：请小组成员分别扮演爸爸、妈妈和孩子，展现一个家庭对同性恋的态度及家庭中每个人的关系变化。

（3）讨论扮演中出现的问题、每个人的情感表达和角色的压力。

四、经典分享

性与爱情

爱情是一个浪漫的话题，古往今来，有多少文人骚客陶醉其中并吟诗作赋，他们或低唱浅吟，或引吭高歌。爱情，也是一个永远的话题，不知有多少先贤智者、思想哲人对之进行描绘与叙述，他们每一种说法都似乎言之有理又好像不尽了然，关于爱情，始终没有一个定论，这或许正是爱情的迷人与美妙之所在吧。奇怪的是，和爱情关系甚密的另一个话题却很少有人提及，那就是性。性不再是一个浪漫的话题，而是一个具有功利色彩的现实的问题，也常常被人们所回避。但实际上，爱情从不排斥性，性也总是掺杂和融合在爱情里的。

在人类社会中，一个正常人，在其意识水平发展到一定程度的时候，就会产生对异性的好感和爱慕，这就是爱情；而在其生理器官发育到一定水平的时候就会对异性产生性的好奇和渴望，这是由人的自然性决定的，是一种正常的生理需要，是不可避免的，只不过人作为智慧生物，可以对之加以约束和驾驭而已。

柏拉图式的爱情是爱情的至高境界，但在现实生活中却是不存在的，因为人还远没有进化成纯粹的思想体。人是精神与肉体的结合体，精神产生爱情，肉体产生性，爱情与性的共存才能体现人的完整性。

孔子说：“食、色，性也。”孔子也不回避性。那种避开性来谈爱情的人是伪君子，相反，他们常常充满了对性的某种偏执的渴望，是狂热的性幻想者；反之，只谈性而不谈爱情的人是没有人性的两脚动物。

爱情的纯洁体现在爱情的对象与性伴侣的一致上，异性双方产生爱情，可能会由于伦理道德等因素而没有发生性行为，但在意识中双方是对对方存有性的幻想和渴望的。性不是爱情的结果和目标，却是构成爱情的必要成分，不管是否发生实质性的性行为，在爱情中它都是不可或缺的元素。

那种认为跟性扯在一起便是玷污了爱情的观点是值得怀疑的，爱情的发展必然会产生性的吸引和渴求，没有性吸引的两性关系充其量只能算是知己，而不能算是爱情。

爱情从不会抛弃性，性却常常背叛爱情，这样的事例在现实生活中比比皆是。无爱之性只是一种追求肉欲满足的行为，那样的行为，爱情并不在场，它即使有情，也只是一时的激情，而非爱情。爱与性交融，那么性也上升到了精神的层面，并被赋予了浪漫的色彩，那是身心的愉悦、灵与肉的结合，是完美爱情的演绎。

所以，但凡爱情，都跟性有关，性，却不一定跟爱情有关。

——选自散文网，残月《性与爱情》

心理剧《校园情怀》

第一幕

（图书馆）

他："我喜欢在图书馆看书，希望通过自己的努力在这个陌生的城市能有立足之地，闯出一番事业。我相信我一定可以！当然，我也希望在大学里遇到心目中的她。"

她："我的生活很简单，寝室、食堂、图书馆三点一线，我希望自己能有机会去国外看一看不一样的风景。当然，我也希望在大学里遇到心目中的他。"

（他手机突然响了，图书馆的人都看向他，他觉得很窘迫。）

她："嘘"（竖起食指做静音状，莞尔一笑，低下头，继续看书）

（他慌张摁断了电话，那个女生的笑容一下子印在了他的心里，一切都这么突然，又这么神奇，让他记住了她的样子、她的笑容，也喜欢上了这个不认识的女生。连续几周，他都坐在同样的位置，却没遇到这个女生，直到有一天再次相遇。他有些紧张，左思右想怎么去表达爱慕之情，遐想对她套近乎时的情景。他漫无目的地翻看着书架上的书，发现了这样一句话，"我知道，市面上的好青年还有很多，一定有一个人，幽默而不做作，温柔而不"咸湿"，相貌不用多端庄，但随便一笑，便能击中我心房。"他在书中此页夹上字条，"May I？"走过她身边，轻轻放下这本书。）

他："同学，可以请你看一下这本书吗？"

（她翻开书本，仔细阅读，拿出字条，抬头望向他，会心一笑。在纸上写下几笔，重新夹进书里面，起身，走到他身边，放到他面前。）

她："这本书还给你，我也很喜欢。"

（他翻开了那页，上面写着 maybe you can.）

第二幕

旁白："像所有人预料的那样，他和她恋爱了。平日里，他帮她去图书馆占座，她帮他打饭。温馨又甜蜜。"

他："今天我的面试蛮好的，如果能进这家公司实习，对以后工作是个很好的平台。"（她有点心不在焉）"你在想什么呢？"

她："亲爱的，你是一定会在这里工作吗？"

他："是呀，我们一起留在这个城市不好吗？"

她："可是就业这么难，继续读书也是可以的呀。"

他："你放心，我一定会找到一份好的工作，用双手养活自己。当然，还有你。"

（她靠在他肩膀，若有所思。）

第三幕

他："亲爱的，你在干吗呢？告诉你一个好消息，这家公司给我发了实习通知了！"

她："哦。"

他："明天周三，我们下午去看电影庆祝一下吧！你一直想看的《致青春》！"

她："啊……我在寝室有事情要忙。这里信号不好，改天再说吧，挂了啊。"

（他有些疑问，还没有反应过来，对方已经挂机。接连一周，联系都很少。他有些焦躁。又拨通了她的电话）

他："我觉得，好像我们之间有了一些陌生和隐瞒，我不知道你在忙些什么，你好像也没兴趣分享我的喜悦。明天晚上八点，小操场聊一聊吧。"

她："嗯。"

（小操场上）

她："我一直不知道该怎么告诉你，学期末，我就要去美国了。"

他："什……什么？我怎么什么都不知道。"

她："一年前父母提出来的，我挣扎了好久，很抱歉我没有告诉你，我知道你是一直要在这个城市发展的。"

他："但是你还是决定去了是吗？不能改变吗？"

（白天使和黑恶魔出场）

黑恶魔："当然要去，父母已经为你做好了所有的准备，难道你要因为自己的个人情感而放弃美好的未来吗？"

白天使："你明明就很在乎他，去了就意味着要放弃这段感情，你舍得吗？而且在国内也可以有很好的发展呀！"

（白天使和黑恶魔抓住她的手，拖拉三回合之后，白天使倒在地上）

她："对不起，我不是想故意骗你"（试着去抚摸他的脸）

他："你知道，我所有的梦想里都有你的存在，找一份好的工作，给你一个安定的未来，而你的梦想里却不曾有我……"（痛苦蹲下）"真的要走吗？"

她（哭泣）："亲爱的，你这样会让我放心不下的。对不起，真的对不起……"

（他和她同时后退，两人渐行渐远。）

第四幕

（宿舍里）

他："一直以来，我都希望毕业之后有一份安稳的工作，为父母也为她做最好的自己，但是现在做了最好的自己，她却走到了远方。"

她："已经好几天了，都没有他的电话和短信。他，也决定放手了吧……"

他："要不就让这枚硬币来决定吧。"（拿出硬币，抛了上去却没有去看正面反面）

旁白："其实，抛硬币不是为了最后的结果，而是在抛起的那一瞬间你的心里就有了答案。"

（他深呼吸，拿起电话，打了过去）

他："我想好了，希望你在那边好好的，我们给彼此一段时间去追逐自己的梦想吧！也许，青春的脚步原本就应该跟随自己内心的声音吧！"

毕业后，他去了一家知名会计师事务所，过着忙碌却充实的生活。而她在大洋彼岸，每天为自己的学业忙碌着。两个人在人潮人海中顺着属于自己的轨迹前进。

旁白：每个人对于爱情总有不同的理解，所以也会做出不同的选择。在现实的压力面前，是牵手走到未来，还是放手去勇敢追逐自己心中的梦？每个人的青春，都有不一样的路。但青春无悔，不论选择什么，只要追随心的方向并坚持走下去，就会找到属于自己的幸福，总会得到属于自己的成功。那些青春时期的爱情，像一粒种子，即使最后没有开花结果，也会发酵成一滴酒，在未来的某个时刻，让我们陶醉！

参考文献：

[1] 罗伯特·J·斯滕伯格，凯琳·斯滕伯格著，李朝旭等译．爱情心理学．世界图书出版公司 .2010.

[2] 张采鑫，高敬主编．爱情是什么，全球 136 位大师谈爱情．九州出版社 .2007.

[3] 罗兰·米勒，丹尼尔·铂尔曼著，王伟平译．亲密关系．人民邮电出版社，2010.

[4] 布雷姆，米勒著，郭辉等译．爱情心理学．人民邮电出版社.2010.

[5] 格雷·F，凯利著．耿文秀等译．性心理学．上海人民出版社.2010.

[6] 约翰·格雷著，黄钦、尧俊芳译．男人来自火星，女人来自金星．吉林文史出版社.2010.

[7] 安德鲁·特里斯著，麻争旗等译．恋爱是这么回事．华夏出版社.2011.

[8] 赖芳，季辉主编．大学生恋爱与婚姻．天津大学出版社.2011.

[9] 肖三蓉著．爱情与人格．上海社会科学院出版社.2010.

[10] 四四，意达著．爱情心灵安全岛．中南出版传媒集团，湖南人民出版社.2010.

[11] 段鑫星，孟莉著．爱是青春的舞蹈．科学出版社.2008.

[12] 姜星莉主编．爱的艺术——大学生恋爱与人际交往指要．旅游教育出版社.2008.

[13] 穆铭编著．完全图解恋爱心理学．南海出版公司.2008.

[14] 熊哲宏主编．心理学大师的爱情与爱情心理学．中国社会科学出版社.2007.

[15] 心灵咖啡网：www.psycofe.com

习　　题

一、单选题

1. 没有亲密或激情而只有承诺的是（　　）。

A. 迷恋

B. 空爱

C. 无爱

D. 喜爱

2. 拥抱时所感受到的安全感和满足感与（　　）激素密不可分。

A. 苯基乙胺

B. 多巴胺

C. 内啡呔

D. 去甲肾上腺素

3. 男女两性语言存在差异，女性说“我们从来不出去”，实际想表达的是（　　）。

A. 你变成这样，真让我失望。

B. 我们再也不一起干点什么了。

C. 我想让你带我出去做件什么事。

D. 你懒，不浪漫，没意思。

4. 初恋之所以令人刻骨铭心，正是源于初恋的未完成性，这种效应称为(　　)。

A. 光环效应

B. 刻板印象

C. 期望效应

D. 契可尼效应

5. 儿童获得性别稳定性的理解，认识到随着年龄的增长，性别是稳定不变的，是在(　　)阶段。

A. 1 至 2 岁

B. 2 至 3 岁

C. 4 岁左右

D. 5 至 7 岁

二、多选题

1. 斯滕伯格爱情三角形理论中三个元素分别是(　　)。

A. 亲密

B. 激情

C. 陪伴

D. 承诺

2. 有效的爱的表达方式包括(　　)。

A. 积极倾听

B. 重视精心的时刻

C. 肯定的语言

D. 重视交流的氛围

3. 两性之间相互吸引有(　　)因素的影响。

A. 距离很近

B. 外表的吸引力

C. 对方对自己喜欢

D. 对方和自己相像

4. 科尔伯格的儿童性别角色认同有以下几个阶段，(　　)。

A. 基本性别认同

B. 对性别稳定性的理解

C. 性别角色混淆阶段

D. 性别恒常性阶段

5. 同性恋倾向的影响因素包括：（　　）。

A. 遗传

B. 个体观察模仿中性别角色错乱

C. 父母婚姻不幸

D. 早年恋爱、性生活的创伤经历

三、简答题

1. 在爱情中，两个人的亲密距离有怎样的形式？
2. 在两个人恋爱中，吵架扮演着怎样的角色？
3. 请问斯滕伯格对爱情的看法是什么？

四、论述题

1. 试论男女两性在婚恋中存在的心理差异。
2. 试论大学生性行为的心理动机。

第六章

情不知所起，一往而深：情绪管理

“情不知所起，一往而深”是《牡丹亭》题词的原句，是说：情，难得说清楚是怎样产生的，却是一往而深，一旦产生和发展，可以达到无比深广无比深远的极致。人非圣贤孰能无情？常言说“人有七情六欲”，喜、怒、忧、思、悲、恐、惊。七情恰如七色彩虹，寓含着人们情绪的多彩斑斓。有时心情愉悦，有时怒火冲天，有时悲痛欲绝，有时欣喜若狂，还有时百感交集。正因人类情绪的复杂多变，才让我们的生活丰富多彩、跌宕起伏、五味俱全。

第一节　未成曲调先有情——情绪脸谱

情绪是人类心理状态的晴雨表，没有了情绪，完全由理性支配的生活将会无比的单调与乏味。大学生们的情感体验复杂而丰富，情绪变化较大，经常会面临各种各样的情绪困扰，对大学生情绪的正确认知与疏导，对促进其学习、生活、情感的顺利发展具有重要意义。

一、心理案例

案例一：贫困女生的困惑

四年前，我从一个偏僻的县城考入这所大学，成为远近皆知的“状元”。由于受到家庭经济条件的限制，家人一直都不支持我上高中，可我最终还是考入了大学，父母咬着牙供我读大学。我家住在离县城还有几十里地的山里，家里还有一个弟弟和一个妹妹，家里经常揭不开锅。在这样的家庭背景下，我一入大学就感觉自己和别人不一样。大学的第一天，我特别紧张，因为我身上带的钱除了学费就只剩下借来的几百元，我甚至都不知道这些是否够交齐书本费。入学后，我做的第一件事就是寻找打工的机会。每周我来回乘4个小时的地铁去做家教，这样，我一周的生活费就有保证了。其实，在大学里，最困扰我的还不是经济上的困窘，而是自卑与茫然。初到大学，我不会用电话、不会上网，也不知道同学们穿的各种名牌衣服，我感觉自己就是一个多余的人。走在校园里，我常常低着头，就像是一只灰秃秃的丑小鸭。我把所有的时间都排得满满的，学习、做家教，不让自己有思考其他事情的时间。大一、大二时，我唯一自豪的就是自己的学习成绩，每次考试我都名列前茅。我的成绩虽好，但我特别羡慕室友们的生活。她们可以在没课的时候去逛街、听演唱会，和男朋友一起看电影……而我的生活只有枯燥的课本和奔波的打工。我常常感到，我在大学里是这样的身不由己。很快大三的期末考试就要到了，当时校园里流行一种说法：大学四年，若是没谈过一场恋爱、没补考过一次、没逃过课，就不算是完整的大学。照这个标准，我充其量只能算是半个大学生。我也有喜欢的男孩，但只能在远处偷看几眼，从来不敢去表白。我也想出去痛痛快快玩几天，但一想到父母含辛茹苦供我读书就心如刀割。到了复习阶段，也不知道为什么，我脑子一直乱哄哄的。也许是冬天来回跑的太累了，也许是自己心情太烦闷了，反正脑子里老是浮现出喜欢的那个男生的影子。就在考一门我学的不错的专业课时，我异常紧张，手抖得几乎无法答题，总想上厕所。在去了两趟厕所后，丝毫没有任何缓解，考试还未结束，我就离开了考场，后果可想而知。现在我非常后悔，但却又解释不清楚为什么会有这样毛病。夜深人静的时候，我又会有更多的担心：现在我这个状况，会不会影响毕业？会不会影响找工作？将来谈恋爱的时候会不会受影响？我的一生岂不是完了！那个寒假，我像往常一样，等快过年了才回家。不是不愿意回家，而是每次回去心理压力越来越大。特别是看到正在长身体的弟弟妹妹穿着我的旧衣服，一日三餐没有一顿像样的好吃的，放学后还得帮父母干农活、做家务，我心里特别不是滋味。我是全家人的希望！大三下学期的时候，很多同学都在奋发考研。我成绩不错，也想能够继续深造，但一想到一贫如洗的家庭，只能放弃。现在我已经听不进课了。本来上次挂科后，我下定决心一定要努力学习的，但现在一上课我就紧张，越想听越听不清楚，越听不清就越着急，陷入了恶性循环，常常一堂课下来，我急得满头大汗，但老师讲的东西却一个字都记不得……

二、心理辅导

这个学生的心态在贫困生中具有一定的典型意义。随着各种资助和帮扶的手段越来越多、越来越完善，高校中贫困生的生活问题已得到很大改善，但在这个群体中相当一部分贫困生所背负的心理包袱还是异常沉重。案例中的同学学习成绩非常好，似乎经济上的困窘不是困扰她的最主要原因，而城市生活给她带来的冲击是巨大的。面对现代化的生活设施、时尚的城市生活，大多数来自农村的贫困生往往感到茫然而不知所措。正如一位农村学生所说，“对我们农村人来说，城市是一个完全陌生的环境。我们是在一个从比较低的地方往高处走，这个过程中我常常能感到自己的不足，比如普通话讲不好、不懂音乐和计算机、没有那么多见识。这些短处常常折磨着我，使我无法抬起头来。”其实进入大学，他们首先要接受的是城市社会化的过程。在这个过程中，巨大的心理落差是难免的。于是，很多贫困生把自己地位的提高定义在学习上，优异的成绩往往是支撑他们大学生活的精神支柱。一旦这个支柱出现问题，就会使自己陷入更多矛盾和痛苦之中，严重的就会引起情绪障碍。

实际上，案例中的同学表面上给人以自强的印象，但她内心深处却时时充满了自卑，很多贫困生往往是长时间徘徊在自强与自卑的夹缝中，一旦遇到外界刺激就很容易产生心理问题。自卑是对自我认识的一种消极的情绪体验，是对个体得失、荣辱过于强烈的一种心理体验，表现为对自己的能力评价过低，怀疑自己，害怕别人瞧不起自己，担心得不到别人尊重的心理状态。自卑的典型表现是容易自责。在人际交往中，自卑的人总是小心翼翼，对别人的反应很敏感，经常自责，觉得自己无能，从而导致对自我价值的否定，在社交上易形成社交恐惧。对于青年大学生而言，自我意识的发展更加全面而深刻，他们希望能够超越自卑，得到别人的羡慕和尊重。奥地利心理学家阿德勒在《超越自卑》中提到，每个人或多或少都有自卑的情绪体验，要想超越这种体验，就必须了解情绪的特性。

（一）情绪为何物

从心理学的角度来讲，情绪是指人对客观事物的态度体验及相应的行为反应。它由主观体验、外部表现和生理唤醒三种成分构成。其中，主观体验是个体对不同情绪状态的自我感受，不同的事物会引起我们不同的主观体验，某些事物让我们心生厌恶。而当我们产生某种情绪的主观体验时，总会伴随着相应的外部表现，包括面部表情和身体姿态等。例如我们高兴时会喜笑颜开、手舞足蹈；焦急时会眉头紧

情绪里的酸甜苦辣

锁、摩拳擦掌。同时，不同的情绪体验也会伴随着相应的生理唤醒，这是情绪产生的生理反应。当我们感受到愉快时，心跳的节律正常；感到恐惧时，相应地就会伴随心跳加速、呼吸急促、肌肉紧张、四肢发抖等。这三个部分只有同时发生才能构成一个完整的情绪体验过程。例如，当一个人佯装愤怒时，他只有愤怒的外在表现，而没有内在的主观体验和生理唤醒，因而就称不上是真正的情绪过程。

现代情绪理论对情绪的研究历来是多层次、多角度的。在生理学家眼里，情绪涉及的神经结构广泛，如中枢神经系统的脑干、中央灰质、下丘脑、前额皮层，及外周神经系统和内外分泌腺等。有人用适当的电流刺激下丘脑的一定区域能产生愉快的感觉，而刺激临近部分则产生不愉快的感觉。研究还发现，情绪与脑内某种神经介质如5—羟色胺的功能密切相关。心理学家研究情绪更多的是研究情绪的特性、分类及情绪与动机、认知的关系等。社会学家考虑情绪则偏向于以种族、文化、群体的立场为出发点，如东方人偏向于情感的内敛，而西方人则偏向外显。在文学家的眼里，情感永远是他们注意的焦点。可以这么说，他们“玩”的就是煽情。爱情、友情、亲情、恩情、怨情，一切生活中的情感都是他们描写的主题。哲学家谈情是从抽象、宏观的角度，他们常常思考的是幸福的本质、痛苦的根源、人生的意义等。心理治疗学家对情绪的分析则站在正常与异常的角度上，如何理解正常与异常情绪，减少不必要的烦恼，增加生活的愉悦度，正是心理治疗学家所面对的主题。与文学家一样，心理治疗学家“玩”的也是情感。这里，情绪与情感是同一事物的不同层面。情绪是比较低级层面的，是生物、生理、心理学层面的；情感则是情绪的高级层面，是社会学、社会心理学等层面的。

曾经有一个美国飞行员将飞机降落在野外的停机坪上。在他对飞机进行例行检修时，一只野生棕熊从他背后向他靠近。他偶然回头，发现棕熊正向自己挥舞着利爪扑过来。飞行员情急之下，一步跳上了近两米高的机翼，这才躲过棕熊的攻击。可当他再次想尝试跳上机翼时，却发现无论自己怎样助跑、用力，都再也不能办到了。若让你分析飞行员危难之际的情绪，你可以描述成“非常紧张”“很害怕”“极其惊恐”等等。可见，情绪通过生理唤醒组织了我们的行为反应。所以，情绪是我们行事的动机，它激励我们前进，促使我们向更重要的目标迈进，由情绪引发的生理唤醒可令我们达到更高的绩效水平。这样看来，若是赛跑选手身后跟着几条嗷嗷乱叫的狼狗，说不定真的可以创下新的世界纪录呢！这当然是玩笑，但是轻松愉悦的氛围确实可以帮助我们获得更多的社交机会。

（二）情绪的表现

情绪心理层面的表现包括认知、体验、表情、言语、行为等。其中，最直观的表情是情绪在人身上的外显表现，包括面部表情（如眉开眼笑）、身段表情（如手舞足蹈）和言语表情（如语音高亢）。

情绪常常能从一个人的体态语——姿势、手势、表情中读出来，其中面部表情又是最重要的情绪标志。面部表情是指通过眼部肌肉、颜面肌肉和口部肌肉的变化来表现各种情绪状态。人的眼睛是最善于传情的，不同的眼神可以表达各种不同的情绪和情感。例如，高兴和兴奋时“眉开眼笑”，气愤时“怒目而视”，恐惧时“目瞪口呆”，悲伤时“两眼无光”，惊奇时“双目凝视”等等。眼睛不仅能传达感情，而且可以交流思想。人们之间往往有许多事情只能意会，不能或不便言传。在这种情况下，通过观察人们的眼睛可以了解他（她）的内心思想和愿望，推知他们的态度：赞成还是反对、接受还是拒绝、喜欢还是不喜欢、真诚还是虚假等。可见，眼神是一种十分重要的非言语交往手段。艺术家在描写人物特征、刻画人物性格时，都十分重视通过描述眼神来表现人的内心情绪和情感，栩栩如生地展现人物的精神风貌。口部肌肉的变化也是表现情绪和情感的重要线索。例如，憎恨时“咬牙切齿”，紧张时“张口结舌”等，都是通过口部肌肉来展现人物的精神风貌。

艾克曼的实验证明，人脸的不同部位具有不同的表情作用。例如，眼睛对表达忧伤最重要，口部对表达快乐与厌恶最重要，而前额能提供惊奇的信号，眼睛、嘴和前额等对表达愤怒的情绪很重要。林传鼎的实验研究证明：口部肌肉对表达喜悦、怨恨等少数情绪比眼部肌肉重要；而眼部肌肉对表达其他的情绪，如忧愁、惊骇等，则比口部肌肉重要。汤姆金斯假定存在八种原始的情绪：兴趣、欢乐、惊奇、痛苦、恐惧、羞愧、轻蔑、愤怒，并假定每种情绪都是在某种先天性皮层控制下出现一种面部肌肉反应，因而有相应的面部表情模式。

人们对情绪的体验多是心理层面的，如我高兴、我害怕、我生气等。但情绪的表现不仅仅是心理层面的体验，还伴随着生理方面的表现，这也是人们感受或认识自我情绪时容易忽略的。如我们在生气时除了心理上生气的感受外，还会感到胸闷憋气的生理反应。情绪的生理表现包括心率、血压、呼吸、平滑肌节律、内分泌及各种内感受器等生理变化。如愤怒时脸红、肌肉紧张、立毛、心跳加速、声音颤抖等；恐惧时瞳孔变大、口渴、出汗、脸色发白等。情绪的生理表现通常与心理表现相伴随。这些生理表现随着情绪的下降而减弱，但是如果在情绪持续的状态下，或在心理表现不良的情况下，情绪的生理表现则会加强、持续，甚至出现紊乱。情绪的心理表现是主观可以调节和控制的，对健康至关重要。目前，很多疾病的罪魁祸首便是情绪。比如，不少人有过临场综合征体验：他们在上台讲话前会突然感到胃部翻腾、恶心不适，或是因为一场即将来临的面试而感到腹部阵阵绞痛。

另外，还有许多人由于服用了抗忧郁剂而产生肠胃反应等。这往往都与“第二大脑”相关。美国生物学家认为，我们体内有两个大脑系统存在。一个是众所周知的头颅中的那个大脑，而另一个则是鲜为人知的腹腔内的“第二大脑”。它们两个互相对应，就好像是一对双胞胎，只要其中的一个感到不适，另一个也会产生类似的感觉。“第二大脑”实际上也就是肠道内的神经系统，由分散在食管、胃、小肠、结肠组织上的神经元、神经传感器和蛋白质组成。与头颅中的大脑工作原理一样，它们相互之间也快速传递着信息，独立地感知、接收信号，并作出相关反应，使人产生“愉悦”和“不适”的感觉，但它不能像真正意义上的大脑那样具有思维功能。一些人常常感到自己一阵阵“心绞痛”发作，经反复检查却无心脏病变的证据。这些人往往一向压抑自己，不擅于表露自己的情感，在工作压力渐大时便会出现“心绞痛”。他们是在用“心绞痛”的生理表现来表达自己被压抑的紧张焦虑的情绪。有些学生经常莫名其妙地腹泻，没有肠炎，没有痢疾，也没有息肉与肿瘤，内外科检查均无异常。他们每次考试前则腹泻加重，放假后则好转。其实，腹泻只不过是他们焦虑情绪的生理表现而已。更有一些肿瘤患者，原本只是有些情绪积聚在心里，时间久了没有得到及时疏泄，便质化成形，成了肿瘤。可见，情绪对人类健康的影响有多大，而合理宣泄情绪又是多么重要。

我们是深受儒家理性思想熏陶的民族，与西方人相比，东方人的情绪表现是含蓄内敛的。这种表现方式就像一柄双刃剑，一方面它造就了我们这个礼仪之邦，但另一方面，过分情绪压抑也给我们带来了巨大的压力。尤其在负面情绪出现时，我们崇尚“忍为上，和为贵”，却不知道有时“无需再忍”；我们鼓励“男儿有泪不轻弹”，却忘记了“只因未到伤心处”。我们常常把这些情绪埋藏在灵魂的最深处，让它们无法呼吸，而这些窒息的情绪很可能转变为其他形式的暗流，从而导致很多身心疾病的发生。

临床上见到的任何生理症状都可能与情绪相关，而几乎所有的功能性症状均可能是情绪的异常心理表现。我国著名中医典籍《黄帝内经》中提到喜伤心、怒伤肝、忧伤肺、思伤脾、恐伤肾，喜则气缓、怒则气上、忧则气消、思则气结、恐则气下。大量研究表明，习惯于克制自己情感，不善于表达愤怒与不满情绪的人容易患癌症、冠心病、十二指肠溃疡、高血压、哮喘等身心疾病，人们常说的“积郁成疾”“抑郁而终”往往就是这类情况。因此，学会并习惯进行情绪的心理表达是永葆健康的重要保障。

（三）情绪的特性

只有了解了情绪的特性我们才能利用情绪本身的规律来调控并管理它。

1. 情绪的两级性

情绪可以分为正性情绪和负性情绪。由于人类需要的多重性及矛盾性，使得人类情绪的两极性同样具有相对性与矛盾性。两极性的相对性表现在我们对待同样一件事物，可以产生正性情绪体验，也可以产生负性情绪体验。就像沙砾没入蚌的体内会磨炼出宝贵的珍珠，而没入人的眼睛则会成为病态的异物。在不同心境、不同认知方式、不同期望下，同样事物所产生的情绪体验也完全不同。

不同心境会有不同的情绪体验。心境是比较持久、相对稳定的一种情绪状态，它是情绪的底色，是先前情绪整合的结果。它不是关于某一事物的特定体验，却对当前情绪有着至关重要的影响。心境就像有色眼镜一样，影响我们看世界的情绪色彩。同样的事物，由于心境不同可产生完全不同的情绪体验。当一个人处于某种心境时，他往往以与该心境相一致的方式和态度去看待一切事物。良好的心境使人对外界事物充满好感，与人为善、以物为美，不良的心境使人对事物充满挑剔、不满和敌意。

例如，终于考试结束了，心情大好，小美在餐厅订好位子，买好男友最喜欢的动作片电影票，精心安排了一次浪漫的约会，心想一定能给男友一个惊喜。可整个晚上，男友一直绷着脸。“今天考得怎样？”小美问。“一般。”男友闷闷地说。“电影好看吗？”小美继续。“没什么意思，闹哄哄的。”男友面露不耐。“好心好意订位子、买票，你还不领情，真难伺候！”小美非常生气。男友最近一直忙于找实习，很不顺。因此，男友今晚陷入紧张、不安的心境当中，以前良好的心境下对浪漫约会的向往变成了挑剔与不满。同样是精心布置的场合，以前的正性情绪体验变成了负性情绪体验。小美不理解这一点，难免发生一场舌战。

按照通常的情况，男友会有积极的反应，小美的期望也是如此，但实际反应却与此相反，因而小美产生了负性情绪体验。若当时小美换一种期望，在理解了男友的精神压力后，不奢望男友有太多积极的回应，甚至消极的回应也无所谓，那当看到男友的真实反应时就不会产生负性情绪，至少不会那么严重。而且，如果小美真的理解了男友的难处，也不会急于得到男友的反馈，可能会问：“最近你挺辛苦的，我们吃个饭、看看电影散散心吧！”也许，男友会做出一些积极反应。

同样的事物，不同的认知方式亦可产生不同的情绪体验。情绪与我们对事物的认知、对事物意义的判断密切相关。我们判断为对己有利的事物会产生正性的情绪体验，判断为对己不利的事物则会产生负性的情绪体验。然而，事物对我们的意义通常是多方面的，常常有积极的一面，又有消极的一面，且积极与消极之间是相对的，可以相互转换，绝对有益与绝对有害的事物几乎是没有的。就如“塞翁失马，焉知非福”，这种“有益”与“有害”之间的相对性，使得通过改变我们的认知方式及对事物的态度而改变我们的不良情绪成为可能。

一位在班里排名中等的学生，对待自己成绩中等这件事，可从两个不同侧面去认识。从积极的一面去考虑："不错，我成绩中等，在这所大学中已相当不简单了。还有那么多人上不了这所大学，在这儿还有那么多人不如我，我对得起自己了！"如此，他会得到一种正性的情绪体验。相反，如果从消极的一面考虑："真糟糕，才考到中等，比第一名差那么多，我没脸见父母了。"可想而知，他会得到一种负性的情绪体验。由此可以看出，生活中我们快乐与否，并非完全取决于事物本身，在更大程度上取决于我们自己，取决于我们对事物的认知与态度。

同样的事物，如果我们事先对它的期望不同亦可产生不同的情绪体验。两个学生，考试成绩都是 70 分。一个在考前想"这科可是历年的'名补'，太难了，我能考及格就不错了"，于是他产生了愉快的体验；另一个却带着"平时我这么用功，这次考试怎么也要考 90 分以上"的期望，那么 70 分的成绩对他就是痛苦的体验。在现实生活中，由于对事物的期望过高而导致这种这种烦恼的情况是很常见的。例如，期望自己考试成绩排前三——为仅考前十名而苦恼；期待领导、老师绝对公正——为领导、老师偶尔处事不公而生气；期望恋人永远像热恋时一样讨好自己、甜言蜜语、鲜花礼物不断——为恋人对自己的关注程度下降而忧虑。

对同一事物，不同的心境、不同的认知方式以及对事物不同的期望，可产生完全不同的情绪极性，这就是情绪两极性的相对性。这种情绪极性的相对性使得我们减少负性情绪，增加正性情绪成为可能。任何事物都有正反两面，如果好的一面与坏的一面我们同时感知到，我们就会体验到一种矛盾情感，既高兴又痛苦，"痛苦并快乐着"。一边享受着高级饭店的美味食品，一边为没有将时间用在学习上而后悔，这种情绪极性的矛盾性正是我们平常所说的矛盾情感，它是许多心理障碍产生的温床。

2. 情绪的动力性

情绪的力量体现在情绪的动力性，它是情绪能够给心理活动提供能量的特性。情绪的原始用途是使个体趋利避害，有利于个体的生存及种族的繁衍，因而它对个体的心理活动及行为有着明显的影响，驱使个体朝着有利的方向去努力。现代心理生理学研究表明，个体有情绪体验时，心率、呼吸、血压、类固醇激素等发生明显的变化，为个体的心理及行为提供必要的生理准备。如恐惧时，人体会产生相应的生理变化，有利于个体调动力量去躲避或防御。

情绪的动力性表现在以下两个方面：其一，情绪直接地对人的行为产生驱动作用；其二，情绪对感知、思维、记忆、意志等心理活动产生驱动作用。不管人类行为的终极目的是什么，都有减少负性情绪、增加正性情绪的目的，也就是说人的行为是为了增加愉快，减少痛苦。人人都希望更快乐，谁也不会成心为了痛苦的目的而活着，因而情绪驱动了人的行为，使人朝着增加愉快、减少痛苦的目的去活动。

如愤怒的情绪是让你发火，去攻击阻碍的对象；爱的情绪使人去追求，朝着拥有爱的对象努力；悲痛的情绪使人回避痛苦的情境，化悲痛为力量；恐惧的情绪使人逃离危险等。

在情绪对行为的驱动作用上，情绪越强烈，对行为的驱动性越强。日常生活中，常见的“失控”“疯狂”“失去理智”“歇斯底里发作”等，都是描述情绪对行为的驱动的极端例子。这时，行为似乎完全由情绪所控制。如果面对一个处于激情状态下的人，我们希望用理性去说服他，甚至与其较劲、争个对错等，这肯定是不明智、也不可能的。然而在日常生活中，这种不明智之举却经常见到。例如，争执双方一方在发火，另一方试图说服让其认错；小孩在苦恼，家长欲用暴力将其强行控制下来；要求一个正经历重大感情挫折的同学正常地学习等。

情绪并非完全不可控，任何激情都会在时间的流逝中平复。因此，一个处于激情状态的人往往会随着时间的流逝平静下来。有一种控制冲动、缓解愤怒的方法，叫作“暂停法”。就是在一个人极度愤怒，将要出现冲动暴力行为之时让其大声对自己说“停”或“等一下”。通过一段时间的训练，使之程序化并成为习惯，于是延长了“愤怒”至“攻击行为”产生的时间，从而使得真正发生暴力的可能性大大减少。

另一方面，情绪的层次水平越高（如情感），其对人类的行为的驱动作用则越持久，如欣慰、自尊、自卑、内疚、羞愧、爱情等。所谓“人活一张脸”“生命诚可贵，爱情价更高”，可见情感对行为驱动作用的持久性。情绪的动力性在对行为的驱动上较易被人们所理解。然而，情绪的动力性远远不止于此，它对人的感知觉、思维、记忆、注意、欲念等心理均有一定的驱动作用，不少心理疾病都是在这种情绪的动力作用下产生的。

情绪加强人们对相关方面的感知，有时甚至可以造成错觉和幻觉。无论是负性情绪，还是正性情绪，都会让人们更多地注意与导致该情绪有关的事物，从而更多地感知与该事物有关的信息。如我们越是害怕什么，我们就越容易感知到什么；越是害怕老师不喜欢自己，就越易感知老师不喜欢我们的迹象；越是害怕自己的恋人有外心，就越是容易感觉到蛛丝马迹。

例如，小李是一名大三学生，生性腼腆的她一年前开始出现见人紧张、心慌、脸红、眼神慌乱等现象。她感到自己的紧张非常严重，也异常难堪，并且她感到这种紧张感让周围的人也产生紧张而讨厌她。在一个有类似体验的来访者组成的辅导小组中，小李表现的文静而有礼貌，不敢与人对视，谈吐基本得体，也不显慌乱。“现在的紧张程度如何？”辅导老师问道。“比较重。”小李回答。“有人不喜欢你吗？”“起码有 60% 的人不喜欢我。”小李看了看周围的人。然后，辅导老师让每个人给小李一个真诚的反馈：“你紧张！我根本就没看到，我自己的事都忙不过来，哪有时间来关注你，也没必要不喜欢你！”“我确实看到你有一点点紧张，但是我并没有不喜欢你啊。相反，我还挺高兴的，因为我也有这个毛病。”还有一个男孩说道："我是看到你有些害羞，但我并不讨厌你啊，我倒是觉得现在的女孩子都太张扬，我不喜欢，我要是找对象就找一个像你这样的。"事实证明，没有一个人因为她紧张而不喜欢她，但她确实感知到有 60% 的人不喜欢她，这就是因为情绪的动力性让她的感知产生了偏差。

这是典型的由情绪的动力作用产生的对躯体的异常感知。正值豆蔻年华的女大学生对英俊潇洒的男老师表现出性爱的冲动，她认为这是肮脏下流的。她越害怕出现这样的想法，越控制不住地将注意力集中在这个想法上，这个想法出现的次数就越多。这是因为恐惧情绪给她的心理活动提供了能量，让她不想出现的心理活动反复涌现并得以持续，从而构成了精神病理。

3. 情绪的非理性

情绪具有非理性的特点，情绪的非理性是情绪不能完全由理智所控制，甚至与理智相违背的特性。日常生活中，人们常对情绪的非理性有着生动的描述："得意忘形""让胜利冲昏了头脑"描述了人在高兴时的理智下降；"坠入情网""情痴"均是描述热恋时情绪对理智的影响。

日常生活中，情绪的非理性是很常见的。一般来讲，表现在如下三个方面：一为情绪的不可控性，二为情绪导致的行为的冲动性，三为情绪对理智的损害性。

首先，情绪的非理性表现为情绪的不可控性。情绪是不可能由理智直接控制的，也就是我们常说的"情不自禁"。某种情绪产生后理智是不可能直接将其消除的，如我们第一次参加重大比赛，第一次向心爱的人示爱等，无论我们怎么告诫自己"别紧张"，都将于事无补。还有如生气时要求自己不生气，恐惧时让自己别害怕，爱上一个不该爱的人时要自己忘掉他（她）等等，均为自欺欺人之说。如果非要让自己控制已经产生的或不可避免要产生的情绪，只能是表情上的掩饰或内心的压抑，导致情绪的内在化，甚至形成病理。但这并不是说理智在情绪面前无能为力，情绪是客观的，但主观理智可以在利用其客观规律的基础上能动地对其加以控制。

其次，情绪的非理性表现为在情绪状态下行为的冲动性。情绪越高，做出行为反应的冲动性越高，合理性也就越差。这一点不难理解，且在日常生活中经常碰到。人在激情状态下有可能部分丧失理智而做出过火的行为，别人如此，我们自己也如此。因此我们要善于与激情下的冲动行为相处；不要因他人的激情及其冲动行为而生气，也不要因自己的冲动而后悔；要学会总结经验，理智待之。

情绪非理性的第三个表现是情绪对理智的损害性。在情绪状态下，人的理智会下降，情绪越强，理智下降越明显。愤怒会使人丧失理智，这一点为众人所熟知。战斗或竞技中，要打败对手，可设法激怒对方，使其发怒而智慧下降，从而增加胜利的机会。真正的赢家则是能超越自己情绪的智者。在日常生活中，发怒前想要做出重大决定，最好先听听他人的意见，或延迟几天再做决定。爱情对理智的影响是众所周知的。人们常说“恋爱中的人智商为零”。无论男女，他们都可能在感情面前降低了理智。爱情使人带着变色眼镜去看人，“情人眼里出西施”亘古有之。例如，小王毕业以后，来到一个他心仪已久的外资银行工作。可半年后，他患了抑郁症，对自己完全失去了信心。后来他就诊时，希望医生给他开诊断证明以便辞职。医生告诉他：“我理解你的感受，你做什么决定那是你的事，但我建议你现在最好不要做重大决定，等你情绪好转以后再做决定好吗？”因为现在他是带着灰色眼镜看世界、看自己、看他人，他的决定很可能是对自己不利的。他接受了这个建议，后来在抑郁症好转以后，他非常感谢医生：“幸亏当时没有真的做决定，这个工作对我来说太重要了。我如果辞职，以后就再也找不到这么好的工作了。”

在情绪病理中，情绪对理智的影响更为明显。处于明显焦虑和抑郁中的病人常会感到大脑迟钝、注意力不能集中、记忆力减退、意志消沉等。这时，不要过于担心智力是否受损。要认识到这只是情绪对智力的暂时影响，情绪好转后是完全可以恢复的。但处于这种负性情绪时要尽量避免做重要的决定，因为这时做出的决定通常都是不明智的。

4. 情绪的过程性

情绪的过程性是指情绪表现为一种心理过程，有发生、发展、高潮、下降和结束，并伴随着能量的积蓄与发泄。它有别于心理特质或结构，不像人格特点那样持续终身。任何情绪，都不可能永远持续下去。我们遇到一件喜事，不可能一辈子高兴；遇到一件悲痛之事，也不可能痛苦一辈子。只要我们不重复给其能量、不让其形成循环，无论多大的喜悦、悲痛都会被时间所冲淡。

任何情绪情感都是一个过程，牢记这一点对我们的人际交往、恋爱婚姻、自身情绪的调整均有莫大的益处。但现实生活中，这一浅显的道理经常被我们所忽略，以致产生许多不必要的烦恼。试想两人意见相左时，若你一言我一语地争吵，便无休无止。若一方沉默，只留一方唱独角戏，对方又能坚持多长时间呢？所以说当他人处于愤怒之时，急于说服对方，或互不相让，争个高下，实为不智之举。同样，如果我们自己常因冲动行为而后悔，那么请牢记情绪的过程性，在冲动行为发生之前先让自己暂停一段时间，然后再决定行动。比如，当自己一时心血来潮，马上要做重大经济消费时告诫自己，是否太冲动，先想两天，或找人讨论一下；又如当与同学、朋友发生争执，气愤之余狠绝的言辞几欲脱口而出时，先告诫自己暂停一会，并深吸几次，再决定是否说出。如此，我们将会减少许多不必要的后悔。

值得强调的是，当我们处于某种负性情绪状态而又为这种情绪深感痛苦时，尤其需要牢记情绪的过程性，告诉自己：这种情绪是可以过去的，随着时间的流逝，它会慢慢消退。一个考生进入考场以后，出现了过度的焦虑，答题效率下降。这时若让他做“放松”，他一边做“放松”，一边看周围的同学答了好几道题，又怎能放松呢？所以，最重要的是让他自己调整自己的心态。让他告诉自己：面对重要的考试，我肯定会紧张的，既然控制不了，该干什么就干什么吧。然后用已经降低的效率答题。渐渐地，情绪的过程性就会起作用，他的效率会逐渐恢复，甚至超水平发挥。相反，如果他不是这种态度，而是以一种完全不接纳的心态，强行要求自己将紧张控制下来，提醒自己“赶紧放松，要不就完了，会考不及格”，那么就会导致紧张加剧而形成恶性循环，反而效率更低。这就是“有心栽花花不开，无心插柳柳成荫。”

同样，一个人处于抑郁状态时，干什么都提不起兴趣，大脑迟钝，注意力不集中，这些反过来又会加重抑郁情绪。尤其是对于一些经历过伤痛的人，医治伤痛最好的良药不是抗抑郁药，也不是心理咨询师，而是时间。认识到抑郁情绪的过程性就不会导致恶性循环，并能使其逐渐减轻。情绪会有许多生理的表达，会形成相应的症状，这时常易引起人们的过分关注，忽略其过程性，不断给其注入能量，而致使症状固着下来甚至加重，如失眠、头痛头晕、心慌、憋气、胃部不适、便秘、腹泻等。人在焦虑时通常会失眠，它是焦虑情绪的一种心理生理的症状，随着焦虑的消失会好转，它同样具有过程性。但通常情况下，人们难以认识到这一点，失眠的痛苦及失眠对下一天生活影响的担忧让焦虑情绪得以持续，而对“睡不着”的担忧让持续性失眠变成现实。如果失眠者真正认识到失眠的过程性，耐心等待失眠的过去，那失眠也就不会赖着不走了。总之，情绪是一个过程，只有认识到这一点，才可以很好地与情绪相处。

5. 情绪的转换性

情绪的过程包含着能量的蓄积和释放，其作用涉及心理活动的各方面及生理活动的众多部分。如果情绪的能量固着于其中某一特殊部分，则会使这一部分活动增强，在临床上出现症状。从表面看，好像是与情绪无关的其他心理或生理症状，而实质是情绪能量的转换。同时，该情绪的色彩也会变淡。情绪的转换性是情绪与其他心理活动间的转换，也可以是各种情绪内部之间的转换，还可以是躯体形式的转换。情绪转换后其本身的情绪表现则不明显了，如焦虑情绪转换为心脏的症状后，焦虑则显得不明显了。

情绪向其他心理活动的转换包括向感知、思维、欲望的转换。情绪向感知觉的转换在临床上并不少见，可能会出现感觉过敏、感觉增强、感知觉的歪曲等。如

“现实解体”“人格解体”，感觉到现实不真实，似乎隔着一层玻璃，或感受不到自己的真实情感、自己人格的真实存在等。在极端的情况下还可出现幻觉，如听到自己已故亲人的声音，听到神灵的召唤等。

情绪在思维上的转换症状比较常见的是强迫观念，即控制不住地出现某种没必要的，甚至与主观相违背的观念，或想一些没有必要的事情，无法控制地回忆一些没有意义的事情的经过。另外，情绪在思维上的转换较常见的还有“妄想”，如在强烈的情绪作用下，认为自己患了某种严重的疾病，或认为自己被别人所陷害，或坚信配偶有外遇。虽然事实证明病人的想法与现实不符，但仍不能让病人放弃自己歪曲的想法。

情绪的能量还可以转换为增加某种欲望的动力，如有人在心情不好时会食欲增加，似乎拼命进食的过程可以减轻情绪的痛苦。还有病理性性欲亢进，病理性酗酒、赌博、偷窃癖等，均可能从情绪的转换性上找到根源。情绪之间亦可以相互转换。这是指在引起情绪的刺激不变的前提下，情绪由一种状态转变为另一种状态。如某人在遭到挫折失败时习惯用愤怒不满的情绪来反应，怨天尤人，而以后在遇到类似情况时可能变得焦虑。临床上常常见到这样的例子：病人的症状可以相互转变，某段时间是恐惧症，某段时间变成强迫症且恐怖症状减轻或消失，再后来还可变成抑郁性神经症，而强迫症状又消失。病人的症状虽然变来变去，但引起症状的原因是相同的。

情绪向躯体的转化算是较常见的，一般表现为某种情绪症状转化为某一躯体症状，且在躯体症状出现后该情绪相应减轻。有人也将这种由情绪转换而来的躯体症状称为躯体形式障碍。躯体形式障碍强调情绪能量的转化，不包括长期处于某种情绪状态下的躯体衰竭症状。躯体形式障碍几乎可以在躯体的各个器官及系统中产生。在日常生活中，如果我们出现躯体症状而又找不到器质性的原因，那就要考虑自己是否出现躯体形式障碍了。还值得一提的是，在情绪的转换症状中，不仅仅都是阳性的、兴奋性的转化。在转化过程中，情绪能量可成为阻碍某种心理、生理活动的动力，从而形成一种阴性转化，如抑郁转化为厌食症及各种感觉缺失等。

三、心理体验

1. 心理身体紧张松弛测试表（PSTRT）

国际压力与紧张控制学会的毕来斯研究开发的压力测试表，简便适用。通过测试，可以了解自己的压力程度。（前表是测试表，后表是分析表。）

PSTRT 压力程度测试表

依据每项题目中所述情况出现频率写出评分：总是 4 经常 3 有时 2 很少 1 从未 0			
题　目	评分	题　目	评分
1. 我受背痛之苦	____	26. 喝酒	____
2. 我的睡眠不定且睡不安稳	____	27. 我很敏感	____
3. 我有头痛	____	28. 我觉得自己像被四分五裂了似的	____
4. 我颚部疼痛	____	29. 我的眼睛又酸又累	____
5. 若需等候，我会不安	____	30. 我的腿或脚抽筋	____
6. 我的后颈感到疼痛	____	31. 我的心跳快速	____
7. 我比多数人更神经紧张	____	32. 我怕结识人	____
8. 我很难入睡	____	33. 我手脚冰冷	____
9. 我的头感到紧或痛	____	34. 我患便秘	____
10. 我的胃有毛病	____	35. 我未经医师指导使用各种药物	____
11. 我对自己没有信心	____	36. 我发现自己很容易哭	____
12. 我对自己说话	____	37. 我消化不良	____
13. 我忧虑财务问题	____	38. 我咬指甲	____
14. 与人见面时，我会窘怯	____	39. 我耳中有嗡嗡声	____
15. 我怕发生可怕的事	____	40. 我小便频密	____
16. 白天我觉得累	____	41. 我有胃溃疡的毛病	____
17. 下午我感到喉咙痛，但并非由	____	42. 我有皮肤方面的毛病	____
于染上感冒	____	43. 我的咽喉很紧	____
18. 我心情不安，无法静坐	____	44. 我有十二指肠溃疡的毛病	____
19. 我感到非常口干	____	45. 我担心我的工作	____
20. 我有心脏方面的毛病	____	46. 我口腔溃烂	____
21. 我觉得自己不是很有用	____	47. 我为琐事忧虑	____
22. 我吸烟	____	48. 我呼吸浅促	____
23. 我肚子不舒服	____	49. 我觉得脸部紧迫	____
24. 我觉得不快乐	____	50. 我发现很难做决定	____
25. 我流汗	____	你的总分是：	____

PSTRT 压力程度分析表

分数	分析
98 （93或以上）	这个分数表示你确实正以极度的压力反应在伤害你自己的健康。你需要专业心理治疗师给予一些忠告，他可以帮助你减轻对于压力源的知觉，并帮助你改良生活的质量。
87 （82—92）	这个分数表示你正经历太多的压力，正在损害你的健康，并令你的人际关系发生问题。你的行为会伤害自己，也可能会影响他人。因此，对你来说，学习如何减除自己的压力反应是非常重要的。你可能必须花许多时间做练习，学习控制压力，也可以寻求专家的帮助。
76 （71—81）	这个分数显示你的压力程度中等，可能正开始对健康不利。你可以仔细反省自己对压力源如何做出反应，并学习在压力出现时控制自己的肌肉紧张，以消除生理激活反应。好老师会对你有帮助，要不然就选用适合的肌肉松弛录音带。
65 （60—70）	这个分数显示你生活中的兴奋与压力量也许是适中的。偶尔会有一段时间压力太多，但你也许有能力去享受压力，并且很快地回到平静的状态，因此对你的健康并不会造成威胁。做一些松弛的练习仍是有益的。
54 （49—59）	这个分数表示你能够控制你自己的压力反应，你是一个相当放松的人。也许对于所遇到的各种压力源，你并没有将它们解释为威胁，所以你很容易与人相处，可以毫不惧怕地担任工作，也没有失去自信。
43 （38—48）	这个分数表示你很不易被遭遇的压力事件所动，甚至是不当一回事，好像没有发生过一样。这对你的健康不会有什么负面的影响，但你的生活缺乏适度的兴奋，因此趣味也就有限。
32 （27—37）	这个分数表示你的生活可能是相当沉闷的，即使刺激或有趣的事件发生了，你也很少作反应。可能你必须参与更多的社会活动或娱乐活动，以增加你的压力激活反应。
21 （16—26）	如果你的分数只落在这个范围内，也许意味着你在生活中所经历的压力经验不够，或是你并没有正确地分析自己。你最好更主动些，在工作、社交、娱乐等活动上多寻求刺激。做松弛练习对你没有什么用，但找一些辅导也许会有帮助。

2. 腹式呼吸放松训练

腹式呼吸以膈肌运动为主，吸气时胸廓的上下径增大。能够增加膈肌的活动范围，而膈肌的运动直接影响肺的通气量。

腹式呼吸训练：

观察自然呼吸一段时间。右手放在腹部肚脐，左手放在胸部。吸气时，最大限度地向外扩张腹部，胸部保持不动。呼气时，最大限度地向内收缩腹部，胸部保持不动。循环往复，保持每一次呼吸的节奏一致。细心体会腹部的一起一落。

经过一段时间的联系之后，就可以将手拿开，只是用意识关注呼吸过程即可。

注意事项：（1）呼吸要深长而缓慢。（2）用鼻呼吸而不是用口。（3）一呼一吸掌握在 15 秒钟左右。即深吸气（鼓起肚子）3—5 秒，屏息 1 秒，然后慢呼气（回缩肚子）3—5 秒，屏息 1 秒。（4）每次 5—15 分钟。做 30 分钟最好。（5）身体好的人，屏息时间可以延长，呼吸节奏尽量放慢加深。身体差的人，可以不屏息，但气要吸足。每天练习 1—2 次，坐式、卧式、走式、跑式皆可，练到微微出汗即可。腹部尽量做到鼓起缩回 50—100 次。呼吸过程中如有口津溢出，可徐徐下咽。

3. 情绪团体训练

（1）训练目的。

帮助同学了解情绪与认知、行为的关系，大学生情绪特点，大学生情绪心理问题的表现，学会做好自我情绪管理。

（2）训练目标。

a. 了解什么是情绪与情感

b. 了解情绪对我们的影响

c. 学习认知、体验和接纳自己及别人的情绪

d. 懂得如何提高情绪调控能力的方法

（3）训练准备。

a. 纸条若干张（根据小组数而确定）。每一张纸条上写上如“路上与小李打招呼，而他竟没理我”“我是班长，班里搞活动小张总是对我的主张持反对意见”等事件。

b. “心灵鸡汤”卡若干张（根据人数而定）

“心灵鸡汤”卡设计模板见下表：通过参加小组活动，对 XX 问题，我的想法发生了变化。

“心灵鸡汤”卡设计模本

问题	原来的想法	新的想法
1		
2		
3		

（4）训练过程。

a. 上课时，请同学们随机组成 7 人左右的小组。

b. 小组成员尽量坐成圆形，每个小组选出一名小组长为大家服务，同时也负责小组活动的主持和记录。

c. 每个小组领取一张纸条，每位小组成员就纸条上的事件谈谈会由此引发的各种情绪与想法。

d. 完成第 c 步后，再次请每位小组成员谈谈自己在听了别人说的情绪和想法之后有什么心得，并记录到“心得卡”上。

e. 小组内选出代表在班上分享（不是代表的组员可作补充）。

f. 指导教师提问：你觉得情绪与行为、情绪与认知之间的关系是怎样的？对于同样的情绪，人们的表现方式有什么相同和不同的地方？情绪对你有什么影响？有情绪好不好？若缺失某种或多种情绪，会出现什么状况？

四、拓展阅读

成吉思汗盛怒杀爱鹰

有一次，成吉思汗带着一帮人出去打猎。他们一大早便出发，可是到了中午仍没有收获，只好意兴阑珊地返回帐篷。成吉思汗心有不甘，便又带着皮袋、弓箭以及心爱的飞鹰，独自一人走回山上。

烈日当空，他沿着羊肠小道向山上走去，一直走了好长时间，口渴的感觉越来越重，但他找不到任何水源。良久，他来到了一个山谷，见有水从上面一滴一滴地流下来。成吉思汗非常高兴，就从皮袋里取出一只金属杯子，耐着性子用杯去接一滴一滴流下来的水。当水接到七八分满时，他高兴地把杯子拿到嘴边，想把水喝下去。就在这时，一股疾风猛然把杯子从他手里打了下来，即将到口边的水被弄洒了。成吉思汗不禁又急又怒。他抬头看见自己的爱鹰在头顶上盘旋，才知道是它捣的鬼。尽管他非常生气，却又无可奈何，只好拿起杯子重新接水喝。当水再次接到七八分满时，又有一股疾风把水杯弄翻了。又是他的爱鹰干的好事！成吉思汗顿生报复心：“好！你这只老鹰既然不知好歹，专给我找麻烦，那我就好好整治一下你这家伙！”

于是，成吉思汗一声不响地拾起水杯，再从头接着一滴滴的水。当水接到七八分满时，他悄悄取出尖刀，拿在手中，然后把杯子慢慢地移近嘴边。老鹰再次向他飞来，成吉思汗迅速拿出尖刀，把鹰杀死了。不过，由于他的注意力过分集中在杀老鹰上面，却疏忽了手中的杯子，因此杯子掉进了山谷里。

成吉思汗无法再接水喝了，不过他想：既然有水从山上滴下来，那么上面也许有蓄水的地方，很可能是湖泊或山泉。于是他拼尽气力向上爬，当他爬上了山顶时，发现那里果然有一个蓄水的池塘。成吉思汗兴奋极了，立即弯下身子要喝个饱。忽然，他看见池边有一条大毒蛇的尸体，这时才恍然大悟："原来飞鹰救了我一命，正因为它刚才屡屡打翻我杯子里的水，才使我没有喝下被毒蛇污染了的水。"

成吉思汗在盛怒之下杀了心爱的飞鹰，明白了事情的真相后后悔莫及。如果他能忍住一时的怒气……但是没有如果，事情发生了就不可逆转，正因为世上没有后悔药，所以在考虑好后果前，不要在怒火中做出决定。

第二节 道是无情却有情——情绪密码

在遇到刺激的时候，第一时间产生的神经反应往往是情绪，随后才是思维取代情绪占据主导地位。如果刺激太强，思维就会退出主导位置，改为由情绪来主持全身的工作。情绪和理智，都是神经系统用来处理外部信息的功能。理智适合处理比较理智的情境，而情绪则更接近动物的本能，更适合处理比较强烈的刺激。用达尔文的进化论观点来解释，情绪更能够保证生存（安全）和繁衍（爱）的顺利进行。在应对复杂环境的过程中，情绪可以调动身体中的能量并指挥部分运动，以保证身体内部，尤其是神经系统、循环系统的平衡和稳定。内在的情绪一定有外在表现吗？怎样来识别情绪呢？这就需要借助于微表情，它是破译情绪的密码。

一、心理案例

案例一：我知道你在想什么

坐在桌子另一端的那个男人小心谨慎地回答着联邦调查局特工的问题。其实，当时他还不是那次谋杀案的主要嫌疑人，他有充分的证据证明自己不在现场，言辞也很真诚，但是那名特工却依然不停地问问题。经当事人同意，现将关于凶器的部分提问公布如下：

"假如你参与这宗案件，你会使用枪吗？"

"假如你参与这宗案件，你会使用刀子吗？"

"假如你参与这宗案件，你会使用碎冰锥吗？"

"假如你参与这宗案件，你会使用锤子吗？"

这里所说的碎冰锥便是本案的作案工具，但这早已是众所周知的了，这名嫌疑人自然也知道。这位特工的主要目的其实是想观察嫌疑人在听到这些凶器的名字时的反应。当他提到碎冰锥时，那名男子的眼皮明显地耷拉了下来，而且一直耷到下一种凶器的名字出现。这位特工立刻明白了其中的意义。从那一刻起，这名嫌疑人就成为该案件的第一嫌疑人。后来的进展说明他没有被冤枉。

选自《FBI 教你读心术》

二、心理辅导

上面案例中所提到的这名特工就是乔·纳瓦罗，一名拥有 25 年工作经验的联邦调查局特工，他是名副其实的“侦探大师”。他是怎么做到的？如果你问他，他会悄悄地告诉你：“应该是身体语言技巧的功劳吧。”他就是通过观察到嫌疑人眼皮明显的耷拉的表情判断出该嫌疑人是第一嫌疑人的。乔·纳瓦罗一生都致力于身体语言的破解工作，即通过面部表情、手势、身体移动（人体动作学）、身体距离（空间关系学）、接触（触觉学）、姿势，甚至包括服装来揭秘人们的思想、意图和真诚度。这对罪犯、恐怖分子和间谍来说并不是什么好消息，因为乔·纳瓦罗对他们的肢体语言的推敲总能让他们原形毕露。

表情是瞬间的相貌，相貌是凝固了的表情。人们通过做一些表情把内心感受表达给对方看，在人们做的不同表情之间，或是某个表情里，脸部会“泄露”出其他的信息，若真要猜心，则需明察秋毫，尤其是要注意观察对方的微表情。我们将不受思维控制的，可能由情绪引发，也可能是习惯使然，持续时间短暂或面部肌肉收缩不充分的表情，命名为微表情。每一种情绪，都具备特定的微表情形态特征。“微表情”最短可持续 1/25 秒，虽然一个下意识的表情可能只持续一瞬间，但却很容易暴露情绪。当面部在做某个表情时，这些持续时间极短的表情会突然一闪而过，而且有时表达相反的情绪。“微表情”一闪而过，通常甚至连做表情的人和观察者都察觉不到。在实验里，只有 10% 的人能察觉到“微表情”。比起人们有意识做出的表情，“微表情”更能体现人们真实的感受和动机。

虽然人们会忽略“微表情”，但是人的大脑依然受其影响，改变对别人表情的理解。所以如果某人很自然地表现“高兴”的表情，且其中不含有“微表情”，就能断定这人是高兴的。但是如果其间有“嗤笑”的“微表情”闪现，就算你没有刻意去察觉，你会更倾向于认为这张“高兴”的面孔是“狡猾的”或“不可信的”。这是因为情绪是人遇到有效刺激时的第一神经反应，它先于理智思维产生，与人类的生物本能息息相关，是刻意“装”不出来的。因此，有针对性地设计刺激源，引发他人真实情绪，就成为撕破他人假面、直击内心真相的关键步骤。

在《微表情》中有这样一个案例：

女：我们分手吧。

男：什么?（惊讶情绪。没想到她这么直截了当地提出）

女：昨天我接到了 XXX（注：前男友的名字）的电话，他说他忘不了我。

男：他怎么现在还给你打电话啊?（厌恶情绪。对前男友感到排斥）

女：我觉得，他说得对，他比你更了解我。

男：什么！（愤怒情绪。产生攻击欲望，要是那个男人在面前，恐怕就会冲上去了。）

女：和你在一起虽然很快乐，但痛苦也同样多。我们吵了这么多次，你还是不能完全明白我是怎样一个人。虽然他不浪漫，但我感觉和他在一起更踏实，心里放不开他。我想了很久，为了我们两个人都好，我们还是做朋友吧。

男：我可以改，我什么都能为你改。我不能没有你。（恐惧情绪。知道挽回的希望不大了）

女：你值得更好的女孩，而且你身边也有很多好女孩。现在的不舍得，只是不习惯而已。我知道很残忍，但我真的不希望我们之间重复之前的争吵了。手机还给你，还有家里的钥匙。再见了，我会一直祝福你的！

男：……（悲伤情绪。知道已经不可挽回了）

人在遇到有效刺激之后的第一反应是惊讶。随后，人会产生两个方向的情绪：积极方向的情绪是不同程度的愉悦；消极方向的情绪，则根据刺激源的力度不同，从轻到重依次为厌恶、愤怒、恐惧和悲伤。这 6 种基本情绪，涵盖了人类处理外界信息时可能引发的所有情绪反应。美国微表情研究学者保罗·艾克曼教授也认为，人类拥有 6 种跨种族、跨文明、跨地域的通用情绪和表情：惊讶、厌恶、愤怒、恐惧、悲伤和愉悦。

当一个人“惊讶”时，通常眉毛会上扬，上眼睑提升，睁大眼、眼睛警觉，吸气，嘴部自然、松弛。

当一个人“厌恶”时，眉毛下压、皱眉，眼睛闭起、眼睑紧张，上唇提升，鼻唇沟单侧嘴角上翘。

当一个人“愤怒”时，眉毛下压，“10 ： 10 状”眉形，睁大眼、怒视、眼神有力、三角眼，上眼睑提升、下眼睑紧绷变直，鼻孔喷气、鼻唇沟鼻翼上升扩张，脸颊隆起，上唇提升，下唇外凸，咬牙切齿，紧闭嘴、噘嘴、憋气、鼓下巴、嘴角下弯，眼球上翻，缩下巴。

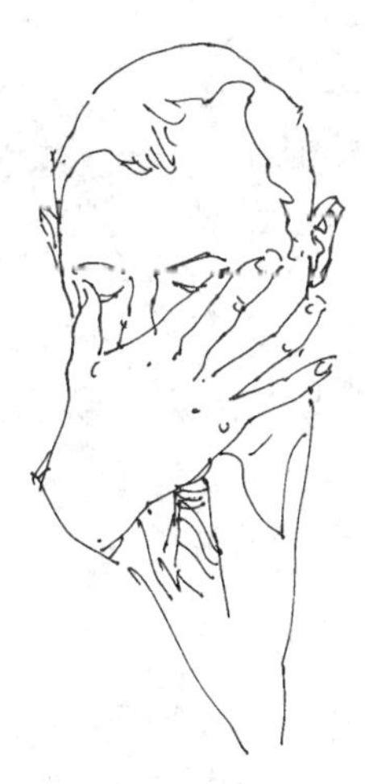

揉眼是表现惊愕、怀疑或意见相左的一种很典型的方式。

当一个人“恐惧”时，眉毛下压、皱眉、眉间倒 U 型皱纹，“8 ： 20 状”眉形、眉头上扬扭曲，睁大眼，上眼睑提升、褶皱，眼睛警觉、眼神闪烁，深吸气、上唇提升。

当一个“悲伤”时，眉毛下压、皱眉、眉间倒 U 型皱纹，“8 ： 20 状”眉形、眉头上扬扭曲，上眼睑轻微褶皱、眼神暗淡，脸颊隆起，鼻唇沟，法令纹，呼吸痉挛，上唇提升，下唇外凸，W 型下唇，紧闭嘴，噘嘴，瘪嘴、嘴角下垂，鼓下巴。

当一个人“愉悦”时，眉毛自然、松弛、前额平滑，眼睛眯起，鱼尾纹，下眼睑紧绷、提升、凸起，笑容沟纹，嘴角翘起，拉伸，上唇提升，鼻唇沟，脸颊隆起、提升，苹果肌、酒窝、光泽感，呼吸痉挛、鼓下巴。

当一个人表现“复杂情绪”时，对视、闭眼、眨眼、眼睑下垂，瞳孔缩放、眼睛放光、失神，视线转移，眼球轻微闪烁，斜眼，翻白眼，咬嘴唇，撇嘴，抿嘴。

1. 一顾倾人城——眨眼的哲学

眼睛被称为心灵的窗户，能表达出大量有用的信息，通过观察这两扇窗户，一定能感知一个人的情感或思想。与脸部的其他部位不同，眼部动作的反射性很强，在几千年的进化中，眼部周围的肌肉得到了很好的改良，它们能保护眼睛免受伤害。例如，眼球内部的肌肉能够收缩瞳孔，以保护眼睛免受强光的刺激，而当有危险物品袭来时，眼睛周围的肌肉会立刻合上眼帘。因此，眼睛成为我们脸上最诚实的部位之一。当我们被激发时，或是突然遇到让人吃惊的事情时，眼睛就会睁大，瞳孔也会迅速扩张，以最大限度地吸收光亮，向大脑输送足够的视觉信息。然而，一旦我们对这些信息做出处理，或对它们做出消极的认知，我们的瞳孔就会立即收缩，从而精确地将面前的一切聚焦到眼前，让我们能看得更清楚，更有效地保护自己。

“1989 年，我们抓住了一名间谍。他很合作，但不愿意供认自己的同伴。为了忠于自己的国家和人民，他做好了自我牺牲的打算，这让我们无从下手。我们必须尽快找出这个人的同伙，他们仍对美国构成了很大的威胁。被逼无奈，情报分析师马克·瑞瑟建议，我们可以通过非语言行为收集所需要的信息。我们向这位间谍展示了 32 张卡片，每张卡片上都写着一个与他一起工作过的人的名字——这些人很可能是他的同伙。我们要求他看每张卡片的同时讲述他所知道的情况。其实，我们对他所讲的内容并不感兴趣，因为知道他肯定不会说出真相。我们关注的是他的非语言信息。当他看到两个人的名字时，眼睛突然睁大，然后瞳孔迅速收缩，并轻轻地眯了一下眼。显然，在潜意识里，他并不希望看到这两个人。这成了我们唯一的线索。最终，这两个同犯被找到了，并在审问后供认自己参与了此次犯罪活动。直至今日，那个间谍依然不知道我们是如何找出他的犯罪同伙的。”

这个经典案例同样出自乔·纳瓦罗之手。当我们希望通过避免“看到”不想见到的事物保护大脑时，或当我们想表示对别人的轻视时，我们可能就会眯起眼睛、闭上眼睛或遮住眼睛，这些都是视觉阻断行为。通常发生在我们感到自己受到威胁，或碰到自己不喜欢的事物时。其实，人在受到拘束时不只会眯起眼睛，还会在自己的眉毛上做文章。弓形的眉毛表现的是高度自信和积极的感觉（这是一种背离重力的行为），而压低的眉毛则通常表现的是低度自信和消极的感觉。

表达积极情感的眼部行为很多。小时候，当我们看到妈妈时，眼睛会显示出一种舒适感。在出生后的 72 个小时里，孩子的眼睛会一直追随着自己的母亲。当母亲走进房间时，孩子的眼睛就会睁大，以此表明自己的兴趣和满足。同样，慈爱的母亲也会睁大眼睛。这时，孩子会一直注视着妈妈的眼睛，好从中获得些安慰。睁大的眼睛传递出了一种积极的信号，它们说明这个人正在观察一种令其舒适的人或物。瞳孔扩张表达的是一种满足感，或其他一些积极情感。这种情况下，大脑仿佛在说："我喜欢现在看到的东西，让我看得再清楚些吧。"当人们因为看到某人或物而由衷地高兴时，他们的瞳孔就会扩张，眉毛会上挑（或弯成弓形），眼睛会睁大，从而让眼睛显得更大。

另外，有些人还会竭力睁大自己的眼睛，这种表情通常被称作"闪光灯眼"。当我们看到自己喜欢的人时，或偶然遇到久违的朋友时，我们会竭力睁大眼睛，同时扩张瞳孔。在工作中，当老板睁大眼睛看着你时，你可以假设他或她比较喜欢你或对你做的事情很满意。不管是追求异性，还是在做生意，或只是试着交朋友，你都可以使用这种确定行为判断自己的方式是否得当。想象一下恋爱中的女孩带着爱慕的眼神凝望对方时那夸张而梦幻的样子，就是那样。简单说就是，眼睛睁得越大，好感越多。另一方面，当看到别人眼睛缩小时，如眼睛眯起、眼眉下垂或瞳孔收缩，你就该想想如何改变战略了。当我们感到兴奋、烦乱、紧张或忧虑时，我们眼睛眨动的频率就会提高；当我们放松下来，它又会恢复常态。一连串的眨眼动作反映的可能是一种斗争，或是与我们的表现的斗争，或是与信息的传递和接受的斗争。

2. 鼻有雁门紫——鼻子的讯息

鼻子是观测微表情的另一重要来源。鼻孔张大表示一个人情绪的高涨，还表明一个人将要做出某一个动作。相爱的人常常寸步不离，兴奋和充满期待时，他们的鼻孔就会张大。抬起的鼻子也是一种背离重力的姿势，同时也是一种高度自信的非语言行为。当人们处于压力或沮丧状态下时，他们的下巴（还有鼻子，因为两个部位的行动总是一致的）就不会抬得很高。

一位美国总统曾因抚摸鼻子而出名，他就是美国前总统克林顿。美国伊利诺伊州精神病学家说，克林顿总统就与白宫前实习生莱温斯基绯闻案向大陪审团供证时，共触摸鼻子 26 次，证实"皮诺曹效应"的现象。芝加哥"嗅觉与味觉医疗与研究基金会"专家艾伦·赫希说："人在讲谎话时，鼻子的勃起肌便会充血肿胀。我们称这种现象为皮诺曹效应。"他指的是卡洛·科洛迪的童话《木偶奇遇记》的主角皮诺曹，在该故事中，他每次撒谎，鼻子就变长。赫希又说："肿胀后，鼻子跟着发痒，迫使撒谎者搔痒、擦鼻或摸鼻。"他和伊利诺伊大学医学院精神病学家查尔斯·沃尔夫指出，他们发现克林顿在白宫的两次录像供证时，没有说半句假话，但在向大陪审团供证录像时，每四分钟触摸一次鼻子，在陈述证词期间触摸鼻子的总次数达到 26 次之多。

3. 浓朱衍丹唇——缩拢的嘴唇

鼻子下面的嘴巴也能为我们提供很多有价值的信息。我们常常做出挤压嘴唇的动作，仿佛是大脑在告诉我们闭上嘴巴，不要让任何东西进入我们的身体。嘴唇的挤压是消极情感的一种反映，它清楚地表明一个人遇到了麻烦，或某些地方出了问题。这种行为很少有积极含义，可能从来都没有。但这并不表示做这一动作的人存在某种欺骗行为，只能说明他们当时压力很大。在商务活动中，嘴唇缩拢的动作屡见不鲜。例如，当有人读出合同上的某一段内容时，反对者会立刻缩拢他们的嘴唇。再或者，在讨论晋升人选的过程中，当不太受青睐的名字被提及时，有些人就会缩拢嘴唇。

笑，离不开嘴巴。微笑线是积极的非语言行为累积一生的结果，它反映的是一段幸福的人生。但有时候我们会感觉有些人的笑空洞无物，他们是皮笑肉不笑，也就是我们常说的假笑。一旦你掌握了微笑晴雨表，就可以估算对方对你的态度，给你真笑的可以进一步发展，而给你假笑的则暂时搁置。这种微笑晴雨表适用于朋友、配偶、同事、孩子，甚至是老板。它能够反映人们交流过程中的各种感觉。

当我们冷笑时，颊肌（位于脸的两侧）会一起将嘴角拉向耳朵的方向，使脸上露出嘲笑的表情。这种表情清晰可见，哪怕只是片刻的出现，也能让人感受到其中的用意。华盛顿大学的研究员约翰·葛特蒙发现，在已婚的夫妇中，当一方开始冷笑对方时，他们的感情很可能已经出现了问题。一位换到一等舱的男士，极力抑制自己的笑容，因为在其他等待换舱的乘客面前，显现出得意之情是一件非常不礼貌的事。然而，发自内心的、不受抑制的幸福感会溢于言表，包括脸上和脖子上，额头上皱纹的伸展、嘴角边肌肉的松弛、嘴唇的完全呈现（没有挤压或双唇紧闭），因周围肌肉的放松造成的眼部区域的扩张，都是积极情绪的信号。

三、心理体验

（一）练习：克服社交恐惧

（1）转移注意力。不要过分关注“可能会出丑”“出丑后怎么办”，接受自己的缺点，接受自己犯过的错误，不要给自己很大压力，“我一定要做好”“我这次不能再失败了”这样的态度往往会导致新的失败。

（2）不要苛求完美。用轻松友善的心态对待自己和他人，多给自己积极的心理暗示，“你当然可以跟他 / 她做朋友”“一起出去吃个饭多好”，把你愿意与人交往的念头表达出来，结识那些你想结识的人，朋友会让你的世界更开阔。

（3）学会倾听。在做一个表达者之前，做个好的倾听者，会让你得到更多人的欢迎，在倾听别人的过程中，你也会学到更多东西，“原来事情并不是我想的那样”“他的意思原来是这样的”，倾听会让你更加宽容，会体谅，包容他人；

（4）可以每天设定一个交谈的小目标。先从你身边的人开始，家人、朋友、同事，事情可公可私，但是你要尽量多说，延长自己的谈话时间，享受谈话和交流的过程。之后，你就可以去认识那些你想认识的人，去跟更多的人交往。

（5）鼓励自己去参加聚会。给自己的最低要求就是出现在那里即可，你就战胜了自己一次。下一次你可能就跟坐在旁边的姑娘交换了电话号码，这会是很大进步。再下一次，也许你也可以当众讲个笑话什么的，搞搞气氛。这些真的不难。

（6）到人多的地方去。保持微笑，克服平时的厌恶心理，不推辞当众讲话的机会，发言之前深呼吸，告诉自己搞砸了也无所谓，还有下一次。而下一次，你继续搞砸，那么仍然还有下一次。对自己宽容一些吧，要像搀扶孩子学走路那样认真，耐心地对待自己。

（7）如果口吃过分严重的话，请每天花时间大声朗读。现任总统奥巴马是媒体的焦点，其实，副总统拜登也是位了不起的人物，他曾经有口吃的毛病，为此他每天都对着大镜子朗诵诗歌，后来成为优秀的政界人物，杰出的演讲能力帮了他很大的忙。所以，与其悲叹焦虑，不如马上行动吧。

（二）表情判断测试

各部分动作	A	B	C	D	E
额头与眉	平静	左右眉尽量靠拢，翘起成八字形，眉间与额头都有皱纹	左右眉尽量上翘起，成倒八字形	眉毛抬高，而额头产生皱纹	眉梢皱起，额头有皱纹
眼睛	下眼睑朝上而眼尾产生皱纹	张的很大	一部分或完全闭起	睁很大	稍微眯起眼眼球会动
鼻子	正常	鼻翼扩大	鼻翼收缩稍微拉长	鼻翼扩大	拉高，鼻根有皱纹，鼻翼向侧边扩大
嘴巴	展开嘴巴露出上齿	向两旁拉开可看到下面的牙	张开而扭曲	张开严重时会张得很大而合不拢，可极端张大不再闭合	稍微翘起来
唇	嘴角向后拉上唇翘起	嘴角下垂力量在下唇	嘴角下垂下唇颤抖	嘴角稍微下垂	嘴角下垂下唇向前突出
下腭	有点垂下而颤抖	用力突向前边	下垂	固定	向上提起

四、拓展阅读

极其雅致的边缘系统

很多人都知道自己拥有一个大脑，也知道这个大脑是他们认知能力的基地。事实上，人的头颅中有三个“大脑”，每个大脑都各负其责，合起来构成了“命令控制中枢”，驾驭着身体的一切。1952 年，一个名叫保罗·麦克林的科学家提出，人类大脑是由“爬虫类脑”（脑干）、“哺乳动物类脑”（边缘系统）和“人类大脑”（新皮质）组成的三位一体。而边缘系统因为它在非语言行为表达中扮演的重要的角色越来越被人们青睐。大脑的边缘系统主要包括杏仁核和海马体，它对我们周围世界的反应是条件式的，是不加考虑的。它对来自环境中的信息所做出的反应也是最真实的。边缘系统是唯一一个负责我们生存的大脑部位，它从不休息，一直处于“运行”状态。另外，边缘系统也是我们的情感中心。各种信号从这里出发，前往大脑的其他部位，而这些部位各自管理着我们的行为，有的与情感有关，有的则与我们的生死有关。这些边缘的生存反应不仅可以追溯至我们的幼年时代，同样可以追溯至人类远祖时代。它们是我们神经系统中的硬件，很难伪装或剔除——就像我们听到很大的噪声时试图压抑那种吃惊的反应一样。所以，边缘行为是诚实可信的行为。这些行为是人类的思想、感觉和意图的真实反映。

几千年来，拥有边缘反应能力的人生存了下来，因此，这些行为也像电脑硬件一样植入了我们的神经系统。我相信，很多人都对“战或逃”（fight or flight）这个短语十分熟悉，它常被用来形容我们在面对威胁或其他危险时的回应。可是，它只说对了三分之二，还有一部分没亮相呢。现实生活中，动物，包括人类，会依照下列顺序——冻结、逃跑、战斗来应对各种苦恼和威胁。

1. 冻结反应

大约一百万年前，原始人类横跨了非洲大草原。那个时候，他们面临着很多猎食者的威胁，这些动物跑得比他们快，力气也比他们大。然而，他们最终生存了下来，就是因为大脑的边缘系统，它们为人类远祖找出了弥补力量不足的方法。边缘系统使用的第一种防御战略就是冻结反应。移动会引起注意，一旦感到威胁时立刻保持静止状态，这是边缘系统为人类提供的最有效的救命方法。很多动物——尤其是大多数食肉动物——对移动非常敏感。因此，这种应对危险的冻结反应真的很有效。哥伦布中学和弗吉尼亚理工大学发生了两起校园枪击案，就有学生使用这种冻结反应来对付丧心病狂的杀手。很多学生虽然仅与凶手相隔几英尺，但是他们却通过保持静止和装死逃过了一劫。在现代社会，冻结反应已经被人们巧妙地应用在了日常生活中。一天晚上，我们在母亲家看电视、吃冰激凌，天已经很晚了，突然有人按响了门铃（这在她居住的社区是件很奇怪的事）。就在那一刻，所有人的手都“在瞬间冻结了”，简直太神奇了。最后发现，按铃的是我姐姐，她忘记带钥匙了。感觉到危险时，所有人做出了相当一致的反应。这就是第一边缘反应（冻结反应）的一个实例。战斗中的士兵也会采取同样的反应。当“排头兵”冻结时，其他人也会冻结，无须任何理由。在生活中，这种冻结反应常常是善意的。比如一个走在街上的人突然停住，然后用手拍一下自己的脑门，接着转身跑回家去关掉炉子。不管威胁是来自一只巨兽还是来自突然想起的事情，那一瞬间的停止足够让大脑做出快速的评定了。我们遇到现实威胁时，我们也会冻结自己，就像上面的例子，听觉威胁同样让我们的边缘系统提高警惕。当一个人被问及自己陷入困境的反应时，这个人会像坐在“弹射座椅”上一样冻结自己。类似的边缘反应还出现在面试过程中。面试的人常常会屏住呼吸或只做浅呼吸，这是一种非常古老的应对威胁的方式，参加面试的人可能注意不到，但是周围的人是很容易发现的。我常常会在面试进行到一半时告诉面试者放松，然后深吸一口气。在审问过程中，我发现问讯对象常常把脚放在安全的地方（比如椅子腿后面），而且会在一段非常时期内保持这样的姿势。每当看到这种行为时，我就知道：某个地方有问题了。这个人可能在说谎，也可能没有。我能肯定的是，他正在承受某种压力。我会顺藤摸瓜，找出他不适的原因。

2. 逃跑反应

当冻结反应不足以消除危险时，或当它不再属于最佳方案时（例如，威胁太近了），边缘系统的第二套方案就是逃走，即逃跑反应。显然，这样选择的目的就是要逃离威胁，或者，至少离危险远一些。为了让我们逃离危险，我们的大脑会指挥我们的身体，让它采取明智而谨慎的行动，数千年来皆是如此。然而，在现代世界中，我们毕竟是生活在城市中，而不是荒野中，于是，我们的逃跑反而实施起来更加困难。因此，我们不得不对逃跑反应做出调整。逃跑的行为不再那么明显，但目的是一样的——让自己避开或远离那些不安全的人或事。如果你肯回想一下你所经历过的社会互动，你可能会想起一些“回避”行为，这些行为的目的就是让你远离那些不必要的关注。就像孩子不喜欢桌上的食物时转身离开那样，任何人都有过想逃开自己不喜欢的人，或避免可能会带来威胁的谈话的经验。在谈判中，当听到对方不合理的报价时，或在讨价还价

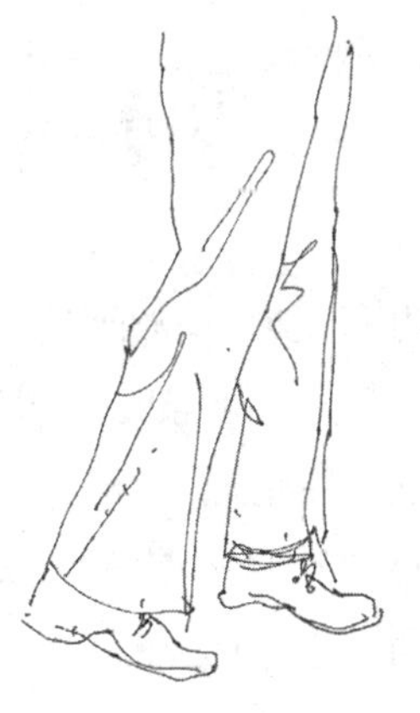

脚抬至起跑姿势，表示这个人想要离开。

的过程中感觉到威胁时，人们很可能会将身体转向另外一边。同时出现的可能还有各种阻断行为，如闭眼、揉眼或用手捂住脸等。他可能会将身体倾向谈判桌或某个人的另一边，同时也会将脚转向另一边，有时甚至转向出口的一边。这些古老的逃跑反应便是保持距离的非语言信号，它们告诉你，这个家伙对当前的谈判很不满意。

3. 战斗反应

当一个人遇到危险且冻结和逃跑反应都不奏效时，他或她就只剩一个选择了，那就是战斗。我们在进化成人的同时，也掌握了将恐惧转化成愤怒的本领，而这种本领能帮助我们击退攻击者。在当代世界中，放纵我们的愤怒可能并不是明智之举，甚至是不合法的，所以，大脑的边缘系统又开发了另外几种战略，战斗反应已不仅仅停留在身体这一层面了。现代攻击的一种方式就是争论。“争论”一词的本意只是辩论或讨论。本质上来说，过激的讨论就是一场没有身体接触的战斗。侮辱、人身攻击、反驳、诽谤、激将法以及挖苦都是进攻的方式。现代人类参与肉搏的机会少之又少，但是，战斗仍旧是我们边缘系统的一部分。即便没有身体接触，你也在进攻。例如，使用你的姿势、你的眼神、张开你的胸肌或挑衅另一个人的私人空间等。一般情况下，我会建议人们尽量避免战斗反应（不管是口头上的还是身体上的）。它只是处理威胁的最后一种选择，进攻性的战略很可能导致情绪混乱，精力不集中，如果这样的话，你就不能对面临的危险做出正确的评估。当我们的情绪上涨时，我们的判断能力便会受到影响。此时此刻，我们的认知能力已经被劫持了，劫匪就是我们大脑的边缘系统。

（选自《FBI 教你读心术》）

第三节　万水千山总是情——情绪解压

大学生活总的来说是紧张的，社会期望大、心理压力大、学习负担重、竞争激烈，使大学生的情绪易处于紧张状态。风华正茂的大学生本该是最健康的一族，但许多调查资料显示，近年来我国大学生因各种疾病休学、退学的比例呈上升趋势。造成学生身心不健康的原因是多方面的，其中不少与大学生的情绪关系最为密切，特别是一些强烈而持久的情绪问题，比如焦虑、抑郁、愤怒、嫉妒、冷漠等负性情绪对大学生危害更大。“情绪”人人皆有，先要处理好“心情”才能处理好“事情”，先要有“情绪管理”，才有“卓越人生”和“非常幸福”。

一、心理案例

案例一：愤怒的虐猫者

在一个夏日的午后，天气异常闷热，乌云密布，闪电频现，雷声似上天的怒吼，但就是不见一个雨点。我看到一个体型瘦削的男生在咨询室门口徘徊，便邀请他进来。我尽量用非常温和的语气问他有什么事情，他低着头半天才说出原因。他说他叫小伟，是大二学生，他发现自己非常残忍，喜欢杀生、虐待小动物，尤其是猫。因为父母一直在外地做生意忙于赚钱，从小他被保姆带大，对他疏于管教，他小时候经常在街上玩，结交了一帮“江湖兄弟”，整天跟着他们过打打杀杀的日子。当父母有一次把他从派出所里领出来后，带他来到了现在生活的城市，远离以前生活的环境，他的生活才慢慢步入正轨。虽然锦衣玉食，但是他觉得更孤独了，父母还是一样的忙碌。于是他开始欺负家里的保姆，赶走了一个又一个。父母没办法，就给他买了宠物，但是宠物们的命运很是悲惨。他说最喜欢猫，但是耐性并不持久，高兴的时候跟它们玩，无聊生气的时候，小猫就是他的出气筒，经常拳打脚踢，更有甚者，有只白色的波斯猫被他活活打死。死于他手上的猫已经有十几只，他觉得在处死它们时候是他最快乐的时刻。他现在为此感到非常的恐慌，觉得自己再这样下去，会不会走上杀人犯的不归路，会不会六亲不认，最终连自己也不放过？所以，他只好来求助于心理咨询师。当他把心里话全都讲出来时，外面雷声停了，下起了倾盆大雨，带来夏日特有的清凉。

二、心理辅导

上面案例中的小伟本身就是个弱者，觉得自己是无能的，没有生命的活力。他只有虐待比他更弱的东西或人，感觉自己能完全控制另一种物质的时候，才能体会到自己生命的存在，才会感觉自己是个强者。他虐待小动物是一种心理障碍行为的表现，在很大程度上是为了发泄内心的不满、愤怒，是缓解紧张情绪的一种方式。人具有攻击和破坏的本能，当遭遇心理压力和挫折的时候，就可能激发他的侵犯动机，出现攻击性。当人出于某种原因不能对侵犯者还击时，往往会找一个替罪羊发泄一通。虐待动物的人有个共同的特点，那就是他们在成长过程中一般都经历过各种挫折和创伤，有的人甚至在小时候受过性侵犯、虐待或被遗弃被忽视。这种点滴累积起来的怨恨都会在某一个点爆发出来。还有更多的人压抑着这种破坏的冲动，以更隐蔽的方式发泄。前不久网络上流传的虐猫图片和视频引起轩然大波，人们均表示要严惩当事人。而与此相反，有些人却偏偏喜欢这种虐待场景。残忍地虐待动物不但已成为某一群人的嗜好，甚至催生出一个产业——成批量制作和销售残忍虐待小动物的影片。

精神分析学的鼻祖弗洛伊德曾说“人，一半是天使，一半是魔鬼。”在正常、健康境遇中成长起来的人，同情弱者是人们的本能，但小伟从小缺乏父母的关爱，长大后就有自卑倾向，再加上结交社会不良青年，沾染了很多恶劣习气。由于缺乏家长的正确引导，处于青少年期的他对社会、对周围的人和事总是充满了敌意，总是用对抗、暴力、不满来处理生活中的事情。他先是和父母作对，后来又和不良社会青年混在一起，惹是生非，希望得到父母更多的关注和关怀。后来虽然有所改变，但他内心的空虚和寂寞无法排遣，所以又开始虐待小猫，从中获得一种满足和快感。同时，他也意识到了自己的问题，想要控制自己的情绪，做自己情绪的主人，便求助于咨询师。

那怎样才能做情绪的主人呢？

（一）学会表达情绪

情绪的表现在心理学的层面上来说就是情绪的表达。前面已经谈过，情绪的心理表达具有主观性，通过主观努力可以提高表达的水平，保证心理的健康。情绪的心理表达由近及远分为四个层次，即向自我表达、向他人表达、向环境表达及升华表达。

向自我表达，是让自我意识到情绪的性质特点、产生原因等，也就是将情绪提高到意识层面上来。这一点看来比较容易，但通常却难以完全做到。困难来自于两个方面的原因：一是自己根本意识不到自己的情绪变化，二是虽然能察觉到自己当时的情绪，但对情绪的起因、性质特点等了解不清。若这两方面表现明显，则称之为情绪的自我表达不良。

在日常生活中，我们经常会出现这样的状况：

今天并没有室长的督促，就给寝室做了清扫，还帮别人打了水，连自己感到奇怪，却忘了今天早起时室友集体夸赞自己“你这件裙子可真漂亮，羡慕死了。”不知道原来是因此而有个了好心情。

今天上课时总感觉心不在焉，没有效率，干什么也没兴趣，看什么都不顺眼，我怎么这样？忘了昨天在商店购物时被一个刁蛮的售货员讥讽了一顿，由于自己不善反驳而憋了一肚子的气。虽然今天已忘了昨天的事，但愤怒的情绪仍未消除。

最近一段时间总感觉心情烦躁，学习不能专心，失眠，总这样下去，以后怎么办？半年前，因为父母的反对离开了自己的初恋男友，虽然当时很痛苦，但很快就说服了自己，“我们都还小，不应该过早恋爱，否则影响了学习会耽误终身。”道理虽然明白，岂不知情感上并不那么容易消除。

情绪的自我表达是情绪表达的关键一步，亦是其他表达的基础。我们要多给自己情绪多一些关注，多一些呵护，时常用“第三只眼睛”观察自己的情绪状态。只要我们对情绪认识清楚了，对它的来源了解了，多半会自然而然地找人倾诉，或向环境发泄。

情绪心理表达的第二个层次是向他人表达，即将我们的情绪向周围的人表达出来，让他们认识到我们的情绪。表达的对象通常是导致我们情绪产生的人，如亲人、朋友、老师、同学等。如心爱的人送自己礼物时用拥抱、高兴的表情来表达自己的喜悦；别人伤害到我们时用抗议、指责来表达自己的不满；伤心时找朋友去诉说，或找心理医生咨询；学习压力太大时向亲人、恋人诉苦；对社会上某些现象不满时写文章抨击……向他人表达是日常生活中情绪表达的一个方式，也是人们最熟悉的一种方式。至少谁都知道，不开心时找朋友聊聊，在外面受气了回家向家人发发脾气等。

情绪心理表达的第三个层次是向自我及他人之外的客观环境表达，即在客观环境里去表达自己的情绪。如：摔东西，击沙袋，在无人处高喊、哭泣、歇斯底里发作，拼命跑步，将自己关在屋里骂老天等。时下的流行语将购物称为“血拼”，可见有时候不断购物也足以成为一种情绪发泄方式了。这些表达方式对于那些不善与人交往者显得尤其重要。

情绪心理表达的第四个层次是升华表达，它是超越所有表达的对象，将情绪的能量指向其他的、更高层次的需要，从而为那些高层次需要的满足提供能量。这是最难的，也是情绪表达的最佳方式。以文学艺术来表达情绪是升华表达的一个主要形式。当我们处于某种情绪状态时，通过文学艺术的创作与欣赏，来疏泄内心的情绪，同时也为社会带来一定的精神财富。

此外，当我们高兴时，唱唱欢快的歌；当我们痛苦时，弹一弹忧伤的曲子；当我们愤恨不满时，看一看快意恩仇的武侠片等。如此，将自己的情绪与文学艺术作品进行沟通与交流，不仅疏泄了情绪，还享受了艺术的美。情绪中的文学艺术创作无疑是情绪表达的更高境界，将自己的情绪升华为一件不朽的艺术作品更是人生的一大快事。这时，情绪是悲也好，是喜也罢，已无分别。歌德在失恋的痛苦中写出《少年维特的烦恼》，作品完成的感受恐怕比得到爱情后的感受并不逊色；贝多芬在对命运的感受中谱出《命运》的不朽之作。可以这么说，没有情感表达的艺术是没有生命的艺术，情感平淡的文学家只能是文字的书写员，缺少激情的音乐家只能是音乐符号的拼凑匠，没有热情的画家亦只能是刻板实物的临摹者。

将情绪的能量指向某种理想、信念是情绪升华表达的另一种形式。当我们处于某种情绪中时，将其能量转化到对某种思想、信念的追求中，从而让情绪得以疏泄，并且也为高层次的需要提供了动力。

“化悲痛为力量”是典型情绪升华的表达。它号召人们不要沉溺于悲痛的情绪，将悲痛的能量转化为追求理想的动力。“生命诚可贵，爱情价更高。若为自由故，两者皆可抛。”此时丧失生命及爱情的悲痛在争取自由的理想中得到升华。“大丈夫先立业，后成家”“书中自有黄金屋，书中自有颜如玉”，在爱情上大受挫折者，常会将这种痛苦的感情升华为对学业、事业的追求。“郁闷”可以说是当今人们的时尚词语，“郁”为什么要“闷”着？在不妨碍他人、不伤害自己的前提下，我们可以用很多种方式打开心灵的枷锁，让“郁”的情绪得以疏通。

一定要学会愤怒。被攻击，会愤怒。作为一种基本情绪，愤怒是调解关系远近的重要武器。并且，有了愤怒，一定要想办法表达。意识不想，潜意识也会做这个工作。不攻击别人，就会攻击自己。正是从这个意义上，美国心理学家托马斯·摩尔在他的著作《灵魂的黑夜》中写道：最好只和会表达愤怒的人做朋友。因为，看似不会表达愤怒的人，其实也在用他独特的方式来回击你，而最常见的就是被动攻击。

一些人看似从不愤怒、永远和善，但你和他在一起时却非常不舒服，脾气变得很糟糕。这是因为，这些貌似永远不生气的人实际上频频以被动攻击的方式攻击你，且因为被动攻击如此隐蔽，你好像没资格实施回击。如果回击的话，也像是一拳打在棉花套上，不能发力。此外，你还很容易内疚。毕竟，被动攻击者看上去是很无辜的。

不过，我们不能轻易责怪被动攻击者，因为他们之所以成为这个样子，几乎必然是他的愤怒被一些重要人物给严重压制了。譬如，孩子愤怒的资格被父母剥夺了，妻子愤怒的权力被丈夫给劫掠了。他们在这些重要的关系中形成了被动攻击这种消极的自我保护方式，然后将它带到了生活中各个地方。但同时，我们每个人应该反省一下，我是不是喜欢使用被动攻击。正如维雷娜·卡斯特在《怒气与攻击》中所建议：我们每个人都应该问一问自己：你是否通过语言、态度、姿势等伤害过别人，在这样做时装作若无其事甚至和颜悦色？如果你经常这样做而自己并未意识到，那么，你就应该反省一下自己，看看你的自我定位是否出现了偏差，你同别人的关系有哪些不正常的地方。

（二）学会积极思维

曾有一名临床医学专业的本科生，平时学习用功，与人交往正常。在第三学期的外科学课上，老师讲到了狂犬病的发病原因和潜伏期的知识。他忽然想到自己小时候去农村的亲戚家曾经被一只小狗舔过一下，因为当时并没有被咬破，手腕上只留下两排牙印，家人也没有带他去防疫站打针。这堂课之后，他担心自己得了狂犬病，就赶紧跑到医院检查，医生快速对其进行检查。当检查快要结束时，他不干了，他脸红脖子粗地跳起来说自己一定得了狂犬病，同时强调自己最近常常发脾气、暴躁，对同学不满时就想揍他一顿，很有攻击性，坚决不认同自己是健康的。医生问他是怎样判断自己症状的，他说与上课时老师所讲的临床表现都相符。"那么狂犬病最明显的一项症状是恐水你也应该知道"，医生一针见血地道："可刚才我开了半天水龙头你一点感觉也没有。放心回去吧，你没有狂犬病，你的病在心里。"

这名同学经医生诊断，已经确认健康，但却出现"烦躁、易激惹、强攻击性"等狂犬病症状，可能涉及了心理暗示对情绪、认知和行为的影响作用。出现类似狂犬病的症状，最大的原因并非生理上的病灶，而是情绪上的"恶性肿瘤"。必须克服心理暗示的不良影响，才能回归正常的生活。高明的医生可以通过积极的心理暗示帮助患者调节情绪、端正认知，最终纠正不良行为。

看待事物的态度和方式没有绝对的对错之分，但有积极和消极之分。积极的心理暗示对人的健康和情绪都有良好的促进作用。美国心理学家艾利斯经过多年的心理咨询实践，发现在情绪方面存在障碍的来访者有一些共同的特征。在此基础上，他总结出了人性的一些基本特征，并由此发展了情绪 ABC 理论。

ABC 理论的基本观点就是：人的情绪不是由某一诱发性事件的本身所引起，而是由经历了这一事件的人对这一事件的解释和评价所引起的。在 ABC 理论模式中，A 是指诱发事件（Activating events）；B 是指个体在遇到诱发事件之后相应而生的信念（Beliefs），即他对这一事件的看法、解释和评价；C 是指特定情景下，个体的情绪及行为的结果（Consequence）。通常人们会认为，人的情绪反应是直接由诱发事件 A 引起的，即 A 引起 C。ABC 理论则指出，诱发事件 A 只是引起情绪及行为反应的间接原因，而人们对诱发事件所持的信念、看法或解释 B 才是引起人的情绪及行为反应的更直接原因。也就是说由于所持的信念不同，同样的一件事发生在不同的两个人身上会导致截然不同的两种情绪反应。

举个大家最熟悉的例子：在沙漠里迷路的两个人只剩下半壶水，一个人想：沙漠这么大，我只剩下半壶水，肯定要命丧沙漠了。另一个人则想：太好了，我竟然还有半壶水。这样一来，前者感到绝望，也许轻易地放弃了；而后者充满了信心，最终走出了沙漠。从这个简单的例子可以看出，正是人们对事物的看法、想法决定了人的情绪及行为反应。在这些具体的想法和看法背后，有着人们对一类事物的看法，这就是信念。合理信念会引起人们对事物适当、适度的情绪和行为的反应。当人们坚持某些不合理的信念，长期处于不良情绪状态之中时，最终将导致情绪障碍的产生。

那么，不合理的信念都有哪些具体特征呢？心理学家总结出了以下几点：

1. 绝对化的要求

是指人们以自己的意愿为出发点，对某一事物怀有认为其必定发生或不发生的信念，通常是与“必须”“应该”这类字眼连在一起。比如：“我必须在每件事上都获得成功”“别人必须很好地对待我”“生活应该是很美好的”等。这种绝对化的要求在现实生活中是行不通的，如果事情的发展不如他所愿，那么由失望而导致的情绪障碍就在所难免。

2. 过分概括化

这是一种以偏概全、以一概十的不合理思维方式的表现。过分概括化是不合逻辑的，就好像以一本书的封面来判断其内容的好坏一样。过分概括化的一方面是人们对其自身的不合理的评价，如当遭到一次失败时，就往往认为自己“一钱不值”，是个“失败者”等，从而导致自责自罪、自卑自弃的心理及焦虑和抑郁情绪的产生；过分概括化的另一方面是对他人的不合理评价，即别人稍有差错就认为他很坏、一无是处等，这会导致一味地责备他人，以致产生敌意和愤怒等情绪。

3. 糟糕至极

这是一种将可能的不良后果无限严重化的思维定式。即使发生的是一个小问题，也会认为是非常可怕、非常糟糕的，甚至是一场灾难。这将导致个体陷入极端不良的情绪体验如耻辱、自责自罪、焦虑、悲观、抑郁的恶性循环中，难以自拔。如得了感冒就认为自己病势很严重，甚至会死；领导没有和自己打招呼就认为是自己做错了什么，以致会影响到自己的前程等等。

作为大学生，要学会识别什么是合理的信念，什么是不合理信念。在不合理信念影响到自己情绪的时候，要学会与不合理信念进行辩论，用合理信念去战胜不合理的信念。我们每个人都会或多或少地出现一些不合理信念，但只要我们能很快从中摆脱出来，就不会影响到我们的心理健康。

总之，站在不同的角度，便会有不同的看法，最终得到不同的结果。有人说过：“思想的作用和思想本身，就能把地狱造成天堂，把天堂造成地狱。”也就是说积极的心态带来正面的效果，消极的心态带来负面的效果。所以，一切的根源就在于我们的心态，心态决定我们的心情，甚至改变我们的际遇。快乐来自内心，而不是外在。人们常说“凡事多往好处想”，这是心理健康之道，也是幸福的不二法门。对于不幸的事物，可以变负为正。真正的智者不是在收益中获利，而是在损失中获利。正如尼采对超人的定义是：“不仅是在必要情况之下忍受一切，而且还要喜爱这种情况。”

有一个人，他在 21 岁时做生意失败；22 岁时，角逐议员落选；24 岁时，做生意再度失败；26 岁时，爱侣去世；27 岁时，一度精神崩溃；34 岁时角逐联邦议员落选；47 岁时，提名副总统落选；49 岁时，角逐联邦议员再度落选；52 岁时，当选美国第 16 任总统。这个人就是林肯。爱迪生的耳朵失聪之后，他并没有怨天尤人，反而发现他可以不受声音的干扰，专心从事发明创造。创造生命科学基本概念的达尔文坦白承认："如果我不是有这样的残疾，我也许不会做到我所完成的这么多工作。"能击垮人的不是不幸本身，而是人面对不幸时所抱有的心态。

上述经历不幸的人物当时如果接受消极心态，沉浸在自怜里自暴自弃，那他们得到的只能是更多的不幸。他们之所以会成功，是因为他们即使面对会阻碍他们成功的缺陷或挫折，仍能坚持积极的心态，从而促使他们加倍努力而得到更多的补偿。他们的不幸，却对他们有意外的帮助，激发了"变负为正"的力量。让我们在每一次的不幸中，尝试去发现与不幸等值的积极面。投向内心的光明心态，你会发现许多问题终将迎刃而解。因为面对光明，阴影永远在我们身后。

与其等压力或疾病自己找上门再去应付，不如设定目标乐观面对压力，合理调整自己的情绪，健康地组织生活。下面的 9 步可带来更多的快乐和更好的精神健康，可以指导鼓励你更加积极地生活，并为你自己和他人创建一个更加积极的心理环境。

（1）永远不要说关于你不好的事情。寻找那些你将来采取行动可以加以改变的不快乐根源。接受你自己和他人的一些建议，而不要批评。

（2）将你的反应、想法、感受同你的朋友、老师、家庭成员以及他人进行比较，从而估计自己的行为是否符合社会规范。

（3）结交一些密友，你可以同他们分享感受、快乐、忧虑。要注意发展、保持和拓宽你的社会支持网络。

（4）建立对时间的正确观念。处理学习和工作问题要放眼未来，着重于你将要做出的行为努力；赢得成绩、达成目标时要享受现在，快乐当下；和亲朋及周围人们交往时应该感念恩情，珍惜过去。

（5）永远对你的成功和快乐充满信心（并且和他人分享你的积极感受）。了解你独特的、可以使他人受惠的品质，因为这些是你与众不同的个人优势。

（6）当你感觉马上要情绪失控时，请先果断地离开这个环境，稍后你可以自己感受或向他人解释自己的情绪，这比当场说出伤人伤己的话语又事后后悔道歉更实际。

（7）失败和失望有时是伪装下的祝福。它们或许是在告诉你，这个目标并不适合你，放弃有时也是一种明智的选择。不幸和挫折实际上都是机会，只是它们未以真面目示人。

（8）如果你发现无法使自己和他人走出抑郁，那就向学校心理咨询中心的专业教师寻求建议，毕竟术业有专攻，我们不能要求自己样样精通。

（9）培养健康的快乐方式。花些时间去放松、反省、搜集信息，去运动并享受你的美好，凡是能让你感觉舒服的活动都应常常进行。

（三）认识自己、整合自己

1. 认识自己，树立积极的自我形象

同学们在以往的学习生活中，头脑中会形成对自己的认识。面对压力，很多大学生对自我的认识会发生改变，会认识到以往没有注意到的不足之处，会对自己陷入压力不能自拔而苦恼。其实，每个人都不是完美的。我们应该正确地认识自己，了解自己的长处和短处，特别是要接受现在的自己，接受自己的优点、缺点，进而以积极的心态面对压力。

2. 合理设定目标

同学们在步入校园之前，往往会憧憬着美好的大学生活，认为自己已经成为“天之骄子”，无形中为自己设置了一个很高的目标。在进入大学后，面对着种种压力，发现自己以往的目标不符合现实情景时，会感到压力增加。其实，同学们在感到理想目标与现实相差太大的情况下，应该意识到不能用过高的目标苛求自己、限制自己，应当对目标做出相应的调整。大家可以根据社会现实和自己的能力、专业，设置合理的目标，为自己的人生做出规划；也可以把原先设定的目标分成一个个小的目标，逐个实现。为自己设定一个合理的目标，可以减轻由于目标得不到实现而产生的压力，并能为自己在生活中提供航标，使自己不致因为压力过大而迷失方向。

3. 建立对世界的控制感

控制点的概念是心理学家罗特提出的，指个体对事件的结果是由自身还是外界环境决定的看法。由此，可以把人们分成两类：一类是“内控型”，他们认为自己可以控制周围环境，无论事件成功或失败都是由于自己的能力或者努力等内部因素决定的；另一类是“外控型”，他们认为无论事情成败都取决于外部因素，与自己的努力无关。内控型的人在面对压力时，往往会采取主动、积极的方式去应对；而外控型的人，更可能采取回避、情感发泄的策略，而不会主动寻找解决问题的途径。

虽然同学们在离开熟悉的生活环境之后，往往会变得迷茫、不知所措，但大家应该在适应陌生环境之后，建立起对世界的控制感。同学们要坚信，事情的成败取决于自己，而不是外界的客观条件或命运，自己能够通过能力和努力解决问题。这样，面对压力时，就能够具备应对并战胜压力的信心和勇气，并且能够寻找积极有效的解决策略，而不会在压力面前变得消极被动。

三、心理体验

（一）测测你的自控力

下面是一个情绪测验，通过这个测验，你可以了解你的情绪是否健康，是否在你的掌控之中。

1. 看到自己最近一次拍摄的照片，你有何想法？

A. 觉得不称心 B. 觉得很好 C. 觉得可以

2. 你是否想到若干年之后会有什么使自己极为不安的事？

A. 经常想到 B. 从来没有想过 C. 偶尔想到过

3. 你是否被朋友、同事或同学起过绰号、挖苦过？

A. 这是常有的事 B. 从来没有 C. 偶尔有过

4. 你上床以后，是否经常再起来一次，看看门窗是否关好，水龙头是否拧紧等？

A. 经常如此 B. 从不如此 C. 偶尔如此

5. 你对与你关系最密切的人是否满意？

A. 不满意 B. 非常满意 C. 基本满意

6. 半夜的时候，你是否经常觉得有什么值得害怕的事？

A. 经常 B. 从来没有 C. 极少有这种情况

7. 你是否经常因梦见什么可怕的事而惊醒？

A. 经常 B. 没有 C. 极少

8. 你是否曾经有多次做同一个梦的情况？

A. 有 B. 没有 C. 记不清

9. 有没有一种食物使你吃后呕吐？

A. 有 B. 没有 C. 记不清

10. 除去看见的世界外，你心里有没有另外的世界？

A. 有 B. 没有 C. 记不清

11. 你心里是否时常觉得你不是现在的父母所生？

A. 时常 B. 没有 C. 偶尔有

12. 你是否曾经觉得有一个人爱你或尊重你？

A. 是 B. 否 C. 说不清

13. 你是否常常觉得你的家庭对你不好，但是你又的确知道他们实际上对你很好？

A. 是 B. 否 C. 偶尔

14. 你是否觉得没有人十分了解你？

A. 是 B. 否 C. 说不清楚

15. 你在早晨起来的时候最经常的感觉是什么？

A. 忧郁 B. 快乐 C. 讲不清楚

16. 每到秋天，你经常出现的感觉是什么？

A. 秋雨霏霏或枯叶遍地 B. 秋高气爽或艳阳天 C. 不清楚

17. 你在高处的时候，是否觉得站不稳？

A. 是 B. 否 C. 有时是这样

18. 你平时是否觉得自己很强健？

A. 否　　B. 是　　C. 不清楚

19. 你是否一回家就立刻把房门关上?

A. 是　　B. 否　　C. 不清楚

20. 你坐在小房间里把门关上后，是否觉得心里不安?

A. 是　　B. 否　　C. 偶尔是

21. 当一件事需要你作决定时，你是否觉得很难?

A. 是　　B. 否　　C. 偶尔是

22. 你是否常常用抛硬币、翻纸牌、抽签之类的游戏来测凶吉?

A. 是　　B. 否　　C. 偶尔

23. 你是否常常因为碰到东西而跌倒?

A. 是　　B. 否　　C. 偶尔

24. 你是否需要一个多小时才能入睡，或醒得比你希望的早一个小时?

A. 经常这样　　B. 从不这样　　C. 偶尔这样

25. 你是否曾看到、听到或感觉到别人觉察不到的东西?

A. 经常这样　　B. 从不这样　　C. 偶尔这样

26. 你是否觉得自己有超乎常人的能力?

A. 是　　B. 否　　C. 不清楚

27. 你是否曾经觉得因有人跟着你走而心里不安?

A. 是　　B. 否　　C. 不清楚

28. 你是否觉得有人在注意你的言行?

A. 是　　B. 否　　C. 不清楚

29. 当你一个人走夜路时，是否觉得前面暗藏着危险?

A. 是　　B. 否　　C. 偶尔

30. 你对别人自杀有什么想法?

A. 可以理解　　B. 不可思议　　C. 不清楚

以上各题的答案，选 A 得 2 分，选 B 得 0 分，选 C 得 1 分。请将你的得分统计一下，算出总分。得分越少，说明你的情绪越佳，反之越差。

总分 0～20 分，表明你情绪良好、自信心强，具有较强的美感、道德感和理智感。你有一定的社会活动能力，能理解周围的人们的心情，顾全大局。你一定是一个性情爽朗、受人欢迎的人。

总分 21～40 分，说明你情绪基本稳定，但较为深沉，对事情的考虑过于冷静，处事淡漠消极，不善于发挥自己的个性。你的自信心受到压抑，办事热情忽高忽低，易瞻前顾后、踌躇不前。

总分在 41 分以上，说明你情绪不佳，日常烦恼太多，使自己的心情处于紧张和矛盾之中。

如果你的得分在50分以上，则是一种危险信号，你务必请心理医生作进一步诊断。

（二）情绪训练营

1. 游戏1：人椅

（1）每组围成一圈，每位学员将他的手放在前面的成员的肩上；

（2）听从训练者的指挥，每位学员都徐徐坐在他后面学员的大腿上；

（3）坐下之后，可以喊出自己队伍的口号，看看哪个小组可以坚持更长的时间。

2. 游戏2：情绪猜猜猜

（1）情绪通常有喜、怒、哀、惧、爱、恶六大种类。准备六张"情绪卡片"，卡片上分别写上"喜、怒、哀、惧、爱、恶（厌恶）。

（2）让团员随机抽出一张卡片，用表情、动作等非语言信息表达卡片上所写的情绪，不能用言语表达。让其他的团员猜测台上的同学要表达什么情绪。

（3）组织讨论："情绪有好坏之分吗？为什么？"

（4）交流并分享

3. 游戏3：镜中人

（1）团员两两一组，一方做出各种表情，另一方作为镜子模仿。时间为2分钟左右。

（2）双方互换角色。

（3）学生围绕刚才的活动讨论分享：

看到"镜子"的表情，你有什么感受？情绪可传染吗？在努力做各种或者模仿各种表情时，你的情绪有变化吗？

4. 游戏4：我的心情故事

（1）发给组员一人一张小纸条，写下自己感受最深、印象最深刻的心情故事或是日常生活中的烦恼与麻烦。

（2）组员不记名地将完成的小纸条丢到团体中央。

（3）请组员依序抽出纸条，并念出内容，分享自我的感受与想法，或与成员一同讨论找出解决的策略。

5. 游戏5：发现快乐

（1）请回想最近两周令自己开心的事件，在笔记本上列出自己的"快乐清单"，每人至少列出10项。

（2）请读出自己的快乐清单。

（3）小组脑力激荡法：在同学的"快乐清单"的启发下，大家开动脑筋再尽可能多地寻找快乐，每个小组请一位同学做记录，完成小组的快乐清单。

（4）以小组为单位读出小组的快乐清单，给想得最多的小组发礼品。

6. 游戏6：能源加油站

（1）举出几件较常发生的生活事件（如被长辈骂、考试成绩不理想、被同学冷落忽视或与要好同学起口角等），鼓励组员分享自己的应对方式。

（2）发给每位组员一张能源表，填写自己的「支持能源」，最内圈的是自己有挫折最先想到要帮忙的，最外圈的即是较少会找的人。

（3）鼓励组员分享：自己哪种资源能量最充足？自己最常用的是哪一项？为什么？有哪项资源是拥有但却很少用的？

7. 游戏 7：你是我的眼

（1）两两一组，站到起跑线后，甲用手帕把眼睛蒙住，乙通过口令引导甲越过重重障碍，向终点进发，看哪一对最先到达。注意，乙不可以接触甲的身体，只能通过语言对甲进行引导。

（2）蒙住眼睛的人和对方交换角色，再进行一次游戏。

（3）游戏结束后，交流各自在游戏中的感受，谈谈自己是怎样当引导者的，怎样才能当好引导者。

8. 游戏 8：情绪垃圾桶

（1）发给组员一张白纸，请成员将烦杂、扰人的情绪写在白纸上，再用各种方式将之销毁（乱涂乱画、揉掉、撕成碎片等）。

（2）请组员将白纸丢进事先准备的垃圾桶中，象征那些讨厌的情绪也随之丢弃。

（3）给每位组员发放幸运糖。

四、拓展阅读

做一棵永远成长的苹果树

一棵苹果树，终于结果了。第一年，它结了 10 个苹果，9 个被拿走，自己得到 1 个。对此，苹果树愤愤不平，于是自断经脉，拒绝成长。第二年，它结了 5 个苹果，4 个被拿走，自己得到 1 个。“哈哈，去年我得到了 10% 的苹果，今年得到 20% 的苹果！翻了一番。”这棵苹果树心理平衡了。但是，它还可以这样：继续成长。譬如，第二年，它结了 100 个果子，被拿走 90 个，自己得到 10 个。很可能，它被拿走 99 个，自己得到 1 个。但没关系，它还可以继续成长，第三年结 1000 个果子……

其实，得到多少果子不是最重要的。最重要的是，苹果树在成长！等苹果树长成参天大树的时候，那些曾阻碍它成长的力量都会微弱到可以忽略。真的，不要太在乎果子，成长是最重要的。

心理剧《孤独时刻》

（舞台全灯灭，音乐起）

旁白：“人是孤独且悲伤的动物。一个人的时候总想得到别人的关爱，总渴望让别人了解自己的内心世界；跟大家在一起的时候，却又在隐藏自己的一切想法。不论身处何方，似乎总也得不到该得到的幸福。越长大越复杂，越长大越孤单，越长大越无奈。我不停地期盼着原本属于我的幸福，而无情的天神只是回复我一场倾盆大雨。”

第一幕

（家）

（灯起，照亮父母）

母（刘蕊）：“哎，我说你能不抽烟了嘛？烦不烦啊，天天抽抽抽，不知道哪天要把自己都抽死掉了。”

父（李晓东）：“不就是抽个烟么，有什么大不了的，都累一天了，你还不让休息了。”

母：“你抽烟还有理由啦，行啊，你当初追我那会儿还说要什么都听我的，现在怎么啦？这么快就变卦了？还休息，一天才挣几个钱啊，还累到你了！”

父：“什么？我一天到晚在外面跑业务，忙工作，这么大一个家都是我在外面辛辛苦苦一分一厘攒出来的，你凭什么说我啊？”

母：“说你怎么了，说你怎么了，你就是没能耐。看人家老李，同样是跟你一个大学毕业的，以前还不如你呢，现在你瞅瞅，人家现在是有房有车有钞票，那叫一个气派！”

父：“哼，有房有车有钞票？还有二奶吧？等我有钱了，还能要你？”

母：“你说什么？你敢！”

父：“我怎么不敢？这些年什么事儿都让着你、宠着你，我挣得少还不是为了陪着你！你看你现在什么德行，白天上班什么都不管，晚上回家就知道打牌，还说我挣得少，恐怕你那点工资全部贡献给邻居了吧？”

母：“你什么意思？你把话说清楚，我怎么什么都不管了，菜还得我买呢，衣服不是我洗的呀？你倒好，每天什么都不干，早上我没醒就走了，晚上我睡着了你才回来，一天三顿饭，你不是在外面吃就是在外面吃，偶尔光顾下咱家，吃完了就一躺，活还不都是我一个人干的……”

父：“我那是累的。”

母：“你还累，回你父母家你怎么不累呢？哎呀，那个积极啊，买菜、做饭、洗碗，你在家我怎么没见你干过呢？”

父："那是我妈家，我干点活怎么了？再说了，我娶你当老婆，让你干点活怎么了？"

母："什么？李晓东，我合着来你们家就是一佣人是吧？行，我走，我走还不行吗？我也不妨碍你挣钱了，你也解放了，啊！"

父："你急什么，我不刚才一时说走嘴了吗？再说我也没说你不好啊！"

母："你就是那意思，指不定现在心里高兴呢，说赶紧走吧，还给我的二奶腾地方。"

父："刘蕊，你什么意思？不想过了是吗？非得整点事儿出来不？想不想好了？啊？"

母："我就是不想过了，怎么着？"

父："不爱过就离，谁怕你？"

母："离就离，离了你还不能活了？"

父：（怒目而视，摔门而去，愤然离场）

（在他们吵架的时候，他们没发现女儿沙若在另一个房间无奈的表情。沙若真的无奈了，在她的印象里，吵架已经成为这个家庭交流的一种方式了，她能做的仅仅是戴上耳机，淡然地坐在一旁）

（大屏幕画面：外面下着雨，丝丝入心，沙若盯着远方，眼睛却没有焦点，只有内心无尽的黑暗……）

（全场灯灭，追光灯起，照亮沙若）

沙若（独白）："小时候我一直以为自己是一个幸福的小孩，妈妈爱我，爸爸疼我，生活就是课本、书包、棉花糖，还有睡前的童话故事……我一直都很相信，王子和公主会幸福地生活下去，而爸爸妈妈就是那个王子和公主，而我也是个小公主，我们一家三口也会很幸福地生活下去……直到有一天，我发现生活里还有一个叫钱的东西，而爸爸妈妈经常为了它争吵。接下来，我知道了什么叫权力，什么叫能耐，什么叫虚与委蛇……爸爸妈妈的争吵中总是反反复复地夹杂着这些奇怪的字眼，而我也不再单纯。为什么我要长大？为什么要让我发现这个世界所有的不美好？为什么我的结局不能像童话故事般完美？为什么这个世界没能给我想要的幸福？为什么……

当我不再单纯，我看到了妈妈在牌桌上跟邻居间的虚伪，我看到了爸爸在领导面前的趋炎附势，我看到了他们两人之间的种种不融洽。为什么？难道他们本就不应该组成一个家庭么？难道当初的种种幸福只是昙花一现吗？难道我的出生本身就是一个错误么？我不敢再想，我承认我在逃避，我承认我没有坚强到可以对抗这一切，我承认我刚毅的外表下面藏了一颗不堪一击的心……真的希望爷爷还在这个世界上，因为那是唯一了解我的人……"

第二幕

（第二天，学校小路上，沙若走在中间）

（全场灯起）

甲女："王风，你看昨天的八卦三人行了吗？吴尊真帅！"

乙女："花痴，吴尊还叫帅啊，我们家金城武才叫帅呢！"

甲女："你说我花痴，那金城武长的就一木头，哪有吴尊那么温柔啊！"

乙女："沙沙，你说呢，哪个帅？"

沙若（略显迷茫）："嗯？还好吧。"

甲女："什么叫还好啊？到底是金城武帅还是吴尊帅啊？"

沙若："哦，金城武是运动型的，有安全感，吴尊是偶像型的，帅气阳光，都很好……"

乙女："你倒是两人都不得罪。"

甲女："她呀！天天想着她家的杨帆，自然看谁都不帅了。"（众女大笑，画面定格）

（全场灯灭，追光打在沙若身上。沙若走出来）

沙若（独白）："这两个是我姑且能称之为朋友的人。有时候，我更愿意一个人待着，我们似乎并不是一个世界里的人。她们更喜欢明星，讨论隔壁班的男生、淘宝上的漂亮衣服、家里的化妆品。我待在她们中间，尽量使她们忘记我的存在。我需要朋友，因为每个人都有自己的朋友，我不能没有，尽管有时候我并不觉得需要。而且我也需要有个人陪我说说话，尽管，有时候我觉得无聊透顶……是的，看上去她们是无忧无虑的，暗地里王风还在生气李楠抢了她追过的男生，而事实上，李楠跟那个男生只是初中同学。我是一个乖巧的人，最起码我被夹在中间，两边讨好。尽管每天她们讨论的东西我都不喜欢，她们做的事情我都不认同，但是我总能让她们高兴，同时，我也似乎能够有一点事情做，否则，又要回到自己无尽的黑暗中。跟她们在一起很简单，尽管只是偶尔"嗯，啊"的回答，但是她们总能够很满意，并且能够忘记我的存在，让我有个独自的时间想我的事情……杨帆？他不是我的男朋友，他在追求我。尽管第一次听到男生表白的时候，我的心里有种莫名的兴奋，但随即而来的，我感觉他像一个突然闯进猎人圈套的惊慌兔子，虽然，那并不是我想要的。我也很害怕，一个跟我无关的人突然闯入我的世界，巨响，长久的涟漪，最终的平静。或许，我才是那只惊慌的兔子，害怕受伤的兔子！爱情？我是有渴望的，但再也不是那种王子与公主间的童话……对于杨帆，我既不喜欢他，也不讨厌他。我更不愿意伤害这个无辜的男孩子，他只是在错误的时间、错误的地点，遇到错误的我。我想我需要的是一个能够治好我内心伤痛的人。而他？现在不是。固执的我相信，未来也不是那个人。我希望他早点把我忘了，因为真的，他还是离我远一点为好……"（全场灯灭）

第三幕

（教室。六个人，三女三男）

甲男："杨帆，高数作业做没？让哥们看看。"

杨帆："嗯。"

甲男："我说，你这作业质量下降了啊，怎么写得这么慢啊？"

杨帆："去你的，给你抄就不错了，还挑肥拣瘦的。不是说请我吃饭嘛，什么时候请啊？"

甲男："别，我错了。最近我确实思想上不积极，行为上不主动，但是我一定深挖自己的思想根源，去除一切资本主义懒惰思想，还原贫下中农的纯朴本质。你看，哥们都贫农了，是不是就不用请客了？"

杨帆："就你还贫农，手机是Iphone，听歌换Ipod，电脑用的Sony，录音笔是爱国者。你要是贫农我是不是就不用活了。"

甲男："额，这个……要不哥们卖你个情报吧，上节课沙若不知道什么东西丢了，整节课都没用心听，据我估计，不是新版Nano，就是绝版的Itouch!"

杨帆："去你的，你当谁都跟你似得，这辈子属虫子的，就盯着苹果买！不过，说真的，你可以去问问，她什么丢了。"

甲男："问了，就不用请客了？"

杨帆："不用了。"

（甲男走到沙若同桌边，俯下身，一边跟那女生聊天，一边回头对杨帆挤出邪恶的笑容；那女生也回头对杨帆笑了笑，杨帆也回了一个羞涩的笑容）

（甲男回来了，略显神秘地看着杨帆）

杨帆（崩起脸）："说！"

甲男（严肃起来）："沙若同志弄丢了一个很重要的东西，以至于一直念叨着，'丢在什么地方了？丢在什么地方了？'并且没有心思上课。"

杨帆："没了？"

甲男："没了。"

（杨帆作势要发作）

甲男："哎……别，我还没说完，通过我跟敌特深入浅出的推理判断，应该是一个不大的照片坠！"

杨帆："她经常戴的那条？"

甲男："估计是！我说哥们，那丫头片子，哪点好啊？长得一般，学习一般，气质一般，话都不会说，真想不通，你怎么喜欢上一个三无产品。"

杨帆（悠悠地叹了口气）："有时候我都想不通。"

第四幕

（校园小路上。沙若一边走一边在地上找照片坠，当然，她看到了站在眼前的杨帆）

沙若（停住脚步）：“有事吗？”

杨帆：“感觉你好像有用得着我的地方。”

沙若（愣了一下）：“嗯……没有。”

杨帆：“你在找东西吧，我帮你！”

沙若：“用不上你，去吧。”

（杨帆还想说什么，努努嘴，一狠心就转身走了。沙若盯着他的背影，一阵发呆）

（全场灯灭）

（追光灯在沙若身上，她的内心在搏斗，分出两个人，相互挣扎）

左边的沙若：“他走了呢，要不要叫他回来？”

右边的沙若：“让他搅进来干吗？这是我自己的事情。”

左边的沙若：“真的么？他有点生气了！”

右边的沙若：“无所谓，让他早点忘掉我才好。”

左边的沙若：“为什么？你讨厌他？”

右边的沙若：“其实还好……”

左边的沙若：“那为什么不让他留下来？”

右边的沙若：“若无呷蜜意，切勿攀花枝，不喜欢就不要给他希望，我又不需要他。”

左边的沙若：“为什么呢？你不是需要一个能够替你分担的人嘛？”

右边的沙若：“他？不是他，他怎么会给我幸福？他只不过想玩玩罢了。”

左边的沙若：“会吗？不是他，你会遇到其他人嘛？你怎么知道他不是真心的？”

右边的沙若：“我怎么知道……我怎么知道……我知道时间会粉刷一切。也许过一阵，他就不喜欢我了。”

左边的沙若：“怎么会，不试试就下结论么？”

右边的沙若：“试试？不要，我不想要这种令人烦心的痛苦，不想要，不想任何人伤害我，我不想重蹈父母的覆辙。”

左边的沙若：“那你的渴望呢？你不是渴望能够有个人站出来，理解你、关心你、保护你嘛？”

右边的沙若：“我渴望？我怎么会有这种想法！我不希望有人走进我的世界，我只想一个人待着！”

左边的沙若：“你在欺骗你自己。”

右边的沙若：“没有，我不需要哪个人，谁说我渴望了！”

左边的沙若：“爷爷呢？你不是最爱你的爷爷么？你不是觉得那个一直关心你、理解你的那个人走了之后你就一直孤独吗？”

右边的沙若：“孤独？他又不是爷爷！”

左边的沙若：“但是他会理解你、关心你、照顾你！”

右边的沙若：“真的吗？”

左边的沙若："也许是的！"

（两种思想合二为一，下）

（沙若忧郁地继续寻找丢失的照片坠。猛然间抬头，发现杨帆又一次站在她面前）

杨帆："这个？"（他扬扬手中的项链）

沙若（惊喜地看着）："嗯，你怎么找到的，在哪里找到的？"

杨帆："小树林里，你怎么会去那么偏远的地方？"

（沙若记起昨天独自一人去小树林看书）

沙若："你怎么想起会去那里找？"

杨帆："我？我昨天看到你走进去的……"

（突然，杨帆脸红了）

沙若（看了看杨帆）："可以拿走吗？"

（杨帆点点头，沙若接过照片坠，并错身走过杨帆）

杨帆（转头）："嗯……我想，明天有场电影挺好看的，你……"

沙若（站住脚步，想了一下回头笑道）："你还真的不会追女生！"

杨帆（愣了一下，但随即明白过来）："那，明天下午 5 点，学校大门口等你！"

（杨帆下。全场灯灭，追光灯打在沙若身上）

沙若："为什么没有拒绝他呢？"（想起杨帆的种种）

（大屏幕视频：杨帆送上第一封情书，画了一个小小的伞，还有沙若混杂着兴奋和惶恐的表情。画面切换，食堂里，杨帆愣愣地盯着沙若盘里可怜的一小块蛋糕。画面切换，手机上，杨帆发来的淡淡的生日祝福：希望你永远开心，并生日快乐）

沙若："不知道，这是不是个错误。"

第五幕

（校门口，去电影院的路，杨帆站在门口，有些着急，又略带一点兴奋。沙若上。全场灯灭，追光灯照亮他们两个人）

杨帆："来了？你今天很漂亮！"

（沙若看了看他）

沙若："今天我不想看电影，能陪我走走吗？"

杨帆（略有点不高兴）："嗯…那好吧，去哪里？"

沙若："随便走走。"

（两人在周围走了一圈，在公园长凳上坐了下来）

沙若："你知道吗？那个照片坠里是什么？"

（杨帆看着她，摇摇头）

沙若："是我爷爷的照片。爷爷一辈子是农民，没有大房子，没有豪华轿车，不懂经济，不懂政治，但爷爷爱我，疼我。可是，他走得太早，以至于让我没有机会完成曾经许下的有关长大的诺言。他走了以后，每当我一个的时候，身边总是静得要命，只有我微弱的呼吸，一下，两下，三下……我会被自己的呼吸吓到，因为它是那么脆弱，那么的轻微。夜是静的，静得让人胡思乱想，静得让我感到被黑暗吞噬。就算在人群里，我也是默默地，人的眼光好像灼热的火光，一点点燃烧我的背部。我想逃避光明，我想逃避一切有人的地方，一切的亮光，一切的不美好，我…我…我真的不知道我该怎么办。"

（杨帆看着她的眼睛）

杨帆："你知道我为什么那么执着地喜欢着你嘛？第一次见你的时候，是在一个令人心烦的明媚的下午。那时我刚接到父母离婚的消息，为了不让别人看到我软弱的泪水，我强忍着悲痛，走在令人炫目的阳光下。一切都是明亮亮的，我的心里却有一种说不出的眩晕。突如其来的事实让我感到世界天崩地裂。也就是在这时，我看到了一个全身洒满阳光的女生，她笑起来的样子很好看，略微低着头，嘴角的酒窝微微地陷进去。我看着那个女孩子，阳光从她的眼睛里反射到我身上。突然，我发现其实我并没有失去整个世界，上帝留下一个天使带给我希望！而你，也是如此坚强！"

沙若："坚强？"

杨帆："嗯，你比任何人都坚强，都成熟，都令我过目不忘。你就像风雨过后的一朵小花，倔强而孤傲地盛开在我的眼前，是那么的美丽，那么的让人喜欢！"

沙若："你知道吗？我在逃避，我不想让任何人走进我的生活。我不要你闯进我的世界，我的生活不要因为你而变得复杂！我也不要因为任何人，任何事而承担任何的伤痛！"

杨帆："你是这样想的吗？我希望你走进我的世界，因为你为我的生活带来了阳光！而且跟你在一起我感到很快乐，我也希望这份快乐可以将你包围，驱走你身边的寒冷！"

沙若："很快乐？时间呢？时间总会改变一切，我们会慢慢地变得有隔阂，不理解，不和睦，生活也不会快乐！"

杨帆："生活本就不完美，你却没有勇气面对？难道说，你要为了以往的伤痛拒绝明天的美好？相信我，给我一个机会，我会让你的生活洒满阳光，就像当初你对我那样！"

沙若："真的？"

杨帆："为什么不试试呢？"

沙若：……

杨帆：……

（全场灯灭）

第六幕

（家，灯起）

母：“抽抽抽，就知道抽！”

（父亲把烟掐了，忙递过去一个笑脸）

父：“我去做饭去。”

母：“吆，今天怎么了，态度真好。”

父：“这不学好了吗，免得您老人家生气，我还得跟您一起奔小康呢！到时候可别给我扔下啊！”

母：“谁稀罕带着你。”

父：“那个，咱俩是不是该度度蜜月了，好长时间没有一起出去了。”

母：“你还记得当初我们总一起去小池塘吗？一会儿去那里转转吧。”

父：“多远啊，一会儿还有球赛呢！”

母：……

父（小心地赔不是）：“去！一会儿去！”

母：“我去做饭吧，你做的东西基本没得吃。”

父：“我去喊沙沙，沙沙，快吃饭了！”

（沙若在里屋打电话，小心地捂住话筒）

沙若：“哦，知道了！我挂了，吃饭了……嗯，行，知道了。”

（全场灯灭）

沙若（独白）：“生活还在继续，爸妈还在吵吵闹闹，我却变得有种莫名的轻松。时间是无辜的，它并没有改变生活的本质。只是我们的心境变了，我们变得更想封闭自己，逃避现实的种种。实际上，我们逃避的是我们自己的内心。人是孤独且悲伤的动物，但是在不断的妥协与争取中，我们可以与人更好地交流，更好地生活，这样我们生命里才会充满阳光！”

（全场灯亮，演员谢幕）

（原创：杜秉岩）

参考文献：

[1] 艾克蔓著，杨旭译．情绪的解析．南海出版社 .2008.

[2] 纳瓦罗等著，王丽译 .FBI 教你读心术．吉林文史出版社 .2011.

[3] 郭德俊，田宝编著．情绪——心灵的色彩．北京师范大学出版社 .2002.

[4] 伯恩斯著，李亚萍译．伯恩斯新情绪疗法．中国城市出版社 .2011.

[5] 夏普著，张丽敏译．情绪自控术．时代文艺出版社 .2013.

[6] 弗雷德里克森著，王珺译．积极情绪的力量．中国人民大学出版社 .2010.

习 题

一、单选题

1.（ ）是最重要的情绪标志。

A. 声音

B. 面部表情

C. 心情

D. 姿态

2. 表情是瞬间的（ ）。

A. 情绪

B. 相貌

C. 体态

D. 心境

3. ABC理论则指出，诱发事件（ ）只是引起情绪及行为反应的间接原因，而人们对诱发事件所持的信念、看法或解释（ ）才是引起人的情绪及行为反应的更直接原因。

A. A

B. B

C. C

D. D

4.（ ）成为我们脸上最诚实的部位之一。

A. 眼睛

B. 头发

C. 耳朵

D. 头部

5. 当一个人遇到危险时先出现（ ），然后是（ ），当前两种都不奏效时是（ ）。

A. 冻结反应

B. 逃跑反应

C. 战斗反应

D. 冲刺反应

二、多选题

1. 情绪的特性包括（ ）。

A. 两极性

B. 动力性

C. 非理性

D. 过程性

E. 转换性

2. 当一个人“愉悦”时，(　　)。

A. 眉毛自然、松弛

B. 前额平滑

C. 眼睛眯起，鱼尾纹

D. 嘴角翘起，拉伸

E. 光泽感

3. 当一个人“惊讶”时，(　　)。

A. 眉毛会上扬

B. 上眼睑提升

C. 睁大眼、眼睛警觉

D. 吸气

E. 嘴部自然、松弛

4. 当一个人“厌恶”时，会(　　)。

A. 眉毛下压、皱眉

B. 眼睛闭起

C. 上唇提升

D. 鼻唇沟单侧嘴角上翘

5. 如何表达情绪？（　　）

A. 情绪的自我表达是情绪表达的关键一步，它亦是其他表达的基础。

B. 情绪心理表达的第二个层次是向他人表达，即将我们的情绪向周围的人表达出来，让他们认识到我们的情绪。

C. 情绪心理表达的第三个层次是向自我及他人之外的客观环境表达，即在客观环境里去表达自己的情绪。

D. 情绪心理表达的第四个层次是升华表达，它是超越所有表达的对象，将情绪的能量指向其他的、更高层次的需要，从而为那些高层次需要的满足提供能量。

三、简单题

1. 情绪有哪些特性？

2. 情绪 ABC 理论是指？

3. 什么叫积极思维？

四、论述题

1. 请简述情绪密码。
2. 如何做情绪的主人？

第七章

上善若水，助人自助：心理咨询

“上善若水”语出《老子》：“上善若水，水善利万物而不争。”上善：至善，最完美；水：避高趋下是一种谦逊，奔流到海是一种追求，刚柔相济是一种能力，海纳百川是一种大度，滴水穿石是一种毅力，洗涤污浊是一种奉献。逝者如斯乎，人生犹如奔流至海的江水。“上善若水”是最高境界的善行，泽被万物而不争，乐善好施不图报，淡泊明志谦如水，这正是心理咨询所追求的尽善尽美的境界。在“上善若水”的基础上，心理咨询还是一个“助人自助”的过程，先有“他助”（来访者求助心理咨询师），经过“互助”（心理咨询师与来访者相互了解、理解和谅解），最后达到来访者“自助”（来访者改变认知和行为）的完整过程。

第一节　心有千千结——走近心理咨询

心理咨询不是说教，而是聆听；不是训示，而是接纳；不是教导，而是引导。心理咨询是心灵和心灵的对话，情感与情感的交流，智慧与智慧的启迪。来访者来做咨询并非为学习某种知识技能，也不是寻求道德上的教诲。心理咨询师给予来访者的是一种特殊的帮助，即通过咨询过程使来访者有新的体验，以新的思维方式和角度思考问题，用新的方式去体验和表达思想感情，采取新的行为方式适应环境，并与外界建立和谐的关系。

一、心理案例

案例一：抑郁的莎丽

咨询师："噢，莎丽，你说过你想谈谈找个兼职做的问题，是吗？"

莎丽："是的，我需要钱……但，我不知道。"

咨询师：（注意到来访者看起来有较多的焦虑）"你现在脑子里正在想着什么？"

莎丽："我不能够应付一份工作。"

咨询师："这使你感觉如何？"

莎丽："可悲，真正的失落。"

咨询师："所以你才有'我不能应付一份工作'的想法，而且这种想法让你感到悲哀。你不能够工作，有什么证据呢？"

莎丽："我遇到一些麻烦，考试刚及格。"

咨询师："噢，还有吗？"

莎丽："我不知道……我还很累，疲劳使我甚至很难亲自出去并找一份工作，更不用说每天去上班。"

咨询师："我们马上来看一下这个问题。也许在这一点上，对你来说出去并且调查几份工作的情况，实际上比你去工作更困难，正如你已经遇到的一样。总之，假设任何一条你不能应付一份工作的证据，你能想出来吗？"

莎丽："……不，我不能想出来。"

咨询师："相反的证据呢？你也许能够应付一份工作的证据呢？"

莎丽："去年我打了一份工，而且那时我在学习和各种活动中都是出类拔萃的，可是，今年却……我真的不知道。"

咨询师："还有什么你能够应付一份工作的证据呢？"

莎丽："我不知道……有可能我能做一些无须花太多时间的事，而且不能太难。"

咨询师："可能是什么工作呢？"

莎丽："也许是销售工作吧，去年我曾经做过。"

咨询师："对在哪儿工作有什么想法呢？"

莎丽："实际上，可能是大学书店，我曾注意到他们正要招几个新员工。"

咨询师："是吗？那么，如果你在书店真的到一份工作，可能发生的最坏的情况是什么呢？"

莎丽："我猜想我不能做它。"

咨询师："你经历过那种情境吗？"

莎丽："是的，我肯定，我想我该马上停止工作。"

咨询师："那么可能发生的最好的情况是什么呢？"

莎丽："啊……我可能做得很容易。"

咨询师："那么，最现实的结果是什么呢？"

莎丽："可能不太容易，特别是开始的时候，但我可能能够应付它。"

咨询师："'我不能应付一份工作'，相信这种最初的想法，有什么影响呢？"

莎丽："这让我感到悲伤……甚至使我不想去尝试。"

咨询师："改变你的想法，让你认识到你可能能够在书店工作，这会有什么影响呢？"

莎丽："我感觉好多了，我大概会申请这份工作。"

咨询师："所以，你就这一点想做些什么？"

莎丽："去书店，我尽可能今天下午就去。"

咨询师："你有多大可能会去那儿？"

莎丽："噢，我猜我会去的，我要去。"

咨询师："那么，你现在感觉怎么样？"

莎丽："好一些，也许有些紧张，但我猜会多一些希望。"

（选自《认知疗法：基础与应用》）

二、心理辅导

这位莎丽是一位18岁的女大学生，她寻求心理咨询是因为在此之前四个月她一直感到非常抑郁和焦虑，而且在日常活动中屡次遇到困难。以上对话来自莎丽的第四次咨询，心理咨询师在与莎丽的对话中不断澄清莎丽的问题，并让她认识到所有问题的根源在于她的奇怪思维"我不能应付一份工作"，问题便迎刃而解，这就是心理咨询的魅力。

心理咨询早在20世纪30年代就出现在美国的大学校园里，目前已成为高等教育的重要组成部分。在美国，一般大学生可以到所在学校的心理咨询中心免费咨询8次，8次后则被转介到校外的私人心理诊所接受长期咨询，而这是需要收费的。我国的心理咨询起步于20世纪80年代中期，短短几十多年时间，已初步形成规模，并呈现出强劲的发展势头。现在，很多高校建立了心理咨询机构并开展免费心理咨询活动，被同学们称为"情感的驿站，心灵的港湾，心灵的美容院"。

事实上，每个人在不同阶段，都存在或多或少、或轻或重的心理问题。当你感到心情郁闷、焦虑、兴趣下降时，不妨果断大方地走进心理咨询中心，就像感冒了去看医生一样自然。心理咨询可以教会你管理自己的情绪，让你拥有积极稳定的情绪，避免产生各种情绪障碍，如抑郁症、歇斯底里症等；帮助你学会正确认识自我和周围世界，完善你的认知体系，避免因为错误归因导致种种失败；帮助你恢复爱的能力，让你学会幸福地去爱；让你拥有健全的人格，摆脱自卑、自恋、自闭的不良心态，更好地投入到学习和生活中去；帮助你摆脱因失恋、失业、离异造成的痛苦，教会你应付生活中挫折的方法；矫治各种人格障碍和神经症；为你提供职业指导；帮助你在人生重大问题上正确独立地选择，度过人生的各个发展阶段。

（一）心理咨询的概念

心理咨询在英文中被称为“咨询”（counseling），也可译作“心理辅导”，涉及职业指导、教育辅导、心理健康咨询、婚姻家庭咨询等诸多方面。首先，心理咨询的模式不是医学模式，在咨询过程中，来访者应被看作正常人而不是病人。其次，咨询是在心理学有关理论指导下进行的活动，咨询过程中会涉及提供信息、资料的问题，还会涉及某些法律、道德、思想意识等问题，但只有心理问题才是要咨询的重要内容。再次，心理咨询的过程是一个“助人自助”的过程，咨询的重点是站在更高的层次上给予来访者以人生的启迪，使其能够敢于面对自己和自己的感觉，并作出积极的行动，即进行“自助”，而不仅仅是教导、安慰和鼓励，更不是包办解决问题和帮助决策。咨询不应给来访者提供结论性意见，应促使来访者自己负起责任。最后，咨询过程中有时需通过心理测验对来访者进行判断（如智力、个性、心理健康状况等），但仅有心理测验是不够的。

因此，心理咨询是指心理咨询师运用心理学的有关理论和方法，通过特殊的人际关系，帮助来访者解决心理问题，增进身心健康，提高适应能力，促进个性发展与潜能发挥，协助来访者解决心理问题的过程。

（二）心理咨询的误区

有这样一则笑话，一对美国恋人和一对中国恋人分别约会，男友都迟到了，女方很生气，都责问男友为何不准时赴约，而男友均回答去心理咨询了。美国女青年听后认为男友有素质、有修养、有一定经济实力，立刻对男友增加了几分好感。而中国女青年听后则认为男友可能不正常，猜测他可能会有精神病，结果与男友不欢而散。这则笑话反映了人们对待心理咨询的不同态度。据悉，美国每半年接受心理咨询和精神护理的人数多达 6000 万人，占全美人口的 24 %。美国人被称为是世界上最自信、最讲究实际的人，他们绝不会因面子问题而让自己的健康或生活质量受影响。他们之所以能够接受心理咨询，是因为他们敢于面对自己内心的矛盾和困扰，是因为他们迫切需要现实的幸福和快乐，而不愿沉溺于心灵的痛苦之中。在美国等西方国家，成功人士身边总少不了两个臂膀——一个是法律顾问（律师），另一个则是心理保健顾问（心理咨询师）。

以往，人们对心理咨询存在许多认识上的误区。譬如，去心理咨询是很不体面的事；心理咨询和思想政治教育差不多；心理学就是算命学等。时至今日，人们的认识改变了吗？同学们又是如何看待心理咨询的？总体来讲，那些误以为寻求心理咨询就是精神有病，或认为心理咨询只是聊聊天，解决不了什么问题的人正在减少，而在学习和生活中遇到困惑或烦恼，主动寻求心理咨询的同学正在增加。然而，同学们仍对心理咨询存在一些误区：

误区一：心理咨询师就是救世主。一些来访者把心理咨询师当作救世主，将自己的所有心理包袱丢给心理咨询师，以为心理咨询师应该有能耐把它们一一解开，而自己无须思考、无须努力、无须承担责任。然而，心理咨询只能起到分析、引导、启发、支持、促进来访者改变和人格成长的作用。心理咨询师无权把自己的价值观和愿望强加给来访者，更不能替来访者改变或做决定。真正的救世主只有一个，那就是来访者本人。只有改变自己、战胜自己，最终才能超越自我，达到理想目标。

误区二：心理问题就是精神疾病。心理咨询在我国是一门起步较晚的新兴学科，同学们常常对它怀有一种神秘感。来访者通常都是左顾右盼、鼓足了勇气才走进心理咨询中心，在心理咨询师的反复保证下，才肯倾吐烦恼；或绕了很大圈才暴露出真实情绪。因为在许多同学眼里，去做心理咨询的人很可能不正常或有精神病，或有见不得人的隐私或道德品质方面的问题。此外，在中国人的传统观念中，表露情感上的痛苦是软弱无能的表现，对男性来说尤其如此。以上种种原因，让很多人宁愿饱受精神上的痛苦折磨，也不愿或不敢前来咨询。其实，心理问题与精神病是两个不同的概念。每个人在成长的不同阶段及生活工作的不同方面，都有可能会遇到这样那样的问题。对这些问题若能采取适当的方法予以解释，问题就能顺利地解决；若不能及时加以正确处理，则会产生持续不良的影响，甚至导致心理障碍。这样看来，心理问题是日常生活中经常遇到的，就这些问题求助于心理咨询并不意味着有什么不正常或见不得人的隐私，相反，这表明个体具有较高的生活目标，希望通过心理咨询更好地自我完善，而不是回避和否认问题，浑浑噩噩虚度一生。

误区三：心理学就是窥视他人的内心世界。许多来访者不愿或羞于吐露自己的心理活动，认为只要简单地说几句，心理咨询师就应猜出他心中的想法，要不就表明心理咨询师水准不高。其实心理咨询师也是人，他们没有什么特异功能窥见他人的内心世界，他们只是应用心理学的理论和方法，对来访者提供的信息进行讨论和分析。因此，来访者需详尽地提供有关情况，才能帮助咨访双方共同找到问题的症结，便于心理咨询师作出正确的诊断。

误区四：心理咨询无所不能。一些来访者将心理咨询师视为"开锁匠"，期盼其能打开所有的心结，所以常常在咨询一两次而未达到所期望的"豁然开朗"时，就大失所望。实际上，心理咨询是一个连续的、艰难的改变过程。心理问题与来访者的个性及生活经历有关，就像一座冰山，堆积已久，没有强烈的求助、改变动机，没有恒久的决心与抗衡，是难以冰雪消融的，所以来访者需做好打持久战的心理准备。

（三）心理咨询的原则

在心理咨询过程中，遵循基本咨询原则是心理咨询的根本要求，是建立良好咨访关系的关键条件，也是有效运用咨询方法和技术以获得良好咨询效果的重要保证。心理咨询作为一种特殊的服务形式，需遵循特殊的原则和要求：

1. 保密性原则

这是心理咨询中最重要的原则。保密是指心理咨询师有责任对来访者的谈话内容予以保密，来访者的名誉和隐私权受到道义上的维护和法律上的保护，在未征得来访者同意的前提下，不得将在咨询中来访者的言行随意泄露给任何人或机关。保密是心理咨询专业操守的体现，反映了心理咨询师对来访者的尊重和必要的投入。保密的另一个目的也是为了保护心理咨询师的利益。由于太多涉及来访者的隐私，会造成来访者对心理咨询师的嫉恨。在这种情况下，心理咨询师最有效的自我保护形式便是为来访者保守秘密。在这方面，许多国家已通过立法的形式加以确立。

2. 尊重、接纳与理解原则

在心理咨询的导入阶段，心理咨询师最好保持价值中立，对来访者的心理与行为、观点与立场无条件接纳。在心理咨询过程中则要让来访者意识到心理咨询师接纳的是来访者本人而不是他的行为，给来访者以充分的尊重，努力与其建立真诚、友好、平等、信赖的关系。心理咨询师要耐心倾听、适当提问、用心去理解来访者面临的困扰和感受，真正做到以来访者为中心。让来访者尽情诉说，别关心他诉说的情节，而要着力关心他本人当时的感受，接受来访者的各种情绪，尽管有时心理咨询师并不认同。要避免否认、嘲笑、责问、逃避和生气等行为的发生。

3. 自愿原则

心理咨询是建立在心理咨询师和来访者双方"知情同意"基础上的一种心理援助活动。来访者寻求心理咨询应该是完全处于自愿，这不仅是对来访者的尊重，也是心理咨询能够有效进行的必要条件。迫于父母、老师、上司、同学、朋友的催促和压力而前来咨询的来访者不乏其人，但心理咨询师往往要为他们付出比一般来访者多出许多的辛苦。既然是自愿前来，也可以自愿离去和终止咨询，这是来访者的权利。

4. 限定时间和感情的原则

事先对咨询时间予以限定，可以让来访者有一定的预定感，让来访者能够充分珍惜并有效利用时间。同时，咨询关系绝对不能超出咨询室以外。心理咨询师不能与来访者在咨询室以外亲密接触和交往，不能对来访者产生爱憎和依恋，更不能在咨询关系中寻找欲望的满足与实现。

5. 发展性原则

在心理咨询过程中，心理咨询师要以发展变化的观点来看待来访者的问题，不仅要在问题的分析和本质的把握中善于用发展的眼光做动态观察，而且在对问题的解决和咨询结果的预测上也要具有发展的观点。

6. 预防重于治疗原则

心理咨询师应注意人们常见的心理障碍的分析和研究工作，努力掌握各种常见心理障碍发生、发展的一般规律，促进常见心理障碍的早期发现和早期诊治。

7. 异同性原则

心理咨询师既要注意来访者的共同表现和一般规律，又不能忽视个体差异。心理咨询师必须做到因人而异、区别对待，一把钥匙开一把锁，在同中求异、异中求同，二者有机结合。

8. 整体性原则

心理咨询师要有整体观念，对来访者的心理咨询问题做到全面考察、系统分析，既要重视心理活动诸要素的内在联系，又要考虑心理、生理及社会因素的相互制约和影响，使咨询工作准确有效，防止或克服咨询工作中的片面性。

9. 艺术性原则

心理咨询师在咨询中要通晓咨询的知识和技巧，善于运用言语表达、情感交流和教育手段促进来访者的思想转化和行为改变，以便如期实现咨询的目的。

10. 转介原则

心理咨询师在咨询过程中，发现自己能力有限或某些外来因素阻碍咨询师对来访者的帮助时，应在征求来访者意见的基础上，主动将来访者转介给其他适宜的心理咨询师或心理治疗机构。

（四）心理咨询的类型

心理咨询按照咨询的对象可分为直接咨询和间接咨询，按照对象的数量分为个别咨询和团体咨询，按照咨询的主要内容分为适应咨询、发展咨询、职业咨询和障碍咨询等。高校心理咨询涉及的内容十分广泛，主要是有关大学生的适应、自我、学习、交往、恋爱、情绪、就业等方面的问题，少部分涉及神经官能症、人格与性心理障碍等内容。

1. 适应和发展

刚进大学的新生就像一匹久困牢笼的千里马，陡然置身于茫茫大草原上，昂首嘶叫，却不知奔向何方。学习方式变了，交往群体变了，生活环境变了，评价标准变了，身份地位变了，理想与现实、独立与依赖、自卑与自尊、价值多元与一元等矛盾相互交织，在变化和矛盾中求适应，在适应中求发展。

2. 自我问题

自我认识、自我评价、自我悦纳对20岁左右的同学们来说不是件容易的事。“自以为是”者有之，“自以为非”者也大有人在。要么“不知道自己不知道”，要么“不知道自己知道”，而“知道自己不知道”和“知道自己知道”者往往得“道”多助，早一步成长，早一步自我超越。

3. 学习问题

为什么要学习？为什么有人不想学习？有人一天到晚学习是为了追求成功，有人学习是为了逃避失败，真有这回事吗？学习不好是因为你笨吗？如何才能有效学习？怎样才能既要搞好学习，又要当好学生干部？

4. 人际沟通与交往

没有人故意跟你过不去，大多只是交流与沟通的问题。因交往障碍和人际关系不良而寻求心理帮助者屡见不鲜。“热闹是他们的，我什么也没有”，身处闹市却倍感孤独与凄凉。

5. 恋爱问题

每个人都有表达爱慕的权力，不管是“欲之爱”“情之爱”还是“灵之爱”，人生不能没有爱。情爱、性爱、友爱、恩爱，人生不同时期有不同的爱的主题。爱不只是甜蜜，更多的是烦恼和责任。有相恋就会有失恋，爱得越深，伤得越痛。怎样才能谈好恋爱呢？

6. 情绪管理问题

人有七情六欲，月有阴晴圆缺，成功也好，失败也罢，经历就是一笔财富。乐极生悲，否极泰来，大丈夫处世，生死沉浮，何必大喜大悲？平平淡淡才是真。心中倘有千千结，何不一一解开。

7. 择业与就业

“自主择业，双向选择”。过去的“包办婚姻”变成了“自由恋爱”，有喜也有忧！你有选择的自由却必须预计选择之后果并对其负责，所以说自主择业是一种令人向往又使人逃避的自由。

8. 人格与性心理障碍

“自由之思想，独立之人格。”可有些人一天到晚横眉冷对，有些人动不动就出手相向，有些人敏感多疑、固执死板，有些人自吹自擂、装腔作势，有些人喜怒无常、难以捉摸……凡此种种，均非“一日之功”，可谓“江山易改，本性难移”。

（五）心理咨询的要求

心理咨询是发生于心理咨询师和来访者之间的互动过程，来访者的积极参与对咨询和治疗有促进作用。若要让心理咨询和治疗真正有效，来访者要注意以下几个方面：

1. 强烈的求助动机

来访者的咨询动机越强烈，越是强烈地希望改变自己、改变现状，咨询效果就越好。有些来访者，不一定是自愿而来，咨询动机不强烈，就很难从咨询中受益。当然，心理咨询师也可以在咨询过程中激发来访者的求助动机。一般来说，心理咨询师需要来访者自愿参加咨询。有些来访者希望改变自己的想法，但不清楚自己的问题，或需要什么改变，这时可以抱着试试看的态度去咨询，在咨询过程中也许会让你有意想不到的收获。

2. 对心理咨询持积极的态度

来访者要相信心理咨询和治疗的有效性，相信这一过程会对自己有所帮助，这对心理咨询有积极的促进作用。心理咨询能让你宣泄不良情绪、有效缓解心理压力，通常在咨询之后会给你带来轻松的感觉。但是，心理咨询过程很多时候并不是愉快的过程，因为咨询时会涉及个人痛苦的经历，会带来强烈的情绪反应，这时你可能会对心理咨询产生消极情绪，但这是有效心理咨询和治疗所必须经历的过程。有时遇到的心理咨询师也许不能提供有效帮助，你可能不再继续咨询，但是不必因为某个特定的心理咨询师的表现而否定心理咨询的有效性，可以再换一个心理咨询师试试。有时要找到一个合适的心理咨询师还需费一番周折，正如我们去看病时，有时这个医生的治疗无效，但是换个医生也许就能有效治疗。

3. 坦诚的谈论自己的问题

有些来访者由于各种心理上的顾虑，比如担心被嘲笑，或担心自己的秘密可能被泄露，不愿或不敢说出自己心里的问题。有些认为心理咨询师应该能够看出自己的问题，看不出来就不是好的咨询师。这些想法会阻碍来访者坦率地与心理咨询师讨论自己的问题。心理咨询师需要遵守一定的职业伦理原则，比如保密原则、中立态度等，不会对来访者做道德判断，也不会有偏见。因此，来访者可以打消不必要的顾虑。心理咨询和治疗是门科学实践，心理咨询师需要根据来访者提供的信息进行分析，这便要求来访者坦诚地谈论自己的问题。只有这样，心理咨询师才能全面、准确地了解来访者的心理问题，才有利于咨询的成效。

4. 积极行动改变自己的行为

在心理咨询过程中，虽然心理咨询师对咨询的效果有重要影响，但起决定作用的还是来访者本人。心理咨询师可以帮助你宣泄消极情绪，帮助你理性地认识和分析问题，教给你处理问题的技能和方法，但若来访者本人不能把在咨询中体验和学习到的东西运用于实际生活中，那也无异于纸上谈兵。来访者需要努力地尝试改变自己的思维和行为，积极地在实践中去练习，这样才能真正掌握咨询中所学，把心理咨询师的东西转化为自己的东西，不再需要依赖咨询师。

三、心理体验

（一）SCL—90 症状自评量表

指导语：仔细阅读每一条，根据自己最近一星期内的感觉，在相应的方格内划一个“√”。必须逐条填写不可遗漏，每一项只能划一个“√”，不能划两个或更多。

自我评定的五个等级：

1. 无：自觉并无该项问题（症状）；
2. 轻度：自觉有该问题，但发生得并不频繁、严重；
3. 中度：自觉有该项症状，其严重程度为轻到中度；
4. 偏重：自觉常有该项症状，其程度为中到严重；
5. 严重：自觉该症状的频度和强度都十分严重。

条目	无	轻度	中度	偏重	严重
1. 头痛					
2. 神经过敏，心中不踏实					
3. 头脑中有不必要的想法或字句盘旋					
4. 头晕或晕倒					
5. 对异性的兴趣减退					
6. 对旁人责备求全					
7. 感到别人能控制您的思想					
8. 责怪别人制造麻烦					
9. 忘性大					
10. 担心自己的衣饰整齐及仪态的端正					
11. 容易烦恼和激动					
12. 胸痛					
13. 害怕空旷的场所或街道					

（续表）

条目	无	轻度	中度	偏重	严重
14. 感到自己的精力下降，活动减慢					
15. 想结束自己的生命					
16. 听到旁人听不到的声音					
17. 发抖					
18. 感到大多数人都不可信任					
19. 胃口不好					
20. 容易哭泣					
21. 同异性相处时感到害羞不自在					
22. 感到受骗，中了圈套或有人想抓住您					
23. 无缘无故地突然感到害怕					
24. 自己不能控制地大发脾气					
25. 怕单独出门					
26. 经常责怪自己					
27. 腰痛					
28. 感到难以完成任务					
29. 感到孤独					
30. 感到苦闷					
31. 过分担忧					
32. 对事物不感兴趣					
33. 感到害怕					
34. 您的感情容易受到伤害					
35. 旁人能知道您的私下想法					
36. 感到别人不理解您、不同情您					
37. 感到人们对您不友好，不喜欢您					
38. 做事必须做得很慢以保证做得正确					
39. 心跳得很厉害					

（续表）

条目	无	轻度	中度	偏重	严重
40. 恶心或胃部不舒服					
41. 感到比不上他人					
42. 肌肉酸痛					
43. 感到有人在监视您、谈论您					
44. 难以入睡					
45. 做事必须反复检查					
46. 难以做出决定					
47. 怕乘电车、公共汽车、地铁或火车					
48. 呼吸有困难					
49. 一阵阵发冷或发热					
50. 因为感到害怕而避开某些东西、场合或活动					
51. 脑子变空了					
52. 身体发麻或刺痛					
53. 喉咙有梗塞感					
54. 感到前途没有希望					
55. 不能集中注意力					
56. 感到身体的某一部分软弱无力					
57. 感到紧张或容易紧张					
58. 感到手或脚发重					
59. 想到死亡的事					
60. 吃得太多					
61. 当别人看着您或谈论您时感到不自在					
62. 有一些不属于您自己的想法					
63. 有想打人或伤害他人的冲动					
64. 醒得太早					
65. 必须反复洗手、点数					

（续表）

条目	无	轻度	中度	偏重	严重
66. 睡得不稳不深					
67. 有想摔坏或破坏东西的想法					
68. 有一些别人没有的想法					
69. 感到对别人神经过敏					
70. 在商店或电影院等人多的地方感到不自在					
71. 感到任何事情都很困难					
72. 一阵阵恐惧或惊恐					
73. 感到公共场合吃东西很不舒服					
74. 经常与人争论					
75. 单独一人时神经很紧张					
76. 别人对您的成绩没有做出恰当的评价					
77. 即使和别人在一起也感到孤单					
78. 感到坐立不安心神不定					
79. 感到自己没有什么价值					
80. 感到熟悉的东西变成陌生或不像是真的					
81. 大叫或摔东西					
82. 害怕会在公共场合晕倒					
83. 感到别人想占您的便宜					
84. 为一些有关性的想法而很苦恼					
85. 您认为应该因为自己的过错而受到惩罚					
86. 感到要很快把事情做完					
87. 感到自己的身体有严重问题					
88. 从未感到和其他人很亲近					
89. 感到自己有罪					
90. 感到自己的脑子有毛病					

测验目的：

本测验的目的是从感觉、情感、思维、意识、行为直到生活习惯、人际关系、饮食睡眠等多种角度，评定一个人是否有某种心理症状及其严重程度如何。它对有心理症状（即有可能处于心理障碍或心理障碍边缘）的人有良好的区分能力。适用于测查某人群中那些人可能有心理障碍、某人可能有何种心理障碍及其严重程度如何。不适合于躁狂症和精神分裂症。

测验功能：

SCL90 对有心理症状（即有可能处于心理障碍或心理障碍边缘）的人有良好的区分能力。适用于测查某人群中那些人可能有心理障碍、某人可能有何种心理障碍及其严重程度如何。可用于临床上检查是否存在身心疾病，各大医院大都要使用本测验诊断患者的心理和精神问题。本测验不仅可以自我测查，也可以对他人（如其行为异常，有患精神或心理疾病的可能）进行核查，假如发现得分较高，则表明急需治疗。

分析统计指标：

（一）总分

（1）总分是 90 个项目所得分之和。

（2）总症状指数，也称总均分，是将总分除以 90（＝总分 ÷90）。

（3）阳性项目数是指评为 1—4 分的项目数，阳性症状痛苦水平是指总分除以阳性项目数（＝总分 ÷ 阳性项目数）。

（4）阳性症状均分是指总分减去阴性项目（评为 0 的项目）总分，再除以阳性项目数。

（二）因子分

SCL—90 包括 9 个因子，每一个因子反映出病人的某方面症状痛苦情况，通过因子分可了解症状分布特点。

因子分＝组成某一因子的各项目总分／组成某一因子的项目数

9 个因子含义及所包含项目为：

（1）躯体化：包括 1、4、12、27、40、42、48、49、52、53、56、58 共 12 项。该因子主要反映身体不适感，包括心血管、胃肠道、呼吸和其他系统的主诉不适，和头痛、背痛、肌肉酸痛，以及焦虑的其他躯体表现。

（2）强迫症状：包括了 3、9、10、28、38、45、46、51、55、65 共 10 项。主要指那些明知没有必要，但又无法摆脱的无意义的思想、冲动和行为，还有一些比较一般的认知障碍的行为征象也在这一因子中反映。

（3）人际关系敏感：包括 6、21、34、36、37、41、61、69、73 共 9 项。主要指某些个人不自在与自卑感，特别是与其他人相比较时更加突出。在人际交往中的自卑感，心神不安，明显不自在，以及人际交流中的自我意识，消极的期待亦是这方面症状的典型原因。

（4）抑郁：包括5、14、15、20、22、26、29、30、31、32、54、71、79共13项。苦闷的情感与心境为代表性症状，还以生活兴趣的减退，动力缺乏，活力丧失等为特征。还反映失望，悲观以及与抑郁相联系的认知和躯体方面的感受，另外，还包括有关死亡的思想和自杀观念。

（5）焦虑：包括2、17、23、33、39、57、72、78、80、86共10项。一般指那些烦躁，坐立不安，神经过敏，紧张以及由此产生的躯体征象，如震颤等。测定游离不定的焦虑及惊恐发作是本因子的主要内容，还包括一项解体感受的项目。

（6）敌对：包括11、24、63、67、74、81共6项。主要从三方面来反映敌对的表现：思想、感情及行为。其项目包括厌烦的感觉，摔物，争论直到不可控制的脾气暴发等各方面。

（7）恐怖：包括13、25、47、50、70、75、82共7项。恐惧的对象包括出门旅行，空旷场地，人群或公共场所和交通工具。此外，还有反映社交恐怖的一些项目。

（8）偏执：包括8、18、43、68、76、83共6项。本因子是围绕偏执性思维的基本特征而制订：主要指投射性思维，敌对，猜疑，关系观念，妄想，被动体验和夸大等。

（9）精神病性：包括7、16、35、62、77、84、85、87、88、90共10项。反映各式各样的急性症状和行为，限定不严的精神病性过程的指征。此外，也可以反映精神病性行为的继发征兆和分裂性生活方式的指征。

此外还有19、44、59、60、64、66、89共7个项目未归入任何因子，反映睡眠及饮食情况，分析时将这7项作为附加项目或其他，作为第10个因子来处理，以便使各因子分之和等于总分。

各因子的因子分的计算方法是：各因子所有项目的分数之和除以因子项目数。例如强迫症状因子各项目的分数之和假设为30，共有10个项目，所以因子分为3。在1—5评分制中，粗略简单的判断方法是看因子分是否超过3分，若超过3分，即表明该因子的症状已达到中等以上严重程度。下面是正常成人SCL—90的因子分常模，如果因子分超过常模即为异常。

计分方法：表 1—2：SCL—90 测验结果处理

因子	因子含义	项　目	T 分 = 项目总分 / 项目数	T 分
F1	躯体化	1、4、12、27、40、42、48、49、52、53、56、58	/12	
F2	强迫	3、9、10、28、38、45、46、51、55、65	/10	
F3	人际关系	6、21、34、36、37、41、61、69、73	/9	
F4	抑郁	5、14、15、20、22、26、29、30、31、32、54、71、79	/13	
F5	焦虑	2、17、23、33、39、57、72、78、80、86	/10	
F6	敌对性	11、24、63、67、74、81	/6	
F7	恐怖	13、25、47、50、70、75、82	/7	
F8	偏执	8、18、43、68、76、83	/6	
F9	精神病性	7、16、35、62、77、84、85、87、88、90	/10	
F10	睡眠及饮食	13、25、47、50、70、75、82	/7	

正常成人 SCL—90 的因子分常模

项　目	M ±SD	项　目	M±SD
躯体化	1.37±0.48	敌对性	1.46±0.55
强迫	1.62±0.58	恐怖	1.23±0.41
人际关系	1.65±0.61	偏执	1.43±0.57
抑郁	1.50±0.59	精神病性	1.29±0.42
焦虑	1.39±0.43		

得分解释：

（一）总症状指数

是指总的来看，被试的自我症状评价介于“没有”到“严重”的哪一个水平。总症状指数的分数在 0—0.5 之间，表明被试自我感觉没有量表中所列的症状；在

0.5—1.5之间，表明被试感觉有点症状，但发生得并不频繁；在1.5—2.5之间，表明被试感觉有症状，其严重程度为轻到中度；在2.5—3.5之间，表明被试感觉有症状，其程度为中到严重；在3.5—4之间表明被试感觉有，且症状的频度和强度都十分严重。

（二）阳性项目数

是指被评为1—4分的项目数分别是多少，它表示被试在多少项目中感到“有症状”。

（三）阴性项目数

是指被评为0分的项目数，它表示被试“无症状”的项目有多少。

（四）阳性症状均分

是指个体自我感觉不佳的项目的程度究竟处于哪个水平。其意义与总症状指数的相同。

（五）因子分

SCL—90包括9个因子，每一个因子反映出个体某方面的症状情况，通过因子分可了解症状分布特点。当个体在某一因子的得分大于2时，即超出正常均分，则个体在该方面就很有可能有心理健康方面的问题。

（1）躯体化。主要反映身体不适感，包括心血管、胃肠道、呼吸和其他系统的不适，和头痛、背痛、肌肉酸痛，以及焦虑等躯体不适表现。

该分量表的得分在0—48分之间。得分在24分以上，表明个体在身体上有较明显的不适感，并常伴有头痛、肌肉酸痛等症状。得分在12分以下，躯体症状表现不明显。总的说来，得分越高，躯体的不适感越强；得分越低，症状体验越不明显。

（2）强迫症状。主要指那些明知没有必要，但又无法摆脱的无意义的思想、冲动和行为，还有一些比较一般的认知障碍的行为征象也在这一因子中反映。

该分量表的得分在0—40分之间。得分在20分以上，强迫症状较明显。得分在10分以下，强迫症状不明显。总的说来，得分越高，表明个体越无法摆脱一些无意义的行为、思想和冲动，并可能表现出一些认知障碍的行为征兆。得分越低，表明个体在此种症状上表现越不明显，没有出现强迫行为。

（3）人际关系敏感。主要是指某些人际的不自在与自卑感，特别是与其他人相比较时更加突出。在人际交往中的自卑感，心神不安，明显的不自在，以及人际交流中的不良自我暗示，消极的期待等是这方面症状的典型原因。该分量表的得分在0—36分之间。得分在18分以上，表明个体人际关系较为敏感，人际交往中自卑感较强，并伴有行为症状（如坐立不安，退缩等）。得分在9分以下，表明个体在人际关系上较为正常。总的说来，得分越高，个体在人际交往中表现的问题就越多，自卑，自我中心越突出，并且已表现出消极的期待。得分越低，个体在人际关系上越能应付自如，人际交流自信、胸有成竹，并抱有积极的期待。

（4）抑郁。苦闷的情感与心境为代表性症状，还以生活兴趣的减退，动力缺乏，活力丧失等为特征。还表现出失望、悲观以及与抑郁相联系的认知和躯体方面的感受，另外，还包括有关死亡的思想和自杀观念。

该分量表的得分在0—52分之间。得分在26分以上，表明个体的抑郁程度较强，生活缺乏足够的兴趣，缺乏运动活力，极端情况下，可能会有想死亡的思想和自杀的观念。得分在13分以下，表明个体抑郁程度较弱，生活态度乐观积极，充满活力，心境愉快。总的说来，得分越高，抑郁程度越明显，得分越低，抑郁程度越不明显。

（5）焦虑。一般指那些烦躁，坐立不安，神经过敏，紧张以及由此产生的躯体征象，如震颤等。

该分量表的得分在0—40分之间。得分在20分以上，表明个体较易焦虑，易表现出烦躁、不安静和神经过敏，极端时可能导致惊恐发作。得分在10分以下，表明个体不易焦虑，易表现出安定的状态。总的说来，得分越高，焦虑表现越明显。得分越低，越不会导致焦虑。

（6）敌对。主要从三方面来反映敌对的表现：思想、感情及行为。其项目包括厌烦的感觉，摔物，争论直到不可控制的脾气暴发等各方面。

该分量表的得分在0—24分之间。得分在12分以上，表明个体易表现出敌对的思想、情感和行为。得分在6分以下表明个体容易表现出友好的思想、情感和行为。总的说来，得分越高，个体越容易敌对，好争论，脾气难以控制。得分越低，个体的脾气越温和，待人友好，不喜欢争论、无破坏行为。

（7）恐怖。恐惧的对象包括出门旅行，空旷场地，人群或公共场所和交通工具。此外，还有社交恐怖。

该分量表的得分在0—28分之间。得分在14分以上，表明个体恐怖症状较为明显，常表现出社交、广场和人群恐惧，得分在7分以下，表明个体的恐怖症状不明显。总的说来，得分越高，个体越容易对一些场所和物体发生恐惧，并伴有明显的躯体症状。得分越低，个体越不易产生恐怖心理，越能正常地交往和活动。

（8）偏执。主要指投射性思维，敌对，猜疑，妄想，被动体验和夸大等。

该分量表的得分在0—24分之间。得分在12分以上，表明个体的偏执症状明显，较易猜疑和敌对，得分在6分以下，表明个体的偏执症状不明显。总的说来，得分越高，个体越易偏执，表现出投射性的思维和妄想，得分越低，个体思维越不易走极端。

（9）精神病性。反映各式各样的急性症状和行为，即限定不严的精神病性过程的症状表现。该分量表的得分在0—40分之间。得分在20分以上，表明个体的精神病性症状较为明显，得分在10分以下，表明个体的精神病性症状不明显。总的说来，得分越高，越多地表现出精神病性症状和行为。得分越低，就越少表现出这些症状和行为。

（10）其他项目。作为附加项目或其他，作为第10个因子来处理，以便使各因子分之和等于总分。

（二）共情练习：我的眼里只有你

两人一组，保持30厘米距离，或坐或立，先进行深呼吸数次，然后对视。

首先，看着对方的眼睛，把对方视为自己的父亲（对方若是男性）或母亲（对方若是女性），凝视对方15分钟，在对视过程中密切感受自己的情绪和身体的变化，然后分享自己的经验。

其次，看着对方的眼睛，把对方视为自己的爱人（男友或女友），凝视对方15分钟，在对视过程中密切感受自己的情绪和身体的变化，然后分享自己的经验。

然后，把对方视为自己平时所讨厌之人，凝视对方15分钟，在对视过程中密切感受自己的情绪和身体的变化，然后分享自己的经验。

最后，把对方视为自己，凝视对方15分钟，在对视过程中密切感受自己的情绪和身体的变化，然后分享自己的经验。

（三）PAC理论练习

PAC理论认为，个体的个性是由三种比重不同的心理状态构成，这就是"父母""成人""儿童"状态。取这三个单词的第一个英文字母，Parent（父母）、Adult（成人）、Child（儿童），所以简称人格结构的PAC分析。"父母""成人""儿童"三种状态在每个人身上都交互存在，也就是说这三者是构成人类多重天性的三部分。

"父母"状态以权威和优越感为标志，通常表现为统治、训斥、责骂等家长制作风。当一个人的人格结构中P成分占优势时，这种人的行为表现为凭主观印象办事、独断独行、滥用权威，这种人讲起话来总是"你应该……""你不能……""你必须……""成人"状态表现为注重事实根据和善于进行客观理智的分析。这种人能从过去存储的经验中，估计各种可能性，然后做出决策。当一个人的人格结构中A成分占优势时，这种人的行为表现为：待人接物冷静、慎思明断、尊重别人。这种人讲起话来总是："我个人的想法是……""儿童"状态像婴幼儿的冲动，表现为服从和任人摆布。一会儿逗人可爱，一会儿乱发脾气。当一个人的人格结构中C成分占优势时，其行为表现为遇事畏缩、感情用事、喜怒无常、不加考虑。这种人讲起话来总是"我猜想……""我不知道……"

根据PAC分析，人与人相互作用时的心理状态有时是平行的，如父母—父母，成人—成人，儿童—儿童。在这种情况下，对话会无限制地继续下去。如果遇到相互交叉作用，出现父母—成人，父母—儿童，成人—儿童状态，人际交流就会受到影响，信息沟通就会出现中断。最理想的相互作用是成人—刺激—成人反应。

三人一组，分别扮演P、A、C三个角色，然后互谈感受。

四、拓展阅读

非洲紫罗兰皇后

一次，米尔顿·艾里克森到美国中南部一个小城讲学，一个朋友让他顺道去看看他独身的姑母。他朋友说“我姑母独自居住在一间偌大的屋里，无亲无故。她患有极严重的忧郁症，人又死板，不肯改变生活方式，你看有没有办法令她改变。”艾里克森到朋友的姑母家后发觉这位女士比朋友形容得更为孤单，一个人关在暗沉沉的百年老屋内，周围找不到一丝生气。

艾里克森是一位十分温文的男子，他很有礼貌地对老妇人说：“您能让我参观一下您的房子吗？”老妇人带着他往一间又一间的房间看去。艾里克森真的想参观老屋吗？那倒不是，他只想找一样东西。在老妇人毫无生气的环境里，他想找一样有生命气息的东西。终于在一间房间的窗台上，他找到几盆小小的非洲紫罗兰——这是屋内唯一有活力的几盆植物。老妇人说：“没事做，就是喜欢打理这几盆小东西，这一盆还开始开花了。”艾里克森说：“好极了！您的花这般美丽，一定会给许多人带来快乐！您能否打听一下，城内有什么人家有喜庆的事，结婚、生子或生日什么的，给他们送一盆花去，他们一定会高兴地不得了。”

老妇人真的大量种植非洲紫罗兰，城内每个人都曾受惠。不用说，老妇人的生活大有改变，本来不透光的老屋，变得阳光普照，充满着色彩鲜明的小紫花。一度孤独无依的老妇人变成了城中最受欢迎的人。在她逝世时，当地报纸头条报道：“全市痛失我们的非洲紫罗兰皇后！”几乎全城的人都去送葬，回报她生前的慷慨。

第二节　万紫千红总是春——心理咨询疗法

一花独放不是春，万紫千红春满园。心理咨询与治疗行业中有着众多的流派，据美国心理咨询协会的统计，现已记录在册的心理咨询与治疗的疗法已有 300 多种，而且还在不断增加。本节主要向同学们简要介绍“精神分析疗法”“认知疗法”“来访者为中心疗法”“家庭系统疗法”和“艺术疗法”等几种疗法。

一、心理案例

案例一：家囚

这位青年人，面色苍白，好像久不见阳光，没精打采的像是吸了大烟的道友。他的母亲坐在身旁，不断提醒他的各种事项——叫他守时，叫他不要老躲在房中玩游戏机，叫他梳洗，叫他努力求学……

母亲是他的闹钟，是他的保姆，是他的佣人，是他的总管。

只是她的每一项提醒，他都只当是耳边风，除了让青年人一脸的不耐烦，并没有任何效用。

这种青年我十分熟悉，在临床案例及亲友家中，我已经见过很多次，每次都以不同姿态出现——有时是十四五岁的少年，有时是十八九岁的青年，有时甚至是二十岁的成年人！他们有时是男，有时是女，在美国我也见过他们多次，但好像在中国见得最多。

他们有个共同之处，就是出不了家门。无论外面的世界多有色彩，他们都无法欣赏；无论脚步走得多远，总有一条无形的绳子把他们扯回家来。父母、游戏机或漫画书是他们的全部世界。这些离不开家的孩子，我们称他们为“家囚”。人要长大，必须从某种程度上离家，即使身住家中，心也不中留。但“家囚”刚好相反，他们即使远赴重洋，心也留在家中，千方百计赶返家园。明明就是一个例子，他在美国读了两年大学，却度日如年，不是患忧郁症，就是企图自杀，直到父母不胜其烦，终于把他接回家中。回来后，天天把自己困在房里，晚上打游戏机到天亮，白天睡到天黑，父母想尽办法，威逼利诱，就是无法把儿子从房间拉出来。我见过一个最极端的例子，是一个年轻女子，因为工作受了委屈，把自己关在家中，一关就是二十年，一步也走不出房门。真正坐牢的囚犯都有机会到室外走动，这位女士却把自己的青春囚困在房中，母亲是她与外界唯一的联系。正常人很难想象，这些家囚怎么会选择如此不正常的生活方式？但家囚的特征，就是不能过正常人的生活。而家囚又以青年人为多，他们有个共同之处，都是充满了挫败感，除了家庭之外，不能与其他人发展同辈关系。很多人以为，孩子长大了，就会自然离家，却原来长大的过程并不容易，往往都会出岔子。

哺乳心态。通常“家囚”不能离家，是基于不能成功地投入外面的世界所致。而不能与外面世界成功地建立关系，主要是因为过于依赖家庭，只困在父母身边。打破这个恶性循环，是改进的第一步。因此，要改变的不仅是青年自己，他们的父母也要改变。青年人能够成功地留在家中，必定有人维持他的这个位置。父母的最大陷阱，就是明明知道孩子不能继续这样下去，却不知不觉卷入漩涡，继续纠缠。孩子离不开家，很大程度上是因为父母放不下孩子。

怎样协助父母与孩子建立适当的界限，是步骤的第二阶段。青年人与父母是不可以没有分界的。离不了家的孩子，往往仍然留在哺乳心态，而他们的父母又忍不住继续给他喂奶。要孩子长大，父母必须联手，无论他怎样发泄，都得忍心把奶瓶取走。道理虽简单，执行起来就十分困难，因为整个过程都要斗力斗权斗智。我看过很多父母，都被这些“家囚”困住，但是他们不知道，自己同时也是监狱的守卫。因为他们总是不停地向青年人劝诫，或者生气地骂他们不争气，但一转身又忍不住不断地为孩子张罗，结果青年人继续不用接受任何生活上的挑战。最糟的是父母有分歧，二人互相抵消，孩子就更没人管得住。出不了家的孩子，心中其实万分彷徨，他们自己也明白不可长此下去，但是囚在家中的日子越长，越难走出去，这个道理与长期吸毒无异。要协助他们逃出生天，非用孙子兵法不可。

（节选自《为家庭疗伤》）

二、心理辅导

离不开家的孩子，心中都有一个“心魔”，父母必须合力把这个“心魔”找出来，一同对抗。孩子愿意改变最好，孩子不愿意改变时，父母也要联手“捉魔”，不然孩子将永远囚在家里。人需要人，但人更需要有人与人之间的界限，尤其是青少年的家庭，更需要亲属之间的界限分明。这世上并无独立的人，我们人人都像电脑一样，被自己出生的家庭编好了程序，然后按钮行动。而心理咨询往往就会对这些久以安排妥善的“灵魂软件”重新调整。让我们来看看心理咨询的各种疗法是如何调整这些“灵魂软件”的。

（一）精神分析疗法

精神分析学派是心理学流派中最重要的学派之一，产生于19世纪末和20世纪初，由奥地利医生弗洛伊德所创立，他被认为是改变世界的三个犹太人之一。他的主要思想如下：

1. 意识水平

弗洛伊德界定了三个意识水平：意识、前意识和潜意识。意识即自觉，凡是自己能察觉的心理活动是意识。它属于人心理结构的表层，感知着外界现实环境和刺激，用语言来反映和概括事物的理性内容。例如，觉察到热或冷，知觉这本书或铅笔。前意识是调节意识和潜意识的中介机制。前意识是意识的一部分，是一种可被回忆起来、能被召唤到清醒意识中的部分，它能阻止潜意识进入意识，起着“检察官”的作用。绝大部分充满本能冲动的潜意识被它控制，不可能变成前意识，更不可能进入意识。潜意识则是在意识和前意识之下受到压抑的没有被意识到的心理活动，代表着人类更深层、更隐秘、更原始、更根本的心理能量。潜意识是人类一切行为的内驱力，它包括人的原始冲动和各种本能（主要是性本能）以及同本能有关的各种欲望。由于潜意识具有原始性、动物性和野蛮性，不见容于社会理性，所以被压抑在意识阈（所谓意识阀，是指能否意识到的分界线）下，但并未被消灭。潜意识无时无刻不在暗中活动，要求直接或间接的满足。正是这些东西从深层支配着人的整个心理和行为，成为人的一切动机和意图的源泉。

2. 人格结构

弗洛伊德假设在人格结构内包含有三个基本系统：本我、自我和超我。人格结构的最基本的层次是本我，相当于弗洛伊德早期提出的潜意识，它处于心灵最底层，是一种与生俱来的动物性的本能冲动，特别是性冲动。它是混乱的、毫无理性的，只按照快乐原则行事，盲目地追求满足。中间一层是自我，它是从本我中分化出来受现实陶冶而渐识时务的一部分。自我充当本我与外部世界的联络者与仲裁者，并且在超我的指导下监管本我的活动，它是一种能根据周围环境的实际条件来调节本我和超我的矛盾、决定自己行为方式的意识，代表理性或正确的判断。它按照“现实原则”行动，既要获得满足，又要避免痛苦。哪里有本我，哪里就有自我。最上面一层是超我，即能进行自我批判和道德控制的理想化了的自我，它是儿童在生长发育过程中由社会尤其是父母给他的赏罚活动中形成的，换言之，是父母作为爱的角色和纪律的角色的赏罚权威的内化。超我是非理性的，追求完美，坚持理想，抑制本我和自我，控制生理驱力（本我）和追求完美的现实努力（自我）。它主要包括两个方面：一方面是平常人们所说的良心，代表着社会道德对个人的惩罚和规范作用，另一方面是理想自我，确定道德行为的标准。超我的主要职责是指导自我以道德良心自居，去限制、压抑本我的本能冲动，而按至善原则活动。这三个系统不是孤立存在的，它们作为一个整体而共同起作用。当本我、自我和超我之间产生冲突时，就可能要产生焦虑了，通过驱动力和限制力而过滤本能能量是自我和超我的目的。本我仅仅是由驱力构成的，当本我有太多的控制力时，个体可能变得很冲动，沉湎于自我，或具有破坏性；当超我太强时，个体可能为自己设定不现实的过高的道德标准或完美主义标准，从而产生无能感或失败感。

3. 治疗方法

精神分析的治疗目的，着重于把意识的价值观渗透到潜意识的动机中，是针对改变一个人的人格和个性的构造而设计的。在这个过程中，来访者要努力解决他们自身内部的潜意识冲突，通过对儿童期体验的重新构筑、解释、分析而获得了自我的理解。这些自我理解对于改变行为和情感是有帮助的。通过梦的解析或其他的方式对潜意识的资料进行揭示，从而更好地处理他们所面对的一些问题。

（1）自由联想。当要求来访者自由联想时，他们意识、潜意识里产生的一切有关事情都被咨询师所斟酌。自由联想的内容可能是身体的感觉、情绪、幻想、思维、记忆，近年来大事件以及咨询师本人。让来访者睡在躺椅上，比让他坐在一张椅子上可能使自由联想更多更流畅，应用自由联想推测出无意识的东西可影响行为，并通过自由表达把潜意识的东西引入到有意义的意识状态中。咨询师倾听潜意识中的含义和分裂性的、幻想的事情，这些可能是提示焦虑烦恼的资料。口误和遗忘的资料在咨询师对来访者情况了解的前提下能得到解释。若来访者对自由联想表示困难，在可能的时候，咨询师对此行为作出解析，如果合适，与来访者共同参与联想。

（2）梦的解析。在精神分析治疗中，梦是揭示潜意识资料和洞察一些未解决问题的最重要手段，梦是了解思想中潜意识活动的捷径。梦中的形象可能代表各种潜意识的需要、愿望或冲突。口误或遗忘是潜意识表达的其他例证。在一个典型的夜睡中，梦境的持续时间约为5—15分钟（平均为10分钟），整夜的睡眠时间内，在睡眠的各个阶段循环出现，而在一夜之内，人大概要做4—6个梦，总共有1—2小时的时间是在梦中。梦，并不是空穴来风，并非毫无意义而荒谬，而是完全有意义的精神现象。清白无邪的梦是披着羊皮的狼，其含义可能是与其表象正相反，是一种愿望达成，一种清醒状态精神活动的延续，梦就是被压抑的欲望与潜意识的产品。梦想要满足的愿望主要是性和攻击欲，但即使是在梦中我们的这种愿望的满足也不是完全自由的，会遇到自己内心的不安与阻碍，这种不安与阻碍来自个体心灵中的超我结构。通过对梦过程的分析，愿望、需要、恐惧都能被解释出来。

小视窗

俄狄浦斯情结

在古希腊神话中有这么一个预言：底比斯王的新生儿（也就是俄狄浦斯）有一天将会杀死他的父亲而与他的母亲结婚。底比斯王对这个预言感到震惊万分，于是下令把婴儿丢弃在山上。但有个牧羊人发现了他，把他送给邻国的国王当儿子。俄狄浦斯并不知道自己真正的父母是谁。长大后他做了许多英雄事迹，赢得伊俄卡斯忒女王为妻。后来国家瘟疫流行，他才知道，多年前他杀掉的一个旅行者就是他的父亲，而现在和自己同床共枕的是自己的亲生母亲。俄狄浦斯羞怒不已，他刺瞎了双眼，离开底比斯，并自我放逐。这便是俄狄浦斯情结（又叫恋母情结）的起源。俄狄浦斯情结是精神分析学的术语，它是指儿童（或成人）对于养育双亲的爱与恨的欲望的心理组织整体。它的外在表现形式呈现为三角人际关系结构，即个体自身、所爱的个体对象、执法者（禁忌的制度）三者，伴随爱、恨、恐惧等冲突矛盾的情绪。它存在的外在条件是人类的两性差异和乱伦禁忌。

精神分析学的创始人弗洛伊德认为，儿童在性发展的对象选择时期，开始向外界寻求性对象。对于幼儿，这个对象首先是双亲，男孩以母亲为选择对象而女孩则常以父亲为选择对象。小孩做出如此选择，一方面是由于自身的“性本能”，同时也是由于双亲的刺激加强了这种倾向，即由于母亲偏爱儿子和父亲偏爱女儿促成的。在此情形之下，男孩早就对他的母亲发生了一种特殊的柔情，视母亲为自己的所有物，而把父亲看成是争得此所有物的敌人，并想取代父亲在父母关系中的地位。同理，女孩也以为母亲干扰了自己对父亲的柔情，侵占了她应占的地位。

每个人的成长都会经历这样的时期，我们自己回想一下小时候或者说现在是否有过嫉恨自己异性父母的时候，正如故事中的俄狄浦斯当他知道了事情的真相时是多么羞愧。因为在我们的伦理道德中这是不被允许的，甚至想一下也被认为邪恶的。在这一时期，我们是很矛盾的。不过对于大部分人来说，在我们的意识还未完全认识到这一点时我们已经成功处理了。以男孩子举例：当他开始嫉恨父亲，想要拥有母亲时，自然会表现出对父亲的敌视，但后来他会发现自己不够强大来抵制父亲，转而，他会向父亲学习，产生认同，慢慢就成长起来了。在这个转变过程中，因为家庭情况、个人的一些经历不同，在程度上就会不同。父母亲在家庭中的地位角色会影响到孩子的成长，一个强大的父亲比之一个懦弱的父亲更容易让孩子认同。如果母亲过于强大在家中占主导地位的话，男孩子就很有可能认同母亲，对孩子的成长就会有影响。

（二）认知疗法

认知疗法是由贝克在20世纪60年代初期在宾夕法尼亚大学创立的。认知特别关注人的思想对个体人格的影响。尽管他们不认为认知过程是心理障碍的原因，但却是认知过程是一个显著的部分。个体没有觉察的自动的思维在人格发展中作用更大。这些思维是个体认知图式的一方面，它影响着个人如何做决定。心理障碍是认知的歪曲和不正确的思维，是它们带来了个体生活的不快乐和不满足。自动思维是贝克的认知理论的关键概念。这些思想是自发出现的，个体没有努力和选择。在心理障碍中，自动的思维往往是歪曲、极端或不正确的。比如，小鹏到超级市场应聘销售员的工作，但他不喜欢销售员的工作，于是他对自己说“我现在太忙了”“过了这个季节，我就找工作”“我没有时间找工作”。在咨询师的帮助下，小王认识到这些思维都是借口，而且找到了背后的自动思维“我在面试时表现会不好”“别人比我更适合”“我不知道怎么做这份工作”。通过和他交谈，咨询师可以发现大量的自动思维，而通过组织这些自动思维，咨询师可以确定他的核心信念和图式。

1. 认知疗法的原则

（1）所有情绪都源于认知或思维。认知即你看待事物的方式，也就是你的感性认识、心态和信念，包括理解事物的方式——即遇到某事或某人时，你会对自己说什么。简而言之，思维决定情绪。

（2）情绪消沉时，思维就会被无法摆脱的消极感所左右。你不仅用灰暗压抑的眼光审视自己，而且还用这种眼光来观察整个世界。回忆过去时，你能记起的只是所有曾经的不快；展望未来时，你看到的只有虚空、无休无止的问题和烦恼。于是，你感到绝望。这种感觉绝对是不合逻辑的，但它似乎又那么真实，你不得不确信这种无助感将永远挥之不去。

（3）达观的心态至关重要。研究表明，在导致情绪起伏的负面思维中，几乎总会包含明显歪曲的内容。尽管这种思维貌似可靠，但却是非理性甚至错得离谱的。这种扭曲的思想就是你痛苦的根源。暗示是非常重要的，你的抑郁很可能并非基于对现实的准确感性认识，它常常是心理暗示的产物。一旦你学会客观地思考，快乐也将随之而来。

2. 十大认知扭曲

伯恩斯从多年研究和临床工作中精心总结了十大认知扭曲，它们是所有抑郁情绪的罪魁祸首。

（1）非此即彼思维。它表示你在评价自己的个人品质时，习惯于使用非黑即白的极端模式。例如，一个一直拿奖学金的同学有一次没有拿到奖学金，便说："我现在就是个废物。"非此即彼的思维是完美主义的根源，它会让你害怕任何错误或不完美之处。

（2）以偏概全。你武断地认为，某件事如果在你身上发生过一次，就会反复再次发生，因为已发生的事总是令人不快的，你便心烦郁闷了。

（3）选择性失明。你好像戴上了一副有色眼镜，镜片会过滤掉任何正面的内容，因此你觉得一切都是负面的。

（4）否定正面思考。你不是看不到正面体验，你只是狡猾而迅速地把它们转换成了噩梦般的负面体验。你能在顷刻之间点金成铁，将快乐变为烦恼。

（5）妄下结论。你不经过实际情况验证便迅速武断地得出负面结论。比如，你认为他人瞧不起你，假设你正在演讲而且讲得非常精彩，此时你注意到前排有个人却在打盹。其实他前一晚几乎未睡，但显然你不知道。你可能会这样想，"这位听众觉得我烦。"

（6）放大和缩小。你不是把事实不成比例地放大，就是把它们缩小，上演"双目镜把戏"。放大通常发生在你检视自身的错误、恐惧或不完美之处时，这时你会夸大它们的重要性。

（7）情绪化推理。你把情绪当成了事实的依据。你的逻辑是："我觉得我是个废物，因此我肯定就是个废物。"这种推理是一种误导，因为你的感觉反映的只是你的想法和信念。如果它们是歪曲的（许多情况下都如此），你的情绪就失去正确性。

（8）"应该"句式 。你总是说"我应该做这个"或"我必须做那个"，让你压力重重，最终你只会灰心丧气，意志消沉，满怀愧疚，更加痛恨自己。

（9）乱贴标签。给自己贴标签意味着用错误来树立一个完全负面的自我形象。它是一种极端的以偏概全的形式，其背后的理念就是"衡量一个人时，要以他的错误为尺度"。

（10）罪责归己。这种认知扭曲是“内疚之母”。你认为某个负面事件的罪责在于自己，尽管毫无根据。即使某件事与你无关，你还是会武断地认为，都是你的错，或你很无能。你强大的责任感迫使你背负整个世界，令你不堪重负。

3. 走出认知歪曲

（1）从重建自尊开始。绝大部分的消极情绪之所以能形成破坏，其根源全在于缺乏自尊心。若自我形象不佳，则仿佛有了一面放大镜，它可以将小小的错误或缺陷放大成个人失败的最高象征。真正的自尊来源到底是什么？首先，你的价值并不取决于你是否成功。成功可以使你满足，但并不能使你快乐。基于成功的自我价值其实是一种“伪自尊”，它不是货真价实的！有效的自我价值感并不取决于相貌、才华、声望或财富，只有你自己的自我价值感才能决定你的感受。

（2）战胜无为主义。在消极情绪下你可能什么也不想做，只是把一些日复一日的无聊工作推迟一下。随着动力越来越少，几乎做任何事你都会觉得困难重重，你越来越一事无成，感觉越来越糟，进入恶性循环。在来访者中，我们发现绝大多数同学若愿意帮助自己，都能真正好起来。有时，只要你有自救的态度，无论你做什么似乎都不重要。有一位来访者，为了解她的情绪和各种活动之间的波动关系，做了一个试验。结果表明，当她把列表上所有事几乎都做完时，她感觉好多了。在这张可以使她有效提升情绪的列表上，活动的内容有很多，包括整理寝室、打网球、逛街、弹吉他、跑步等。只有一件事会使她郁闷，那就是无为——整天躺在寝室床上，盯着天花板，消极思维一个接一个地不请自来。

（3）语言柔道。无价值感从何而来？它源于没完没了的自我批评。一般来说，内心自我批评是由于他人的言语过于刻薄所致。你之所以害怕批评，很可能只是因为你从来就不知道该如何有效地处理它们。要想在不丧失自尊的条件下温和地处理语言暴力和语言冲突，这是一门艺术。若有人攻击你，你该如何应付？其实，你只要认真倾听，然后再想办法认同对方，消除对方的敌意，然后以机智而又不失坚定的方式解释你的立场和感受，同时还要探讨双方之间的认知差异。你先承认你可能有错，然后再客观地表达你的看法。注意要对事不对人，不能攻击对方的人格或自尊心。

（4）战胜内疚。要想摆脱病态的内疚心理、尽量恢复自尊心，就需要：第一，消极思维日志。找出你的认知歪曲并写下比较客观的想法。这样你就会感觉轻松多了。第二，消除“应该”法。问问你自己“谁说我应该了？有哪个规定说我应该？”这样做的目的是让你知道你对自己过于苛刻。由于你是规则的最终制定者，所以只要你觉得某条规则没用，你就可以修改或者删除它。第三，反哭诉法。当别人（通常是你爱的人）哭诉、抱怨和唠叨，使你感到无奈、内疚和无助时，这种方法无异于灵丹妙药。事实上，当别人对你抱怨时，你越想好心相劝，他们越会絮絮叨叨地说个没完。可矛盾的是，若你一旦对他们的悲叹表示认同，他们反倒很快就泄气了。

（5）勇于平凡。在前进的路上有两扇门。一扇通往“完美”，而另外一扇则通往“平凡”。“完美”之门华丽精美，充满诱惑；“平凡”之门毫不起眼，乏善可陈。因此，你准备走入“完美”之门，不撞南墙不罢休，结果却只会撞得头破血流。相反，在“平凡”之门的尽头，却有一座神奇的花园。因为“完美”是人类最大的错觉，是世上最恶毒的骗局；它许你以财富，却赠你以苦难。你越拼命地追求完美，结果会越失望。因为它只是一个抽象的概念，与现实不符。只要你是个完美主义者，无论你做什么，都注定会失败。“平凡”则是另一种错觉，但它是善意的欺骗，是一种有用的概念，不管从哪方面看，它都可以让你富足。

（三）来访者为中心疗法

来访者为中心疗法由美国心理学家罗杰斯创立于 1942 年，被称为心理治疗的“第三种势力”。与精神分析疗法相反，它不要求来访者回忆压抑在潜意识中的心理症结，而是帮助来访者认识此时此地的现状。由于来访者缺乏自知，不能正确认识和处理当前环境的现状，拒绝感受当时的情感体验而产生病态焦虑，因此咨询的目的就是让来访者进行自我探索，了解与自我相一致的、恰当的情感，并用此情感体验来指导行动，也就是靠自己本身的力量来治疗自己存在的问题。

1. 人本主义人性观

人有自我实现的趋势，有机体的这种自我实现趋势会克服各种障碍和痛苦。人类个体对自己的体验或者经验，有一种天生、内在的机制或手段，罗杰斯称之为“机体评估过程”。机体评估过程作为一种反馈系统，它使个体能调节自己的经验，朝向实现化倾向，达到维持、增长、完善和发挥生命潜力的目的。人的本性，当它自由运行时，是建设性的和值得信任的。只要给来访者提供适当的心理环境和气氛（足够的尊重和信任），他们就能产生自我理解，改变对自己和他人的看法，产生自我导向的行为，并最终达到心理健康的水平。人是理性的、善良的和值得信任的。人是不断向健康、独立自主、自我认识和自我实现的方向发展的。人各具潜质，每个人都有自己的价值，有本身的尊严，是独特的个体。人有能力产生自觉，有能力认识和掌握自己的命运。人的行为往往被自己的自我形象所影响。

2. 来访者中心疗法的特点

罗杰斯的来访者为中心疗法的基本观点是相信个体能够产生自我理解、改变自身的行为和态度，以及使自身变得完善的能力。当个体接受他人的价值条件（有限制的关心或有条件的爱）时，他们可能会出现缺乏自信或缺乏自我关注，这可能导致焦虑、防御或混乱行为。

（1）以来访者为中心。人都有能力发现自己的缺陷和不足，并加以改进，所以心理咨询的目的，不在于操纵一个人的外界环境或其消极被动的人格，而在于协助来访者自省自悟，充分发挥其潜能，最终达到自我的实现。强调动员来访者内部的自我实现潜力，使之有能力进行合理的选择和治疗他们自己。咨询师的责任是创造一种良好的气氛，使求助者感到温暖，不受压抑，受到充分的理解。这种真诚和接纳态度，会促使来访者重新评价自己和周围的事物，并按照新的认识来调整自己和适应生活。

（2）将咨询看成是一个转变过程。心理咨询是调整自我结构和功能的一个过程。个人有许多体验是自我所不敢正视和不能清楚感知的，因为面对或接受这些体验，与自我目前的结构不协调，并使其感受到威胁。咨询师如同一个伙伴，就像是可以接受的改变了的自我，帮助求助者消除不理解和困惑，产生一种新的体验方式，而放弃旧的自我形象。通过以来访者为中心的咨询所建立起的新型人际关系，使来访者体验到“自我”的价值，学会如何与他人交往，从而达到咨询的目标。

（3）非指导性咨询的技巧。与一般的指导性心理咨询比较，罗杰斯反对操纵和支配来访者，很少提问题，避免代替来访者做出决定，从来不给什么回答，在任何时候都应让来访者确定讨论的问题，不提出需要矫正的问题，也不要求来访者执行推荐的活动。这一疗法很强调建立具有治疗作用的咨询关系，以真诚、尊重和理解作为其基本条件。他认为，当这种关系存在时，个人对自我的治疗就会发生作用，而其在行为和人格上的积极变化也会随之出现。所以，咨询师应该与来访者建立相互平等、相互尊重的关系。这样也可使来访者处于主动的地位，学会独立决策。

罗杰斯并不把来访者中心治疗法视为已经定型和完成的疗法。他期望人们能把他的理论看成是一套在治疗过程中发展出来的实验性原则，而非教条。咨询师的优势在于他就在来访者的眼前，容易让来访者亲近。他总是从营造相互适应氛围开始，使自己和来访者很快适应对方。在对方第一次会面时，尤其需要相互适应。正式开始谈问题之前，他会用几分钟时间使自己和来访者都进入状态，然后告诉来访者，自己已经准备好听对方讲话。让我们来看看他与马克的交谈：

罗杰斯：你要把椅子挪一挪吗？现在没什么问题了吧？好，现在我还需要一、两分钟让自己静一静，可以吗？……咱们俩一起静一两分钟，好吗？（停顿 1—2 分钟。）现在你准备好了吗？

马克：我准备好了。

罗杰斯：那好。我不知道你想谈些什么事情或问题，但你想说什么就说什么，我都愿意听。

罗杰斯总是让来访者随时都意识到自己的关注，让来访者知道咨询师正以一种接受的态度倾听。他经常使用理解核查的技术，以检验自己是否正确地理解了来访者的意思。他对来访者的话语和非言语行为都非常关注。谈话时，表示理解了来访者未说出的细微感受或非言语反应时的情绪体验是非常重要的。这可以使来访者更清楚地感受到，咨询师关心、注视着自己并倾听着自己的叙述。诸如：

吉尔：哦，我，现在我很紧张。你的说话声音像是男高音，听起来很舒服。但我希望你不会让我太紧张。但是，我……

罗杰斯：我能听出你的声音有些颤抖。

吉尔：是的，我很生气，我很生她的气。

罗杰斯：（停顿片刻）我想你现在有点紧张。

吉尔：是的，是的，感到非常矛盾。

罗杰斯：嗯。你大概会想："我必须找个恰当的理由来证明自己。"

来访者有疑虑的时候，罗杰斯会为其消除疑虑，方法是对来访者的问题表示赞同，并将其扩展为一种更具普遍性的观点。

（四）家庭系统疗法

家庭治疗是心理治疗其中一派，其重点是将一切心理毛病都看作是人际关系上的问题，既然病由关系生，治疗时也经常邀请来访者的家人及密友参与。很多时候，光从观看家庭成员间的谈话的方式及互相行动的影响，就可以明白问题的因由及形式。传统的心理治疗，往往只见带病症的个人，但是家庭治疗的准则，却认为人是属于系统的，它重视家庭成员之间的互动关系，它的处理方法是理解和改变整个家庭的机构。除非你独居一个星球，否则这世上并没"个人"这一回事，而最影响个人的，当然是其家庭。因此，当个人的精神或行为出现问题，这个人的家庭脉搏也必然出现阻滞。如果把家庭的经脉打通了，个人问题也会有新的起色。

1. 鲍文代际家庭治疗

鲍文认为障碍性家庭交往模式是可以代代相传的。他认为家庭是一个系统，家庭情绪系统原子核稳定必须要每个成员都有辨别力。辨别力是很少见的，所以家庭大多都要产生矛盾。人们倾向于选择辨别力相近的人结婚，如果两个辨别力低的人结婚，就很容易出现混乱，而且孩子也一样。当夫妻辨别力比较低的时候，他们会把压力投射给孩子，这就是家庭投射过程。一般来说，孩子在情绪上接触父母越多，代表他对感受和理智的辨别力越低，他和家庭分离的困难越大。

他还特别重视家庭中父母和子女的三角关系，每当一个二人系统遇到问题时，就会自然地把第三者扯入他们的系统中，作用是减轻二人间的情绪冲击。因此，父母不和，孩子常会不自觉地加入他们的阵线，形成一种三角关系。在家庭中出现紧张的时候，那个最缺少辨别能力的人最容易被扯进来缓解紧张。三角关系不限于家庭，朋友、亲戚和治疗师都会被带入矛盾。家庭越大，其中就有越多的三角关系。一个问题会涉及多个三角，家庭成员也越来越卷入矛盾。在咨询中，重要的是咨询师加入夫妻关系后的三角关系中保持清醒和辨别力。奇怪的是，被卷入这个三角的子女，其实是最忠心于父母的孩子，他们往往生出各种心理疾病或行为问题，目的却是要保护或平衡父母间的纠纷。父母之间的怨恨，父母的互相抵消、互相不尊重，那种长期充满恨意或哀伤的家庭气氛，才是孩子成长的最大敌人。

2. 米纽秦结构家庭治疗

米纽秦认为家庭治疗工作的重点是，家庭如何作为一个系统，以及系统中的结构。家庭的组织、规律和决策时使用的指导原则，构成这个家庭的印记。家庭结构是指多年来形成的，决定谁和谁怎样交往的规律。结构可以是暂时的，也可以是长期的。例如，两个哥哥结盟以对付妹妹，结盟的时间可以很短，也可以持续到几年。家庭是一个有层次的结构，父母的权利最大，兄姐比弟妹的责任更大。父母有不同的角色，例如，父母之一负责规矩，另一个提供同情，最后孩子知道了父母的规律。当环境变化了，比如一个孩子上大学了，家庭就需要改变以适应这个事件。在家庭系统中有些子系统，它也有自己的规律。为了让家庭正常运转，家庭成员应该使家庭功能实现。最显著的子系统是夫妻、亲子、兄弟姐妹的子系统。夫妻子系统的目标是满足着两个人的改变需要。父母子系统一般是父亲母亲为一组，又可以是父母之一加上一个对教养孩子有责任的人。一个人可以同时在夫妻子系统中，也可以在父母子系统中，虽然有重叠，但他在这两个子系统中的角色是不同的。在兄弟姐妹子系统中，孩子学习如何和兄弟姐妹建立关系，如何建立联盟满足自己的需要、对待父母。结盟指家庭成员在处理事件时结合或对立的方式。联合指一些家庭成员联合起来反对其他家庭成员。若家庭的规则变得缺少可操作性，家庭的功能就会出现问题。家庭中的结盟也可能是有害的，比如父母为钱争吵，双方都争取让长子支持自己。

鲁宏说："人的个性，像树的年轮，是一圈又一圈的发展出去的。婴儿的一圈，代表爱与享受；孩童的一圈，代表创作与幻想；少年的一圈，是玩耍与嬉戏；青年的一圈，是情爱及探索；而成年人的一圈，则象征现实与责任。一个完全的人，要具备上述所有特性。"这一圈一圈的发展，有一定的程序，如果有一圈未完成却被破坏了，这个人的个性就会负伤，不能完全。而最容易失去或被压制的，是玩耍及嬉戏的一圈，一般家庭及学校，都是不鼓励孩子玩乐的。成年人教孩子，往往把自己身处的现实及责任的那一圈，过早地套到孩子身上，因此，训练治疗成人，先要教他们玩耍。

3. 萨提亚的人本主义家庭治疗

萨提亚是最早提出在人际关系及治疗关系中“人人平等，人皆有价值”的想法的人。萨提亚的方法以创造性和温情而著名，注意家庭成员的感受，它最大特点是着重提高个人的自尊、改善沟通及帮助人活得更“人性化”而不只求消除“症状”，是关于（1）“我自己”：内在和谐、做自己的主人；（2）“我”与“另一个人”：关系和睦；（3）“我”所处的人际系统（家庭或组织）：社会和谐、家庭或组织成员之间和谐、协作、有凝聚力等的学问。其治疗的最终目标是（1）提高自我价值（自尊）是一个人对自己的价值判断、信念或感受。（2）做更好的选择：三种以上才是选择，而且更有力量。（3）更负责任：为自己的内在体验和外在行为负责，我们驾驭它们，为它们做出选择，并透过它们体验喜悦。（4）更和谐一致（表里如一）：与自己接触，兼顾自我、他人、情境，并能够驾驭自己，“身心整合，内外一致”，实现个人潜能的最大限度的发挥。

萨提亚很有交往技巧，也帮助来访者发展交往技巧。比如，使用第一人称表达自己，以示负责任。家庭成员之间应该平等，他们各自的身体姿势和声音应相匹配。萨提亚对系统家庭治疗的一个贡献是，界定了5种家庭关系类型：安抚、虚弱、永远同意；责备、找别人的错误；过分理性化、疏离、平静、无情绪；打扰别人并且不参与家庭过程；平等交流、真实表达、真诚开放。萨提亚在治疗一开始，总要见整个家庭，帮助他们改善对自己和别人的感觉。

文明的社会也是制造疯子的社会。各种教条，各种“应该”做的事，各种“应该”说的话，在这“应该”的枷锁中，人有时实在受不了了，最后只好疯了。家庭是一首无言之歌，我们在它的音符上舞蹈，虽然有时腿脚不时会缠在一起，甚至摔倒，但是，为我们疗伤的，亦是那一首歌。

（五）艺术疗法

早在言语能够承载意义之前，人类就已经使用艺术来进行沟通。艺术持续不断地象征着人类的思想、情感、现实与想象。艺术永远拥有凌驾人类之上的力量。这是一种连接、净化的力量，一种以防我们遗忘而进行加固的力量。有句话说“一幅画胜过千言万语。”以这些主题为内容的艺术活动除了其本身所具有的宣泄情绪、疏解压力的功效外，还可以起到调节精神紧张、改善心理环境的作用。所有这些活动能够使参与者建构一种全新的心理世界，并使受到心理困扰的个体从困境中解脱出来。

1. 艺术疗法的生理学理论依据

大脑的侧化功能为艺术治疗提供了生理学基础，左脑主管的是言语化思维（Verbal Thinking），左脑模式是言语的、分析的、象征的、抽象的、时间性的、理性的、数据的、逻辑的、线性的；右脑主管的是图像化的知觉（Imagistic Perception），右脑模式是非言语的、综合的、真实的、类似的、非时间的、非理性的、空间的、直觉的、整体的。

艺术治疗承认艺术过程的特质在于它具有直达心灵的属性，并承认创造性是人类与生俱来的不断提升的生存性的能力。以右脑信息为主要操作对象，正是试图绕过左脑有限的、线性的、言语性的判断，试图借助人与艺术原本具有的亲近关系，来帮助人们修建平安与康宁的心理环境。以右脑模式为主导的交流过程在临床实践中会使来访者接近另一个丰富的心灵世界，也为临床心理咨询师或治疗师提供了一个大有可为的天地。以艺术为介质而建立的治疗联盟中，双方可以借助视觉艺术形式，即意象而非语言，直接接近情感的深处，表达郁积在心的困苦心境，纠正扭曲的情感体验，学习新的情绪体验方式，最终使来访者借助自我的力量建立起一条与心灵交流的便捷通道。

2. 万木霜天红烂漫——色彩调节法

自然界因为色彩的点缀而显得生机勃勃、协调和谐。世界万物因为自身独特的颜色而显出个性的魅力。色彩好像是一种有表情、有灵魂、会说话的东西，它可以给我们的心理带来很多影响。人的情绪是多变的，要想拥有健康的身体，就要学会用色彩调节自己的心情。

颜色是有力量的。佛罗里达大学教学医院儿科病房所做了一项实验，记录了九个月到五岁之间的幼儿首次接触穿白大褂的护士的反应，然后让护士换上色彩更为柔和的上衣。实验证明，幼儿对于浅色上衣的反应比对于白大褂的反应更为宁静、松弛和驯服。相同的研究表明，墙壁的颜色对于病人的精神状况有明显效果。

在美国加州，一座监狱的看守长为犯人寻衅滋事而烦恼。有一次，他偶然把一伙犯人换到一间浅绿色的牢房里，奇迹就发生了：那些原来暴跳如雷的犯人，就好像服用了镇静剂一样，渐渐平静下来。看守长由此受到启发，把囚室都漆成了绿色，于是犯人闹事事件随之减少。

过去英国伦敦的费里埃大桥的桥身是黑色的，常常有人从桥上跳水自杀。由于每年从桥上跳水自尽的人数太惊人，伦敦市议会敦促皇家科学院的科研人员追查原因。开始，皇家科学院的医学专家普利森博士提出这与桥身是黑色有关时，不少人还将他的提议当作笑料来议论。在连续三年都没有找出好办法的无奈情况下，英国政府试着将黑色的桥身换掉，这下奇迹竟发生了：桥身自从改为绿色后，跳桥自杀的人数减少了，普利森为此而声誉大增。

色彩是视觉传达信息中的一个重要因素，色彩能表达感情，能给观者带来不同的情绪、精神以及行动反映。人的行为所以受到色彩的影响，是因人的行为很多时候容易受到情绪的支配。例如，案例中提到的浅色上衣能够让幼儿宁静和松弛，绿色的墙壁可以使暴躁的犯人平静，黑色具有一定消极的心理暗示作用等。色彩是斑斓的，人的情绪是多变的，要拥有健康的身体，就要学会运用色彩来调节自己的心情，甚至还可以用色彩来提高我们的学习和工作效率。暖色调通常认为是欢乐的、积极的、刺激和兴奋的，而冷色调则暗示着宁静、冷淡、镇定和肃穆。当我们装饰房间时，可以根据不同的目的进行，才会更具效果。一幅美妙的图画或图案能引起我们比较愉快的心情，所以我们可以在房间或电脑的桌面上装点一幅美丽的图画，每次看到，心情都比较愉悦。

感官的体验，是我们了解这个世界的直接途径，是我们生命中快乐的巨大源泉。我们从外界获得最多信息的通道是视觉，视觉的感受常常会微妙的影响我们的心情。心理学家把颜色对人们心理上的各种影响称为颜色的心理效应，是由视觉反应引起思维后才形成，同时受到思维者的年龄、性格、经历、民族、地区、环境、文化修养等诸多因素的影响。因此色彩的情感问题，是一个复杂而微妙的问题，不是固定不变的。从心理学实验中所得到的结果来看，被色彩诱导的情感，会因色彩不同而各异，对于色彩的心理现象必须从综合性学科角度入手，从大多数人共识方面来分析。

3. 一弦一柱思华年——音乐调节法

贝多芬说音乐是比一切智慧、一切哲学更高的启示。门德尔松说在真正的音乐中，充满了一千种心灵的感受，比言辞更好得多。旋律优美的音乐能令人心驰神往，带领人从烦恼中走出来，心境也变得清新，能给人全新的视野，以审视原来担忧和烦心的事，从而产生面对困难和挫折的勇气。德国音乐家梅亚贝尔有一次和妻子闹矛盾而发生争吵，他为了使自己镇静下来，于是在钢琴上弹起肖邦送来的名曲《夜曲》。弹着弹着，他被这支乐曲的魅力所吸引，忘却了刚才的不愉快。与此同时，刚才还怒气冲冲的妻子，也被优美的旋律所吸引，一步一步走向钢琴旁，在激动中一把抱住丈夫。就这样，在肖邦的《夜曲》声中，一对发生争吵的夫妻又和好了。

音乐作为一种艺术，是人的情绪、情感的一种表现方式。根据音乐所引起的协调共振原理，不同节奏、不同旋律的乐曲可以引起不同的情绪反应。因此，不同的音乐能够调节人们的心理状态，音乐对情绪的调节起到独特的作用。旋律优美的音乐能令人心驰神往，带领人从烦恼中走出来，心境也变得清新，能给人以全新的视野来审视原来担忧和烦心的事，从而产生面对困难和挫折的勇气。忙碌的现代人，每天都应抽点时间欣赏一会儿音乐。无论是古典音乐、轻快的小品，或是悠扬的国乐，甚至童谣等，你都可以依喜好尝试选择。心情不好、压力大而造成紧张焦虑的人，尤其要多听音乐。

音乐调节法是借助情绪色彩鲜明的音乐来振奋精神，调节心理活动，以保持良好情绪和行为的一种方法。音乐以音调作用于听觉神经，进而影响全身各器官。音乐的音调不同，可以引起不同的情绪反应。古希腊人就认为 A 调高昂，B 调哀怨，C 调和谐，D 调热情奔放，E 调安静优雅，F 调淫荡，G 调浮躁。音乐调节法在我国有着悠久的历史，东汉思想家桓谭在《新论》中就有礼乐和行为关系的精辟论述。现代医学的研究进一步证明了音乐对人的身心活动具有重要的调节作用。音乐疗法的适用范围很广，凡是精神因素引起的神经过度紧张、大脑功能活动暂时失调而造成的各种心理问题，如焦虑症、抑郁症，都可以用音乐疗法进行调节。所谓音乐疗法，主要是对人的大脑皮层起刺激作用，影响情绪，从而收到疗效。音乐可以使人血压正常、肌肉放松、脉搏放慢，从而使人感到心情愉快，经历充沛，消除紧张、抑郁、忧虑和烦恼的情绪。

现代心理学家们发现，人体的各种节奏，例如心跳、脑电波等，有一个很大的特点，那就是它们趋于和音乐的节奏同步同调。若播放缓慢、庄重与平静的古典音乐，那么人的身体节奏就能够和这种音乐相适应、相平衡。生理心理学家使用各种现代仪器，对心理失常的人进行观测，结果发现，当他们听舒缓、庄重的音乐的时候，心跳平均至少每分钟减慢 5 次，血压也稍有下降。用音乐辅助治疗的医师会建议病人首先选择与他们心情相吻合的乐曲，然后渐渐改变旋律，使心情也随之变化。音乐是心灵的保鲜剂，能梳理人的心情，使人心旷神怡。因此，当大学生因焦虑、抑郁、紧张而烦躁不安时，可以听听音乐来调整大脑，减轻某一部分的疲劳，使情绪状态尽快恢复正常。

音乐导致情绪的不同变化，也与音乐欣赏水平和音乐素质有关。每个人的性格、爱好、情感、处境不同，对音乐的喜好、选择也不同。在进行音乐疗法之前，首先要选择符合自己性情的音乐，这样才能引起共鸣，唤起信心，达到较好的心理调节效果。如忧郁烦恼时可以听《蓝色多瑙河》《卡门》《渔舟唱晚》等意境广阔、充满活力、轻松愉快的音乐；焦虑时可以听《平湖秋月》《雨打芭蕉》、《姑苏行》等清丽高雅、节奏缓慢、曲调悠然的音乐；愤怒时可以听《春江花月夜》《平沙落雁》《塞上曲》等旋律优美、宁静清爽、节奏婉转的音乐；失眠时可以听《摇篮曲》《仲夏夜之梦》《梅花三弄》等优雅宁静、节奏少变、旋律缓慢的音乐。

小视窗

国乐心理疗法

在我国古代就根据宫、商、角、徵、羽 5 种调式音乐的特性与五脏五行的属性关系来选择曲目进行调养治疗。宫调式：乐曲的风格主要是悠扬沉静、温厚庄重，给人以浓重厚实的感觉。据五音通五脏的理论，宫音入脾，对脾胃系统作用比较明显，促进消化系统，滋补气血，旺盛食欲，同时能够安定情绪，稳定神经系统。宫音匹配土型人，即阴阳平和之人。其为人态度和顺可亲，忠厚朴实，端庄持重，观察事物逻辑分明，易听取别人的意见，乐于助人，但性情略为保守。土型人其性情温厚，阴阳调和，一般不容易感染疾病，音乐养生中可以多听典雅温厚的宫调乐，使身心更为健康。代表曲目有：《梅花三弄》《高山》《流水》《阳春》等。商调式：商调式的风格铿锵有力，高亢悲壮，肃劲嘹亮。听商调音乐，可以增强肌体抗御疾病的能力。商音入肺，可以加强呼吸系统的机能，改善卫气不足的状况。商调匹配金型人，又称少阳之人。金型人意志坚定，性格开朗，独立意识强，判断是非能力及组织能力、自制能力颇强，有自以为是的倾向。金型人阳气较盛，音乐养生应该以调和阴阳为主，发散阳气，适合听柔和的羽、角调式的音乐。代表曲目有：《慨古吟》《长清》《鹤鸣九皋》《白雪》等。角调式：角调式乐曲悠扬，生机勃勃，象征春天万木皆绿，角音入肝，对诸如胁肋疼痛、胸闷、脘腹不适等肝郁不舒的诸种症状作用尤佳。角调匹配木型人，为少阴之人。木型人性格多愁善感，对人生比较悲观，认识事物的能力强，钻研学问，具有才华。木型人大多优柔寡断，沉默寡言，有时让人难以亲近。由于木型人阴气偏重，阳气不足，建议配合用角调乐或宫调乐来调节阴阳。代表曲目：《列子御风》《庄周梦蝶》等。徵调式：徵调的风格欢快，轻松活泼，像火一样升腾，具有炎上的特性。徵调入心，对心血管的功能具有促进作用，对血脉淤阻的各种心血管疾病疗效显著。徵调匹配火型人，火型人属太阳之人，性格开朗，乐观，反应敏捷，积极主动，志向远大，即使失败也不易后退。但容易急躁冲动，自制力不强，甚至控制不了自己。火型人阳气过多，阴气不足，应配合听羽调式音乐，调和阴阳，避免阳气过剩而导致的一系列疾病和情绪上的失控。代表曲目：《山居吟》《文王操》《樵歌》《渔歌》等。羽调式：羽调式清幽柔和、哀婉，有如水之微澜，羽声入肾，故可以增强肾的功能，滋补肾精，有益于阴虚火旺，肾精亏损，心火亢盛而出现的各种症状，如耳鸣、失眠、多梦等。肾精有补髓生脑之功，故羽调式的音乐有益智健脑的作用。羽调匹配水型人，为太阴之人。性格内向，喜怒不露于表，不喜欢引人注目，心思缜密，谨慎精明，认识事物细致深刻。学问颇好，但含而不露。水型人阴气太重，应该用水乐泄其阴气，再以火乐振奋其阳气，从而获得阴阳平衡。代表曲目：《乌夜啼》《稚朝飞》等。

音乐疗法除了采用人工谱写的乐曲外，还可以利用自然界中有益于身心健康、具有康复作用的音响，如雨声可以催眠、鸟鸣可以解忧等。

三、心理体验

（一）心影赏析:《爱德华大夫》

导演：阿尔弗雷德·希区柯克

原著：弗朗西斯·比丁《爱德华大夫的诊所》

主演：英格丽·褒曼　格里高利·派克

分析：（1）爱德华大夫的症状有哪些？

（2）爱德华大夫精神问题的根源是什么？

（3）教授对爱德华大夫进行治疗时采用的技术有哪些？

（4）爱德华大夫梦的象征意义有哪些？

（二）萨提亚一致的回应练习

萨提亚模式的一致性沟通要求同时关注到自己、他人和情境，做出最适合的回应。通过一个常见情境的小练习让我们更理解“一致的回应”。

在萨提亚模式中，指责、讨好、超理智和打岔四种沟通姿态，都是功能不良的低自尊应对方式的表现。这些姿态在我们每个人身上都或多或少存在着一种，更多的是几种混存。通过学习、训练和觉察，我们都看到了它们的弊端及对我们和谐人生的损害。当然作为已经历人生的一部分，我们接纳和认可它们，并作为我们成长的资源。然而，我们必须掌握更好更和谐一致的应对方式，以使我们能经常处于表里一致的和谐状态，拥有充盈而幸福的人生。确切地说，“一致”并不是另一种生存应对姿态，而是一种完满的人生状态，是我们决定成为更加完善的个体的选择。它既是一种存在状态，也是一种与自我和他人进行沟通的方式。高自尊和表里一致，是检测个体是否具有更加完善的机能的两项重要指标。

“一致”具有如下特点：

对自我独特性的欣赏；自由流动于自身内部和人际的能量；是对个性的主张；乐于相信自己和他人的意愿；愿意承担风险，并处于开放而非防御的位置；能够利用自身具有的内部和外部资源；能对亲密关系保持开放的态度；拥有能够成为真实的自己，并且接纳他人的自由；全然接纳自己，接纳他人，爱自己也有能力爱他人；面对改变，具有开放和灵活的态度。

当我们决定做出一致性反应的时候，我们想到的不是去赢得某场胜利，不是去操控他人或情境，不是防御他人以保卫我们自己，或忽视他人的存在。选择的一致性意味着我们选择成为真实的自己，选择与他人进行真诚的接触沟通，并与他们建立直接的联系。我们希望能够站在一个既考虑自己，又关心他人，同时也充分意识到当前情境的角度上，对问题做出反应。这一目标并不意味着一直开心没有烦恼，也不意味着在任何情境中都表现得礼貌而得体。

学习一致性的沟通就是学习同时关注到自己、他人和情境，做出最适合的回应：首先，当事情发生时，你是否注意到你的内在发生什么？其次，你周围的现实环境是什么？你与环境的关系如何？再次，对方的心情如何？对外界是否有兴趣？什么时候会开始自我防卫？最后，有意识地去选择你的行动和回应。通过不断的练习，我们就能慢慢学会一致性的回应和沟通。

以下是一个日常生活情景

背景：大街上，甲急匆匆地走路，撞痛了乙……

乙可以选择以下四种应对姿态：

① 乙指着甲（气愤地）："怎么搞的，走路都不会啊，没长眼睛是不是？"

② 乙看着甲（谦卑地）："对不起，请原谅，我没关系，你没事儿吧？"

③ 乙看着甲（理性地）："知道为什么撞到我吗？以后赶路要看清楚前后左右是否有人，提前预防，还要注意红绿灯，人行横道线，要靠左边走，遵守交通规则，听从交警指挥，这样才不会撞到人。明白了没有？"

④ 乙看着甲（恍惚地）："哎哟……咦，你的发型不错啊，很特别，告诉我是在哪家发廊做的？"

如果用一致的方式回应，你会如何说或做呢？你可以试试：

⑤ 乙直视甲（真实地）："你撞了我，我感到很痛，你是否有注意到？……"

根据自己当下真实的感受进行表达，同时感受对方的情绪和回应……若你是乙，你将会采用何种沟通姿态呢？你认为最好的应对方式是什么？

（三）萨提亚冰山体验

萨提亚的冰山理论，实际上是一个隐喻，它指一个人的"自我"就像一座冰山，我们能看到的只是表面很少的一部分　　行为，而更大一部分的内在世界却藏在更深层次，不为人所见。一个人和他的原生家庭有着千丝万缕的联系，这种联系有可能影响他的一生。一个人和他的经历有着难以割断的联系，我们不快乐的根源可能是因为儿时未被满足的期待。这就像一座漂浮在水面上的巨大冰山，能够被外界看到的行为表现或应对方式，只是露在水面上很小的一部分，而暗藏在水面之下更大的山体，则是长期压抑并被我们忽略的"内在"。心理咨询师需要做的工作往往是透过来访者的表面行为，去探索来访者的内在冰山，从中寻找出解决之道——每个人都有自己的冰山，认识到自己的冰山，你的人生就会改变！揭开冰山的秘密，我们会看到生命中的渴望、期待、观点和感受，看到真正的自我。

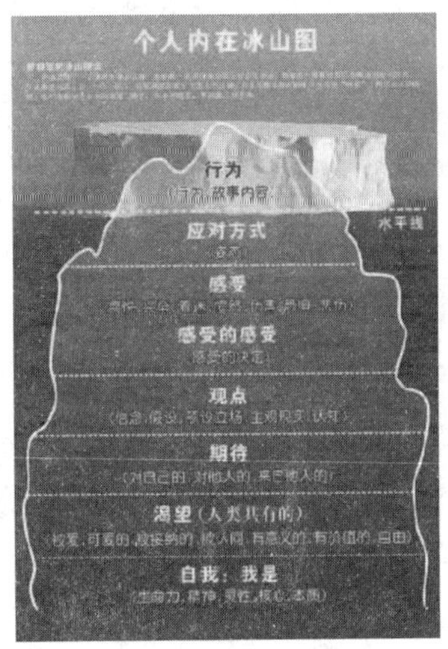

图 7-1　萨提亚冰山

（1）行为：应对模式。

（2）感受：喜悦，兴奋，着迷，愤怒，伤痛，恐惧，悲伤。

（3）对感受的感受：自我价值。

（4）观点：信念，假设，主观现实，思考，想法，价值观。

（5）期待：对自己，对别人，来自他人的期待。

（6）渴望：爱，接纳，归属，创意，联结，自由等。

（7）我是：灵性，灵魂，生命能量，精髓，核心，存在。

一般来说，我们看见的都只是冰山一角，那就是外在行为的呈现。但在下面蕴藏着情绪，感受，期待，渴望等。往往我们在与人沟通时，并没有去体会和察觉沟通下面的冰山，有时甚至连自己对自己冰山下面的东西也没有觉察。因此，可两人一组从上到下，然后再从下到上进行冰山探索练习。

四、拓展阅读

战胜完美主义 13 法

（1）认清动机。你必须要有坚持运用此方法的动机。请列出追求完美的好处和坏处。也许你会惊奇地发现，这样对你的确没什么好处。只要你能明白追求完美实际上弊大于利，你就会更坚决地放弃它。

（2）降低标准。完美主义并不是成功的基础！要想知道真相的话，你可以做个试验。你可以将自己在各种情况下的标准分为高标准、中等标准和低标准三个级别，然后你可以试着降低标准。你会惊喜地发现，降低标准后，不仅会更欣赏自己，而且发挥更出色。

（3）“完美”不等于“满意”。你可以计划许多活动，例如刷牙、吃苹果、校园漫步、洗衣服、晒太阳、写作业等，然后记录下你从这些活动中实际获得的满意程度。现在估计一下自己完成每项活动的完美程度，用 0—100% 之间的数字表示；同时还要用 0—100% 之间的数字记录每项活动的满意程度。这样做可以帮助你打破“完美”和“满意”之间的错误联系。

（4）验证完美是否现实。请环视四周，看看有没有完全不需要改进的事物。你可以观察别人的衣服、电视图像的色彩或清晰度、插花艺术、歌手的音质、本节的写作水平等，你可以观察任何事物。我相信，你总能发现某些事物的某些方面需要改进。

（5）战胜恐惧。在完美主义的背后始终都有恐惧的影子。恐惧会强迫你精雕细琢以求完美。如果你打算降低行事标准，开始时你可能会心惊胆战，好像天要塌下来似的。在完美强迫症的背后，恐惧起到了很大的作用，这一点你必须了解，否则你无法理解完美主义者苛刻的行为模式，你甚至还会有点恼火。举例来说，有一种怪病叫“强迫性拖拉症”，人如果得了这种病，就会发了疯似的想把事情做得尽善尽美。

（6）重视过程。这意味着你在评判事物时，采用的标准应该是过程而不是结果。

（7）承担生活责任。你需要给所有的活动设置严格的时间限制，只需一个星期即可。这样可以帮助你改变心态，使你能够投入多姿多彩的生活并学会享受。

（8）学会犯错。我敢打赌，你肯定很怕犯错！犯错有什么好怕的？犯错了天会塌下来吗？一个人如果不敢冒险，他就永远都长不大。

（9）别总盯着自己的短处。你老是盯着自己还没做的事，从而忽略了你已经做的事。你一生都在数落自己的错处和过失，怪不得你会自卑！

（10）放弃非此即彼思维。看看你的周围，然后问问你自己："这世上有多少东西符合非此即彼的规则？四周的墙完全干净吗？它们是否至少有一点灰尘？"发现一个，请将它反驳得体无完肤，然后你就会轻松多了。

（11）吐露心声。如果你在某种情况下会感到紧张自卑，那么就找个人说说吧。不要掩盖事实，你应该告诉别人，你觉得自己在哪方面觉得无能为力。你可以向对方请教如何才能提高。

（12）想象法。全神贯注地回想生命中的一段快乐时光。你脑海中会浮现什么画面呢？或许是一段非常美好的回忆。现在问问你自己：这段经历完美吗？但回忆如此美好，谁还管它完美不完美？

（13）勇于犯错。当你犯错时告诉自己："我是人，所以难免犯错误！"此外，你还可以问问自己："我可以从错误中吸取什么教训呢？"有时，你只有犯错并吸取教训，才能学到一些最宝贵的知识。

第三节 心有灵犀一点通——团体心理咨询

人是社会化的动物，必须作为团体的一分子，需要和期望才能得到满足。每个人的成长都离不开团体，在人成长的各个阶段，需要不同的团体来支持。尤其是当人彷徨无助碰到困难时，团体往往可以扮演重要的角色，发挥助人的功能。真诚而温暖的团体气氛有助于人与人之间建立良好的关系，在互相关心和帮助中克服恐惧、焦虑，建立安全感，让人更多的开放自己，增进相互了解，在交流中取长补短。

一、心理案例

案例一：边缘型团体成员

玛姬被她的咨询师转诊到团体心理咨询小组，因为她在个体心理咨询中毫无进展。玛姬对她的心理咨询师爱恨交加，这种感受太强烈，以致无法继续进行个体心理咨询。她的咨询师几乎束手无策，让她进入团体是咨询师的最后一招。

刚进入团体的几次聚会中，玛姬拒绝说话，因为她想控制团体进行的方式。在四次聚会保持沉默后，她突然猛烈地攻击团体的一位助理咨询师，说他冷酷、权威和排斥他人。除了对助理咨询师表达真实的感受之外，她对自己的评论不能提供任何解释。此外，对于那些喜欢助理咨询师的团体成员，她都嗤之以鼻。

她对另一位咨询师的感受恰恰相反。她说他和蔼可亲，体贴入微。她对两位助理咨询师非黑即白的评价，令其他团体成员震惊。他们认为她的批判和愤怒情绪有明显的偏向性，并鼓励她应勇于面对和处理这一局面，但他们没有成功。她对咨询师的积极依附足以让她继续留在团体中，这也让她能够忍耐另一咨询师，继续为团体的其他议题努力工作——尽管她仍不时地攻击她所痛恨的那位咨询师。

在那位“坏”咨询师度假时，情况发生了重大变化。玛姬幻想着要杀死他或至少要他受苦难。其他成员对她如此愤怒表示惊讶。一位团体成员认为，玛姬之所以会这样恨那位“坏”的咨询师，或许是因为她很想与那位“坏”的咨询师更亲近，但又确信这几乎永远也不可能发生。这一反馈对玛姬具有戏剧性的冲击效果。这不仅触动了她对团体咨询师的感受，也触动了她对母亲那种深刻的、充满矛盾的感受。她的愤怒情绪渐渐平息，她说她渴望与团体咨询师建立一种不同的关系。对自己在团体中的孤立处境感到难过，她说她希望与其他团体成员更亲近。在“坏”的咨询师回来后的几周里，她的愤怒也渐渐平息，足以让她用一种更建设性的方式与他一起工作。

（选自《团体心理治疗理论与实践》）

二、心理辅导

边缘性人格障碍是精神科常见人格障碍，主要以情绪、人际关系、自我形象、行为的不稳定，并且伴随多种冲动行为为特征，是一种复杂又严重的精神障碍。有学者将边缘性人格障碍的典型特征描述为是“稳定的不稳定”，往往表现为治疗上的不依从，治疗难度很大。上面的例子说明，哪怕对于边缘型病人，通过团体心理咨询也可以强烈降低他们移情式的曲解。首先，其他团体成员发表对团体咨询师的不同看法，这最终帮助玛姬改变了她的曲解观点（玛姬对团体咨询师爱恨交加，这是边缘型病人在团体心理咨询中常见的现象）。边缘型病人会产生强烈的负性移情反应。他们继续留在团体心理咨询中，是由于他们经常会对助理咨询师或其他团体成员发生相反的、平衡的感受。正是这一原因，很多临床工作者明确建议在边缘型病人的团体心理咨询中，应该有助理咨询师。边缘型病人的核心问题是亲密感，若病人能够接受团体提供的现实检验，他行为的破坏性不至于使他变成一个怪异分子或替罪羊，那么团体可以形成一个积极的包容性环境——一个极其重要的、能够提供支持的庇护所，以应对病人日常生活中所面临的各种应激。

边缘型病人经常是团体心理咨询的重要资产，这一事实有助于增强病人的归属感。在团体中，病人很容易触及情感、潜意识需求、幻想和恐惧心理，这有助于创造宽松气氛，促进咨询工作的开展，特别是对于那些包含有分裂型、压抑型和拘谨型病人的团体来说。在团体心理咨询中，还可以让病人做短暂的休息、退缩或不参与团体活动，而这种方式在一对一的个体心理咨询中是不可能发生的，这充分显示出团体心理咨询的灵活性。

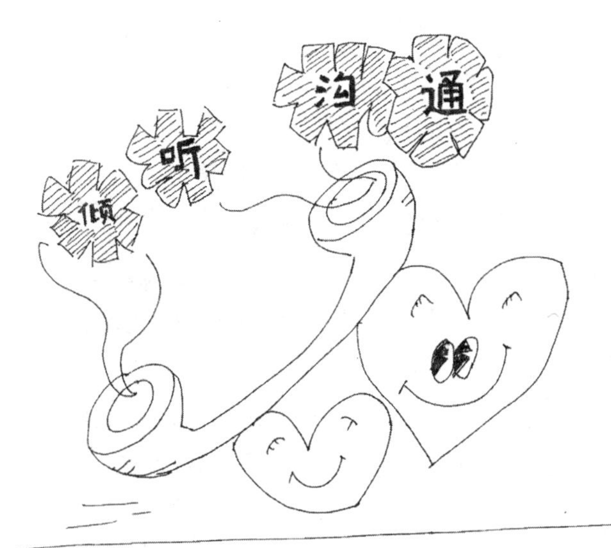

1. 团体心理咨询的特点

团体心理咨询是相对一对一的个体心理咨询而言的。顾名思义，它是一种在团体情境下提供心理帮助与指导的一种咨询形式，即由咨询师根据来访者问题的相似性或来访者自发组成课题小组，通过一定的活动形式与人际互动，相互启发、诱导，促使个体在交往中通过观察、学习、体验，认识自我、接纳自我，调整和改善与他人关系，学习新的态度与行为方式，以发展良好的生活适应能力。团体心理咨询既是一种有效的心理治疗，也是一种有效的教育活动，它的特点和优势在于：

首先，团体心理咨询感染力强，影响广泛。这是因为群体的互动作用促进了信息的传递和自主性的激发，也就是团体动力的形成。个别咨询是心理咨询师与来访者单向或双向沟通的过程，团体心理咨询则是多向沟通的过程。在团体中，团体动力对于团体目标的实现有着很重要的作用，而团体成员也是靠着动力来相互作用、相互影响来解决自己的问题。此外，在团体情境中，可以同时学习模仿多个团体成员的适应行为，从多个角度洞察自己。

其次，团体心理咨询效率高，省时、省力。与个体心理咨询相比，团体心理咨询是一个或两个咨询师同时对多个成员，相对于个体一次只解决一个人的问题，团体在解决问题方面是很有效率的。并且，团体中的复杂性，也会给团体成员其他的收获。团体咨询的经济效能还体现在防患于未然，避免问题的发生，以及利用集思广益的研讨方法谋求问题发生后的处理方式，这是解决问题最经济的方法。

再次，团体心理咨询的效果容易巩固。杰拉尔德·科里指出："团体咨询的基本原理是它提供了一种生活经验，参加者能将之应用于日常与他人的互动中"。也就是说，团体咨询创造了一个类似真实的社会生活情境，增强了实践作用，也拉近了咨询与生活的距离。如果个体能在团体中行为有所改变，这种改变会使得咨询较易出现成果，而成果也较易迁移到日常生活中。

最后，团体心理咨询特别适用于人际适应不良的人。团体心理咨询对于人际适应不良的人有特殊的作用。一些大学生比较缺乏社会经验，在学校或社会上无法经常与人发生冲突或不愿与人接触，这样的同学可以参加团体心理咨询。那些长年与同桌、室友无法相处的人，可经由团体心理咨询改善对人际关系的适应。有些人因缺乏客观的自我评价、缺乏对他人的信任、过分依赖或过分武断，难以与他人建立和保持良好、协调的人际关系，也可以通过团体心理咨询进行矫正。团体心理咨询可以培养与他人相处及合作的能力；能够加深自我了解，增强自信心，开发潜能；能够加强团体的归属感、凝聚力及团结；有助于德育功能的实现。

当前，团体心理咨询已不仅仅局限于对心理障碍者的咨询，而是涵盖了教育、工作和生活的许多方面，团体心理咨询的种类和形式也越来越多样化。例如，有教育团体、指导生活技巧团体、心理治疗团体、支持和自助团体、任务团体以及成长团体等。就高校而言，团体心理咨询领域主要包括：

* 大学生成长问题辅导（自我认识、家庭系统、生命教育等）。
* 心理健康问题指导（情感管理、压力管理、挫折应对、恋爱情感等）。
* 领导才能训练（管理决策、时间管理等）。
* 人际关系辅导（沟通模式、信任建立、助人技巧等）。
* 求职面试训练（自我探索、表达练习、求职技巧等）。
* 有效学习培训（有效学习方法、考试技巧练习等）。
* 各类工作坊（如生涯规划、自我拓展训练等）。
* 特殊群体工作（如学习困难、心理困难、家庭困难的学生等）。

2. 团体心理咨询的操作过程和常用方法

（1）团体心理咨询的准备。

① 培训咨询师和助手。咨询师是团体心理咨询活动得以顺利展开的基础和保证。因此，在团体咨询开始之前，首先要对咨询师进行培训。一个优秀的咨询师不

仅要能接纳自己，还要能与他人和睦相处；不仅要具备团体领导技能，而且还要有针对特定主题的知识。咨询师的培训内容包括：知识学习，怎样开展自信心训练；技能技巧训练，如对他人的情感、反应、言语产生同感的能力。此外，自信、情绪稳定、善于表达情感、尊重别人、乐于助人、宽容、思维敏捷等素质的训练也是必不可少的。对于比较大的团体咨询活动，还需要培训助手以帮助咨询师布置场地，配合咨询师开展活动。

② 确定咨询目标。团体心理咨询开展之前，最重要的就是要选定一个合适的活动，因为今后的整个活动都是围绕着这个目标开展的。目标从大的方面来说有发展性目标和治疗性目标两类，但具体到一个实际的团体心理咨询活动，目标必须集中、明确、具有可操作性。例如在"如何接受别人的关心与帮助"这个单元名称下面，可以设立下列单元目标：了解接受别人的关心与帮助的重要性；在人际沟通中能适时地接受别人的关心与帮助；在接受别人的关心与帮助中建立良好的人际关系。

这样的活动目标就定得比较具体、可行，所以实现目标的可能性大，也为后面整个活动的设计奠定了良好的基础。

当活动目标确定后，还需要为活动设计一个好听的名字，要求既具有独特性、可理解性，又富有吸引力，还要考虑到未来成员的心理承受力。比如，"挑战自我""人际交往小组""自我拓展训练小组""生涯发展设计小组""生活规划工作坊"等。

③ 设计团体咨询计划。合理、有效的团体咨询计划是团体咨询活动开展的依据，也是取得预期效果的重要前提，计划内容包括几个方面。

第一，小组规模。团体心理咨询是以小组（集体）形式开展的，活动计划首先就应考虑到小组的规模。小组人数过少，组员会感到有压力、乏味；人数过多，组员间不易沟通，参与交往机会受到限制。所以必须确定一个较理想的小组规模，一般来说，7—15 人较为恰当。

第二，活动时间、次数及频率。小组活动可分为集中式小组和持续式小组。集中式小组是将组员集中住宿，在几天时间内进行团体心理咨询活动，一般以 3—5 天为宜，最长不超过 1 周；持续式小组是定期的，一般 8—15 次为宜，每周 1—2 次；每次 1.5—2 小时，持续 4—10 周左右，活动时间要考虑到组员的方便。

第三，活动场所。由于团体心理咨询的内容包括冥想和松弛运动，因此，活动场所要求安静，有足够空间，使人有安全感。此外，在计划中还要考虑经费预算。

第四，咨询前的准备工作。根据活动需要准备卡片、笔记本、收录机、磁带、摄像机、电视机、照相机、音响等。

第五，小组成员的选择。首先，招募。招募小组成员应坚持自愿参加的原则。招募途径主要有三种：一是通过各种宣传手段，成员报名参加；二是咨询师根据平时咨询情况，建议某些人参加；三是由其他人介绍。其中宣传招募是最常用的，宜传方式也是多种多样，如张贴海报、开讲座、利用大众传媒等。然后，筛选。为使团体咨询活动更具针对性，在所有报名者的基础上还要进行筛选。筛选可分为初次筛选与第二次筛选。初次筛选时一般使用量表进行筛选，可以用1—2个合适的量表，选出得分较高的人。然后进行第二次筛选，这次可同时用几种技能：一是面谈法，了解一些报名者的基本情况；二是量表法，再填一些能反映活动目标的量表，以备以后评估之用；三是请他们写一份简单的自我情况报告，包括入组目标、生活中重要的人和事等。经过这次筛选就可以确定最终的组员。另外，这时还需要让组员们填写申请书，以保证他们遵守小组规则，顺利完成各项活动。

申请书

1. 我自愿参加人际交往技巧训练。

2. 我相信，参加人际交往技巧训练后，我的人际交往能力将会有很大的提高，我会以自觉的态度对待交往，以真诚之心投入交往，严于律己，宽以待人。

3. 我保证按时参加每一次活动，有事提前请假。

4. 我愿意在小组活动中坦诚谈论自己的一切。

5. 我保证对小组活动保守秘密。

6. 在小组活动中，我会与组员保持团结友爱的关系，不攻击、贬损任何组员。

7. 积极服从、配合主持老师和同学的安排。

8. 我保证认真完成老师布置的每一项作业。如果有两次完不成作业的现象发生，愿意接受被小组开除的决定。

9. 希望参加训练后，得到：(　　　　　　　　　　)。

申请人：

（2）团体心理咨询的过程。

团体心理咨询的操作过程分为导入、实施、终结三个阶段。下面我们就具体的来说明一下小组活动的运作。

① 导入阶段。导入阶段一般指小组的前一、二次聚会，目的是让组员互相实习、互相了解、消除紧张，建立一种安全、信任的气氛，为以后的活动奠定一个良好的基础。

小组活动开始时，组员大多互不相识。一方面他们很想知道其他组员的个人情况及存在的心理问题，同时又有点恐慌、焦虑，怕不被人接纳，怕在他人面前出丑。因此这一阶段活动的重点是组员间的彼此熟悉和接纳。所以这一阶段的活动又称为热身活动或破冰运动。活动的内容也是一些比较简单、容易的互相认识的游戏。

导入阶段的活动可以分为静态讨论和动态活动两类，前者适用于一些解决单一问题的小组，后者适用于多种类别问题的小组，尤其适用于青少年。

活动开始时，咨询师可以先大致介绍一下团体心理咨询概况及小组的情况，然后同组员集体宣誓，遵守小组规则，之后安排一些活动，可以采取做游戏的方式让组员进行自我介绍或介绍他人，比如“最佳拍档”“猜猜我是谁”“征集签名”等。聚会结束时可以让组员回去写一下参加本次活动的感受及对今后活动的期望、建议，等再次聚会大家分享作业。以后每次聚会结束都有类似作业。当组员已比较熟悉，能开放自己时，导入阶段便告结束，开始进入第二阶段。

② 实施阶段。这一阶段是团体心理咨询的关键阶段，也是活动目标的达成阶段。它是在前一阶段组员之间相互信任、相互坦诚关系的基础上，把小组当成一个安全的实验场所，通过组员之间相互影响、人际互动，使彼此能谈论自己或别人的心理问题和成长经验，一方面争取别人对自己的理解、支持、指导，另一方面发现自己的缺点和弱点并练习改善自己的心理与行为，期望能够将学到的技能或改变的行为扩展到现实生活中去。

这一阶段采用的小组活动形式和方法因咨询的目的、类型、对象的不同而不同。有的小组采用讲座、讨论、写日记等形式；有的小组采用自由讨论；有的小组主要采用行为训练、角色扮演等方法。其中以系列活动的形式居多。较常见的如自我探索活动有“我是谁”“生命线”“自画像”“墓志铭”“生命计划”等；相互支持的活动有“热座”“戴高帽”等；价值观探索活动有“临终遗言”“火光熊熊”“生存选择”“姑娘与水手”等；示范活动有“心情故事”“现代启示录”“特别的爱给特别的你”等。

③ 终结阶段。这是指小组最后的几次聚会，不一定就指最后一次聚会，目的是巩固小组咨询的成果，做好分别的心理准备。咨询师应该充分把握时机，给小组活动画上一个圆满的句号。终结阶段做得好，可以使成员深入掌握在小组中取得的经验，对小组有美好的回忆，能把小组中学习成果运用到正常生活中，达到真正的成长目标。

结束活动的方式可以分为三类：一是回顾与反省。大家回想一起做了些什么，有哪些心得体会，有哪些意见。二是祝福与道别。可以自制一些小礼物相互赠送，也可以说一些鼓励与祝福的话，维持并增进已建立的友谊。三是计划与展望。讨论今后的打算，应该定什么计划，对未来有什么展望等。

这一阶段，常采用的活动形式有：总结会、联谊会、反省会、大团圆等。通过前两个阶段的活动，原来互不相识的人已经成为朋友，集体气氛和谐亲密、心情舒畅、相互信任，在这种气氛下离别多少会有些伤感，因此，需要安排好结束工作。活动结束后，也可在必要时候重新聚会，进一步交流，了解小组活动效果的保持情况。

（3）团体心理咨询的效果评价。

小组活动运行结束，接下来就该总结一下活动是否达到预期目标，组员是否满意，今后再组织小组活动应做哪些改进。这就是对小组活动效果的评估，比较常用的评估方法主要有以下几种：

① 组员主观感受。组员的主观感受是对活动的最好评价。如“信任背摔”就是一项考验对他人信任度、训练人换位思考意识的活动。看似容易，却要付出相当的努力，既要克服自己的心理障碍，又要对下面的队员完全信任。

② 行为计量法。这要求小组成员自己观察某些行为出现次数并做出记录，或请与成员有关的人（教师、家长、朋友）等做观察记录，以评估成员的行为是否改善，咨询师可以根据具体小组活动设计一些行为观察表让成员填写。

③ 心理测验法。即选取一些信度、效度较高的心理测试量表，让小组成员在入组前（筛选时）填写一次，结束时再填写一次，对前后两次的量表得分进行统计分析，以判断咨询前后组员是否有显著变化，如 SCL—90 量表等。

④ 问卷调查法。即由咨询师设计一系列有针对性的问题，让成员填写。问卷内容应包括成员在小组中的感受、成员对小组过程、对咨询师等的意见，由于它能让成员自由发表想法和感受，所以可以搜集到一些宝贵的第一手资料。

除了以上四种主要技能外，还可以通过成员的日记、自我报告、咨询师的工作日记、观察记录等技能来评估小组的发展和效果。

（4）团体心理咨询的常用方法。

团体心理咨询的方法一般根据小组活动目标和参加对象的不同而不同，诸如头脑风暴、角色扮演、行为训练等。

第一，头脑风暴。又称思潮冲击法、脑力激荡法，是培养创造性的方法之一。它是由美国企业家、发明家奥斯本首创，是目前世界范围内应用最广、最普及的集体智力激励方法。其主要目的在于沟通意见、集思广益、解决问题。它不立即对大家提出的设想作评价，以鼓励人们对同一问题做出多种解答。它遵循四条基本原则：禁止随意批评他人的答案；鼓励畅所欲言；鼓励多种想法，且多多益善；欢迎进行综合归纳和提出改进意见，其主要目的是避免过早集中于某一答案而妨碍最佳答案的提出。

心理学家提出这种方法的初衷是培养学生的创造性思维，在创造性活动中，人们常运用这种方法。它也是团体咨询中运用最普遍的小组活动方法之一。它要求小组成员就某个问题畅所欲言、不受任何限制地发表自己的意见，没有任何想法会被认为是太狂野或太疯狂而不可以提出。头脑风暴不仅可以在团体咨询中使用，也可以在教育教学、员工培训中使用。为保证头脑风暴的顺利进行，最好在头脑风暴开始之前，指定以下 5 个基本角色（由小组成员轮流担任）：

① 召集人：负责召集小组讨论。

② 记录员：承担小组中每一位成员的发言记录。

③ 计时员：保证小组内每一位成员的发言时间。

④ 噪音控制员：控制小组讨论的声音音量。

⑤ 汇报人：代表本组汇报小组讨论的结果。

第二，角色扮演。角色扮演是指用表演的方式来启发小组成员对人际关系及自我情况有所认识的方法，如心理剧。角色扮演通常由小组成员扮演日常生活情境中的角色，使成员把平时压抑的情绪通过表演得以释放、解脱，学习人际关系的技巧及获得处理问题的灵感并加以练习。角色扮演一般从成员中找到素材，然后稍加准备，对全体组员讲明情景，让组员自愿选择角色，扮演中可以互换角色。最后要注意引发组员进行讨论，互相启发、互相支持。角色扮演，说得简单一点，就是学会换位思考的方法。

第三，行为训练。行为训练是指以行为学习理论为指导，通过特定程序，学习并强化适应性行为，纠正并消除不适应性行为的一种心理咨询与治疗方法。小组中的行为训练一般是通过咨询师示范、指导以及小组成员间的人际互动实现的。行为训练包括放松训练、自信训练等。行为训练一般应由易到难。

团体咨询还有多种形式，如系统家庭法、会心小组法、难题解决办法、演讲会、报告会、参观访问、影视观赏等。团体咨询可以使个体在人际关系中获得自信；可以使成员感受到对团体的需要；可以帮助个体获得必要的社交技能，具有广阔的应用空间。

三、心理体验

（一）敲敲更健康

大鼓一面，小组成员轮流即兴演奏，然后小组成员对该成员刚才的演奏进行反馈，注意反馈内容为感受部分而非评价，在听完伙伴反馈之后，演奏者汇报自己的感受体验。在所有人都敲完一遍后，再两两一组，分组即兴演奏，其他成员进行反馈，然后该组成员进行回应。最后，全体组员一起敲鼓，大家一起分享刚刚即兴音乐创作的体验。

（二）钉子游戏

【目的】

（1）让学生不要过早地说“不可能”，尝试突破自己。

（2）让学生意识到在平常生活学习中也要经常突破自己，从容应对困难。

【程序】

（1）给每个组发一盒钉子游戏用具（包括 13 根钉子和一个装钉子的盒子）。

（2）告诉学生规则：先把 1 根钉子尖的那头插在盒子的孔上，使这根钉子直立；然后把其他的 12 根钉子都放在直立的那根钉子上，这 12 根钉子只能碰到任何一根钉子，不能碰到其他的任何东西。

（3）学生在桌子上或地上都可以，按要求把 12 根钉子放在 1 根钉子上。

（4）注意：不可借助于外力，比如用手扶或者借助于其他工具。

【讨论】

（1）到底可不可能，会不会因为别人的一句话，你就受影响？

（2）自己就认为不可能，所以就永远没机会？

（3）你从游戏中学到了什么？

（三）房树人绘画体验

准备测验纸若干、2B 铅笔若干。

要求：

（1）画好的线条不可用橡皮擦掉，但可以重画；

（2）画完一部分或整幅图画后，不得重画；

（3）想怎么画就怎么画，但必须有房子、树、人；

（4）画人的时候，不可以画火柴人；

（5）画图时不可用尺子；

（6）构思的时间最好不要超过五分钟。

指导语：首先填写姓名、年龄等一般资料，然后把测验纸放在被测者面前。“请拿铅笔，认真地画一座房屋，画任何结构的房屋都可以，只要你努力地画，就可以了。在时间上没有特别限制，只要你认认真真地画就可以了。”告诉学生，“房树人测验”不是一个有关艺术能力的测验，在描绘的时候，并不要求画得跟画家一样，只要他们能够认真配合，顺利进行描绘就行。

四、拓展阅读

玛莉亚·葛茉莉：每个人都有机会做回自己

《心理月刊》：在您和萨提亚女士 20 多年的共事中，您从萨提亚女士身上学到的最重要的品质是什么？

玛莉亚·葛茉莉：她的信念。每个人都有自己的价值。作为平等的个体，我们都需要他人的肯定。在家庭这个系统中，我们在和父母的关系中成长，渐渐形成了现有的形貌。但我们坚信，每个人都是可以改变的。通过训练，我们有足够的内心资源去改变。行为是内心的表面化，要改变我们的生活方式，必须改变我们的内心。我们看人并不是看他 / 她的问题，也不是性格，而是看其作为人的本能。每个人都有内心的平衡，这是最重要的信念。萨提亚自己就是一个很好的模范，要成为一个好的萨提亚治疗师，必须首先拥有信念。

《心理月刊》：在您的教学过程中，您自己是怎样实践这样的信念的？

玛莉亚·葛茉莉：第一步就是认清自己，对自己诚实，做一个好的榜样给学员看。对于我不相信的东西，我从不妄言。我尽我的能力做到最好。每个人都是平等的，我在所有学员身上都能学到东西。

《心理月刊》：对别人诚实是容易的，对自己诚实则很难，因为我们经常不知道自己想要什么。您当时是怎么做到的？

玛莉亚·葛茉莉：不同的年纪需求不同，我常常也不确定我要什么。小时候，妈妈对我很重要；年轻的时候离开家，我什么都没带，因为那个时候我最想要的是自我。我从没有想过我要到北京来，我没有计划，一切就这样自然发生。最重要的就是要相信自己。我们每时每刻都在面对选择，如果愿意改变，那就可以得到新的经验。我刚到加拿大的时候英文不好，没什么钱，还想去大学读书，那个时候我已经 46 岁了。生活会给你很多机会。对于改变，应该保持开放灵活的心态。现代人更多的是面临众多机会，却丧失了感受自己内心声音的能力，因为外界太嘈杂了。我教学员要聆听内心的声音。这样我才能感觉得到赐予我的机会。如果我们忙碌到无法倾听来自内心的呼唤，我们就会淹没在噪音中。活着，就要保住自己内心的力量，我们和他人的关系就会多了一道桥梁。

《心理月刊》：您曾经说过，当我们与人在灵性层面联结时，就会发生奇迹。您为什么这么说？

玛莉亚·葛茉莉：我的观点是，这个世界上永远存在我们无法看见和听到的东西。潜伏在表象下的能量汇聚成宇宙。在我们的周围，万事依照规律运动。日月交替，草木枯荣是规律。世界有自身的规律。作为其中的一部分，我们的能量来自宇宙，遵循自然的规律。我们可以理解彼此，正因为我们内心深处有这样的联系。

《心理月刊》：那些来自内心深处的能量，我们的意识是不是了解不到？

玛莉亚·葛茉莉：不，其实我们能够察觉。一个最简单的表现就是，每个人都知道我们必须有朋友和社交生活，单独一个人是无法存活的。婴儿如果没有人照顾就无法活下来。我们生活在紧密联结的关系中。

《心理月刊》：可是为什么还有那么多人在处理与人的亲密关系方面觉得苦恼？

玛莉亚·葛茉莉：人会害怕亲密关系，不愿意把心打开，是因为他们感到不安全。他们认为，让他人了解自己会导致被人利用和掌控。我们都渴望他人的爱，希望被人喜欢，我们做一些事去讨好别人，这些都是保护自己的办法。

《心理月刊》：我们的读者并不都能到您的课堂中来学习。他们怎样获得正确的信念？

玛莉亚·葛茉莉：不是每一个人都需要到课堂里来学习的。我希望每个人都有机会参加课程，但对于很多没有机会来的人，我希望他们要有勇气，做回自己的勇气。每个人都有机会做回自己，相信自己并选择生活。

《心理月刊》：这是一个每天可以给自己的暗示吗？

玛莉亚·葛茉莉：是啊。一些学员在课程结束后又恢复以前的样子，也有些人得到彻底的改变。这是个人的选择。改变是艰难的，因人而异。从学员变成治疗师，我了解这个过程。我自己也是萨提亚女士的学员，我学到的东西，其他人也可以学到。要明白自己，才可以明白其他人。这对于成为一个萨提亚的治疗师也是很重要的。

《心理月刊》：您说您曾经历过彻底的绝望，那是怎样一种状况？

玛莉亚·葛茉莉：我不太清楚你说的"绝望"是什么意思。我曾经对我的国家失望，于是我离开了那里。在我认识萨提亚之前，我有丈夫和儿子，喜欢住在加拿大。我跟随萨提亚学习，不是因为我的生活需要改变，是因为我想更好地了解自己。我对于自己很好奇。我不是病人，只是个学员。

《心理月刊》：您说过，放下会彻底改变你的生命，为什么那么说？

玛莉亚·葛茉莉：我放下了第二次世界大战中所有我觉得不开心的经验，留下的都是美好的记忆。我曾经回到匈牙利，在那里度过的时光也很快乐。下个月我还会带我的孙子回到匈牙利。放下，才能得到自由。

《心理月刊》：这是不是说，您终于找到了内在的自由？

玛莉亚·葛茉莉：是的，我不是过往的受害人。很长一段时间，我对自己的过去感到愤怒，现在这种感觉消失了。我知道如果没有过去，我就没有机会离开匈牙利，也没有机会来到北京。我享受我的生活，它带给我新的朋友；我喜欢加拿大，我的两个孙子都在那里出生。回顾我的生命，我想我是幸运的。

《心理月刊》：您自传的书名叫《自由的激情》，您认为对自由富于激情，是一个人生命中最重要的事吗？

玛莉亚·葛茉莉：对我来说，是的。在我 17 岁那年我离家去法国学习，是因为我需要自由；我离开匈牙利去加拿大学习心理学，也是因为我需要自由。如果不是这么热爱自由，我也许不会驻足北京。一切都是为了自由。对自由的渴望帮助我更好地做自己想做的事。

（选自《心理月刊》）

心理剧《墙》

（人物简介：安宁：现就读于某大学，成绩优异。父亲去世、母亲再婚，让她的心理发生转变，变得猜疑、嫉妒。青青：与安宁就读于同一所大学，性格开朗活泼。当她爸爸与安宁妈妈再婚后，她成了安宁的妹妹。父亲：安宁去世的父亲。灵魂，出现在安宁的梦中和回忆里。）

第一幕

（梦中儿时的场景）

安宁："哦，爸爸吹得真好，爸爸好厉害。我也要吹，我也要吹。"

父亲："安宁还小，等长大了才能吹。"

安宁："不嘛，我现在就要，给我！"（向父亲撒娇）

父亲："那……爸爸出个题考考你，答对了就把它给你，好不好？"

安宁："好！"

父亲："那爸爸问你，今天是谁的生日？"

安宁："安宁的！"

父亲："谁最爱安宁？"

安宁："爸爸！"

父亲："那安宁最爱谁？"

安宁："爸爸！"

父亲："嗯，完全正确！这个……"

安宁："我的，给我，给我！"（抢过父亲手中的口琴）

父亲："你的生日礼物就是它了。"

安宁："它是我的了！"（开心地乱吹一气）

父亲："不对，爸爸来教你怎么吹。"

安宁："不，不给。"

父亲："看你往哪跑，抓住了，抓住了……"

安宁："停，不许动！爸爸听见我吹口琴，就不能动了，这是命令！"

父亲："遵命。"

（安宁回忆片段）

妈妈的画外音："安宁，你不要太难过，你父亲的事故是个意外。这是张叔叔的女儿，今后就是你妹妹了。"（安宁难过地跑开）

妈妈的画外音："安宁，你是姐姐，妹妹功课不好，你要多帮助她啊！"（安宁拒绝帮助她）

妈妈的画外音："安宁，妹妹在学校受欺负了，你怎么也不帮她，哪像个做姐姐的样子。"（安宁感觉妈妈变了，只会关心青青，不再关心自己了）

第二幕

（闹铃声把她俩从梦中拉回现实，新的一天开始了）

安宁："噢。"（伸懒腰）

青青："噢。"（懒洋洋打呵欠）

青青（俩人在各自房间通过 QQ 聊天）："姐，今天是你的生日，咱妈说晚上要给你举行盛大的Party！我还准备了礼物，让你过一个快乐的生日。”

安宁：“不用了，谢谢！我要准备考试资料，没时间过生日。另外，请你分清楚，那是我妈，不是咱妈！”

青青：“我们是真心实意地给你庆祝生日……还有，今天考试你可要帮我哦……”

安宁：“c-o-n-g-r-a-t-u-l-a-t-e。”

青青：“哎，又是这样。”

（俩人从房间走出，碰面）

青青：“姐——”（安宁转身离开）

（她们走到教室，考试）

青青：“姐，选择题的答案是什么？”

青青：“姐，给我抄一下，我还一个题都没有做呢。”

青青：“姐，快交卷了，再不给我抄我就要交白卷了！”

（安宁一直不理她，不让她抄）

老师的画外音：“第一名，安宁。”

青青：“恭喜你啊，又是第一名。拜你所赐，我又光荣地交上了白卷。”

安宁：“我为什么要帮你？”

青青：“因为你是我姐啊。”

安宁：“哼。”（自己回家）

青青：“又走了，每次都这样，头也不回，我多想和你一起回家啊。”

（回到自己房间）

安宁：“太好了，只要我一直保持这个成绩，肯定能考上研究生，加油。考研，考个好学校，离开他们，越远越好，永远别再看见他们。”

青青：“我……”（拿着要送给姐姐的口琴，犹豫不决）

安宁：“c-o-n-g-r-a-t-u-l-a-t-e，congratulate。”

青青（到安宁房间）：“姐，今天考试我……我决定了，要以姐为榜样，好好学习……”

安宁：“你能安静点吗？”（把试卷给她）

青青：“这些题我看不明白。姐，你给我讲讲吧！”

安宁：“先把这些单词背下来，不认识单词会再多语法都没用。”

青青：“c-o-n-g-r-a-t-u-l……好难哦，有别的办法吗？我背不下来。”

安宁：“没有。”

青青：“没有？这么难，我肯定学不会，算了。”（摸到口袋的口琴）“姐，今天是……”

安宁：“在你眼里，干什么不难？嫌难你就别学了。”

青青：“哎呀，也不是……”（发现姐姐的口琴，想拿自己买的新口琴与之交换，

给姐姐一个惊喜）

安宁（发现妹妹拿着自己的口琴）：“谁让你动的？”

青青：“这个就是你的宝贝口琴吧，不错，不错！”

安宁：“给我！”

青青：“就吹一下。”

安宁：“不学习就出去，别浪费我的时间。”

青青：“求你了，就吹一下。”（俩人争夺，不小心口琴摔倒地上摔坏了）

青青：“姐，对不起，我不是故意的。”

安宁：“你不知道这口琴对我有多重要？”

青青：“我只是想吹一下，没想到会摔坏。我知道你喜欢口琴，还特意给你买了一只新的。”

安宁：“新的？”

青青：“嗯，你看，一支新的。”

安宁：“对，爸爸也是新的，但那不是我爸爸。平时他只会关心你是不是冷、会不会饿；每次考完试他总会先询问你的成绩如何。连妈妈都要宠着你、顺着你，可谁来关心我，我爸爸在哪？”

青青：“我们是一家人啊，我们都关心你！”

安宁：“你不用在我面前装好人。你抢走了我的妈妈，摔坏了我爸留给我唯一的东西，你开心呢吧，你满意了吧！”

青青：“5 年了，咱俩一起共同生活 5 年了，我是真心把你当姐姐，可你呢？从来没对我笑过，从来没叫过我妹妹。”

安宁：“我拼命地学习就是为了考研，考个好学校，离开你们，离开现在这个家。我没有妹妹，永远都不会有。”

青青：“姐，生日快乐。生日快乐。”（自嘲地笑笑，跑开）

第三幕

（朦胧中，与父亲的灵魂对话）

父亲：“安宁！”

安宁：“爸……”

父亲：“青青是你的妹妹，你怎么能这么对她？”

安宁：“我……”

父亲：“还记得今天是什么日子吗？”

安宁：“安宁的生日。”

父亲：“生日快乐。安宁小时候最爱笑了，现在长大了怎么不会笑了？笑一个让爸爸看看。”

安宁："爸！"

父亲："安宁，每个人心中都有一堵墙，不要让墙把自己封闭起来，敞开心扉，真诚地去接纳别人，你会发现其实没有隔阂，墙根本不存在。爸爸相信你能做到的。"

安宁："爸……"

父亲："爸爸永远爱你，就像这只口琴，每天都会陪着你，在每一个角落。"

安宁："口琴坏了。"

父亲："口琴没坏，你听！"

（青青吹起父亲曾经给自己吹的曲子）

青青："姐，生日快乐。小时候，隔壁家有两个姐妹，她们每天手牵着手，一块吃，一块玩，从来不分开，我特别羡慕她们，多想自己也有一个姐姐啊。"（把口琴送给姐）

父亲画外音："不要让墙把自己封闭起来，敞开心扉，真诚地去接纳别人，你会发现其实没有隔阂，墙根本不存在。"

安宁："在我小的时候，爸爸喜欢吹口琴，我每次过生日他都会给我吹，他把口琴送给我做生日礼物。今天过生日，妹妹也送我一支口琴。"（接过口琴）

安宁："不许动！"

青青："妹妹听到姐姐吹它就不能动了！"

安宁："青青，这是命令！"

（姐妹俩的手慢慢牵在了一起）

（原创：梁凤娟）

参考文献：

[1] 弗洛伊德著．精神分析引论．商务印书馆有限公司.2013.

[2] 海因茨·科胡特著．心理咨询师系列：精神分析治愈之道．重庆大学出版社.2011.

[3] 麦克威廉姆斯著．精神分析案例解析．轻工业出版社.2004.

[4] 卡尔·罗杰斯著．当事人中心治疗：实践、运用和理论．中国人民大学出版社.2004.

[5] 法伯．罗杰斯心理治疗．中国轻工业出版社.2006.

[6] 伯恩斯著，覃薇薇译．伯恩斯情绪疗法．万卷出版公司.2010.8.1.

[7] 贝克著，翟书涛译．认知疗法：基础与应用．中国轻工业出版社.2001.

[8] 马克·威廉姆斯，约翰·蒂斯代尔，津戴尔·塞戈尔著．改善情绪的正念疗法．中国人民大学出版社.2009.

[9] 李维榕著．为家庭疗伤．希望出版社.2010.

[10] Edith Kramer 著，江学滢译 . 儿童艺术治疗 . 心理出版社 .2004.

[11] 卡洛琳·凯斯，苔萨·达利著，黄水婴译 . 艺术治疗手册 . 南京出版社 .2006.

[12] Rubin, Judith Aron. Child Art Therapy (25th Anniversary Edition).Hoboken, NJ, USA: John Wiley & Sons, Incorporated, 2005.

[13] Rubin, Judith Aron. Child Art Therapy (25th Anniversary Edition).Hoboken, NJ, USA: John Wiley & Sons, Incorporated, 2005.

[14] Kahn, B. B. Art therapy with adolescents: Making it work for school counselors. Professional School Counseling.1999.

[15] Rubin, Judith Aron. Child Art Therapy (25th Anniversary Edition). Hoboken, NJ, USA: John Wiley & Sons, Incorporated, 2005.

[16] Irvin D.Yalom 著，李鸣等译 . 团体心理治疗理论与实践 . 中国轻工业出版社 .2005.

[17] 樊富珉著 . 团体心理咨询 . 高等教育出版社 .2005.

[18] 周家华，王金凤著 . 大学生心理健康教育 . 清华大学出版社 .2010.

习　　题

一、单选题

1. (　　)能进行自我批判和道德控制，它是儿童在生长发育过程中由社会尤其是父母给他的赏罚活动中形成的，换言之，是父母作为爱的角色和纪律的角色的赏罚权威的内化。

A. 本我

B. 自我

C. 超我

D. 无我

2. 为让心理咨询真正有效，来访者需要注意(　　)。

A. 强烈的求助动机

B. 对心理咨询持积极的态度

C. 坦诚的谈论自己的问题

D. 积极行动改变自己的行为

3. 认知疗法是由(　　)在 20 世纪 60 年代初期在宾夕法尼亚大学创立的。

A. 贝克

B. 弗洛伊德

C. 马斯洛

D. 萨提亚

4.（　　）由美国心理学家罗杰斯（Rogers）创立于1942年，被称为心理治疗的“第三种势力”。

A. 精神分析

B. 来访者为中心疗法

C. 认知疗法

D. 行为疗法

5.（　　）家庭疗法强调“人人平等，人人皆有价值，身心整合，内外一致！”

A. 鲍文代际家庭治疗

B. 米纽秦结构家庭治疗

C. 萨提亚的人本主义家庭治疗

D. 罗杰斯人本主义治疗

二、多选题

1. 同学们仍对心理咨询存在一些误区：（　　）。

A. 心理咨询师就是救世主

B. 心理问题就是精神疾病

C. 心理学就是窥视他人的内心世界

D. 心理咨询无所不能

2. 心理咨询的原则主要有（　　）。

A. 保密

B. 尊重

C. 接纳

D. 自愿

3. 弗洛伊德界定了三个意识水平（　　）。

A. 意识

B. 前意识

C. 潜意识

D. 后意识

4. 萨提亚人本主义家庭治疗是关于（　　）。

A. “我自己”：内在和谐、做自己的主人

B. “我”与“另一个人”：关系和睦

C. “我”所处的人际系统（家庭或组织）：社会和谐、家庭或组织成员之间和谐、协作、有凝聚力

D. “我”与“物”的关系

5. 团体心理咨询的操作过程分为（　　）几个阶段。

A. 导入
B. 实施
C. 终结
D. 完善

三、简答题

1. 请问心理咨询主要有哪些原则?
2. 请问艺术疗法主要有哪些?
3. 请问团体心理咨询需要做哪些准备?

四、论述题

1. 请简述萨提亚家庭治疗。
2. 请简述团体心理咨询常用的方法。

第八章

采菊东篱下，悠然见南山：关爱生命

“采菊东篱下，悠然见南山。”这是陶渊明《饮酒》中的著名诗句。“采菊东篱下”是一俯，“悠然见南山”是一仰，在“采菊东篱下”这不经意之间抬起头，那秀丽的南山就立刻映入眼帘。陶渊明一生仕途坎坷，但他坦然看生活，对人生负责，所以才不愿以心为形役，仍然从容闲适，恬静坦然，乐天旷达，以笑应对人生。关爱生命，最高境界便是如此，无论经历怎样的风雨，仍能悠然观景。

第一节 有时风雨有时晴——心理危机及理论

“回首向来萧瑟处，归去，也无风雨也无晴。”此词是苏轼被贬黄州时期所作。这首词写作者途中遇大雨的经历和感受。回首往事，一切阴晴、雨霁，无不消逝一空。这是何等乐观自信、飘逸旷达。当然，在人生旅途中自然有急雨扑面，也有风雷盖顶，如何面对这些风浪呢？

奥斯特洛夫斯基曾经在《钢铁是怎样炼成的》中写道：人最宝贵的是生命，生命属于人只有一次。生命的唯一性和独立性彰显了生命的宝贵性。生命的宝贵性意味着人既要珍惜自己的生命，也要爱惜他人的生命。自从一个生命呱呱坠地来到人世间，这个生命虽属于其本人，但同时背负着责任和承诺，活着也是一种责任——对爱你的人和你爱的人而言。人应该尊重生命，学会生存，懂得生活。每个人都应该快乐地生活。一部电视剧中有这样一段台词：

去爱吧，像不曾受过一次伤一样！

跳舞吧，像没有人欣赏一样！

唱歌吧，像没有任何人聆听一样！

干活吧，像不需要钱一样！

生活吧，像今天是末日一样！

可是在现实生活中，不少人因为一些或大或小的事情，就产生了心理危机、心理疾病或心理障碍，极端情况下还会舍弃宝贵的生命……

一、心理案例

案例一：物极必反，过犹不及

小丽走进心理咨询室，刚坐下来还没说话，眼泪就流下来了。她身体在发抖，两腿不由自主地颤动。哭了一会后，她说自己经常紧张害怕，特别怕上数学课，拿起数学书就心慌、发抖、头晕，有时脑子里一片空白，常常担心自己考试不及格不能毕业，将来考不上研究生。每到期末复习考试临近，她就紧张焦虑，还伴有严重的失眠。每天感觉活得很累，常常想到死的念头。

通过进一步聊天，得知小丽自幼好学上进，记忆力较强，深受老师的器重，父亲也对她管教特别严，考试总要求她在班里考前三名。每逢市里的一些学科竞赛，学校都推荐她参加，这给她造成很大的精神压力。她本人对数学兴趣不浓，但是老师仍然很看好她，她自己也认为这是一种荣誉，是学校和老师对自己的器重，不好违抗。又一次考前，她一夜没睡，在考场上脑子很乱，原来复习过的内容也想不起来了。她急得浑身出汗，心慌意乱，勉强交了试卷，结果考得一塌糊涂。从此，每一次考试她都非常害怕。

案例二：一叶障目，以偏概全

四年大学，小张表现一直比较优秀，在班级担任干部，在学院担任记者站站长，多次参加演讲比赛、辩论赛获奖，多次荣获校级优秀团干部的称号，获得院级、校级优秀学生称号。大四时报考某名牌大学金融学专业研究生，进入复试，却被淘汰。复试完紧接着找工作，工作选择机会很多，有两家效益与发展前景良好的事务所强烈希望她能签约，但她都选择放弃了，最后决定重新考研。她在描述自己考研和就业的心理状态时说："只能用疲惫甚至心力交瘁概括。四年结束要面对的东西太多了，很多东西一下子接踵而来，如，要承受同学的离去，经历考研的失败，找工作的挫折，朋友、家人的关心造成的压力，同学考研和就业的成功对自己也构成巨大的心理压力。更为严重的是，不知道从何开始下一段的征程，风险很大，不是因为不自信，而是以前太自负了。内心对未来产生莫名的担心和焦虑。不能百分百地坚信考研之路，提醒自己如果在考研过程中动摇，成功的概率都大打折扣。

在考研和找工作的连续挫折中，小张原有的优越感消失殆尽了，内心常常不自觉地涌出自卑感。再想想就业过程中，一开始对找工作充满信心，而后却对四处奔波感到疲惫，觉得离家近在父母身边才安全。当由主动寻找变为被动选择时，小张觉得很受伤，觉得自己的理想被打得粉碎。

二、心理辅导

前面两个案例中的来访者都是优秀的学生。在人们一贯的认识中，优秀的学生是经常名列前茅，考试所向披靡，学习成绩优异的。但在案例一中，曾参加市里数学竞赛的小丽却不想上数学课，上数学课的时候心慌、发抖、头晕，甚至造成了睡眠的障碍，产生了心理危机。案例二中的小张获得多项荣誉，是能干的学生干部、优秀的辩手，可在考研失利、求职受挫之后，内心经常涌现自卑感，并且很受伤也很疲惫，产生了心理危机。

目前关于心理危机的定义比较权威的是卡普兰（Caplan）的理论。1954 年，卡普兰开创性地对心理危机进行系统的理论研究，并于 1964 年首次发表心理危机干预理论。由此，大家一致认为他是心理危机干预理论的鼻祖。

卡普兰认为当一个人面对困难情境，他先前处理问题的方式及惯常的支持系统不足以应对眼前的处境，即，他必须面对的困难情境超过了他的应对能力时，这个人就会产生暂时的心理困扰，这种暂时性的心理失调状态就是心理危机。

案例一中的小丽曾因好学上进，记忆力较强，考试总考前三名，但她其实对数学兴趣不浓，可因老师的器重、父亲的严厉又不好违抗。她前进不得，后退也不能，面对困境无力改变，因此产生心理困扰，出现生理和心理的障碍反应，如急得浑身出汗，心慌意乱，失眠等。

案例二中的小张在学校读书期间表现优异，是优秀的学生干部，担任记者站站长和优秀的辩论赛赛手，但在考研失利和求职遭拒之后，她觉得依靠自己的实力不能确保成功考研。在面临困境和选择时，她产生了自卑和焦虑，出现了心理失衡。

1. 心理危机与大学生心理危机

卡普兰认为，个体与环境之间在一般情况下是处于一种动态平衡状态，当面临生活逆境或不能应对解决问题时，往往会产生紧张、焦虑、抑郁和悲观失望等情绪问题，导致心理失衡。而这种平衡能否维持，与个体对逆境或应激事件的认识水平、环境或社会支持以及应对技巧这三个方面关系密切。他认为，心理危机是一个过程，且处于危机中的个体必须经历以下四个阶段。

阶段一：当一个人感受到生活突然发生变化或即将出现变化时，其内心失衡，表现为警觉性提高，开始感到紧张，为了重新获得平衡，个体试图用其惯常的方式做出反应。此阶段的个体一般不会向他人求助。

阶段二：经过一段时间的努力，个体发现惯常的方式未能解决问题，于是焦虑程度开始上升，同时也开始尝试各种解决问题的办法。但高度紧张的情绪会影响当事人的冷静思考，从而影响其采取行动的有效性。

阶段三：如果经过尝试各种方法，未能有效解决问题，当事人内心的紧张程度就会持续增加，并想方设法寻求和尝试新的解决方法。在此阶段，当事人求助动机最强，常常不顾一切地发出求助信号，甚至尝试自己曾认为荒唐的方式。此时，当事人最容易受他人的暗示和影响。

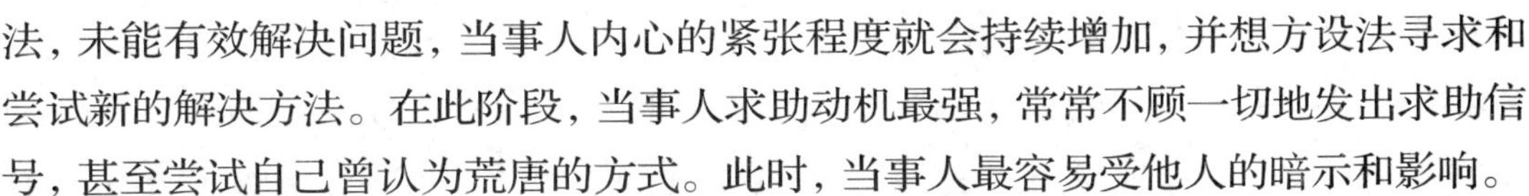

阶段四：如果当事人经过前三个阶段仍未能够有效解决问题，他就很容易产生习惯性无助。他会对自己失去信心和希望，甚至把问题泛化，对自己整个生命的意义发生怀疑和动摇。很多人正是在这个阶段中企图自杀。同时，强大的心理压力有可能触发以前未能完全解决的、被各种方式掩盖的内心深层冲突，有的人由此而走向精神崩溃和人格解体。此阶段的当事人特别需要通过外援性的帮助，才可能度过心理危机。

大学生心理危机可分为发展性心理危机、境遇性心理危机和存在性心理危机三种。发展性心理危机指在正常成长过程中，急剧的变化所导致的异常反应。青少年在成长过程中，要经历一系列阶段，处理一系列人生主题，逐渐走向成熟。在这一过程中，个人如果缺乏有关知识和技能，缺少社会支持系统，或缺少一定的物质条件和机遇，往往就不能度过一个个人生转折，从而产生发展性心理危机。境遇性心理危机是指个人面临着无法预测和控制的超常事件时出现的心理危机。这些事件通常是随机的、突然的，具有灾难性和震撼性的。例如，各种自然灾害或人为灾难，遭受强暴、性虐待，失业，失学，亲人死亡，身患不治之症等。存在性心理危机，指伴随着人生问题，如关于人生目的、人生价值、责任、独立性、自由与承诺等问题上的困惑而出现的内部的冲突与焦虑。这种危机可能是基于现实的，也可能是基于个人主观感觉的。此外，一些严重的精神疾患也会带来危机。危机的一种类型是在重大创伤后，相对长的一段时间内反复出现的痛苦折磨，心理功能紊乱，称为创伤后应急障碍。大学生的心理危机基本常见是发展性心理危机，特定高发如由亲人去世，父母离异、交通事故致伤致残、升学无望、遭受暴力伤害、受到严重羞辱、身患重病、恋爱受挫等带来的境遇性心理危机；此外，也有因人生意义迷失造成的存在性心理危机。具体到遭遇心理危机的个体，这三种危机在他们身上，是有可能共存的。

大学阶段是个体成长过程中的关键时期，成长中的心理危机对个体而言，既意味着危险也意味着机会，危机包含着成长的契机和改变的能量。在此阶段，危机若能及时化解，顺利解决，个体即获得一次心灵的成长，有助于更好地应对成长发展过程中的种种人生课题。

2. 大学生人格特质与心理危机

人格是稳定的行为方式和发生在个体身上的人际过程。人格是应激源与心理危机之间重要的中介力量，人格特征在很大程度上决定了个体对应激事件的反应程度，具有不同人格的人的应激反应是不同的。

羞怯（或社交羞怯）是大学生中较为常见的心理行为表现，大学生由于人际交往能力的不足，很容易形成羞怯的个性。羞怯与心理危机的关联在于：第一，羞怯者害怕与人交往，每次的社会交往活动对他们来说都是可怕的、尴尬的体验，使他们经常处于高焦虑状态之中；第二，羞怯者有很严重的自卑心理，他们很怕别人看不起自己，往往很在意别人的评价，而且会把别人的评价无端加上消极色彩，使自己徒增烦恼；第三，羞怯的人并不一定是内向的，有些羞怯者内心非常渴望自己能够在社交场上挥洒自如，拥有更多的朋友，但现实让他们产生很强的挫折感，并在遇到困难时，不愿寻求或根本找不到什么人来帮助自己。

焦虑也是一种情绪体验，是对当前或预计到的有潜在威胁的情境的担忧，常伴随着忧虑、焦急、紧张、恐惧等情绪状态。人们在面临威胁或预料到某种不良后果时，都有可能产生这种体验。适度焦虑对于保持生命活力是必要的，但过度焦虑往往会带来不良影响，被焦虑困扰的大学生常表现出烦躁不安、紧张惶恐、心神不定、思维受阻、注意力不集中、记忆力下降等症状。

偏狭是一种不恰当的认知方式。具有偏狭人格的人心胸狭窄、眼光短小、爱钻牛角尖，只见树木不见森林，认知结构较为简单，判断事物非此即彼。在面临较为复杂的应激情境时，不能理性分析，思维常常会陷入极端。

回避大致可概括否认、退缩、压抑、逃避等消极应对困境。在应激情境中，不论采用何种应对方式都比没有采用任何应对方式更能减少压力，但消极应对方式虽然可以在一段时间降低焦虑等应激反应，却不利于问题的解决。个体在逃避一段时间后发现这些问题依然困扰着他。

抑郁是一种感到无力应付外界压力而产生的消极情绪体验，常伴有厌恶、痛苦、羞愧、自卑等感受。对大多数人来说，特定情况下适度的抑郁感是正常的，也是稍纵即逝的。但若一个人长期处于抑郁状态，使抑郁逐渐形成较为稳定的人格特质甚至发展为抑郁症。大学生抑郁心理形成的原因是多方面的，生活目标的丧失，学习、人际关系等的受挫等，都有可能使他们陷入长期的抑郁情绪而无法自拔。

3. 大学生心理危机干预中之3W

（1）3W之who。何人需要心理危机干预？狭义上，心理危机干预一般指对遭遇了危机事件的个体开展的干预。广义上，心理危机干预还包括对一些容易引发心理危机的特殊人群进行的事前干预以及对一般个体进行各种预防性干预。危机事件有两个含义，一是指突发性的公共危机事件，如地震、水灾、空难、疫病暴发、恐怖袭击、战争等；二是指人所处的紧急状态，如亲人去世、遭遇性侵犯、交通事故等。对于卷入突发性事件的个体，可分为三级。这三级人群都需要进行相应的心理危机干预：第一级人群为直接卷入灾难的人员，如死难者家属及伤员。第二级人群是与第一级人群有密切联系的个人和家属。第三级人群是从事救援或搜寻的非现场工作人员、帮助进行灾难后重建或康复工作的人员或志愿者。

有调查显示，对青少年经历种种危机事件后的反应进行统计，发现其中出现频率最高的十个词汇分别为：情绪低落、成绩下降、人际关系差、无精打采或精神萎靡、上课走神或睡觉、伤心、后悔、紧张、害怕或恐惧、冲动。此外诸如自卑、气愤、激动、头痛头晕、动作缓慢、对学习没信心等出现的频率也较高。即在认知上主要表现为上课注意力不集中、对学习丧失信心、对自己能力产生怀疑、对学习兴趣降低甚至产生厌学情绪、对未来失去希望、讨厌周围的人甚至讨厌自己；情绪上主要表现为情绪低落、悲观失望、惊慌失措等；行为上主要表现行为冲动、人际关系差、怀疑疏远同学和老师；生理上主要表现为神情疲惫、脸色憔悴、表情呆滞、眼神游离、神色麻木。

（2）3W之when。何时进行心理危机干预？对于突发性公共危机事件发生时心理危机干预的时机主要分四个阶段：阶段1是英雄主义阶段，这个阶段在灾难发生后即出现，甚至也可能开始于对事件本身所造成的影响的预测阶段。这一阶段主要是保护生命和财产。阶段2是蜜月阶段，这个阶段的特征是乐观主义和感恩。意识到获救幸存下来是值得感谢的，常见祝贺的行为。阶段3是幻想破灭阶段，这个阶段个体会意识到灾害事情真的已经发生。哀伤阶段才真正开始。危机干预的目标就是推动这个幻想破灭阶段转变成最后一个阶段。阶段4是重建阶段，在这个最后阶段，成功达到重建“正常的”常规功能的目的。尽管有关灾难的记忆不会抹去，但生活仍然继续，个人和他人的成长也在继续。

大学生心理危机干预分为预防性、补救性和治疗性三种。预防性干预主要是有目的、有计划地对大学生的心理素质与心理健康进行培养和促进。补救性干预则是针对处于严重适应困难的大学生进行矫治及身心复建，以提高学生对环境的再适应能力；治疗性干预则主要是对心理处于不良状态或心理出现问题的大学生进行专门的治疗，使之恢复正常状态。

（3）3W 之 why。大学生心理危机存在着性别差异、年级差异等。大学生心理危机干预需在针对性了解普遍性的基础上进行个别辅导。

性别差异：据《中国青年研究》中提出，男生发生暴力伤害、财物失窃、网络成瘾这几类危机事件的频率远远高于女生，差异十分显著，而女生则容易因亲友丧失、家庭纠纷、性侵犯等原因陷入心理危机。在人际关系和学习压力两项上，男女之间的差异不明显。这与男女生先天特征差异和后天的教育有关。男生好玩的天性使他们能在网络游戏世界中感受到自己的价值。这样不但能发泄现实中的不满，更能体验到一种现实中不可能感受到的满足，比如战争游戏中的征服、侠客游戏中的桃花运等等。久而久之，他们就会难以忍受没有网络游戏的日子，一回到现实世界中就会产生一种孤独感。而女生较为感性，对父母亲更为依赖，一旦家庭发生变故，如祖父母去世、父母离异或有外遇、父母一方去世等，情感上会产生巨大的失落，导致心理危机。

年级差异：对环境和角色转变的不适应是新生的主要心理问题。作为大学新生，进入大学遇到的第一个心理问题往往就是对环境和角色转变的不适应，主要包括对生活环境、学习规律和方法的不适应、人际关系与交往沟通的不适应等。大二是学生心理问题较多的年级，也是心理问题发生率较高的阶段。主要表现为学习压力造成心理焦虑、个性差异造成人际关系冲突、异性交往产生心理困惑等。而到了大四，毕业生因择业求职而产生的心理困惑是突出问题，兼有个人未来发展和社会需要的问题以及因恋爱而产生的问题等。

三、心理体验

（一）心理测试

1. 抑郁自评量表（Self-Rating Depression Scale，简称 SDS）

SDS 反映抑郁状态的 4 组特异性症状，一是精神性—情感症状，包含抑郁心境和哭泣 2 个条目；二是躯体性障碍，包含情绪的日夜差异、睡眠障碍、食欲减退、性欲减退、体重减轻、便秘、心动过速、易疲劳共 8 个条目；三是精神运动性障碍，包含精神运动性抑制和激越 2 个条目；四是抑郁的心理障碍包含思维混乱、无望感、易激惹、犹豫不决、自我贬值、空虚感、反复思考自杀和不满足共 8 个条目。

本测试适用具有成年人在过去一周的情况。注意：有反向记分 10 题。评定时应让自评者理解反向评分的各题，如不能理解则会影响统计结果。例如，心情忧郁的病人常常感到生活没有意思，但题目之中的问题是感觉生活很有意思，那么评分时应注意得分是相反的。这类题目之前加上 * 号，提醒各位检查及被检查者注意。对文化水平低的被试，可以念给他听。

评分

总分、标准分（Y= 总分 × 1.25 后取整）

结果解释

（1）标准分（中国常模）。

① 轻度抑郁：53—62

② 中度抑郁：63 — 72

③ 重度抑郁：>72

分界值为 53 分

（2）SDS 总分的正常上限为 41 分，分值越低状态越好。标准分为总分乘以 1.25 后所得的整数部分。我国以 SDS 标准分≥ 50 为有抑郁症状。

量表内容

请根据您近一周的感觉来进行评分，数字的顺序依次为从无、有时、经常、持续

① 我感到情绪沮丧，郁闷 1 2 3 4

*② 我感到早晨心情最好 4 3 2 1

③ 我要哭或想哭 1 2 3 4

④ 我夜间睡眠不好 1 2 3 4

*⑤ 我吃饭像平时一样多 4 3 2 1

*⑥ 我的性功能正常 4 3 2 1

⑦ 我感到体重减轻 1 2 3 4

⑧ 我为便秘烦恼 1 2 3 4

⑨ 我的心跳比平时快 1 2 3 4

⑩ 我无故感到疲劳 1 2 3 4

*⑪ 我的头脑像往常一样清楚 4 3 2 1

*⑫ 我做事情像平时一样不感到困难 4 3 2 1

⑬ 我坐卧不安，难以保持平静 1 2 3 4

*⑭ 我对未来感到有希望 4 3 2 1

⑮ 我比平时更易怒 1 2 3 4

*⑯ 我觉得决定什么事很容易 4 3 2 1

*⑰ 我感到自己是有用的和不可缺少的人 4 3 2 1

*⑱ 我的生活很有意义 4 3 2 1

⑲ 假若我死了别人会过得更好 1 2 3 4

*⑳ 我仍旧喜爱自己平时喜爱的东西 4 3 2 1

结果分析：指标为总分。将20个项目的各个得分相加，即得总分。标准分等于总分乘以1.25后的整数部分。总分的正常上限为41分，标准总分为53分。

抑郁严重度＝各条目累计分 ÷ 80

结果：0.5以下者为无抑郁；0.5—0.59为轻微至轻度抑郁；0.6—0.69为中至重度；0.7以上为重度抑郁（仅做参考）。

注意事项

（1）SDS主要适用于具有抑郁症状的成年人，它对心理咨询门诊及精神科门诊或住院精神病人均可使用。对严重阻滞症状的抑郁病人，评定有困难。

（2）关于抑郁症状的分级，除参考量表分值外，主要还要根据临床症状，特别是要害症状的程度来划分，量表分值仅能作为一项参考指标而非绝对标准。

2. 青少年自评生活事件量表（ASLEC）

指导语：

该量表由27个题目组成，每个题目都简单地陈述了一个生活事件，请仔细阅读每个题目，并思考在过去12个月内，您或您的家庭是否发生过下列事件？如果该事件未发生，请选A；如果该事件发生过，请继续考虑事件给您造成的苦恼程度，若您觉得该事件没有造成影响，请选B；若造成了轻度影响，请选C；若造成了中度影响，请选D；若造成了重度影响，请选E；若造成了极重的影响，请选F。

注意：

（1）这些题目用于测试您的个人情况，没有对错之分，请您根据第一反应如实作答。

（2）请结合最近12个月的情况与相应描述对照。

（3）对每一个题目都要有而且只能有一个选择，不要遗漏，也不要多选。

（4）请将您的答案记录在答题纸上，不要在题本上做任何记号。

A	B	C	D	E	F
未发生	未影响	轻度影响	中度影响	重度影响	极重度

① 被人误会或错怪。

② 受人歧视冷遇。

③ 考试失败或不理想。

④ 与同学或好友发生纠纷。

⑤ 生活习惯（饮食、休息等）明显变化。

⑥ 不喜欢上学。

⑦ 恋爱不顺利或失恋。

⑧ 长期远离家人不能团聚。

⑨ 学习负担重。

⑩ 与老师关系紧张。

⑪ 本人患急重病。

⑫ 亲友患急重病。

⑬ 亲友死亡。

⑭ 被盗或丢失东西。

⑮ 当众丢面子。

⑯ 家庭经济困难。

⑰ 家庭内部有矛盾。

⑱ 预期的评选（如三好学生）落空。

⑲ 受批评或处分。

⑳ 转学或休学。

㉑ 被罚款。

㉒ 升学压力。

㉓ 与人打架。

㉔ 遭父母打骂。

㉕ 家庭给你施加学习压力。

㉖ 意外惊吓，事故。

㉗ 如有其他事件请说明。

自从塞莱氏提出应激（stress）的概念以来，生活事件作为一种心理社会应激源对身心健康的影响引起广泛的关注。1967 年美国的豪尔曼斯和瑞赫编制了第一份包含 43 个项目的社会再适应量表（SRRS），开辟了生活事件量化研究的途径。由于不同民族、文化背景、年龄、性别及职业群体中生活事件发生的频度及认知评价方式的差异，针对特殊群体的生活事件量表也相继问世。青少年自评生活事件量表（Adolescent Self-Rating Life Events Check List，ASLEC）是在综括国内外文献的基础上，结合青少年的生理心理特点和所扮演的家庭社会角色，于 1987 年编制的。

使用和统计方法：

ASLEC 属于自评问卷，由 27 项可能给青少年带来心理反应的负性生活事件构成。评定期限依研究目的而定，可为最近 3 个月、6 个月、9 个月或 12 个月。对每个事件的回答方式应先确定该事件在限定时间内发生与否，未发生过则选择未发生①，若发生过则根据事件发生时的心理感受分 5 级评定，即无影响②、轻度③、中度④、重度⑤、极重度⑥。

适用范围：

适用于青少年尤其是中学生和大学生生活事件发生频度和应激强度的评定。

ASLEC 的六个维度因子：（6 因子可解释全量表 44%的变异）

Ⅰ人际关系因子　包括条目 1、2、4、15、25。

Ⅱ学习压力因子　包括条目 3、9、16、18、22。

Ⅲ受惩罚因子　　包括条目 17、18、19、20、21、23、24。

Ⅳ丧失因子　　　包括条目 12、13、14。

Ⅴ健康适应因子　包括条目 5、8、11、27。

Ⅵ其他　　　　　包括条目 6、7、23、24。

（二）心理体验

1. “萨提亚模式”体验

萨提亚模式是一种心灵体验过程。最大特点是着重提高人的自尊、改善沟通及帮助人活得更“人性化”，而非只求消除“症状”。它帮助我们认识到，每一个生命都有着独特的成长脉络，无论旧有的成长模式带给我们什么样的经历和感受，都值得尊重。治疗的最终目标是使人重获并掌握生命的意义，做一个身心一致的人。请你安静下来，好好想想：

为什么事业的成功让我们拥有了舒适的生活，可幸福的感觉却没有相应的增加？

在你的人生中，你和你所爱的人（父母、兄弟姐妹、夫妻、情侣、儿女、朋友）是否有一段真正的亲密关系？

你是否真切地感受到被爱、被接纳、被肯定、被尊重呢？

而你的父母、伴侣、孩子、朋友，他们的内心又是否感受到你的爱、接纳、尊重和肯定呢？

而你生命中最重要的人——你自己，你和自己有没有一段真正的亲密关系呢？

你每天在做的是一些应该做的事情，还是你真正喜欢的事情呢？

你明白你自己真正的需要吗？

科学家发现大多数疾病的产生，都与思想、情绪有关，你对自己的身体、思想情绪的了解有多少呢？

2. 寻找压力源与释放压力

生活在现代社会，每个人都有压力，只是压力的类型和大小不同。今天与同学们的烦恼、同学们的压力面对面地好好谈谈，并学习处理压力。

先准备两张 A4 空白纸，思考 5 分钟，在一张纸上写出“我的压力来源”。

我的压力源：这段时间里：

（1）我都感到了哪些压力？

（2）近期都有哪些烦恼？

（3）我的压力、烦恼都来自哪里？

收好“压力”，记住它，一会好好“收拾”它们！

下面，拿出第二张纸，来做一个心理游戏。

规则：（1）每个人拿出一张纸，一支笔。

（2）根据指令一笔一笔地画，不许问，不许涂擦，不许相互观望。

指令：先画一个大圆，再画很多条直线，再画一个中圆，两个小椭圆，再画一个直勾，两个半圆。

画完之后，请同学们互相欣赏身边同学的作品，并推选出最像一幅画和最不像一幅画的作品（教师下去搜集）分别呈现给全班同学看。

小结：这是一个利用心理投射原理进行的心理测验游戏。在游戏之初，并没有想到同学们会画成什么样子，只是想通过这个活动让同学们明白，在完成同一件事情的时候每个人所感受到的心理压力是不同的。请两个作者分别讲述完成作品的心路历程。

我们生活中是否存在这样造成的压力呢？（家长、老师的期望）

现在，请同学们检查一下自己的压力跟烦恼，有这一类压力吗？如果有，且你愿意丢弃它，那么请你重重地划掉它，把它收拾掉！其实，就像刚刚这样，改变一下我们的思维，压力感就会减小很多。

拥抱压力

刚才我们所用的干掉压力的办法，同学们并不常用。那在平时我们都采用什么方法化解压力，对付我们的烦恼呢？

现在请同学们以“面对压力，我会……”的句式，在“我的烦恼”那张纸的背面写应对压力的方式，多多益善。这些方法可以是自己的，也可以是他人的，越多越好。

写好后，请两位同学上台板书，收集应对压力的方式。

这些方法都挺好用的吧！接下来，同学们看到这张扑克牌。它刚好能穿过5角硬币，现在来了个一元硬币。要不要过呢？怎么过呢？答案可能有：

（1）逃避型：

① 不过，明显过不去，所以就不过了。

② 想象它已经过去了。

③ 把它换成两个5角硬币 / 把它换成一元纸币 / 把硬币熔掉。（其实这类也算是改变压力的方式，应对压力可以是改变自身的应对能力，同时也可以改变压力啊，不算逃避吧？怎么处理呢？）

④ 直接跳过去 / 绕过去。

（2）勇猛型：

① 一定要过，撑过去。

② 把洞撕大点。

其实，有比这些更好的办法，（演示）把扑克牌稍稍对折一下，然后将一元硬币从孔中轻松穿过。这叫“微笑面对压力，拥抱压力”。

这个洞就如同我们应对压力的能力，本来同学们可以应对像5角那样大的压力，现在来了一元那么大的压力，怎么办啊？生活中，我们总会遇到各种各样的压力。而在压力面前，如果我们选择消极逃避，而压力是不会自动走开的，压力像弹簧一样，你弱它反而更加强大起来，那我们就会被压力压倒；如果我们选择莽撞硬过，有可能被碰得头破血流而压力依旧岿然不动，或者就如同水中的皮球一样，越往下压，弹得越高。而我们如果选择微笑面对，拥抱压力，压力就会温柔化解。

四、拓展阅读

塞翁失马焉知非福

在靠近长城一带有一个精通术数的人，他们家的马跑到了胡人的驻地，邻居们都为此来安慰他。那个老人说："这怎么就不是一件好事呢？"

几个月之后，他家的马带领着胡人的骏马回来了，邻居们都前来向他祝贺。不料那个老人却说："这怎么就不是一件坏事呢？"

他家中有很多良马，他的儿子喜欢骑马，结果有一次从马上掉下来摔断了大腿，人们都前来安慰他。那个老人说："这怎么就不是一件好事呢？"

一年后，胡人大举入侵长城一带，壮年男子都被征去前线打仗，靠近长城一带的人，绝大多数男丁都死了。这个人因为腿瘸的缘故，没有被征去打仗，父子得以保全了性命。

成语塞翁失马，比喻一时虽然受到损失，也许反而因此能得到好处，也指坏事在一定条件下可变为好事，出自西汉刘向的《淮南子·人间训》。心理危机的产生是生理、心理与环境多方面产生的结果。一旦危机产生，我们要用从"危"中看到"机"，争取各方面支持系统。在"机"中解救"危"，用"机"来预防"危"。有些危机的产生跟心理的失衡有关。曾有一个心理学家请实验者每周日晚把下周烦恼写下来，放入一个箱子里。3 周后他打开箱子让实验者逐一核对每项烦恼。结果发现 90% 的烦恼都没有发生。其实一般人的忧虑有 40% 属于过去，有 50% 属于未来，只有 10% 才属于现在，而你大部分在忧虑的事情几乎都不会发生。

第二节　乱花渐欲迷人眼
——自杀心理危机理论及干预

"乱花渐欲迷人眼，浅草才能没马蹄"，出自白居易《钱塘湖春行》，意为：眼观岸边野花，渐使游人为之着迷；路上浅浅绿草，仅能把马蹄遮盖。这两句从植物的变化写早春景象。乱花，指各种不知名的野花。"迷人眼"指野花色彩斑斓，形态各异，让人目不暇接。人的一生中会遭遇各种酸甜苦辣咸，有些困难让当事人绝望，觉得很难跨越，所以选择放弃生命。

据北京心理危机（即自杀）研究与干预中心统计，从世界范围看，目前每年估计有 100 多万人死于自杀，自杀率为 0.012%，在各种死亡中排第 8 位，而自杀未遂的人数则可能是自杀死亡者的 10—20 倍。在中国，被非典感染的病人有四五千人，死亡者几百人，已经让全世界紧张不已。而自杀者的数量，每年高达 220 多万，死亡者 28 万多。自杀病的蔓延犹如非典，不分人群。明星、董事长、市委书记、中小学生、民工弟兄、老年人，都可能成为自杀病的感染者。尤其是中小学生、年轻人，为了一次考试成绩；为了父母不让打游戏机；为了老师几句不当的言语，都可能使花一样的生命完结。

与国外发达国家相比，我国自杀死亡者和自杀未遂者接受治疗的比例出奇的低。中国疾病预防控制中心的研究发现，70% 左右的自杀死亡或自杀未遂者从未寻求过任何形式的帮助；60% 的自杀死亡者和 40% 的自杀未遂者在自杀当时有严重的精神疾病。在综合医院急诊室的自杀未遂者有 200 万人，曾接受精神病评估与治疗的不到 1%。

从 2003 年起，世界卫生组织和国际预防自杀协会（International Association for Suicide Prevention）决定将每年 9 月 10 日定为“世界防止自杀日”（ World Suicide Prevention Day），希望借此唤起全球对自杀问题的关注。

一、心理案例

案例一：你不是一个人在战斗

2004 年 1 月，某省一所高校的一名大四学生小强在寒假期间卧轨自杀。事后，学校发现他留在电脑键盘上的一张字条，根据字条指示的路径，发现了他存放在电脑中的题为《养蜂人》的遗书。死者一直在为自杀做准备，他在 2003 年夏季就以侦破小说的形式写了一篇名为《养蜂人》的遗书，通过调查者的调查，以及逻辑推理死者是自杀还是他杀，剖析了死者追求自杀的原因。

他在自我点评这篇侦破小说时写道：物质世界的东西全是物质，到头来，再伟大的感情和爱情都只不过是人体内部这个激素、那个激素的结果，物质的世界太虚假了，思想承担不起这重。他说，自己为此选择了放弃生命，放弃一切。在生前的半年时间里，他依然活着的意义是为了玩游戏，他是为了玩游戏而活着，每天的生活只是玩游戏、睡觉和吃饭，他感谢游戏让他延长生命。

虽然来自同学和老师的关心很多，但大家只是劝他不要玩物丧志，没有人发现他是因为放弃了生命而放弃学业、放弃一切；也没有人知道他寒假不回家过年的原因；甚至没有人发现他曾有过一次自杀未遂。就在出事的前一天，他独自在宿舍里服用了大量安眠药，并在电脑中记录了自己濒死的痛苦。

案例二：阳光总在风雨后

小赵，女，21岁，某金融院校本科一年级学生，农村往届生。2006年11月晚10时许，少言寡语不爱交友的小赵突然逐个宿舍地与本班男女同学握手，赠送每人一张贺卡并向大家道歉："入学以来一直对不起大家，多谢了！"同学们被小赵异常的举动搞得莫名其妙。联想到她两天前到合同医院看过病，回校后闷闷不乐，心事重重，要好的同学小孙曾关切地问过她看病的情况。小赵没做任何回答。班干部意识到小赵目前可能处于心理失常状态，于是暗中监护。第二天清晨即想辅导员报告她的情况。据监护她的同学说，小赵整夜都在小声哭泣，劝她时她说"没事，只是想哭"而不让同学管。辅导员及时将情况告知学校心理咨询中心。经查，小赵在UPI问卷中得分为35分，并选择了第25题（想轻生），可以认为有较重的心理问题。当天上午，小赵请假去合同医院看病，辅导员提出陪她去被拒绝。上午9时小赵躲过同学及班主任的监护独自离开学校，中午未见返回。辅导员意识到问题的严重性，经请示学校后检查了小赵的宿舍，发现她所有用品都收拾整齐，在其枕头下找到两封信，分别致其母亲和同班同学。在写给同学的信中："真不好意思，入学两个月得到大家那样多的帮助，不知道该如何报答，现在我要去一个地方了，你们也别找我，希望大家好好读书把我忘了。"经过分析了解，我们发现这个学生生活很苦，没有父亲，与其母亲感情很好，入学两个月没有回过家，每天晚上一边哭一边说想妈妈，估计她在决心离开人世前应该回家看一次妈妈。我们立即派车前往她几十公里外的家去找，在小赵姐姐的帮助下，晚上6:00我们找到了小赵。

当小赵见到学校老师时非常激动，她说："我已经决定离开人世，只是还想再和亲朋好友告次别，没想到学校这么快就来了。"经过反复做工作，小赵谈了自己想自杀的原因。小赵上高中以前，家庭经济情况较好，父母都很能干。她有两个姐姐，一个哥哥，她最小，备受宠爱。但是2003年春，其父外出做买卖时客死他乡，母亲受不了打击，病倒了，精神上也出了点问题。小赵失去了上学的主要经济来源，中断了学业。后在一向关心她的几位老师的资助下经过一年复读考上了大学。

上大学后，看到很多同学家庭幸福，花钱大方，而自己经济窘迫，便产生了很强的自卑感。原本不爱说话的她从此更加沉默寡言了。由于父亲死因不明，当同学们交流各自家庭状况时，她总觉得羞于启齿。11月初在合同医院看病时又查出有较重的心脏病，医院要求她住院治疗，她说什么都不肯。回校后想了很久，觉得自己得了这样重的病，即使治好也是废人，早点死了还能减轻家庭的经济负担，多留点钱为妈妈看病。反正自己已经考取大学，也算没辜负一向关心她的中学老师的期望。

二、心理辅导

前面两个案例中的少年小强和少女小赵都很年轻，在轻生前留有遗书，一个自杀结束了生命，一个自杀未遂。自杀是指个体在复杂心理活动作用下，蓄意或自愿采取各种手段结束自己生命的行为。有学者认为，自杀的心理过程为：挫折感—虚无感—对现实泛化性曲解与反感—对人、社会的报复心理—绝望—自杀强迫意念—自杀。实际上，只有理智型自杀有明确的心理发展过程。日本学者刚利贞认为，自杀一般经历以下阶段：产生自杀意念—下决心自杀—行为出现变化—思考自杀方式—选择自杀地点与时间—采取自杀行为。即自杀的心理过程为：自杀潜伏—自杀萌生—自杀犹豫—自杀实施。

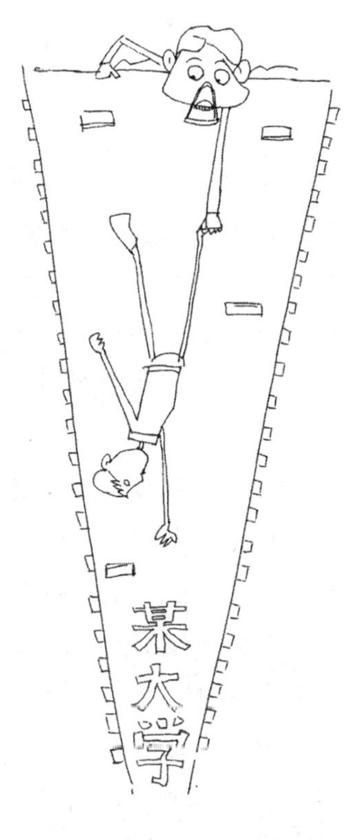

案例中，少年小强并没有认识到生命的意义。在他的世界观中，物质世界的东西全是物质，到头来，再伟大的感情和爱情都只不过是人体内部这个激素、那个激素的结果，物质的世界太虚假了，他每天的生活只是玩游戏、睡觉和吃饭。当他对生活感到虚无之后，对现实进行了泛化性的曲解，产生了自杀意念并实施自杀行为。

案例中的少女小赵因为生活中的丧父挫折引发的经济困难、心理自卑，再加上得知自己患有重病，因此少女在生活挫折面前萌生轻生念头，并在轻生前留遗言、交代安排未完成债务等，计划实施自杀，但被及时干预而自杀未遂。

1. 自杀者的特征

关于自杀者的心理特征，在学界尚存在争论。一般学者并不承认存在任何特殊的“自杀个性”。但是，对自杀者，主要是对自杀未遂者和有自杀意念者的研究，发现自杀者在认知功能、情感、人际关系和应激方面存在一些共同特征。

在认知功能方面，许多学者对自杀者的思维和解决问题的方式进行了研究，发现：（1）自杀者一般认识范围比较狭窄，倾向于采取非此即彼和以偏概全的思维方式，以黑白、对错、好坏的简单二分方式来分析遇到的问题，看不到解决问题的多种途径。（2）在分析问题时，自杀者倾向于固执和被动，将自己遇到的问题归因于命运、运气和客观环境，相信问题是无法解决的，也是不可避免的，个体不能忍受问题带来的痛苦。（3）面对困难时，要么缺乏解决问题的技巧，要么对自己解决问题的能力缺乏正确的估计，或者根本就不作任何估计，其结果是经常选择了不适当的解决问题的方式。(4)自杀者倾向于缺乏耐心，不现实地期望在很短的时间内能获得成功。(5)倾向于从阴暗面看问题，对人、对己、对社会均是如此。表现为对全社会，特别是对周围人群抱有深刻的敌意，从思想上、感情上把自己与社会隔离开来。

情感方面:(1)自杀者通常有许多慢性的痛苦，焦虑、抑郁、愤怒、厌倦和内疚成为其情感的主要特征。(2)他们对自己的这些负性情绪感到厌恶，很难接受。(3)自杀者通常情绪不稳定、不成熟、表现出神经质的倾向。(4)倾向于以冲动性方式发泄情感，采取各种方法伤害自己，如酗酒、过量服药、捶胸顿足、用头撞墙、扯头发、暴饮暴食，甚至用锐器伤害手部、胸部和大腿等处的皮肤。

在人际关系方面，首先是社会交往有限，与周围直接的人际关系(家人、邻里、同事、朋友)常发生冲突，经常丧失已经建立的人际关系，同时害怕被别人拒绝。缺乏社会支持，特别是从中能够获得同情和有效支持的那一种。

应激性事件出现的频率较高，特别是负性应激事情。生活对于许多自杀者来说无异于苦海，除了躯体疾病、经济困难等长期性事件外，日常生活中还有许多小的骚扰，使他们不得安宁。研究表明，自杀者在采取行动前的24小时内，小应激事件和人际关系损失的发生频率都非常高。

2. 自杀的征兆

人的行为总是受到人的情绪状态、认知方法和周围环境变化的影响。因此，对于产生了自杀意念的大学生来说，在采取自杀行动前通常会在情绪、认知和行为表现上有所变化，会产生一些旁人可辨识的自杀危险征兆或自杀求助信息。

大学生自杀前在行为和语言方面的预警信息:

(1)以前有自杀企图或自杀未遂的行为。

(2)说过自己要自杀，制订自杀的计划和方式。

(3)想着或者讨论自杀，收集与自杀有关的方式并与人探讨。

(4)把事情安排有序，如分配个人财产;把自己珍贵的东西随意送人。

(5)使用或增量使用可以成瘾的物质，如酒精或其他药物。

(6)抓伤、划伤、砍伤自己的身体，或在身上做标记。

(7)忽视个人外表形象，持续厌倦，注意力不集中。

(8)突然发生的性格转变，或者反常地停止自己的行为;发生攻击性行为或闷闷不乐，或者突然从事高危险性的活动。

(9)流露出绝望、无助，对自己活这个世界感到气愤;将死亡或抑郁作为谈话、写作、阅读的内容。

(10)学业(或工作)质量突然显著恶化或好转，慢性逃避，或拖拖拉拉，或突然出走。

(11)出现与情绪有关的躯体特征，如进食障碍、失眠或睡眠过多、慢性头痛、对有趣的活动失去兴趣。

（12）反复玩具有破坏性的游戏，无法忍受表扬或嘉奖。

在语言表达方面，有自杀意念的人总是会和他人讨论有关死亡或者自杀话题，会与他人讨论自己现有的可以用来自杀的工具。

他们会直接、反复地说出这样的话：我希望我已经死去！我再也不想活了！我该怎样死才能最好看？

他们会间接地、不分场合地说出这样的话：我所有的问题马上就要结束了！现在没有任何人能帮助我了！没有我，你们会生活得更好！我的生活一点意义也没有！我再也无法忍受了！

以上危险征兆在一个人的身上表现得越多，越有在短期内采取自杀行为的可能。

3. 自杀的干预

自杀危机干预有三个关键：一是行为干预，要确保自杀者的生命安全；二是心理辅导，要少讲多听，使自杀者得到充分的宣泄；三是最后干预是否成功要看能否改变自杀者的认知，纠正其错误思维，对干预者作出恰当的承诺。一般采取六步进行自杀危机干预。

第一，确定问题。通过观察和倾听，迅速确定问题的严重程度，并迅速将情况转告家长和有关人员，及时进行干预。

第二，保护当事人安全。组织班级同学对有自杀倾向者进行看护，确保自杀者的生命安全，并要注意危机干预者的人身安全。自杀者的生命安全是危机干预的核心任务。

第三，给予自杀者以心理支持。争取与其保持沟通和交流，注意多倾听、多肯定，使其尽可能多地将烦恼和困惑宣泄出来。

第四，心理辅导。在给予自杀者一些支持和帮助的基础上，提示自杀者调整思路，给予一些必要的心理辅导，改变其认知，减轻其应激与焦虑水平。

第五，帮助自杀者制订计划。为自杀者提供一个对所关心问题的解决办法和应付机制，减缓其心理冲突，矫正其情绪的失衡状态，提高自杀者的应付能力和思维灵活性，并使其相信自己的能力，战胜危机。

第六，通过进一步沟通，得到自杀者不再自杀的承诺，必要时把自杀者托付给家长，结束危机干预。

小视窗

上海市心理咨询机构推荐

上海立信会计学院心理中心地址：科技楼 211 213 室
电话：67705045 67705455
邮箱：525mood@163.com
上海市心理健康热线电话：64383562
时间：每晚 6:00-10:00
上海市精神卫生中心地址：徐汇区宛平南路 600 号
电话：64387250　34289888
网址：www.smhc.org.cn
上海市心理咨询中心地址：徐汇区零陵路 604 号
电话：64867666　64387250 或 34289888 转 3259、3092、3294

三、心理体验

（一）心理测试

1. 大学生人格问卷（UPI）

指导语：以下问题是为了了解并增进你的身心健康而设计的调查，请你按照题号顺序阅读，在你最近一年中，常常感觉到、体验到的项目的题号选择“是”，没有感觉过的项目的题号上划“否”。注意只有两种选择。请认真地填写。

（1）食欲不振
是 否

（2）恶心、胃口难受、肚子疼
是 否

（3）容易拉肚子或便秘
是 否

（4）关注心悸和脉搏
是 否

（5）身体健康状况良好
是 否

（6）牢骚和不满多
是 否

（7）父母期望过高

是 否

（8）自己的过去和家庭是不幸的

是 否

（9）过于担心将来的事情

是 否

（10）不想见人

是 否

（11）觉得自己不是自己

是 否

（12）缺乏热情和积极性

是 否

（13）悲观

是 否

（14）思想不集中

是 否

（15）情绪起伏过大

是 否

（16）常常失眠

是 否

（17）头疼

是 否

（18）脖子、肩膀酸痛

是 否

（19）胸疼憋闷

是 否

（20）总是朝气蓬勃的

是 否

（21）气量小

是 否

（22）爱操心

是 否

（23）焦躁不安

是 否

（24）容易动怒

是 否

（25）活着没意思

是 否

（26）对任何事都没有兴趣

是 否

（27）记忆力减退

是 否

（28）缺乏耐力

是 否

（29）缺乏决断能力

是 否

（30）过于依赖别人

是 否

（31）为脸红而苦恼

是 否

（32）口吃，声音发颤

是 否

（33）身体忽冷忽热

是 否

（34）注意排尿和性器官

是 否

（35）心情开朗

是 否

（36）莫名其妙地不安

是 否

（37）一个人独处时感到不安

是 否

（38）缺乏自信心

是 否

（39）办事畏首畏尾

是 否

（40）容易被人误解

是 否

（41）不相信别人

是 否

（42）过于猜疑

是 否

（43）厌恶交往

是 否

（44）感到自卑

是 否

（45）杞人忧天

是 否

（46）身体倦乏

是 否

（47）一着急就出冷汗

是 否

（48）站起来就头晕

是 否

（49）曾失去意识，抽筋

是 否

（50）人缘好，受欢迎

是 否

（51）过于拘泥

是 否

（52）为犹豫不决而苦恼

是 否

（53）对脏很在乎

是 否

（54）摆脱不了毫无意义的想法

是 否

（55）觉得自己有怪气味

是 否

（56）别人在自己背后说坏话

是 否

（57）总注意周围的人

是 否

（58）在乎别人的视线

是 否

（59）觉得别人轻视自己

是 否

（60）情绪容易被破坏

是 否

（61）至今为止，你感到在自身健康方面有问题吗？

有 没有

（62）曾经觉得自己在心理卫生方面有问题吗？

有 没有

（63）至今为止，你曾经接受过心理卫生的咨询和治疗吗？

有 没有

（64）你是否有健康或心理卫生方面的想要咨询的问题？

有 没有

UPI 标准解释

大学生人格问卷（UPI）是 University Personality Inventory 的简称。UPI 是为了早期发现、早期治疗有心理问题的学生而编制的大学生精神健康调查表。UPI 主要以大学新生为对象，入学时作为精神卫生状况实态调查而使用，以了解学生中神经症、心身症、精神分裂症以及其他各种学生的烦恼、迷惘、不满、冲突等状况。

（1）UPI 问卷结构：

第一部分是学生的基本情况。包括学生的姓名、性别、年龄、住址、联系办法、家庭情况、兴趣爱好、入学动机等。

第二部分是 UPI 问卷本身。由 60 个项目构成。其中 4 个项目是测伪尺度（Lie Scale），其题号是 5、20、35、50。其余 56 个是反映学生的苦恼、焦虑、矛盾等症状项目。

第三部分是附加题，主要是了解被测者对自身身心健康状态的总评价以及是否接受过心理咨询的治疗、有什么咨询要求。

（2）UPI 的记分方法：

UPI 测验完成后，需要计算的只有一个指标，即总分。UPI 问卷共 60 个问题，其中有 4 个测伪题（第 5、20、35、50 题）不记分。

UPI 总分的计算规则是：除测伪题（第 5、20、35、50 题）以外的其他 56 个题，肯定选择的题记 1 分，否定选择的题记 0 分，并求总和。所以，UPI 总分最高为 56 分，最低为 0 分。

（3）UPI 的筛选规则：

UPI 的筛选标准视研究需要和使用者的具体情况而定，国内高校普遍采用的筛选标准如下所示：

第一类筛选标准：

满足下列条件之一者应归为第一类：

（一）UPI 总分在 25 分（包括 25 分）以上者；

（二）第 25 题做肯定选择者；

（三）辅助题中同时至少有两题做肯定选择者；

（四）明确提出咨询要求者（由于此条选择人数较多，有时不用）。

第二类筛选标准：

满足下列条件之一者应归为第二类：

（一）UPI 总分在 20 分至 25 分（包括 20 分，不包括 25 分）之间者；

（二）第 8，16，26 题中有一题做肯定选择者；

（三）辅助题中只有一题做肯定选择者。

第三类筛选标准：

不属于第一类和第二类者应归为第三类。

（4）关于 UPI 面谈结果的分类与处理建议：

在请来面谈的第一类学生中，通过进一步的诊断，将学生分为 A、B、C 三类。关于 A、B、C 三类如何判定，主要是根据心理咨询师的经验。下面的特征可供诊断时参考：

A 类：心理异常，如精神病（如精神分裂症等）和各类神经症（如恐惧症、强迫症、焦虑症、抑郁症等），明显影响正常生活者。

处理建议：建议进一步预约心理咨询，填写学生心理档案，并可选择相应专业心理测试作为诊断依据。对于进一步确诊为 A 类的学生，应及时上报院心理健康教育中心，与中心一起商议处理意见（一般处理意见为转介至当地心理门诊或精神科）。

B 类：心理正常，但存在一定程度的心理问题（严重或一般心理问题），如人际关系不协调、不适应新环境等，有一定时间的病程，但心理问题没有充分泛化，仍能够维持正常学习和生活。

处理建议：建议进一步预约心理咨询，填写学生心理档案，并可选择相应专业心理测试作为诊断依据，排除 A 类可能性。对于确诊为 B 类的学生，可建议其到院心理健康教育中心或专业心理咨询机构进行心理咨询，直到症状明显好转或消失。

C 类：心理正常，存在一般心理问题，但症状不明显或已经解决。

处理建议：建议通过面谈，排除 A、B 类可能性；告知心理咨询的原则，目的和意义，提醒该类学生在出现心理困扰时及时向院心理健康教育中心或专业心理服务机构求助。

（二）心理体验

1. 绘制“生命线与墓志铭”

（1）心理游戏——生命线。

拿出一点点时间，回想一下你的过去、现在，想想你设想中的未来。

好了，接下来开始我们的心灵游戏——生命线。这个游戏就是画出你的人生路线图。

请备好一张洁白的纸，一支鲜艳的笔和一支黯淡的笔（比如一支红笔和一支蓝笔），用颜色区分心情。把纸横放好，然后从中部画一条长长的横线，加上个箭头在末端。在原点处标上 0，在箭头处标上你为自己预计的寿数。然后在白纸的顶端写上 XXX 的生命线。

这条线标示了你一生的时限，是你脚步的蓝图。现在请根据你规划的生命长度，找到你目前所在的那个点，标出来。比如说你现在 18 岁，就标出 18 岁的那个点。在这点的左边代表着过去的岁月，右边代表着未来。把过去对你有着重大影响的事件用笔标出来。比如你 7 岁上学了，就找到和 7 岁对应的位置，填写上学这件事。注意如果你觉得是快乐的事，你就用鲜艳的笔来写，并要写在生命线的上方。如果你觉得快乐非凡，你就把这件事的位置写得更高些。例如，17 岁高考失利……你痛苦非凡，就继续在生命线的相应下方很深的陷落处留下记载。依此操作，你就用不同颜色的笔和不同位置的高低，记录了自己在今天之前的生命历程。

然后我们来到未来，把你一生想干的事都标出来，并尽量把时间注明。视它们带给你的快乐和期待的程度，将其标在不同的高度。当然，也请把一些可能遇到的困难一一用黑笔把大方略勾勒出来。这样我们的生命线才称得上完整。

看看是线上面的事件多，还是线下面的事件多？如果大部分都是在线以下的，是否可以考虑调整一下自己看世界的眼光？

当把生命线画完后，请把注意力集中在此时此刻。以前的事已经发生过了，哪怕是再可怕的事，也已经过去。你不可改变它，能够改变的是我们看待它的角度。一个人的成熟度，在于这个人治愈自己创伤的程度。过去是重要的，但它再重要，也没有你的此刻重要。

（2）写下你的墓志铭。

墓志铭是人死后墓碑上刻下的字句。假设你乘坐的飞机就要失事，死亡即将到来。在生死攸关的时刻，你会做怎样的准备？

请想象自己坐在一架客机上，宽敞平稳，飞机在万米的高空翱翔。突然，机身发抖，像个咯血的肺结核病人一样连续抖动，颠簸如此厉害，空姐要求大家把安全带系好。广播里传来机长的声音，他通知大家说飞机发生了严重的机械故障，正在紧急排除。但为了预防最危急的情况，现在将由乘务小姐分发纸笔，你有什么最后的遗言要向家人交代，请留在纸上。一切要尽快，乘务小姐会在三分钟后收取大家的纸条，然后统一密闭在特制的匣子里。这样即便飞机坠毁，遗言也可完整保存下来。按照飞机现在的飞行高度，在完全失去动力的情况下，还可以滑翔极短暂的时间……

乘务员小姐托着盘子走过来，惨白的面颊上，职业性的微笑已被僵硬的抽搐所代替。盘子里盛的不是饮料，不是纪念品，也不是航空里程登记表，而是纸和笔。人们无声地领取这些特殊的用品，有抽泣声低低传来。

你领到了半张纸和一枝短笔。现在，面对着这张纸，你将写下什么？

写下你的墓志铭，在某种意义上讲，你就总结了一生。你不可能伪造一个声名显赫的人居住在你的墓志铭下，那是别人而不是你。你也不可能把一大堆不属于你的功绩记在自己名下，因为那也不是你。你到底是怎样一个人，墓志铭只有如实写来。你还有足够的时间来重新拟定你的墓志铭。如果你对自己的平庸不满意，你还有时间重振雄风。如果你对自己的浅薄不满意，你还有时间走向深沉。如果你对自己的专业不满意，你还可以选择职业。如果你对自己的性格不满意，你还来得及重塑形象。

可以有两个版本。一是如上所说，就你目前的状况，为自己草拟一份墓志铭，就像一场提前到来的死亡，你要面对的是自己的前半生。当这个版本完成之后，你还可以为自己草拟一份将来的墓志铭。那是你替自己设计的一份礼物，那是你对远方的眺望和期许。

2. “张国荣的世界”——观影《异度空间》与角色感受

从心理学的角度对两位主角的心理变化过程进行分析，希望大家能够从中得到些启示，在为压力所累的时候学会自己调节。

四、拓展阅读

朱德庸漫画：当我从 11 楼跳下

我看到 10F 以恩爱著称的阿呆夫妇正在互殴。

我看到 9F 平常坚强的 Peter 正在偷偷哭泣。

8F 的阿妹发现未婚夫跟最好的朋友在一起。

7F 的丹丹在吃她的抗忧郁症药。

6F 失业的阿喜还是每天读七份报找工作。

5F 受人敬重的王议员正在偷穿老婆的内衣。

4F 的 Rose 又和男友闹分手。

3F 的阿伯每天都盼望有人拜访他。

2F 的莉莉还在看她那结婚半年就失踪的老公照片。

在我跳下之前，我以为我是世上最倒霉的人。

现在我才知道每个人都有不为人知的困境。

我看完他们之后深深觉得其实自己过得还不错……

所有刚才被我看的人现在都在看我。

我想他们看了我以后，也会觉得自己其实过得还不错，只是这牺牲……太大了！

其实人的生活都是一样的，在觉得自己不幸的同时别人可能比自己更不幸。人们常常觉得，幸福和不幸都是在对比中产生的。人们常常因为小小的挫折而停止不前，自暴自弃，也许这个世界上比你惨十倍甚至百倍的人很多，从某种意义上说你又何尝不是幸运的呢！

第三节　待到山花烂漫时，她在丛中笑——生命的重塑

“待到山花烂漫时，她在丛中笑”，出自毛泽东一首词《卜算子·咏梅》。意为“当寒冬逝去，春光遍野的时候，梅花却独自隐逸在万花丛中发出欣慰的欢笑。”梅花，它在诗人眼中是一名战士，它与严寒搏斗，经过酷冬的洗礼。它没有夭折，最后以欣慰、高兴的胜利者姿态淡然出现。生命如四季，生命亦如梅之韧性与力量，在经历过风风雨雨之后，重塑生命，仰望生命，认识生命的价值，提升生命的质量，实现生命的意义。

生命意义和心理健康的关系，不是单向影响，而是交互作用的：心理健康在一定程度上依赖于人们怎样看待生命；反之，对于生命的意义的认识也受到心理健康的影响。生命意义对心理健康的影响在近几十年中开始影响到心理学研究的主流，特别是生命意义的概念影响到压力和应对的心理健康模型：个人生活的意义影响到整个一生的压力应对的过程；同时，个人的相对稳定的个性特征也会影响到人对于压力的认知以及应对的方式。另外，如果在生活中所遇到的困难具有一定的威胁性，会使人对压力的应对更加脆弱。当然这种脆弱性也有积极作用，它会促使人们更加努力地去减低威胁。

一、心理案例

案例一：无手无脚无烦恼的尼克·胡哲——向日葵的光芒

来自澳大利亚的尼克·胡哲，因患十分罕见的先天性疾病——海豹肢症(Phocomelia)，一出生便没有四肢。多年前，在一次演讲上，尼克曾提到说上帝为他预备好了美娇娘，就等他去找到她。如今，年届而立的他终于如愿以偿，与女友宫原佳苗结束多年爱情长跑，于情人节当日在尼克官方网站上公布了两人2月12

日在美国加州成婚的好消息！他的粉丝说："对，他没手没脚，但他有头脑、信仰、幽默感以及身体力行的勇气，所以才会征服世界。"

案例二：人生跌宕起伏的露易丝·海——浴火后的凤凰

露易丝·海，美国最负盛名的心理治疗专家，杰出的心灵导师，著名作家和演讲家。她是全球"整体健康"观念的倡导者和"自助运动"的缔造者。露易丝·海揭示了疾病背后所隐藏的心理模式，认为每个人都有能力采取积极的思维方式，实现身体、精神和心灵的整体健康。露易丝的个人思想是在她痛苦的成长过程中逐渐形成的。她的童年在飘摇与穷困中度过，自幼父母离异，5岁时遭强暴，少年时代一直受到凌辱和虐待。她后来逃到纽约，历经坎坷，成为一名时装模特，并和一个富商结婚，但14年后她又被丈夫所遗弃。1970年，露易丝在纽约开始了她一生为之奋斗的事业。1976年她的处女作《治愈你的身体》出版，奠定了她在这一领域的专家地位。不久，露易丝被确诊患有癌症，她开始在自己身上实践整体康复的思想。6个月后，她摆脱了癌症，完全康复了。1984年，露易丝的代表作《生命的重建》出版，很快就译为25种文字在35个国家和地区出版。截至2002年，英文版已71次印刷，销量2000万册。至今，《生命的重建》仍在世界各地热销不衰。1985年，露易丝创建了名为"海瑞德"的艾滋病救援组织。她还建立了"Hay基金会"和"露易丝·海慈善基金会"，帮助和支持艾滋病患者、被虐待妇女和社会最底层的穷苦人。她每月1期的专栏《亲爱的露易丝》发表在美国、加拿大、澳大利亚、西班牙和阿根廷等国家的50多种出版物上。露易丝·海帮助了千千万万人改变了健康状态，提升了生命质量。

二、心理辅导

1. 探究生命的本质

生物体是生命的载体，生命是通过身体的表现体现出来，身体表现程度反映生命的质量。当动物园里的老虎逃出来时，行人四处逃窜，跑得快的比跑得慢的生命状态好，生命力强。睡在医院病床上奄奄一息的病人，生命状态差，生命力弱。常言生命如四季，春华秋实，夏长冬藏，人与大自然都有出生、成长、发展、死亡的自然规律与过程。春日里的润雨、夏日里的骄阳、秋日里的硕果、冬日里的冰寒构成了人类生命中青春期、青年、中年、老年四部篇章。

2013年上映的影片《四季人生》获得"李嘉诚基金"和"优质教育基金"资助，本片由在校中学生演绎，整片共用4段不同短片组成。影片讲述了四个关于学生的成长故事，同一片天空，同一个校园，四个人物，这是一个你我他身边的故事。中七学生叶颂朗。希望成为全职足球员，但升学在即，一直游走于学业与志愿之间；中三学生王帼欣，虽右手有先天缺陷，但勇于面对人生，冲破了自己能力，在家人满以为她与正常的孩子无异，能快乐地生活时，却不知她心底里仍存有一根刺；中五学生刘振宇，一心想成为知名歌星，故特意转读董之英，选修创艺课程，积极把握每个入行机会，迈向自己的目标；中五学生陈毅，患上末期骨癌，尽管曾经气馁，但在身边所有人的支持下，点燃对生命的坚持，不肯放弃。

在人生的旅途上，每个人的历程各有不同，要坚持，而不是偏执；有失败，才能有成功；由心出发，已是一件幸福的事。

存在主义心理学（Existential Psychology），因存在主义影响而兴起的一种心理学理论，为"第三势力"人本主义心理学的两大取向之一。代表人物有罗洛·梅、布根塔尔等。存在主义是19世纪起源于丹麦，20世纪流行法国，后扩及全世界的一种哲学思想。存在主义强调人的存在价值，主张人自行选择其生活目标及生活意义——这是人的自由。重视现实世界中个人的主观经验，强调人须负责其自由行动所产生的后果。罗洛·梅是把欧洲大陆的存在主义心理学和存在心理疗法引入美国人本主义心理学的核心人物。他提出的自由选择论与马斯洛、罗杰斯的自我实现论，是人本主义心理学的两大基础理论。其要点之一是：认为自然界是无目的的，但人在困难处境中能通过有意识的选择创造有意义的人生。这种选择是主动的、自由的，因此人人都要对自己选择的道德价值负责。

存在主义心理学对人生持真诚、直面的态度，既看到人生的积极面，也不回避人生的艰难。在它看来，人类遭受的心理的、精神的困扰，根源于对生存的根本问题的回避与否定，如意义的空缺，如死亡的焦虑。如果人对这些不能觉察，并且采取各样的方式去回避它们，它们就以各种症状的形式暗中损害着我们的存在品质。

积极心理学阐述了普通人如何在良好的条件下更好地发展、生活，具有天赋的人如何使其潜能得到充分地发挥。它认为，心理学的三项使命：治疗精神疾病、使人们的生活更加丰富充实、发现并培养有天赋的人，在二战之前均得到研究者同等程度的关注。而二战之后，心理学成了一门致力于治疗的科学，它的研究焦点集中于测评并治愈个人心理疾病，出现了大量对于心理障碍的研究以及对离婚、死亡、性虐待等环境压力对个体造成的负面影响的研究。马丁·塞利格曼（Martin E.P.

Seligman）曾注意到在对人类情绪的研究中，就有约95%的研究是关于抑郁、焦虑、偏见等负性情绪的研究。在对精神疾病的了解和疗法取得巨大进步的同时，心理学却忘记了它的另外两项使命，逐渐成为一门受害者科学。注意到这种现象，积极心理学认为：不仅仅应对损伤、缺陷和伤害进行研究，也应对力量和优秀品质进行研究。具体就研究对象而言分为三个层面：（1）在主观的层面上研究生命积极的主观体验，包括幸福感和满足（对过去）、希望和乐观主义（对未来）以及快乐和幸福流（对现在），包括它们的生理机制以及获得的途径；（2）在个人的层面上研究生命积极的个人特质，包括爱的能力、工作的能力、勇气、人际交往技巧、对美的感受力、毅力、宽容、创造性、关注未来、灵性、天赋和智慧，目前这方面的研究集中于这些品质的根源和效果上；（3）在群体的层面上研究公民美德和使个体成为具有责任感、利他主义、有礼貌、宽容和有职业道德的公民的社会组织，包括健康的家庭、关系良好的社区、有效能的学校、有社会责任感的媒体等。总之，积极心理学认为通过发掘并专注于处于困境中的人自身的力量，就可以做到对心理问题的有效预防，单纯地关注个体身上的弱点和缺陷不能产生有效的预防效果。

小视窗

积极心理学

马丁·塞里格曼博士是积极心理学的始祖。他40余年来一直致力于乐观心态、习得性无助以及压力的科学研究。在对心理治疗的看法上，积极心理学认为目前的心理治疗存在三大问题。第一，在心理治疗是否具有效果的研究中，对于各种疗法整体效果的非实验研究所得结果远大于对某一特定疗法效果的实验室研究所得的结果。一项问卷调查结果显示，90%的被调查者报告从心理治疗中得到相当大的益处，但只有65%的被试报告某一疗法有效。第二，将两种疗法相比较时，各自的特点倾向于淡化。即是几乎没有一种心理治疗技术在与另一种心理治疗技术相比较时能显示出显著的特定的效果，或显示的特定效果很小。这种特性的缺失在大量的药物文献中也可见到。第三，在几乎所有的心理治疗和药物的研究中几乎都可以发现明显的“安慰剂”效应。在有关抑郁的文献中，约有50%的病人对安慰剂性质的药物和疗法有好的回应；抗抑郁药物所产生效果的75%可以看成是安慰剂的作用。对于以上问题，积极心理学的看法是：在有效的心理治疗中，治疗师都有意或无意地运用非属某特定疗法所专有的“技巧”和“深度策略”，意即所有的疗法都具有共性，因而产生以上三种现象。

2. 认识生命的价值

米兰·昆德拉说：“人生旅途无非两种，一种只是为了到达终点，那样生命便只剩下了生与死的两点；另一种是把目光和心灵投入到沿途的风景和遭遇中，那么他的生命将是丰富的。”

生命，特别是人的生命，应当由三个因素构成，即生理（自然属性）、心理（社会属性）和灵性（精神属性）。生命的自然属性，是建立在人的血缘关系基础之上的生理范畴，它主要涉及与人伦和人生（生命长度）有关的性问题、健康问题、安全问题和伦理问题等；生命的社会属性，是人伴随着一定的社会文化和心理基础而发展起来的符号识别和社会人文系统，它涵盖了人的成长、学习、交友、工作、爱情、婚姻等涉及人文、人道的种种方面；生命的精神属性，是一个人“我之为我”的最根本体现和本质要求，也是生命最聚集的闪光点，它包含自性本我、低层本我、人文本我、形象本我和高层本我五个层次，涉及人性与人格。所有这些，组成了人的生命的全部，也即生命维度，其中的每一部分，都蕴含着生与死、得与失、存在与虚无。

每个生命都是独一无二的，都应有经历成长、绚烂绽放、成熟升华的过程表现。人为了活得有目的、有意义，不应只是把肚皮喂饱，满足声色之娱，而应在基本生活之外，去实现个人的人生价值。这一点如果得不到满足，将导致精神生活的失衡和人生的挫败。人活着就是要追求成功与实现。至于在哪里成功，怎样得到实现，那是个人所要追寻的课题。于是如何找到着力点，让自己获得成功，得到生命的实现，成为每个人努力的目标。一般人认为成功就是事业有成，物质生活富裕，有相当的社会地位，受到别人羡慕等。但是，拥有这些名利权势的人，是否都很快乐幸福呢？不一定。幸福的奥秘是什么呢？现代人为什么经常不快乐？怎样保持生命的最佳状态？怎样走进一个洋溢积极的精神、充满乐观的希望和散发着春天活力的心灵状态？

首先，爱惜自己和他人的生命，接纳自己，友爱他人。对生命发展保持一个肯定的态度，在别人身上及世界当中寻找美好的一面。将生命视为一连串的机会与可能，也总是努力地去发觉这一切。在一个人的一生当中，最重要的生命课题是学会爱惜自己。先学习欣赏与爱惜自己，再去喜欢别人与所在的环境，才能培育爱护与尊重生命的情操。

其次，接受生命的真相，接受生命所有的困难与挑战，不责怪，不逃避，担起生命的责任。不论何种境遇，即使遭逢逆境，也能正面相迎，直视拼搏，从而体现自我的价值，实现自我的目标和发展。

最后，从正确的信仰中发现生命的意义。人需要有一套人生信仰，来建构完整的价值系统和清醒的思维判断。它帮助一个人认清自己的立场，在人生的道路上不断辨别、处理来自各方面的资讯。无论是顺逆、成败和得失，都能透过这套系统，转化成正面的响应。

一位伟人曾留给我们一句珍贵的话，即史怀哲的人生哲学：“尊敬生命”。他曾因人道主义的志愿医疗服务获得诺贝尔和平奖，他是音乐家、哲学家、物理学家、传教士、神学家。许多年来，史怀哲致力于发展一项哲学，要捕捉生命的精髓与意义。在他的自传里描述，他在 1915 年搭乘小蒸汽船沿着非洲的河流展开缓慢、艰困，长达 160 里的旅程："第三天稍晚，就在日落时，我们正穿过一群河马往前行，一个灵感突然闪过脑际，这是我从未预料，也未曾去寻找的，几个字清楚浮现：'尊敬生命'。"次日，史怀哲仍在船上单独地思考那个灵感，他已经明白了它的意义。他写道："这就是说，生命本身是神圣的，我们的责任就是去珍惜生命。"他相信，太多人从未去思考生命的意义与价值，也度过了一生。而他视生命如一份宝贵的礼物，认为需要爱惜并尊敬生命，这样才能活出生命真正的价值。

3. 建构完美的生命

（1）"当下"永远是力量的源泉。每个人生命中经历的所有事件，都是由过去的思想和信念造成的。它们由每个人过去的想法及在昨天、上星期、上个月、去年、10 年前、20 年前、30 年前、40 年前（这取决于每个人的年龄）所说的话所决定。

然而，那是过去。它已经过去了，完毕了。重要的是此时此刻选择什么思想、选择什么信念、说什么话，因为现在的思想和语言会创建出未来。人的力量的源泉来自"当下"，它正在形成明天的、下星期的、下个月的、明年的以及以后的经历。

同学们不妨注意此时此刻你正在思考什么。它是积极的还是消极的？你是否希望现在的理想会成为事实，使你的生活有所改变？那就小心地照顾你的思想吧！

"思想"是可以被"改变"的。无论人出了什么问题，这问题的根本必然来自我们的思想。自卑仅仅是你讨厌自己、憎恨自己的一种思想的反映。你的这种思想在说："我是一个糟糕的人。"这种思想制造出一种感受，令我们失落在这种感受中。可是，如果你没有这种思想，你就不会有这种感受了。改变讨厌自己的思想，这种负面的情感就会离你而去。

每一个人来到这个世界，都是为了"离苦得乐"。那么，如何远离情绪的痛苦与烦恼，成为一个真正的幸福快乐的人？答案同样非常简单：活在当下！过去的已经过去了。过去的事情没有力量战胜我们。"当下"的生活才是需要把握的，我们的力量存在于此时此刻。认识到这一点是多么了不起！我们此时此刻便开始自由了！

不管同学们是否相信，我们确实选择了我们的思想。我们会常常习惯地把一个思想重复又重复，而且表面上看起来，好像没有选择的余地，但事实上，这都是我们自找的。我们有能力选择某些思想，也有能力拒绝某些思想。不信吗？只要想想我们是否拒绝过一些积极的思想就可以明白了，那么我们也可以拒绝一些消极的思想，这是不用怀疑的。

每一个人，或多或少都遭受过自卑与内疚的痛苦。这样的生命怎么会幸福起来呢？我们拥有的自卑和内疚越多，我们的生活就越糟。我们具有的自卑和内疚越少，我们的生活就越好。不管我们处于哪种生活水平，情况都是这样。

（2）超越恐惧，客观看待悲观乐观。恐惧产生于无知与不确定。恐惧的根源都来自于你离开了“活在当下”这个生活状态。当你在害怕未知的结果的时候，你就该问一问自己：是否自己依旧活在当下？故“活在当下”就是放弃对未知事物的恐惧，放弃对过去的后悔，着眼于现在可控制的事物。

恐惧是一种心理状态，在这样的状态中，我们的感官受到刺激，身体里的化学物质合成出来，于是我们的身体开始颤抖，心率和血压发生改变，甚至连呼吸的模式都变了。恐惧，是一路相随的旅伴，但是人们应该认识到，正因为有了恐惧我们才得以生存下来。因为恐惧感使我们在面对未知的情况时，或是显然有危险的情况时，变得更加谨慎。“恐惧塑造了部分的人性。一个人若是能够战胜恐惧，他便可以战胜人性了。”格雷厄姆·格林如是说。已故的威尼斯心理学家阿沙吉欧力是把恐惧研究得最透彻的人之一。他指出五种类型的恐惧：一是本能性的自卫，根源上是对死亡的恐惧。二是性的恐惧，乃是对孤独和不完整的恐惧。三是社交方面的恐惧，如果一个人被孤立了，他会感觉到这种恐惧。四是不被他人认可的恐惧。五是对未知事物和神秘事物的恐惧。

人们能够从恐惧中解脱吗？答案是肯定的。无论何时，只要我们准备好向内在寻找恐惧的原因，我们就可以超越它，使自己彻底解放。那就是说，我们应该对恐惧的原因加以审视和检查，驱赶它们离去，找出它们的来源。我们应该让自己的心智归于平静，让心智中的恐惧安定下来。我们越是惊惶不安，我们的焦虑和血压也越高。在现存的许多呼吸体系中，人们认为对治恐惧、焦虑和压力最有效的方法就是“二十下连续呼吸法”。这种技巧来自东方，由伦纳德·奥尔引荐到西方。

世界上大多数人都是悲观的，但他们倾向于认为别人比自己乐观。乐观的人寿命更长。赛利格曼测试了 70 个心脏病人，17 个被测试为最悲观的病人中，有 16 个没有经受住第二次心脏病发作而去世了，而 19 个被测试为最乐观的人中，只有一个人被第二次心脏病的发作夺去了生命。乐观是抵抗疾病的第一道防线。研究表明，在保险公司销售人员中，具有乐观性格的人往往是销售业绩冠军。乐观的小学生将来很少得抑郁症，走向社会后，在工作成绩和社会地位方面均超过悲观的人。乐观可以通过教育而形成，一个悲观的人通过心理训练可以转化成为乐观的人。

据英国《每日邮报》2013 年 8 月 27 日报道，台湾一位组织心理学家周善瑜在美国心理学会会议上发布报告显示，讲求现实的乐观主义者更容易快乐和获得成功。过去认为人太现实容易抑郁，但本研究证实，现实乐观主义者却最快乐，因为他们能活在当下。

（3）划分恰当的心理界线，直面生活中的变化。心理界限，即心理所能承受外界力的界限。学会划定恰当的心理界限，这对每个人都有好处。

一个了解自己心理界限的人，可以很清楚地知道什么是自己，什么是他人；他也可以知道自己的存在和责任权利范围都是什么。尤其，他能够知道自己和他人的边界都在哪儿，从而更好地进行自我情绪选择和调整，进而进行自由选择，自行面对变化，承担责任。

一部机器会因为使用过度，或者摩擦太多变得太热而损坏。同样的道理，一个人面对过多的工作或者太大的压力则会导致精神的疲倦以及效率的下降。所以，如果自我关怀做得不好，就很容易影响身心健康。

（4）建立良好的社会支持系统，应对生活中的危机。所谓个人的“社会支持（Social Support）系统”，也称为“社会关系网”，是 20 世纪 70 年代提出来的心理学专业词汇，即个人在自己的社会关系网络中所能获得的、来自他人的物质和精神上的帮助和支援。

社会支持从性质上可以分为两类，一类为客观的、可见的或实际的支持，包括物质上的直接援助和社会网络、团体关系的存在和参与，这类支持是客观存在的现实。另一类是主观的、体验到的情感上的支持，指的是个体在社会中受尊重、被支持、理解的情感体验和满意程度，与个体的主观感受密切相关。

研究认为，良好的社会支持有利于身心健康，而不良社会关系的存在则损害身心健康。并为今后的发展奠定良好基础。

在校大学生建立良好的学校支持系统、和谐的家庭亲子关系以及友爱的朋辈同学情谊，可以为大学生直面生活危机和发挥主观能动性提供充分的外在支持。

三、心理体验

（一）心理测验

1. 社会支持评定量表（SSRS）

姓名：　性别：　年龄：（岁）文化程度：　职业：　婚姻状况：

住址或工作单位：　填表日期：　年　月　日

指导语：下面的问题用于反映您在社会中所获得的支持，请按各个问题的具体要求，根据您的实际情况来回答。谢谢您的合作。

（1）您有多少关系密切，可以提供支持和帮助的朋友？（只选一项）

① 一个也没有　② 1—2 个

③ 3—5 个　④ 6 个或 6 个以上

（2）近一年来您：（只选一项）

① 远离家人，且独居一室。

② 住处经常变动，多数时间和陌生人住在一起。

③ 和同学、同事或朋友住在一起。

④ 和家人住在一起。

（3）您与邻居：（只选一项）

① 相互之间从不关心，只是点头之交。

② 遇到困难可能稍微关心。

③ 有些邻居都很关心您。

④ 大多数邻居都很关心您。

（4）您与同事：（只选一项）

① 相互之间从不关心，只是点头之交。

② 遇到困难可能稍微关心。

③ 有些同事很关心您。

④ 大多数同事都很关心您。

（5）从家庭成员得到的支持和照顾（在合适的框内划“√”）

	无	极少	一般	全力支持
A. 夫妻（恋人）				
B. 父母				
C. 儿女				
D. 兄弟妹妹				
E. 其他成员（如嫂子）				

（6）过去，在您遇到急难情况时，曾经得到的经济支持和解决实际问题的帮助的来源有：

① 无任何来源。

② 下列来源：（可选多项）

A. 配偶　B. 其他家人　C. 朋友　D. 亲戚　E. 同事　F. 工作单位　G. 党团工会等官方或半官方组织　H. 宗教、社会团体等非官方组织　I. 其他（请列出）

（7）过去，在您遇到急难情况时，曾经得到的安慰和关心的来源有：

① 无任何来源。

② 下列来源（可选多项）

A. 配偶　B. 其他家人　C. 朋友　D. 亲戚　E. 同事　F. 工作单位　G. 党团工会等官方或半官方组织　H. 宗教、社会团体等非官方组织　I. 其他（请列出）

（8）您遇到烦恼时的倾诉方式：（只选一项）

① 从不向任何人诉述。

② 只向关系极为密切的1—2个人诉述。

③ 如果朋友主动询问您会说出来。

④ 主动诉说自己的烦恼，以获得支持和理解。

（9）您遇到烦恼时的求助方式：（只选一项）

① 只靠自己，不接受别人帮助。

② 很少请求别人帮助。

③ 有时请求别人帮助。

④ 有困难时经常向家人、亲友、组织求援。

（10）对于团体（如党团组织、宗教组织、工会、学生会等）组织活动，您：（只选一项）

① 从不参加。

② 偶尔参加。

③ 经常参加。

④ 主动参加并积极活动。

量表计分方法：第（1）至（4），（8）至（10）条：每条只选一项，选择①、②、③、④项分别计1、2、3、4分，第（5）条分A、B、C、D四项计总分，每项从“无”到“全力支持”分别计1—4分，第（6）、（7）条如回答“无任何来源”则计0分，回答“下列来源”者，有自己个来源就计几分社会支持评定量表。

分析方法：总分：即十个条目计分之和，客观支持分：（2）、（6）、（7）条评分之和，主观支持分：（1）、（3）、（4）、（5）条评分之和，对支持的利用度：第（8）、（9）、（10）条。

社会支持评定量表是肖水源于1993年设计的。社会支持是影响人们社会生活的重要因素。社会支持从性质上可以分为两类，一类为客观的支持，这类支持是可见的或实际的，包括物质上的直接援助、团体关系的存在和参与等。另一类是主观的支持，这类支持是个体体验到的或情感上感受到的支持，指的是个体在社会中受尊重、被支持与理解的情感体验和满意程度，与个体的主观感受密切相关。

目前采用的社会支持量表多采用多轴评价法。该量表有10个条目，包括客观支持（3条）、主观支持（4条）和对社会支持的利用度（3条）等三个维度。

目的：检测个体在社会生活中得到心理支持的程度，以及对支持的利用情况。

检查方法：一般时长15分钟，可笔答也可计算机答。共10个条目，每个条目从无支持由低到高分为4个等级。总分40分。

正常情况：总分≥20分。

判断标准：分数越高，社会支持度越高，一般认为总分小于20分，为获得社会支持较少，20—30分为具有一般社会支持度，30—40分为具有满意的社会支持度。

测评结果包括三个维度：客观的支持度、主观的支持度和对社会支持的利用度。测量结果需在专业心理医生的帮助下进行解释。

（二）心理体验

（1）观看影片《那山那人那狗》，简单的情节就是人生的缩影，从生命的高度谈谈对人生的理解。

（2）快乐分手——我生命中最珍贵的五项。

目的：体验“失去”对自己生命的意义，珍惜目前的拥有

材料准备：白纸、笔

活动步骤：（1）填写自己生命中最珍爱的五项。

（2）逐一删去自己珍爱的人或物，越到后来越能引起强烈的冲突。

（3）放松体验。

两人一组，其中一个人闭上眼睛，深呼吸，体验自己的感受；另外一个人，睁着眼睛，观察对方，看看感受到了什么。练习中不能讲话。练习结束，再彼此交流感受的异同。

原理：人的情绪和肌肉不能同时处于紧张状态。通过肌肉的紧张可以放松情绪。

准备工作：找一个安静，让人感觉舒服、愉快的空间，坐在椅子上，或躺在床上，解除身上饰物、眼镜、手表等让你有压迫感的饰物，然后保持一个让自己感觉舒服的姿势。闭上眼睛，做三次深呼吸，让情绪平稳下来。

练习的方法：针对身体的各个肌肉群，先集中注意力，然后使肌肉绷紧，仔细感受并保持肌肉的紧张状态。5—10 秒钟后，解除紧张状态，并注意体会肌肉放松时松软、无力、温暖的感觉。用同样的方法逐一收紧并放松全身的肌肉群。放松的顺序可以依次为手臂——头部——躯体——腿部，根据个人需要也可以进行新的排列，或者只对其中一个或者几个部位进行放松。

指导语：开始时遵循指导语练习放松，熟练后，可以自我引导放松。

手臂的放松。伸出双手，紧握拳头。用力握紧，再握紧，让整个手臂上的肌肉都处于紧张状态。仔细感受手臂肌肉胀、酸、麻等感觉。坚持一下，再坚持一下……现在突然放松手臂，仔细体会放松后沉重、无力、温暖的感觉。比较紧张和放松状态之间的不同。

然后重复上面的步骤，再来一次，握紧拳头，整个手臂肌肉紧张，坚持一下，再坚持一下，放松手臂，松开拳头，仔细体会放松的感觉。

再做一遍……

头部放松。向上皱起额部的肌肉。皱紧，再皱紧……坚持一下，再坚持一下，然后放松眉头，仔细体会放松的感觉。

把眼睛闭起，闭紧，再闭紧，然后放松，仔细感受闭紧和放松后的感觉。

还可以把舌头抵在上腭，用力再用力，然后放松，感受紧张和放松。

躯干部位的放松。挺起胸部深吸一口气。屏着呼吸，让胸部鼓起，再鼓起。屏着呼吸，坚持一下，再坚持一下，同时感受紧张的感觉，然后慢慢呼气，放松胸部，仔细体会放松的感觉。

气沉丹田，小腹肌肉用力，再用力，感受小腹肌肉紧张的感觉，然后放松小腹，

呼气，仔细体会放松的感觉。

腿部放松。小腿和大腿肌肉用力，慢慢紧张起来，再用力，再用力，仔细感受紧张的感觉，仔细体会腿部酸酸、暖暖的感觉。

注意点：注意肌肉由紧张到放松时保持适当节奏，并与自己的呼吸相协调；基本上是吸气时紧张，呼气时放松，不必刻意憋气。每组肌肉的练习之间有一个短暂的停顿。一般每天练习一到两次，每次 15 分钟左右。

四、拓展阅读

习得性无助

这个概念是美国心理学家塞里格曼 1967 年在研究动物时提出的。他用狗作了一项经典实验。这个著名的实验中，塞里格曼先生把狗分为两组，一组为实验组，一组为对照组。

第一程序：实验者把实验组的狗放进一个笼子里，在这个笼子里，狗将无处可逃。笼子里面有电击装置，给狗施加电击，电击的强度能够引起狗的痛苦，但不会伤害狗的身体。实验者发现，狗在一开始被电击时，拼命挣扎，想逃出笼子，但经过再三的努力，发觉无能为力，便基本上放弃挣扎了。

第二程序：实验员把这只狗放进另一个笼子，该笼子由两部分构成，中间用隔板隔开，隔板的高度是狗可以轻易跳过去的。隔板的一边有电击，另一边没有电击。当把经过前面实验的狗放进这个笼子时，实验者发现，除了短暂的惊恐外，实验狗一直卧在地上，接受电击的痛苦，在这个原本容易逃脱的环境中，实验狗连试一下的意愿都没有了。

然而，有趣的是，当实验员将对照组中的狗，即那些没有经过第一个程序实验的狗直接放进后一个笼子里，却发现它们都能逃脱电击之苦，轻而易举地从有电击的一侧跳到没有电击的另一侧。

塞里格曼将这种绝望称为“习得性无助”。由此可知，我们日常生活中所遇到的绝望，不过是一种积习，它更多来自过去，而不是明天，甚至也不是现在；它只缘于我们疲惫的内心，而非完全因为环境。所以，乐观的人会说“没有绝望的处境，只有绝望的人”；郝思嘉会说“毕竟，明天是一个崭新的日子”。

心理剧《娜样年华》

（舞台全灯灭，音乐起）

旁白："娜娜来自于贫困的乡村，父母在她小学时死于车祸，年迈的奶奶将她拉扯长大，她唯一的理想就是让奶奶过上好日子。然后，进入大学后，因为家境问题而产生的自卑心理，娜娜与同学、室友相处得并不好。某一次偶然的机会，娜娜认识了某公司的老板刘总，刘总追求娜娜，而娜娜想到可以给奶奶更好的生活，就陪伴在他的身边了。"

第一幕

（学校门口）

保镖张狂地从宝马驾驶座上下来，嚣张地看望四周，然后点头哈腰地打开后座车门，请出娜娜和刘总。

刘总看着娜娜，温柔地说："逛街的时候别给我省钱，看到喜欢的就买。"

娜娜说："嗯。"

"到了吧，那我明天来接你！"

"哦。"

"晓春，来，给娜娜把东西送进去。"

室友们正在讨论。

"咱们宿舍的那谁，怎么什么集体活动都不参加的。"

"对啊，对啊，整天在眼前晃来晃去真讨厌。"

"我真是受不了。"

"看起来像是家境不错，谁知道到底怎样呢。"

娜娜回到寝室，室友们慌乱地停止了讨论。

娜娜拿起手中的一个包，对A室友说："梦琪，我今天逛街的时候感觉这件衣服挺适合你的，然后就买下来送给你吧。"

A室友："怎么好意思要你花钱，我把钱给你吧？"

娜娜："这有什么不好意思的呀，当做生日礼物好啦，提前送啦。"

娜娜又拿出一个包装袋："露露，你上次不是说香水用完了都没来得及买嘛，我今天买香水顺便帮你买了一瓶。"

B室友："娜娜你太客气了。"

娜娜："咱们都是室友嘛，应该的啦。"

室友虽然都客气地收下了礼物，但是她们或多或少知道娜娜的事，所以对于礼物并不是很乐意接受。而娜娜也希望通过这种方式尽力维护室友间的感情。

第二幕

（寝室里）

室友出去上课，剩下娜娜一个人在寝室。她拿出手机拨通了家乡村委会的电话。

“喂，王大妈，我是娜娜。”

“哎，是娜娜呀，又打电话给你奶奶啊。”

“嗯。王大妈能麻烦您叫我奶奶接下电话好嘛？”

“喂，乖孙女。”

“喂，奶奶。最近身体好吗？”

“嗯嗯，好呢好呢。你给我寄的营养品都收到了。”

“那您每天都要吃啊，别老是为了省钱舍不得吃，吃完了我再给你买啊。”

“这些营养品很贵吧？你在外面打工辛辛苦苦赚的钱自己留着慢慢花啊。就不要买什么营品了，老太婆我活不了几年了。你好好读书，我啊就可以下去见你爹娘了啊。”

“奶奶！我不准你这样说，你一定会长命百岁的，再说我还要开一家幼儿园，你不是说你最喜欢小孩子么，你不是说让我做幼儿园老师，我们约定要开一家幸福幼儿园的。”

“好好好，都听你的。”

“等我有了工作以后啊，我就把你接到城里来，晚上没事的时候啊就带你逛逛超市。”

“好！好！你现在在学校好好的，奶奶就开心了。”

“知道了。那就这样吧。”

“嗯，奶奶你早点休息啊。”

“嗯嗯，你也好好休息，别太累。”

挂了电话，娜娜心里很不是滋味。

（舞台灯灭，追灯，音乐起）

独白：“奶奶你知道吗？我不想做这样的事的，我想像别人一样做个普通的大学生，参加课外活动，和室友打闹，泡在图书馆学习。那样的生活真美好！可是，我不得不这样做啊。因为我肩负着不仅仅是我自己的梦想，还有你的心愿啊。奶奶，您拉扯我这么大，没有过上一天好日子，我怎么忍心，让您再这样下去。谁能理解我啊！”（抽泣）

第三幕

（回学校的路上）

娜娜心里郁闷难舒，只能借酒消愁。

娜娜一个人走在街口，摇摇晃晃一副醉态。

路边两个流氓看见了便有了不轨想法，上前调戏。

“小妹妹，喝多啦？要不要哥哥送你回家啊。”

“滚开！”

"哟，还是个辣妹子嘛。我喜欢。"一边伸出手摸娜娜的脸。

"叫你滚开没听见吗？"

"哥哥们就不滚开又怎么着啊？"

一直喜欢娜娜的男生小强出现，一把推开流氓把娜娜拉到身后。

"你们想干嘛？光天化日还有没有王法？"

"哟，就你这愣头青还想英雄救美啊。"

流氓推倒小强，对其拳脚相加。

（警笛响起）

"小子你等着，山不转水转，会要你好看的。"

流氓仓皇逃走。

小强转身扶住娜娜："娜娜你还好吧。"

"我不要你管，你别跟着我了。我不值得你这样。"

小强像没听到一样："你怎么了啊？为什么要喝这么多酒。"

"我喜欢！我会很好的！奶奶也会很好的！"

"那你为什么要这样啊。"

"你以为我想这样啊！你知道吗？我不想的，真的不想的。只有这样我才能活得更好，奶奶才能活得更好啊！"

"你在说什么啊，你喝多了。我送你回去吧。"

"回去？回哪啊？我回哪去啊？"

第四幕

（寝室里）

娜娜正在寝室休息，却突然接到村委会的电话。

"喂，娜娜呀。"

"王大妈啊，怎么了？"

"你奶奶她。"

"我奶奶她怎么了？！"

"你奶奶她在田里农作，热昏过去了没有人发现，等大伙看见她的时候，她……她已经去世了……"

娜娜呆住了，"我不相信，你骗我！你别骗我，你为什么要骗我！"

"娜娜你先冷静啊！"

"王大妈，我马上就回去！你等我，一定要等我！！"

娜娜哭着冲出寝室，欲赶往车站，巧好碰见小强。

小强看见娜娜哭着在跑，一把拉住娜娜："娜娜你怎么啦？"

"我要回家，我要见我奶奶！"说着甩开小强，继续往前跑。

小强自言自语道："一定是出事了！"

小强不放心娜娜，便陪着她回去。

第五幕

（陡峭的山上）

娜娜一边想着奶奶，一边想着大学以后自己所做的一切，越来越感觉自己没有意义，也没有脸面活下去了。奶奶不在了，曾经出卖自己所获得的一切都没有意义了，而自己再也回不去当年。与其痛苦地活下去，不如死了，一了百了。

想着想着，娜娜便走到了山顶。

"奶奶！你骗我！你说过做人不能说谎的，你说要陪我的，你说要来城里，你说要享我的福，你还要和我一起办幼儿园的！我恨你啊，留下我一个人！"

娜娜向下望了一眼，脑海中的两股念头争斗了起来。

（白天使和黑恶魔出场）

天使和恶魔每人抓住娜娜的一只手。

白天使："娜娜不要胡思乱想，你的人生还长，奶奶希望你能好好活下来。"

黑恶魔："人活着有什么用？奶奶死了，你所做的一切都成了泡影，你活着还有什么意思？"

白天使："不，娜娜，还有人爱着你，好好活下去，奶奶才能安息。"

黑恶魔："你的事闹得人尽皆知，没人爱你，死是唯一的出路！"

白天使："娜娜，你是好女孩。我知道你有苦衷的，你是想让奶奶活得更好。活着才有希望啊！"

黑恶魔："你是多余的，没有人爱你，跳下去就解脱了！快跳啊！"

白天使："不要跳啊！"

"跳吧跳吧。"

"不要跳啊！"

娜娜痛苦地尖叫，蹲下，双手抱住头。

小强从后方出现。（天使、恶魔退场）

"娜娜，千万别做傻事啊！"

娜娜慢慢回过头："傻事？我做的傻事还不够多么？"

"那些都是为了奶奶啊，现在奶奶不在了，你更应该为了她好好活着啊！"

"活着？我一直为奶奶活着，你一点都不了解我的人生，你有什么资格劝我？"

"可是，奶奶在天上希望看到你这样嘛？你这样她会多伤心！"

"我没了奶奶，我什么都没有了。"

"不！奶奶虽然去世了，可是你完成了对她的承诺了吗？你说过奶奶喜欢小孩子，你要为她开个幼儿园的呀！！"

“可是……可是奶奶不在了啊……一切都没意义了啊！”

“奶奶她在天上会看见的，她会为你高兴的！我陪你，我们一起开幼儿园，完成奶奶的遗愿好吗？”

小强走上山顶，拉住娜娜的手。

“你这又是何必呢……不值得……”

“不！值得！！”

娜娜这一刻真的被感动了，从小到大除了奶奶没有一个人让她如此温暖，可是这一刻又多了一个像奶奶一样关心她的人，让她因为奶奶去世而冰封的心悄然融化。

娜娜转过头：“明天又会是新的一天对么？”

小强坚定地点了点头：“嗯！”

明天的路还好长好长，她每迈出一步都那么的艰难，她真的有些累了。可是她不能放弃。我能行，我一定能行的，娜娜暗暗给自己鼓劲，我一定不能倒下，为了奶奶的梦想，也为了自己的梦想。明天又会是新的一天，对么？对，明天又会是新的一天！（小强和娜娜相视定格 1 分钟）

（全场灯灭）

旁白：“幸福的人都是相似的，不幸的人各有各的不同。生活在这个世界上，不管困难有千百种，一份信念、一个朋友、一种态度、一样鼓励、一点肯定，有时就是一个支点。那样的青春，那样的年华，谁说明天不会又是新的一天呢？！”

（全场灯亮，演员谢幕，齐声：“明天又是新的一天！”）

（原创：李波）

参考文献：

[1] 段鑫星，程婧著．大学生心理危机干预．科学出版社．2006.

[2] 邱鸿钟［等］编著．应激与心理危机干预．暨南大学出版社．2006.

[3] 边玉芳［等］著．青少年心理危机干预．华东师范大学出版社．2010.

[4] 李祚，张开荆编著．心理危机干预．大连理工出版社．2012.

[5] 沃建中主编．灾后心理危机研究：5.12 汶川地震心理危机干预的调查报告．北京航空航天大学出版社．2008.

[6] 周红五著．心理援助．重庆出版社．2006.

[7] 石勇著．心理危机：你我身边的隐形杀手．中山大学出版社．2008.

[8] 张海燕著．绸缪未雨时：大学生心理危机自救．高等教育出版社．2008.

[9] 陈侃著．现代人的心理危机及其干预的心理分析．三联书店．2012.

[10] 王群．大学心理健康教育．复旦大学出版社．2005.

[11] 乔治·布莱斯切克著，李平译．当下的觉醒．华夏出版社．2011.
[12] 欧文·亚龙（Irvin D.Yalom），生命的意义．联经出版社．2001 年．
[13] 积极心理学．心世界网．2012 年.

习　　题

一、单选题

1. 在突发性公共危机事件的心理危机干预的四个阶段中，（　　）是哀伤阶段真正开始的阶段。

A. 英雄主义阶段

B. 蜜月阶段

C. 幻想破灭阶段

D. 重建阶段

2. 以下属于生命的社会属性的是（　　）。

A. 伦理问题

B. 人性

C. 人文

D. 人格

3. 积极心理学不主张（　　）。

A. 在主观的层面上要研究生命积极的主观体验。

B. 在个人的层面上要研究生命积极的个人特质。

C. 积极心理学认为通过发掘并专注于处于困境中的人自身的力量，就可以做到有效的预防。

D. 关注个体身上的弱点和缺陷可产生有效的预防效果。

4. 一般来讲，新生的主要心理问题是（　　）。

A. 环境和角色转变的不适应

B. 择业求职的心理困惑

C. 异性交往产生心理困惑

D. 学习压力造成心理焦虑

5. 自杀的心理过程为（　　）。

A. 自杀潜伏—自杀萌生—自杀犹豫—自杀实施

B. 自杀萌生—自杀潜伏 —自杀犹豫—自杀实施

C. 自杀犹豫—自杀萌生—自杀潜伏 —自杀实施

D. 自杀犹豫—自杀潜伏—自杀萌生—自杀实施

二、多选题

1. 下列哪些属于发展性心理危机(　　)。

A. 各种自然灾害引发危机

B. 耐挫能力差而导致的心理危机

C. 青春期人际关系紧绷而出现的心理危机

D. 因人生目的和人生价值而出现的内部冲突与焦虑。

2. 自杀危机干预有哪几个步骤:(　　)。

A. 确定问题。通过观察和倾听，迅速确定问题的严重程度，并迅速将情况转告家长有关人员进行干预。

B. 保护当事人安全。组织班级同学对有自杀倾向者进行看护，确保自杀者的生命安全，并要注意危机干预者的人身安全。自杀者的生命安全是危机干预的核心任务。

C. 给予自杀者以心理支持。争取与其保持沟通和交流，注意多倾听、多肯定，使其可能多地将烦恼和困惑宣泄出来。

D. 心理辅导。在给予自杀者一些支持和帮助的基础上，提示自杀者调整思路，给予一些必要的心理辅导，改变其认知，减轻其应激与焦虑水平。

E. 帮助自杀者制订计划。为自杀者提供一个对所关心问题的解决办法和应付机制，减缓其心理冲突，矫正其情绪的失衡状态，提高自杀者的应付能力和思维灵活性，并使其相信自己的能力，战胜危机。

F. 通过进一步沟通，得到自杀者不再自杀的承诺，必要时把自杀者托付给家长，结束危机干预。

3. 以下属于存在主义心理学观点的是(　　)。

A. 强调人的存在价值。

B. 对人生持真诚、直面的态度，既看到人生的积极面，也不回避人生的艰难性。

C. 回避与否定生存的根本问题，如意义的空缺，如死亡的焦虑。

D. 主张人自行选择其生活目标及生活意义

4. 自杀危机干预主要有(　　)几个关键。

A. 行为干预，要确保自杀者的生命安全。

B. 心理辅导，要少将多听，使自杀者得到充分的宣泄。

C. 最后干预是否成功要看能否改变自杀者的认知，纠正其错误思维，对干预者作出恰当的承诺。

D. 等待要自杀者心情平复。

5. 以下异常的自杀征兆不需要特别关注(　　)。

A. 会直接、反复地说出这样的话：我希望我已经死去！我再也不想活了！

B. 会间接地、不分场合地说出这样的话：我所有的问题马上就要结束了！没有我，你们会生活得更好！

C. 突然发生的性格转变，或者反常地停止自己的行为；发生攻击性行为或闷闷不乐，或者突然从事高危险性的活动

D. 学业（或工作）质量突然显著恶化或好转，慢性逃避，或拖拖拉拉，或突然出走。

三、简答题

1. 大学生人格特质与心理危机的关系和影响是怎样的？

2. 存在主义心理学和积极心理学的主要观点是什么？

3. 高校大学生自杀现象的原因及应对策略。

四、论述题

1. 如何建构完美的生命？

2. 案例分析：如果你是小敏的同学，你应该怎么做？如果你是小敏的父母，你会怎么做？如果你是心理咨询师，你会怎么做？

小敏，女，18 岁，大学生。因情绪低落，睡眠不好去心理咨询室咨询。小敏是一位刚刚步入大学的女孩子，稚气未脱，短短的头发，穿着整齐，很有学生气。比较腼腆，说话时喜欢低着头，眼神中流露出一丝不安。她是从西部省份考到上海的，现在就读于一所名牌大学设于校外的挂牌二级学院。她在中学一直保持着优异的成绩，老师和家长一直都对她寄予厚望。聪明好学的她，对自己的未来做好了美好的设想，考入名牌大学对她来说应该是理所应当。然而，高考失利让她来到了现在这所与她心理预期有着不小落差的学校，于是很不满意，而且强烈地感到辜负了老师的殷切希望。她是独生女，家庭经济条件也比较富裕，习惯了被人宠爱，被人羡慕、称赞。现在突然来到一个陌生的，而且是自己并不喜欢的环境，感到情绪很低落，不再像从前那样自信。她不喜欢主动与同学交流，觉得周围的人不论是学习成绩上还是生活看法上，都与自己有着差距。她唯一的倾诉对象是一位远在外地的中学时的好朋友。她认为唯一的出路就是考入另一所大学，然后出国。她给自己制定了额外的学习计划。然而，因为睡眠、精力不足，学习效率低下，越来越焦虑不安，进而产生结束自己生命的念头。但她很快意识到这些念头不对，应该寻找心理专业人员的帮助。

后　记

酝酿多年的《大学生心理辅导与体验》教材就要付梓，望着散发着墨香的样稿，颇为激动。其实，这种激动不只是此时，在编写的整个过程中，大家都精神百倍、热情洋溢，或许是在心灵的海洋里长期浸润的结果。

本书是在大量原有教案、咨询、辅导和调查的基础上，经过系统的思考、整理和升华而成，具有很强的科学性、实用性和可读性，方便教与学。我们所致力的目标在于帮助大学生了解有关的心理健康知识，掌握自我调适的基本方法，全面提高自我的心理素质，健全自身人格，有效促进大学生心理健康水平的提升和整体素质的发展。我们相信这本书会成为读者的"心灵鸡汤"，成为大学生成长成才的良师益友。

本书汇聚了集体的智慧，由朱坚强负责拟订编写提纲，并负责全书的统稿。编写分工如下：王璐（第一章）；赵春苗（第二章）；张玉（第三章）；田守花（第四章）；罗娇（第五章）；朱坚强、毕玉芳（第六章）；毕玉芳（第七章）；熊会（第八章）。在此对他们的辛勤劳动和精诚合作表示敬意。

本书的出版得到了上海立信会计学院党政领导的高度重视和具体指导，在编写过程中参考和借鉴了国内外有关心理健康的大量文献，并引用了国内外专家、学者的研究成果，在此一并表示衷心的感谢。

感谢上海教育出版社责任编辑刘芳、童亮、安江同志为本书的编辑、出版付出的辛勤劳动！

在编写过程中，编者努力追求精益求精、内容完善，但由于水平所限，疏漏之处在所难免，敬请广大读者批评、指正和谅解。

编者

2014 年 1 月 28 日